高等学校信息工程类专业“十二五”规划教材

应用电视技术

（第二版）

赵坚勇　编著

西安电子科技大学出版社

内 容 简 介

本书是介绍应用电视技术的通用基础教材，书中深入浅出地介绍了应用电视各种设备的基本原理、实用技术和具体产品以及应用电视监控系统的组成。

全书共10章，内容包括：应用电视概况、摄像机、图像信号的传送、监视器、视频信号的分配与切换、视频附加信息的产生与叠加、电动云台和变焦镜头控制、系统控制、录像技术的发展和智能电视监控。

本书内容详实丰富，取材新，反映了当代应用电视技术的最新进展。书后附有应用电视常用缩略词。

本书可作为高等学校电子类本科专业教材，也可作为大专、成人教育和培训班教材。

图书在版编目(CIP)数据

应用电视技术/赵坚勇编著. —2版.
—西安：西安电子科技大学出版社，2013.12
高等学校信息工程类专业"十二五"规划教材
ISBN 978-7-5606-3240-7

Ⅰ. ① 应… Ⅱ. ① 赵… Ⅲ. ① 电视—技术—高等学校—教材 Ⅳ. ① TN94

中国版本图书馆 CIP 数据核字(2013)第 285294 号

策　　划　马晓娟
责任编辑　马晓娟　职会亮
出版发行　西安电子科技大学出版社(西安市太白南路2号)
电　　话　(029)88242885　88201467　　邮　　编　710071
网　　址　www.xduph.com　　电子邮箱　xdupfxb001@163.com
经　　销　新华书店
印刷单位　西安文化彩印厂
版　　次　2013年12月第2版　2013年12月第2次印刷
开　　本　787毫米×1092毫米　1/16　印张 18.5
字　　数　435千字
印　　数　4001～7000册
定　　价　32.00元
ISBN 978-7-5606-3240-7/TN

XDUP　3532002-2

前　　言

自本书第一版出版至今已经十年了，应用电视技术又有了很大的发展，第一版中有部分内容已经不适应目前的情况，需要及时修正。

修订后本书共 10 章，具体修订情况如下：

第 1 章应用电视概况，不变。

第 2 章摄像机，删除了第一版中部分关于 CCD 摄像机的过分具体的介绍，增加了 CMOS 摄像机的内容；第一版第 8 章中的红外摄像机和微光摄像机移到本章介绍，第一版第 9 章中的高温防护罩移到本章介绍；增加了 IP 摄像机、X 射线背散射成像和毫米波成像等内容。

第 3 章图像信号的传送，增加了无线视频传送的内容。

第 4 章监视器，第一版中的 CRT 监视器已经被淘汰，改成介绍 LCD、PDP 和 OLED 监视器。

第 5 章视频信号的分配与切换、第 6 章视频附加信息的产生与叠加，不变。

第 7 章电动云台和变焦镜头控制是第一版的第 10 章，内容不变。

第 8 章系统控制是第一版的第 11 章，增加了城市监控报警联网系统，并将原散于各章的数码相机、DVD、会议电视和可视电话等视频设备的介绍集中起来。

第 9 章录像技术的发展为新增内容，介绍 VCR、DVR 和 NVR 三代录像设备，特别介绍了 NVR 的存储技术、数据备份、自动网络填补技术、流媒体技术和云存储技术，还介绍了三种网络电视监控标准。

第 10 章智能电视监控为新增内容，介绍智能电视监控的核心技术，包括运动目标检测、人脸识别技术、车辆和车牌识别技术以及行人识别技术。

本次修订增添了不少新的内容，但是基本体系未变，主要的内容未改，不会给教学带来任何不便。

本书出版过程中，得到西安电子科技大学出版社老师们的大力支持与帮助，在此表示深切的感谢。由于编者水平有限，书中难免还存在一些不足，敬请读者批评指正。

编　者

2013 年 10 月

于桂林电子科技大学

第一版前言

电视技术的现状有两大特点：一是广播电视和应用电视同时发展，二是模拟电视向数字电视过渡。

电视系统按用途可以分为广播电视和应用电视两大类。广播电视向大众提供电视节目，丰富人们的精神文化生活；应用电视是广播电视之外所有电视的统称，也称为非广播电视。

随着现代科学技术的发展，应用电视的使用范围越来越广，从军事方面的电视制导、微光电视夜间侦察系统，工矿专用的高温、防爆、水下作业等特种监视系统，医疗检查用的X线电视、红外电视，交通用的交通监控、指挥系统，以及无处不在的保安电视监控，几乎每一个行业、每一个生活角落都有应用电视。

应用电视设备数量众多，形式各异，基本原理各不相同。随着各种新技术的产生，新的产品不断涌现。本教材介绍应用电视设备的基本原理和部分设备的设计方法，介绍应用电视中的最新技术和最新应用。

电视正在走向数字化，必将迎来更大的发展和更广泛的应用。本教材用相当多的篇幅介绍了数字电视的基本原理及其最新应用。

本教材共14章。第1章介绍应用电视在各行各业的使用概况，以及应用电视与广播电视在传输方式和技术要求上的区别。第2章介绍多种CCD摄像机的工作原理、性能以及摄像机的各类配套设备，如镜头、红外照明器、云台等。第3章介绍用同轴电缆、非屏蔽双绞线和光缆传送电视信号；介绍了电缆损耗补偿器，讨论了电缆基带传输容易出现的问题及解决办法；介绍了视频信号在综合布线中的传送，讨论了电视信号适配器；还介绍了光纤传输原理、光源和光探测器、脉冲频率调制、频分复用多路、波分复用多路、光时域反射仪等。第4章介绍彩色监视器的结构，监视器与电视机的区别，监视器的测试功能。第5章介绍电视信号的分配与切换，对各种具体电路进行了分析，学完本章后能掌握分配与切换电路的设计方法。第6章介绍时间和其他信息的屏幕显示以及画中画电视、图文电视；介绍了各种字符叠加器的原理，对叠加器电路进行了分析，学完本章后能掌握字符叠加器的设计方法。第7章介绍了录像技术从家用录像机、时滞录像、多画面录像到硬盘录像的发展。第8章介绍红外电视、X光电视、微光电视等特殊成像电视；介绍了红外线的有关概念、光机扫描型热摄像机、热释电电视摄像机与最新的凝视型焦平面阵列红外摄像机；介绍了X线像增强管和微光像增强器。第9章介绍高温、防爆、水下作业等特殊环境电视；介绍了摄像机的风冷、水冷、半导体致冷、涡旋致冷等方法；介绍了间隙防爆原理和本质安全防爆原理。第10章介绍控制信号的串行传送和解码；介绍了电动云台和变焦镜头的驱动电路、串行通信的原理和标准、单片机解码器和硬件解码器、接口电路的保护等等，详尽地介绍和分析了具体电路，学完本章后能掌握解码器和控制电路的设计方法。第11章介绍系统控制的三种拓扑结构。第12章介绍了图像信号数字化和压缩的基本原理；介绍了静止图像压缩标准 JPEG 和 JPEG2000 标准及其应用数字相机；介绍了运动图像压缩标准 H.261、H.263、MPEG-1、MPEG-2、MPEG-4 标准及其应用 VCD 和 DVD。第 13 章介绍多媒体技术及其应用；介绍了在 LAN 网上组建视听系统的 H.323 系列建议，在 ISDN 网组建视听系统的 H.320 系列建议，在 PSTN 网上进行视听通信的 H.324 系列建议；介绍了具体应用可视电话、会议电视、远程医疗和多媒体电视监控报警系统。第 14 章介绍数字电视；介绍了 BCH 码、级联编码、能量扩散、RS 编码、交织技术、收缩卷积编码等信道编码技术；介绍了正交幅度调制(QAM)、四相相移键控(QPSK)、格形编码调制(TCM)等调制技术；介绍了欧洲的 DVB、美国的 ATSC、日本的 ISDB 等三种数字电视标准的特点；介绍了数字电视的接收、数字电视机顶盒等，最后介绍了数字电视发展动向。书后附有缩略词和名词索引。

本教材内容丰富，资料新颖，讲述深入浅出。部分章节可由学生自学，不必讲授。本教材参考学时数为 64 学时，既可作为电子信息技术专业教材，也可作为成人教育教材和培训班教材。

本教材在编写、审定和出版过程中，得到了西安电子科技大学出版社的大力支持与帮助。西安电子科技大学裴昌幸教授认真审阅了本书，提出了很多宝贵的意见，在此表示深切的感谢。由于编者水平有限，书中难免还存在一些缺点和错误，敬请读者批评指正。

编　者

2003 年 5 月

目　录

第 1 章　应用电视概况

电视系统按用途可以分为广播电视和应用电视两大类。广播电视用来向大众提供电视节目，丰富人们的精神文化生活。应用电视是广播电视之外所有电视的统称，因此也称为非广播电视。应用电视被银行、超市、商场、宾馆、交通、工矿、学校、医院等各行各业广泛使用。

1.1 应用电视

图 1-1 是电视系统的分类示意图，电视系统分为广播电视和应用电视两大类。广播电视按传送方式分为地面广播、卫星广播和有线电视；应用电视按用途分为电视监控、教学电视、医用电视、测量电视以及可视电话和会议电视等。

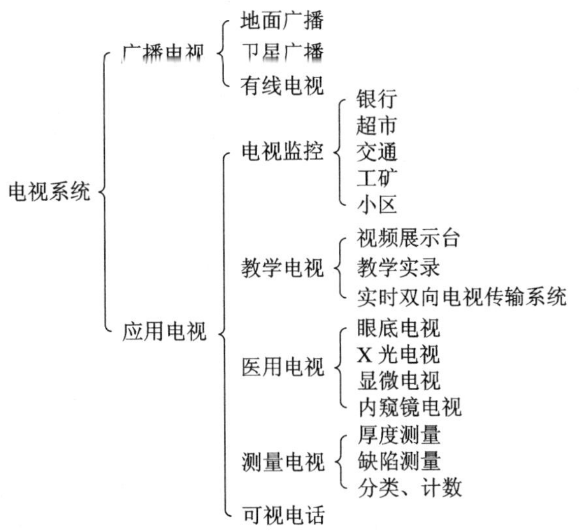

图 1-1　电视系统分类示意图

1.1.1 电视监控

电视监控是电视技术在安全防范领域内的应用。近几年来，在金融系统、商业系统、博物馆和宾馆等行业，对防盗监视的要求越来越高。因为电视能实时、形象、真实地显示被监控目标，电视录像又可以在事后进行验证，提供线索，所以电视监控已经成为这些行业安全防范的主要手段之一。

1. 银行

银行是电视监控最大的用户。以前，对每一位顾客，银行必须有出纳和复核两个人为其服务，以防出现差错。安装电视监控以后，取消复核，银行可以减少许多工作人员，同时保卫人员在办公室里就能看到营业大厅的全部实况。

电视监控系统是这样工作的：在营业时间，每个营业柜台都有摄像机监视储户交款，出纳收款、点数、给存单的全过程，并进行录像。万一发生一些不愉快的纠纷，可以放录像辨明是非。每个营业柜台都有报警按钮连接到电视监控系统上，当柜台营业员按报警按钮时，安全保卫部门的监视器上会立即自动显示该区域的图像，并发出声、光报警，以便保卫人员迅速采取措施。

在晚间，电视监控系统与遍布于各出入口和主要通道的红外探测器的配合，成为保卫人员的得力助手。当探测器探测到警戒区域有人活动时，系统发出声、光报警以提醒值班人员，并自动将该区域的图像切换到保卫部门的监视器上，这样保卫人员可以立刻判断情况，及时采取行动。图 1－2 是银行电视系统示意图。

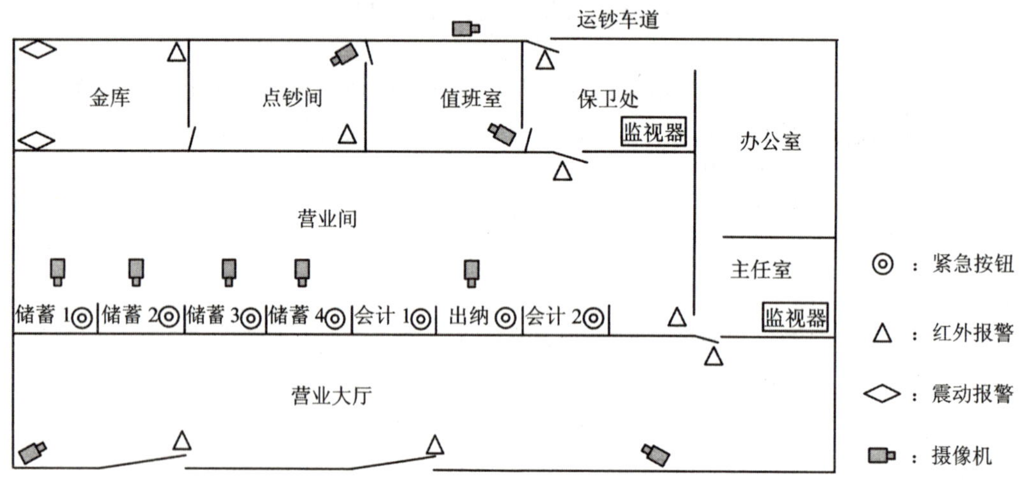

图 1－2 银行电视系统示意图

银行装上电视监控系统后，对犯罪分子能产生巨大的威慑作用。不少银行在发生盗窃案件后，公安部门是从录像中找到线索，最终成功破案的。

银行安装电视监控取得的成效是显而易见的，其他金融单位如邮政储蓄、证券交易所，只要有现金交接的场合都跟着仿效，电视监控已经成为这些单位防止差错，辨明是非，防偷防盗的有力工具。

印鉴真伪鉴别是应用电视在保障银行经济活动安全方面的应用，是电视技术与计算机技术相结合的产物。开户时用摄像机摄取标准印鉴的图像，转换成数字信号后再进行数据压缩，然后将压缩后的印鉴图像数据存储在计算机中作为基准。当储户支取款项时，用摄像机摄取支票上的印鉴，与存在计算机中的标准印鉴图像进行比较，计算机在比较印鉴时能对印泥的深浅、笔画的粗细、局部缺损与噪波产生的差别进行判断，并运用图像处理、模式识别等先进技术，所以鉴别印鉴的正确率超过技术熟练的专业人员的水平，鉴别时间小于 3 秒钟。还可以通过计算机网络实现印鉴的远程调用，使银行业务实现通存通兑成为可能。

2. 超市

近几年我国的超市从中小规模向大规模发展，竞争越来越激烈。超市只有扩大营业区域、薄利多销、减少服务人员才能求得生存。营业区域扩大，服务人员减少的后果是偷盗严重，从有组织的盗窃集团到小偷小摸，使有的超市偷盗损失达10%，所以这些超市只得求助于电视监控。

超市电视监控的一个主要任务是监视收银台和POS机(Point of Sales)，还要对所有的进出口(包括进口和未购物通道)和重要部位进行监视。为了美观，摄像机通常采用半球吸顶式防护罩。

由于超市营业面积很大，摄像机的布置只能对贵重物品进行监视，许多货架远离摄像机，而增加摄像机会使工程费用上升很多，所以常常采取只装防护罩不装摄像机的办法，这样，对想要偷盗的人具有威慑作用，而所需的费用不高。

超市安装电视监控后的效果是显著的，能使偷盗损失急剧下降，半年减少的损失就和电视监控工程费用相当。图1-3是超市电视系统示意图。

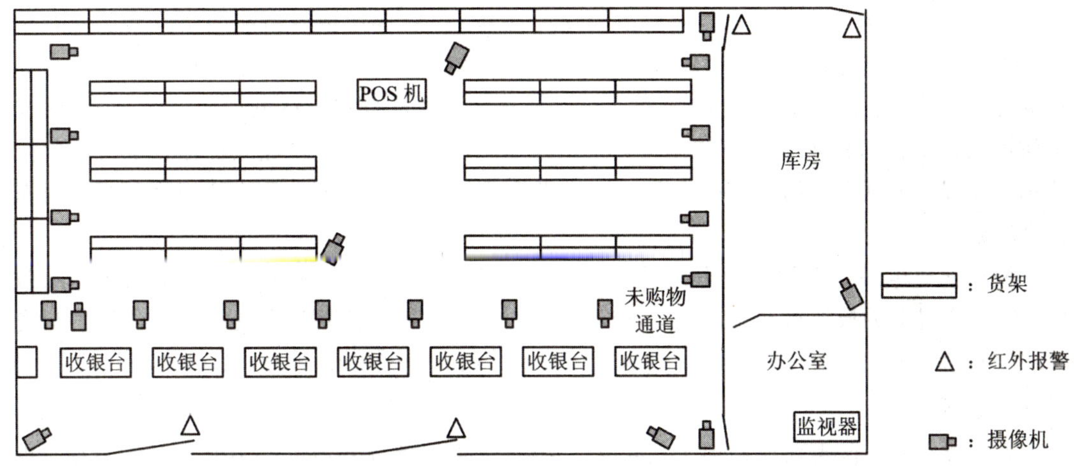

图1-3 超市电视系统示意图

3. 交通

交通管理也离不开电视监控。高速公路、国道、省道的每一路段都设有收费站，每一收费车道均装有摄像机，摄取车辆的正面图像，由于车道很窄，能清楚地看出车辆的车牌号码，同时在图像上叠加上诸如时间、车型、收费等数据一起送往收费站办公室。在收费站两端远处电杆上装有带电动云台和变焦镜头的室外摄像机，俯瞰收费站全景，防止车辆不交费逃逸。图1-4是收费站电视系统示意图。

隧道内的电视监控更加重要，每隔30米就装一台摄像机，在中央控制室能看到隧道内的全部情况。当发现隧道中发生火灾、车祸等事故时，及时通知隧道入口禁止车辆进入，防止引发更大的恶性交通事故；及时通知隧道管理人员赶往事故现场处理。隧道还装有各种报警传感器，计算机接到传感器送来的报警信号后，发出报警声提醒值班人员注意，并控制电视系统在主监视器上显示事故现场图像。

城市交通电视监控是在城市主要路口安装摄像机来观察各交通要道的车流情况。摄像机一般采用10倍变焦镜头，相当于站在路口用10倍望远镜瞭望道路上的车流情况。这些

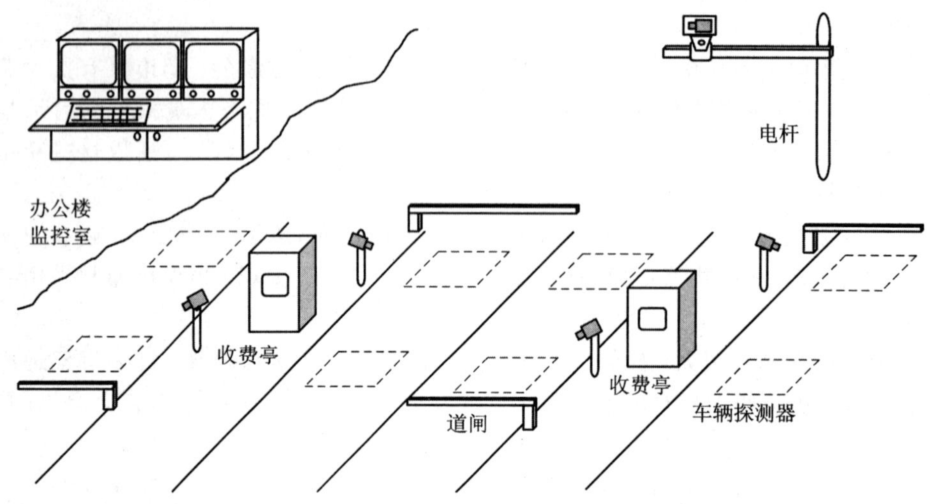

图 1-4 收费站电视系统示意图

瞭望哨上的电视信号被送到总控制室的许多监视器上，这些监视器组成一个巨大的电视墙屏，整个城市的交通情况在电视墙屏上可以一览无余。控制室的几个键盘可对各个变焦镜头的光圈、聚焦、变倍进行调整，使得图像最清晰；摄像机被安装在电动云台上，通过键盘操作可以使摄像机作水平旋转或俯仰，以观察不同的目标。交通管理人员根据电视墙屏上的车流情况，干预交通信号灯的变化，尽可能地减少车辆的阻塞；并广播阻塞情况，对车辆进行疏导。

城市交通电视监控的安装不会中断交通，不必大兴土木，其投资少，安装方便，收效快。作为瞭望哨的摄像机遍布路口，管理人员在总控制室里能纵观全局，根据全市的交通情况进行科学管理，能在较短时间内最大限度地发挥已有道路的潜力，取得显著的效果。

4. 工矿

在钢铁厂，厂区占地面积很大，炼焦、炼铁、炼钢、热轧和冷轧等各个车间很分散，现场又有高温、高粉尘和有毒气体，要想及时了解厂内的生产情况很不容易。采用电视监控来监视这些车间的生产现场和设备运转情况，可以使生产调度人员洞悉全厂的状况，实时调度指挥，提高生产效率。一些统计报表和测试数据也可以利用电视系统实时传递给生产调度人员。

在水处理厂，自动化程度很高，工作人员较少，从一个滤水池到另一个滤水池相距很远，不可能由人来观察水池的情况，加氯间和加药间有有毒气体，工作人员必须加防护才能进入。因此，采用电视监控来监视整个处理过程，可使管理人员在控制室内就能观察到水处理的全过程。

在煤矿井下，噪声很大，声音通信系统效果不佳，地面调度人员不清楚采掘面上的情况，就很难指挥。在各个采掘面装上摄像机后，调度人员能直接从监视器里看到采掘面的实况，便于根据全矿的情况统一指挥，以提高生产效率。

采掘出来的煤炭由皮带输送机经数十公里输送，到达煤仓。在关键设备如给煤机、皮带秤、刮板输送机附近装上摄像机，调度人员可了解运煤的全过程，出现故障可立即排除，增加运煤效率，调度也可随时掌握煤炭产量。

煤矿的采掘面在地下数百米深，主井运送煤炭，副井运人和设备，而副井的绞车司机与井口相距 100 米以上，绞车司机看不到罐笼的现场，靠钢丝绳上的标尺指示或靠电铃通知绞车司机罐笼到位和罐笼内部情况，这样间接了解现场情况，使副井罐笼时有险情发生，往往由于进罐笼时不遵守秩序而发生伤亡事故。在使用了摄像机监视罐笼现场后，绞车司机从监视器里观察罐笼实况，杜绝了这些意外事故。

煤矿采用电视监控是能产生显著效益的，只要进行不多的投资，就能增加生产效率，同时又能减少矿工的伤亡事故。

1.1.2　教学电视

电视在教学方面的应用是众所周知的。我国各省市所有的电视大学都是以收看教育台的广播电视教学和看教学录像带作为主要教学手段的。人数达 80 万的电视大学学生主要就是从每个教室的电视机上获取信息的。除了电视大学外，普通院校的教学电视有电化教室的视频展示台、教学实录和作为远程教育用的实时双向电视传输系统。

1. 视频展示台

视频展示台是电化教室中教师的得力助手。任何实物、照片、图片、图表都可以放在展示台上展示，展示台前方有可控的照明光源照亮展示物，展示台上方装有距离可调节的摄像机，摄像机摄取的图像信号送到投影仪，投影仪将实物图像投射到幕布上。比如，教师有一个微型单板摄像机，放在展示台上展示，全教室的学生都能在幕布上看到放大了的清晰的图像。视频展示台还常被公安部门用来在案件分析会上展示证物。

2. 教学实录

教学实录是指将一些教师上得比较生动的有示范作用、值得推广的课进行摄像，可以实况转播并录像给其他班级的学生观看。这时，学生看到的不再是人头加黑板的呆板的教育广播，而是有学生的课堂，有活跃的课堂气氛，有教师和学生的双向交流，有学生提问和教师解答问题，也有教师提问学生回答或开展课堂讨论等活跃而丰富的教学内容。

医学院的无影灯手术电视就是教学实录最好的例子。无影灯手术电视系统示意图如图 1-5 所示。手术电视主要用于手术示教和录像重放教学。外科手术的教学不能在手术室里进行，摄像机摄取手术的全过程，学生在远离手术室的教室监视器上可以看到实况，并有教师进行解说。至于手术录像，学生可以反复观看，加深体会。其他院校也有一些重要的实验或演示，不可能让几百学生都在现场观看，这可以通过教学实录来解决。

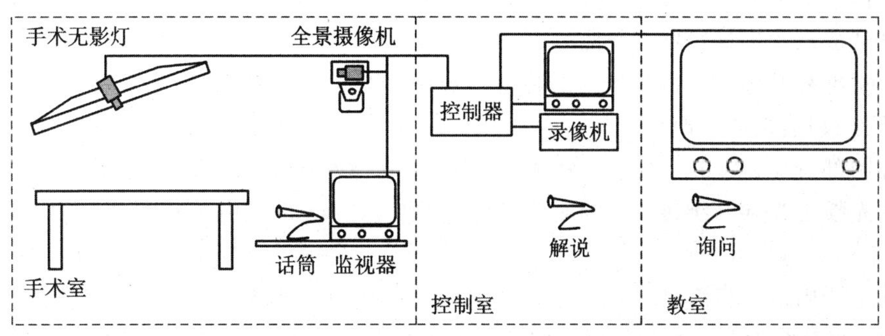

图 1-5　无影灯手术电视系统示意图

3. 实时双向电视传输系统

实时双向电视传输系统是现代化远程教育所必须配备的工具。最初的远程教育是函授。函授是双向的，教师与学生之间借助于信函进行交流，虽然这种交流是缓慢的，教师还是接收到学生反馈回来的信息。广播电视教育打断了教师与学生之间的直接交流，学生信息反馈渠道不畅通严重阻碍远程教育质量的提高，因此远程教育一定要建立实时双向电视传输系统。利用应用电视这一现代化手段让远程教育的教师与学生之间有一个直接对话的机会。有了实时双向电视传输系统，各个院校都可以在其他城市办分校，边远城市的学生也能受到高质量的高等教育。

1.1.3 医用电视

医用电视是利用摄像机将显微镜、内窥镜、X 光机等的医用光学图像转换为视频图像，放大后在监视器上显示或者进行录像。常见的有眼底电视、显微电视、内窥镜电视和 X 线电视等。

1. 眼底电视

眼底是指人眼后部包括黄斑、视神经乳头、视网膜动静脉在内的小区，观察眼底情况可以诊断眼疾，还可以对糖尿病、高血压和肾脏病等疾病作早期诊断。用放大镜观察眼底或者用照相机进行眼底照相先要进行散瞳，即滴眼药水将瞳孔放大，很不方便。采用眼底电视后，因为 CCD 黑白摄像机对 1.1 μm 的近红外区也很灵敏，可以在暗室里使用，人眼瞳孔在暗室里会自然扩大到 8 mm，不需要进行散瞳，而且在监视器上显示的眼底电视图像更加直观、清晰，层次更丰富，能获得更多的眼底信息，诊断更准确。

2. 显微镜电视

显微镜电视是将原来医务人员在显微镜目镜上观察到的微生物、细胞和组织的标本等，利用电视系统显示在监视器上，以改善医务人员的工作条件。显微镜电视一般有生物显微镜电视、暗场显微镜电视、荧光显微镜电视、相衬显微镜电视和偏光显微镜电视等几种，还有常用于眼科、耳鼻喉科、神经外科和整形外科的手术显微镜电视。

3. 内窥镜电视

医用内窥镜是伸入人体内部腔囊式器官诸如喉、支气管、食道、胃肠、腹腔、子宫以及心血管等内部，观察其组织和病灶，进行诊断、治疗的光学仪器。内窥镜用光导纤维束把物镜的像传送给目镜，并用光导纤维束的导光实现外照明，为提高透光率和分辨力，传像纤维束排列成六角形蜂窝状，截面呈方形。

内窥镜电视又称电子内窥镜，主要由内窥镜(CCD 光电传感器)、视频处理器(摄像机的其他部分)和监视器三部分组成。内窥镜控制部分有使窥镜前端弯曲部进行上下、左右转动的控制部分，头部也有给水、给气、吸引、活检钳和纤维导光照明的出入孔，电子内窥镜的照明光线由光导纤维传入，控制信号由电缆传入，CCD 光电传感器输出的电信号由电缆传出。

目前电子内窥镜有多种品种，分别可用于上消化道、结肠、十二指肠等人体器官的病灶诊断中。与纤维内窥镜相比，电子内窥镜有以下优点：分辨率高，有效像素提高了 1～2 倍，放大倍数提高 10～20 倍；没有光纤维那种大量光损耗和光吸收造成的颜色改变，也没有光纤维排列的网格影子和光纤维折断而形成的黑点，且图像色彩丰富，可直接输出模拟或数字视频信号，进行显示、记录、计算机图像处理和远距离传送。

1.1.4 测量电视

测量电视通常是由电视系统与计算机图像处理相结合来完成测量工作的。在钢铁厂热轧车间，测量电视对正在轧制的高温钢板的厚度进行在线测量；在加工工业中，测量电视对生产线上的产品的尺寸、缺陷进行在线测量；计算机则对图像信息进行分析和处理，并自动控制加工过程，提高产品质量。

显微镜电视通过计算机图像处理能进行细胞、菌落或其他粒子的自动分类和计数，提高了检验的速度和准确度。

1.1.5 可视电话与会议电视

可视电话(Videophone)是在与对方交谈的同时可以看到对方图像的电话。一部可视电话机应包括摄像机、监视器、电话机、图像信号的编码、解码器和输出控制、线路接口等电路，可视电话一般采用101 mm(4英寸)小屏幕显像管或液晶显示器，像素数范围为176×144～352×288，为了在综合业务数字网(ISDN)和公用电话网(PSTN)中传送可视电话数据，编码器将视频信号数字化后采用帧间差分编码、离散余弦变换、自适应量化、可变字长编码等数据压缩方法，将可视电话数据压缩到64 kb/s以下，所以可视电话数据可以在电路交换网和分组交换网中传送。2003年4月，北京防治SARS的医务人员夜以继日地工作，整月不能回家，北京市政府在定点收治SARS病人的医院中都安装了可视电话，让医务人员与家人通过可视电话见面，以便双方都能放心地、全身心地投入SARS的防治工作。

会议电视是利用通讯网把多个地点的会议室连接在一起，以电视实况方式召开会议。会议时处于多地的与会人员，既可听到对方的声音，又能在监视器上看到对方的形象、会议室的布置以及在会议中展示的实物、图片、表格、文件等，使与会者觉得就像在一起参加会议一样。采用会议电视开会可以节约会议费用和时间，提高开会效率，便于边远地区和交通困难地区的人员参加会议。会议电视还适合于防汛、救灾等紧急会议的召开。特别当传染病流行时，不方便也不允许千里迢迢地去开会，这时会议电视就能利用与会者相互不接触的优点发挥它的特殊作用。2003年4月，SARS流行期间，很多重要的会议都是以会议电视的形式召开的。

1.2 应用电视与广播电视的区别

应用电视与广播电视有许多共同之处，基本设备都是摄像机、传输设备和显示设备，设备的基本原理也是一样的。但由于它们服务的对象、使用的场合和达到的目的均不相同，所以在信息传输方式和对产品的技术要求上有较大的差别。

1.2.1 两种不同的信息传输方式

广播电视的信息传播方式是从一点(电视台)向四面八方(千家万户)广播的。与广播电视不同，应用电视的信息传播有以下特点：

(1) 信息源是多台摄像机，可以是几台、几十台甚至几百台摄像机。多路信息要求同时传输，同时或轮流显示。

(2) 传输距离较短，一般局限于一个单位，从几十米到几千米的范围内，通常不进行调制，基带信息用同轴电缆(或光缆)传送。

(3) 信息传输的目的地是控制室，信息由较大范围向某一点集中。

(4) 信号传送是双向的，控制室不仅接收摄像机送来的电视信号，而且还向摄像机端发送控制信号和电源。

图 1-6 是应用电视基本结构示意图。

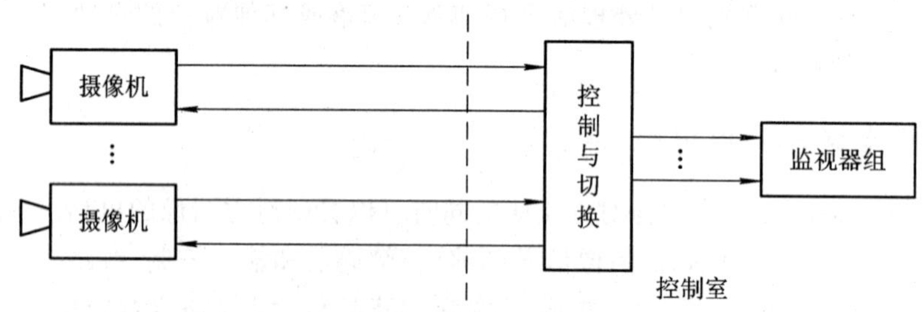

图 1-6 应用电视基本结构示意图

1.2.2 两种不同的技术要求

广播电视是高质量电视，要求达到广播的技术标准，以便给传输系统有足够的余量损失，能适应数量极大的用户的各种各样的接收条件，广播电视设备大都在机房内使用，在环境适应性方面没有特殊的要求。

应用电视属中等质量电视，范围局限，传输距离短，技术要求低于广播标准，但在环境适应性方面要求相当高。比如，对应用电视摄像机有如下技术要求：

(1) 单片 CCD 结构；信噪比和清晰度要求比广播电视摄像机低；要求体积小、重量轻、隐藏性好，常做成半球式、针孔式或烟雾报警式。

(2) 环境适应性强：温度范围为－10℃～50℃，相对湿度小于 90％，电源波动范围±10％。所以，摄像机通常要加各种防护罩和温度控制装置。

(3) 多种同步方式：内同步、外同步和电源同步等。

(4) 能适应多种照明条件：经常要求低照度(高灵敏度)；具有逆光补偿功能；为了能适应光照变化大的动态范围，经常使用自动光圈镜头。

思考题和习题

1-1 为什么说银行电视监控能“白日录像明是非，晚间监控保平安”?

1-2 举例说明一种以电视技术与计算机技术相结合开拓的应用电视。

1-3 举出一个例子说明应用电视还可以应用在哪里，如何应用?

1-4 应用电视信息传播有什么特点?

1-5 简述对应用电视摄像机的技术要求。

第2章 摄 像 机

应用电视系统的基本设备主要有摄像机、传输设备和监视器。而摄像机是最关键的设备，因为摄像机是获取现场图像的传感器，其性能直接影响整个系统的效果。在一个应用电视系统中，往往摄像机的数量最多，价格又较贵，占整个系统投资的大部分，所以选择合适的摄像机，合理地安装与使用是应用电视系统成功的关键。

2.1 CCD摄像机

20世纪80年代，电荷耦合器件CCD(Charge Coupled Devices)制成的固体摄像机已经付诸实用。固体摄像机的寿命很长，能够经受强烈的震动而不损坏，工作电压又很低，体积小重量轻，而且均匀性好，几乎没有几何失真。由于这些突出的优点，现在CCD固体摄像机几乎完全代替了视像管摄像机。

2.1.1 CCD的基本原理

1. 势阱

图2-1所示的MOS结构，是由P型半导体基片、二氧化硅绝缘层和金属电极组成的。在电极上未加电压之前如图2-1(*a*)所示，P型半导体中的空穴均匀分布。当栅极G上加正电压U_G时，栅极下面的空穴受到排斥，从而形成一个耗尽层，见图2-1(*b*)，当U_G数值高于某一临界值U_{th}时，在半导体内靠近绝缘层的界面处，将有自由电子出现，形成一层很薄的反型层，反型层中电子密度很高，通常称为沟道，如图2-1(*c*)所示。这种MOS电极结构与MOS场效应管不同之处是没有源极与漏极，因此即使栅极脉冲式电压突变到高于临界值U_{th}，反型层也不能立即形成，这时，耗尽层将进一步向半导体深处延伸。

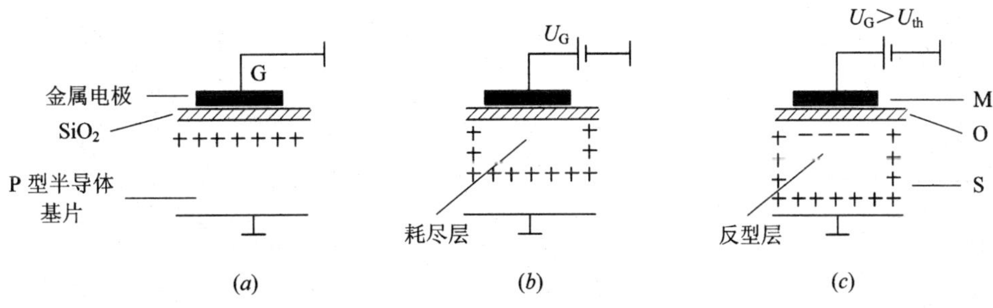

图2-1 MOS结构与势阱

(*a*) $U_G=0$；(*b*) $U_G<U_{th}$；(*c*) $U_G>U_{th}$

耗尽层的深度可想象成势阱的概念，当注入电子形成反型层时，加在耗尽层上的电压将要下降，把耗尽层想象成一个容器(阱)，这种下降可看成向阱内倒入液体，势阱中的电子不能装到边沿。

2. 电荷的转移(耦合)

图 2-2 表示一个四相 CCD 中电荷的转移。在图 2-2(*a*)中，Φ_1是 2 V，$\Phi_2 \sim \Phi_4$是 10 V，所以$\Phi_2 \sim \Phi_4$下面的势阱很深，电荷存在里面。在图 2-2(*b*)中，Φ_2由 10 V 变为 2 V，Φ_2下面的势阱变浅，所有的电荷转移到 Φ_3、Φ_4下面的势阱中，结果如图 2-2(*c*)所示。在图 2-2(*d*)中，Φ_1由 2 V 变为 10 V，原来在 Φ_3、Φ_4下面的势阱中的电荷向右转移分布到 Φ_3、Φ_4、Φ_1下面的势阱中，结果如图 2-2(*e*)所示，这整个的过程就是 $\Phi_2 \sim \Phi_4$下面的势阱中的电荷转移到 Φ_3、Φ_4、Φ_1下面的势阱中。

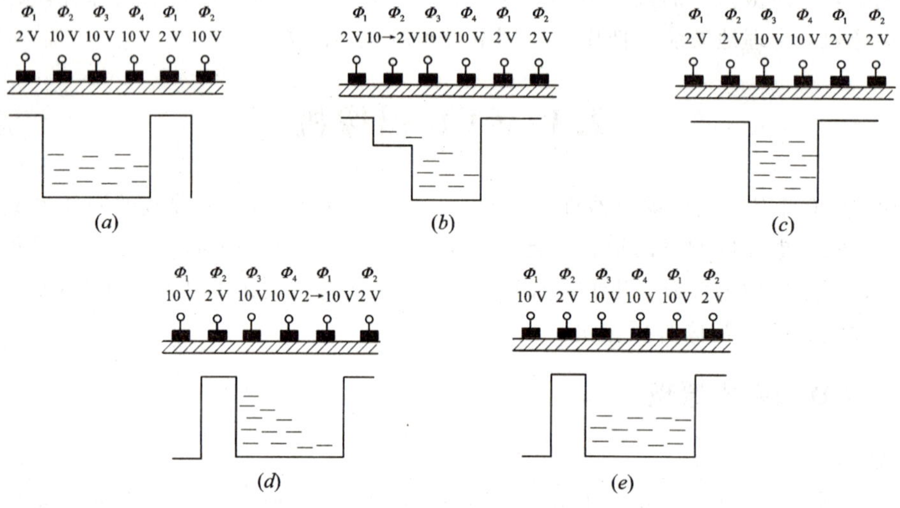

图 2-2 四相 CCD 电荷的转移

图 2-3 是三个电荷包在四相时钟 $\Phi_1 \sim \Phi_4$驱动下向前转移的示意图。

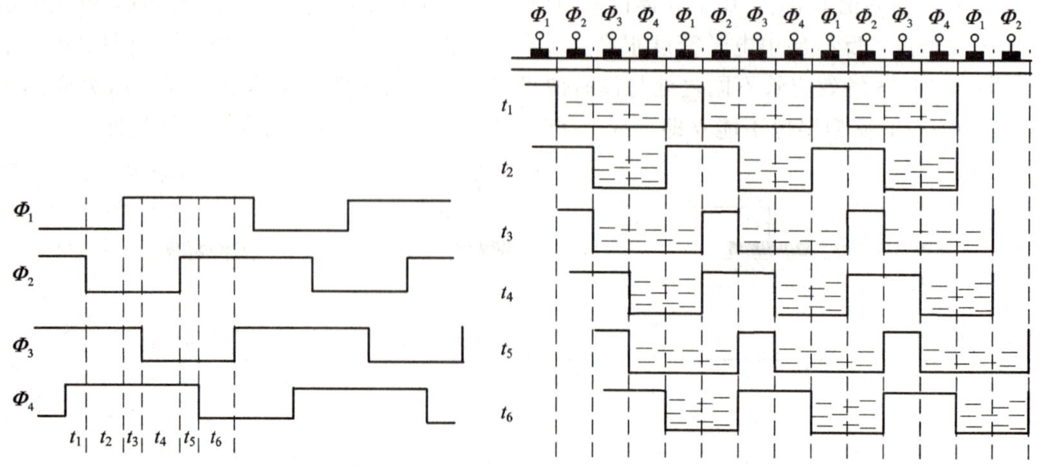

图 2-3 三个电荷包在时钟 $\Phi_1 \sim \Phi_4$ 的驱动下向前转移

图 2－3 左边是四相时钟 $\Phi_1 \sim \Phi_4$ 的波形，右边第一行是电极。所有标志为 Φ_1 的电极应全部连在一起接到 Φ_1 波形的驱动线上；同样，标志为 Φ_2 的电极应全部连在一起接到 Φ_2 波形的驱动线上，所有标志为 Φ_3 的电极应全部连在一起接到 Φ_3 波形的驱动线上，标志为 Φ_4 的电极应全部连在一起接到 Φ_4 波形的驱动线上。第二行是 t_1 时刻三个电荷包的位置，由四相时钟驱动，逐步向右移动，$t_2 \sim t_6$ 各个时刻的电荷包位置如图 2－3 右边各行所示，CCD 中的电荷就这样在四相时钟的驱动下向前转移。

3. 面阵 CCD 的三种基本形式

CCD 作为摄像机中的光电传感器，必须能接收一幅完整的光像，所以 CCD 必须排列成二维阵列的形式，称为面阵 CCD。面阵 CCD 的每列都是一个如前所述的线阵 CCD 移位寄存器，而列之间有由扩散形成的阻挡信号电荷的势垒，该势垒叫做沟阻，可以防止电荷从与转移方向相垂直的方向流走。面阵 CCD 有下面三种基本形式：

(1) 帧转移型(FT 型，Frame Transfer)

帧转移型面阵 CCD 如图 2－4(*a*)所示。摄像器件分为光敏成像区和存储区两部分。在场正程期间，在光敏成像区积累信号电荷；在场消隐期间，由垂直 CCD 移位寄存器把信号电荷全部高速传送到存储区，存储区的信号在每一行消稳期间向前推进一行。在行正程期间，信号由水平 CCD 移位寄存器逐像素读出。

帧转移型 CCD 在帧转移期间，全部电荷在成像区移动，一列中的每一个像素都被这列中后面的其他像素的光线照射过。因此，景物中的亮点就会在图像上产生一条垂直亮带，这个现象称为拖尾。

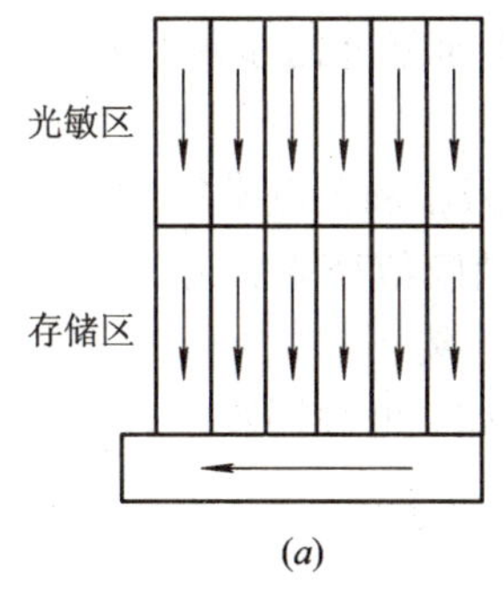

(*a*)

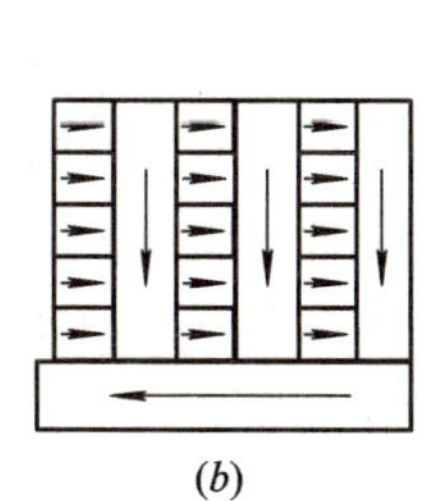
(*b*)

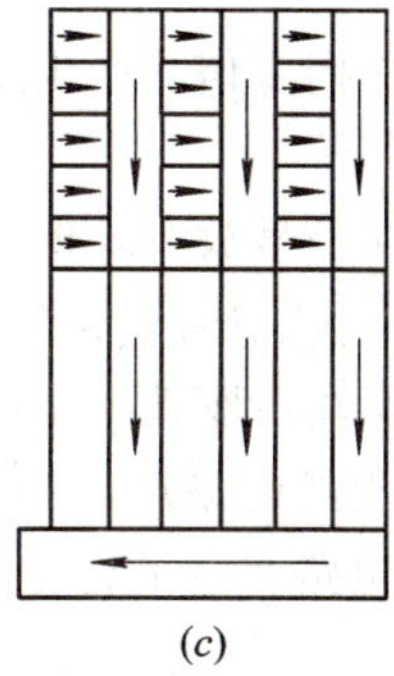
(*c*)

图 2－4 面阵 CCD 的三种基本形式

(*a*) 帧转移型面阵 CCD；(*b*) 行间转移型面阵 CCD；(*c*) 帧行间转移型面阵 CCD

(2) 行间转移型(IT 型，Interline Transfer)

行间转移型面阵 CCD 如图 2－4(*b*)所示。摄像器件的光敏成像部分和存储部分以垂直列相间的形式组合。在场正程期间，在成像列积累信号电荷；场消隐期间，一次转移到相应的存储列上。存储列的信号在每一行消隐期间沿垂直方向下移一个单元；在行正程期间，信号由水平 CCD 移位寄存器逐像素读出。

在行间转移型 CCD 中，电荷包在存储列中每行时间移动一行距离，经过一场才能将全部电荷移出，虽然存储列采用光屏蔽，但斜射光和多次反射光仍会形成假信号而产生拖尾。

(3) 帧行间转移型(FIT 型)

帧行间转移型面阵 CCD 如图 2-4(*c*)所示。成像区与行间转移型 CCD 相似，成像区与存储区的关系与帧转移型 CCD 相似。

在帧行间转移型 CCD 中，电荷包从成像区向存储区转移是在场消隐期间进行的，而且是在光屏蔽和存储列中进行的，基本上不存在拖尾。

2.1.2 黑白 CCD 摄像机的基本原理

图 2-5 是黑白 CCD 摄像机的方框图。

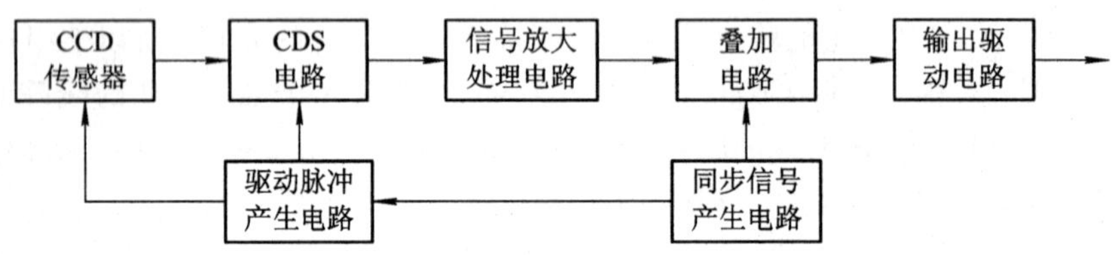

图 2-5 黑白 CCD 摄像机的方框图

(1) CDS 是相关双取样电路(Correlated Double Sampling)。CCD 传感器的每个像素的输出波形只在一部分时间内是图像信号，其余时间内是复位电平和干扰。为了取出图像信号并消除干扰，要采用取样保持电路。某个像素信号被取样后，由一电容把信号保持下来，一直保持到取样下一个像素信号为止。

(2) 驱动脉冲产生电路产生 CCD 传感器所需的垂直 CCD 移位寄存器多相时钟驱动信号，水平 CCD 读出寄存器多相时钟驱动信号等各种脉冲信号和视频通道所需的箝位和取样脉冲。

(3) 同步信号产生电路产生行推动、场推动、复合消隐和复合同步等各种电视信号脉冲。

(4) 信号放大处理电路包括 AGC 放大、γ 校正、白电平限幅和黑电平箝位等电路。

(5) 叠加电路将经过处理的视频信号与复合同步、复合消隐信号叠加成全电视信号。

(6) 输出驱动电路将全电视信号进行驱动，以适配 75Ω 电缆。

除上述电路外，黑白摄像机还可能会有自动光圈接口电路、电源同步接口电路、外同步接口电路和电子亮度控制电路等附加电路。

2.1.3 单片式彩色 CCD 摄像机

广播电视中常用的是三片式 CCD 摄像机。当被摄物体的光线从镜头进入摄像机后，光线被分色棱镜分为红、绿、蓝三路，分别投射到三片 CCD 传感器上，在分别进行光电转换后由各自的信号处理电路进行各种处理，最后经彩色编码后输出。由于每种基色光都有一片 CCD 传感器，因此可以得较高的分辨率。

在应用电视中所用的彩色摄像机都是单片式彩色 CCD 摄像机。由于一片 CCD 传感器要对三种基色光感光，所以单片式彩色 CCD 摄像机的分辨率较低，但成本也降低了许多。

1. 滤色器

单片彩色 CCD 摄像机用一个 CCD 传感器产生 R(红)、G(绿)、B(蓝)三种颜色的信号，必须用滤色器将光进行分色。

从原理上讲，R、G、B 垂直条重复间置的栅状滤色器完全可以用于单片彩色 CCD 摄像机，但如果 CCD 传感器对色光的 R、G、B 三个分量用相同的采样频率 f_{ck} 进行采样，则被采样的三种基色光的上限频率必须限制在相同的数值（$f_{ck}/2$）以下，而接收机中利用人眼对红色、蓝色分辨力低的特点，将 R、B 信号限制在 1.3 MHz 左右。在 CCD 传感器分辨率不高的情况下，对三种基色光使用相同的采样频率显然是不合理的，所以采用一种镶嵌式的 GCFS(Green Checker Field Sequence)滤色器。

R	G	R	G
G	B	G	B
R	G	R	G
G	B	G	B

图 2-6 GCFS 滤色器

图 2-6 是 GCFS 滤色器。滤色器的每一个小方块表示一个滤色单元，对应于 CCD 传感器的一个像素，标号为 R、G、B 的小方块分别表示能透过红光、绿光、蓝光。

2. 彩色信号分离电路

图 2-7 是采用 GCFS 滤色器的单片 CCD 彩色摄像机方框图。单片 CCD 传感器输出信号为红、绿、蓝混合信号，必须通过彩色信号分离电路分解出红、绿、蓝基色信号。由于 CCD 传感器的输出信号是由时钟驱动脉冲控制的，与时钟脉冲有严格的对应关系，因而在取样保持电路中采用由时钟驱动脉冲形成的相位与时钟脉冲一致的脉冲取样，可分离出相应的基色信号。

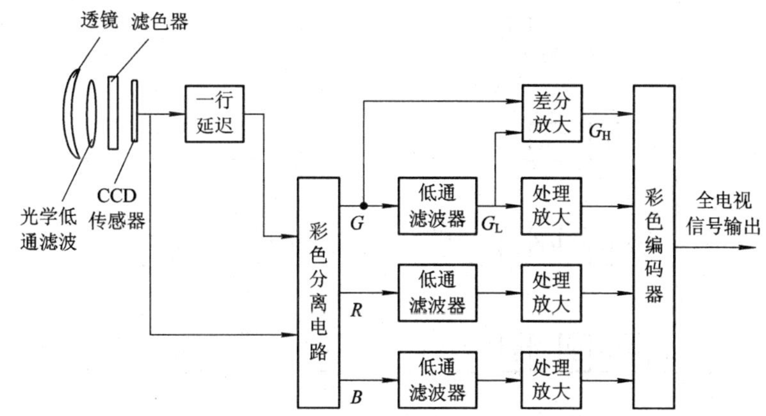

图 2-7 采用 GCFS 滤色器的单片 CCD 彩色摄像机方框图

图 2-8 是 CCD 传感器的光敏单元与滤色器的滤色单元的相对位置关系。垂直方向上每个滤色单元对应于两个光敏单元；水平方向上每个滤色单元对应于一个光敏单元。存储在各滤色单元上部的光敏单元中的电荷包供奇数场用，存储在各滤色单元下部的光敏单元中的电荷包供偶数场用。

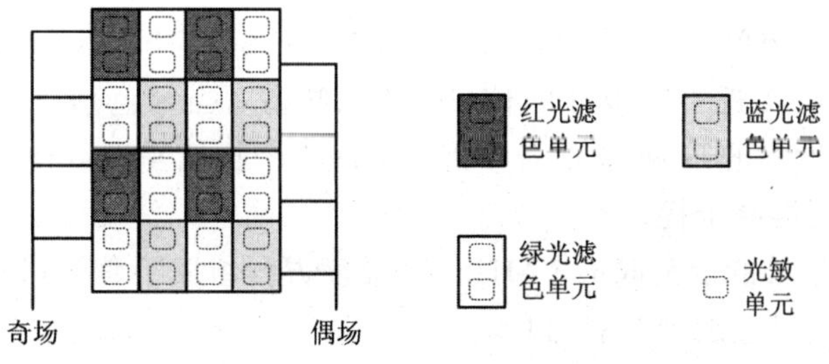

图 2-8 光敏单元与滤色器的相对位置关系

根据色光中的各基色光之间的线性叠加原理，可认为各种滤色单元是对色光中相应的光分量单独作用的，允许某种基色光通过滤色单元，对那种基色信号来说，相当于一个取样开关。由香农取样定理可知，要能够从取样后的信号中准确地恢复出原来的信号，被取样信号必须是频带有限的。所以，在光信号进入滤色器之前，必须用光学低通滤波器将光的空间频率成分限制在一定的带宽内。

考虑到使用GCFS排列滤色器的CCD传感器每一行只输出两种基色信号，因而送到彩色分离电路信号有两路，一路直接来自CCD传感器，另一路是延迟一行后的信号。

假如第 n 行的输出信号为 u，如图2-9(a)所示，以R，G，R，G，…的顺序排列，经过一行延时，同时到达分离器的则是前一行的信号 u'，以G′，B′，G′，B′，…的顺序排列。在 R 信号分离器的电路中只需要从 u 信号中取出 u_R；在G信号分离器中，沿图2-9(a)中箭头所指的顺序将 u 和 u' 中G信号取出并相加得到 u_G；在B信号分离器中则从 u' 信号中取出 u_B。

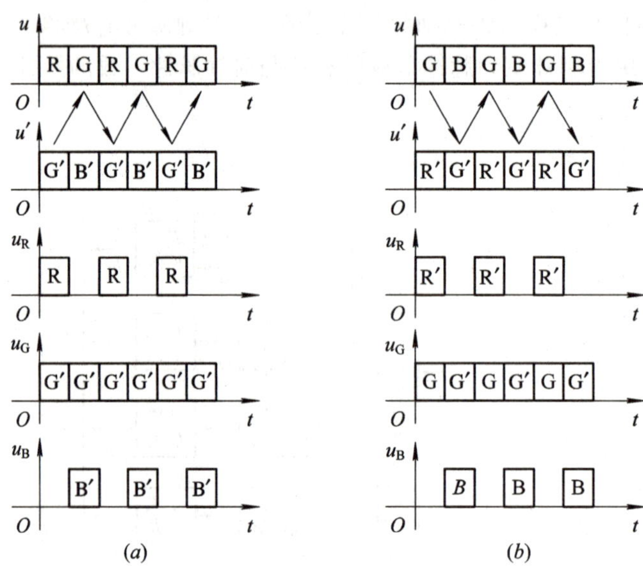

图2-9 在第 n 行和 $n+1$ 行上 u_R、u_G、u_B 信号的分离

(a) 第 n 行；(b) 第 $n+1$ 行

显然当 n 行以R，G，R，G，…顺序排列时，第 $n+1$ 行必然以G，B，G，B，…顺序排列，经过一行延迟同时到达分离器的信号 u' 以R′，G′，R′，G，…顺序排列，信号分离的过程与 n 行类似，见图2-9(b)。

CCD传感器的成像单元数目越多，组成 u_G 信号的相邻信号G与G′之间差别越小，G与G′叠加在一起时越接近于被取样的信号。这意味着，当绿色信号的上限频率 f_m 高于 $f_{ck}/2$ 时，存在于被取样的G和G′信号频谱中的混叠干扰相互抵消得越充分，在电视图像上看不出明显的频谱混叠干扰。

所以 R、G、B 信号的带宽取1.3 MHz，按亮度方程组成 Y 信号(1.3 MHz)以后，将高于1.3 MHz的 G_H 信号叠加到 Y 信号中。

2.1.4 场顺序彩色编码法和高清晰度摄像机

高清晰度单片彩色 CCD 摄像机采用场顺序彩色编码法（Field Sequential Color Coding Method），采用的滤色器如图 2-10 所示。

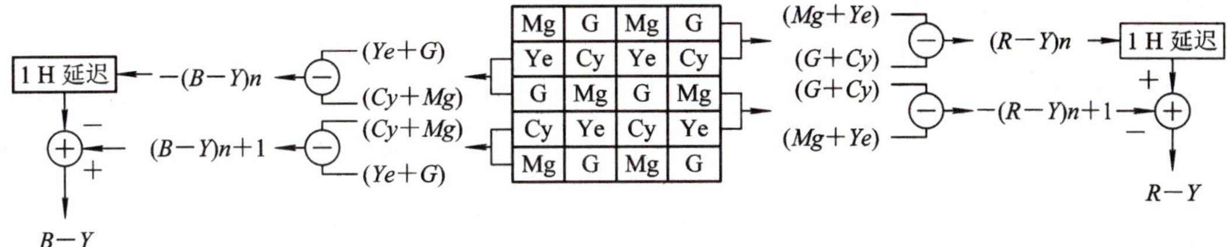

图 2-10 场顺序彩色编码法滤色器

滤色器的第 3 行与第 1 行反相，第 4 行与第 2 行反相。

第一场的第 n 行，从 CCD 传感器获得交替的（$Mg+Ye$）和（$G+Cy$）信号，调制成分（$R-Y$）n，叠加在亮度信号上按下式被分离：

$$(Mg+Ye)-(G+Cy)=(R-Y)n \tag{2-1}$$

在（$n+1$）行，相反相位的调制成分$-(R-Y)n+1$，按下式被分离：

$$(G+Cy)-(Mg+Ye)=-(R-Y)n+1 \tag{2-2}$$

这样，调制成分（$R-Y$）n 和$-(R-Y)n+1$，从相邻的扫描行得到，以相反的相位相加，获得色差信号 $R-Y$。

在第二场，因为隔行，滤色器滤色单元的结合方式改变。那么，在第 n 行，（$Ye+G$）和（$Cy+Mg$）信号交替获得，$-(B-Y)n$ 调制成分按下式被分离：

$$(Ye+G)-(Cy+Mg)=-(B-Y)n \tag{2-3}$$

在 $n+1$ 行，$(B-Y)n+1$，调制成分按下式被分离：

$$(Cy+Mg)-(Ye+G)=(B-Y)n+1 \tag{2-4}$$

调制成分$-(B-Y)n$ 和$(B-Y)n+1$。在相邻的扫描行得到，以相反的相位相加，得到色差信号 $B-Y$。

图 2-11 表示了为改善水平清晰度而采取的插入。以（$Mg+Ye$）信号作为一个例子，这个信号能从第 n 行和第 $n+1$ 行的每隔一个像素获得，这些位置是取样点，它们逐行倒相，因此取样频率等于亮度信号的一半。现将第 n 行和第 $n+1$ 行如箭头所示的单元求和来插入，而（$G+Cy$）信号通过如虚线箭头所示的单元求和来插入。插入后，由调制成分（$Mg+Ye$）和（$G+Cy$）组成的色差信号水平取样频率加倍，等于亮度信号的取样频率 f_{ck}。

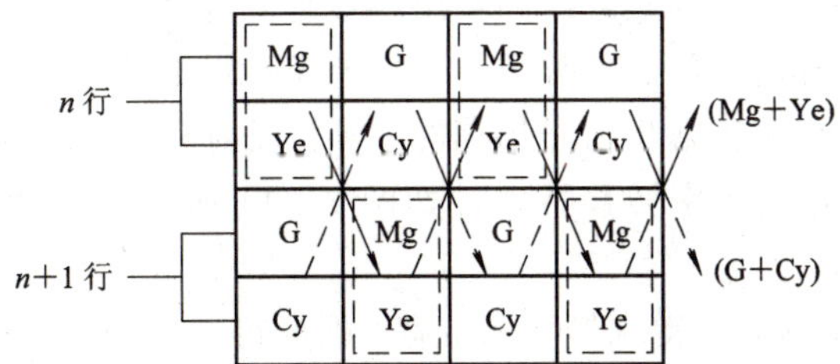

图 2-11 场顺序彩色编码法为改善水平清晰度而采取的插入示意图

当被摄物体有较高的空间频率时，彩色混叠噪波信号等于亮度混叠噪波信号，因此当彩色运算的时候，彩色混叠噪波信号被消除，用来抑制彩色混叠噪波干扰的光学低通滤波器变得没有必要。

这种场顺序彩色编码法还有抑制彩色寄生信号的功能。如图 2－10 的滤色器上，若第 1 列为白光，第 2～4 列为无光（物体为黑色），则第一场的第 n 行 $G+Cy$ 成分为 0，而 $Mg+Ye$ 成分有信号；同样在 $n+1$ 行，只有 $G+Cy$ 成分有信号，$Mg+Ye$ 成分为 0，这两个信号 $Mg+Ye$ 和 $G+Cy$ 会引起寄生的彩色信号，而现在色差信号通过如虚线箭头所示的单元求和来插入。$R-Y$ 由这两个信号相加产生，因此不会产生寄生的彩色信号。

普通 CCD 摄像机为了抑制噪波都采用相关双取样的方法，简称 CDS；高清晰度摄像机采用新的反射延迟噪声抑制（Reflection Delayed Noise Suppression）的方法，简称 RDS。

图 2－12 是 CDS 法的示意图。CDS 法主要由箝位电路和取样保持电路组成。在箝位电路中，CCD 输出信号的复位电平被箝位到箝位电压 u_{el}；在取样保持电路中，信号电平 u_s 被取样保持。这样，复位电平与信号电平的差值能有效地确定，而加在两个电平上的噪波电压被消除。然而，CDS 法需要产生箝位脉冲和取样保持脉两种窄脉冲，高清晰度 CCD 摄像机水平方向像素接近 2000 个，这时需要产生的是脉宽为 5～7 ns 的窄脉冲，产生这种窄脉冲比较困难，而且不易获得所需的稳定的箝位特性。

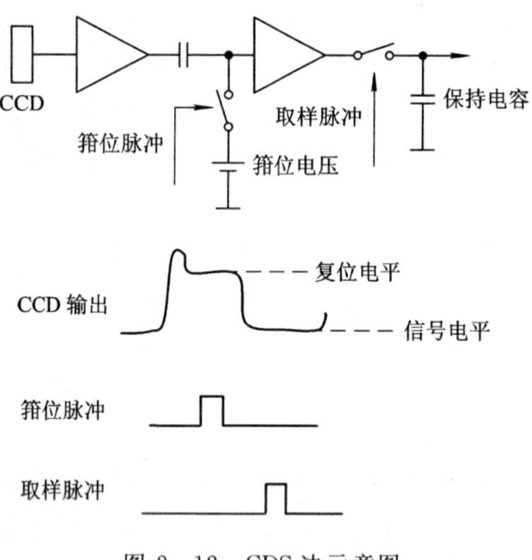

图 2－12 CDS 法示意图

图 2－13 是 RDS 法示意图。RDS 法主要由前置滤波和取样电路两部分组成。前置滤波电路包括延迟线与缓冲电路，CCD 光电传感器的输出信号经电阻 Z_0 加到延迟线输入端，Z_0 等于延迟线的特性阻抗，因为延迟线的输出端接地，这个信号延迟了时间 τ 后在延迟线输出端全反射，这个反射信号延迟了时间 τ 后与未经延迟的信号在延迟线输入端混合，延迟时间 2τ 调整到大约是 CCD 输出信号周期的一半。反射和延迟的信号的混合信号波形如图 2－13 所示。反射延迟的频率转移特性是如图 2－14 所示的梳状滤波。在取样电路中，信号 U_s 被取样。

由于 RDS 法电路简单，易得到较宽的带宽，能取得稳定的、较好的噪波抑制效果，因而在高清晰度 CCD 摄像机中被广泛采用。

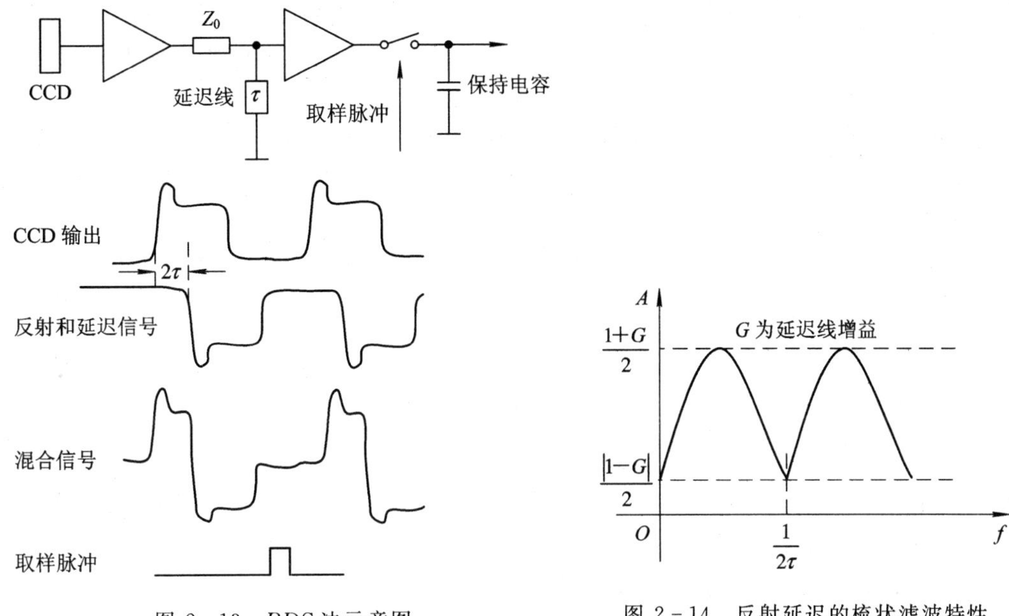

图 2-13 *RDS* 法示意图

图 2-14 反射延迟的梳状滤波特性

图 2-15 是高清晰度单片彩色 CCD 摄像机的方框图。摄像机由 CCD 传感器、RDS 电路、彩色分离电路、彩色和亮度信号处理电路、场插入电路等组成。

CCD 传感器是行间转移结构，具有 1920×1035 个像素，水平数据率是普通摄像机的 3 倍，因此水平读出寄存器采用双通道结构，从两个相邻的垂直移位寄存器来的信号电荷被分别转移到两个水平读出寄存器。

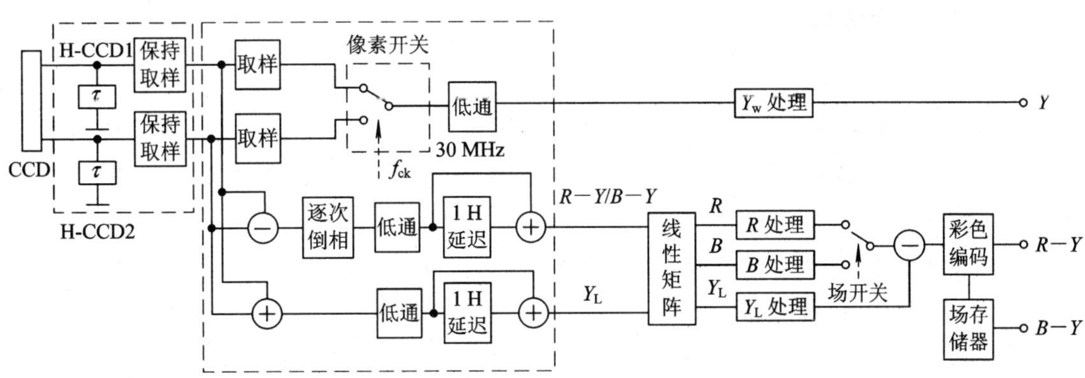

图 2-15 高清晰度单片彩色 CCD 摄像机方框图

为了获得宽带亮度信号 Y_w，由 RDS 电路出来的两路信号被重新取样保持，以重新产生两倍数据率的视频信号，它的带宽由低通滤波器限制在 30 MHz。

在第一场，彩色调制成分由下式给出：

n 行：
$$S(t)_n=(R-Y)\cos\omega t \tag{2-5}$$

$n+1$ 行：
$$S(t)_{n+1}=(R-Y)\cos(\omega t+\pi) \tag{2-6}$$

在第二场：

n 行：
$$S(t)_n=(B-Y)\cos(\omega t+\pi) \tag{2-7}$$

$n+1$ 行：
$$S(t)_{n+1}=(B-Y)\cos\omega t \tag{2-8}$$

这里 $\omega=f_{ck}/4$，调制信号相位是逐行倒相，经过逐行倒相电路后，各个调制成分变成相同相位，将经过一行延迟线延迟的信号与未经延迟的信号相加可以场顺序形成 $R-Y$、$B-Y$ 信号。

为了获得窄带亮度信号 Y_L，将两个 H-CCD 输出信号相加，再将经一行延迟线延迟的信号与未经延迟的信号相加可得到 Y_L 信号。$B-Y$、$R-Y$、Y_L 信号的带宽限制在 7 MHz。

彩色信号处理电路由线性矩阵和处理电路构成。为了校正 Y_L 的摄像特性，由线性矩阵电路按下式对 Y_L 信号进行校正：

奇场：
$$Y_L'=Y_L-k_3(R-Y) \tag{2-9}$$

偶场：
$$Y_L'=Y_L-k_4(B-Y) \tag{2-10}$$

R、B 信号由线性矩阵电路按下式产生：

$$R=(R-Y)+k_1Y_L' \tag{2-11}$$

$$B=(B-Y)+k_2Y_L' \tag{2-12}$$

式中，$k_1\sim k_4$ 是由滤色器、CCD 传感器的性质决定的系数。

Y_w 信号的处理包括轮廓校正、γ 校正和光斑校正。

因为色差信号是按场顺序产生的，必须通过场插入电路使信号连续。这里用一个 250 k×8 位的场存储器，时钟频率为 $f_{ck}/4$，那么一场的取样点是 2 M/(2×4)=250 k，A/D 转换是 8 位的。场顺序彩色编码法中色度信号有时间延迟，因为每个色差信号是被延迟了一场，当摄取高速移动物体时会产生红、蓝边界或较高的色饱和度，这个时间延迟能用运动补偿电路来消除。

2.1.5 CCD 摄像机常用术语

1. 模糊

前述拖尾是模糊的一种。此外，还有因转移效率引起的固定模糊，因转移效率与电荷包大小成比例引起的比例模糊，以及与转移电极结构有关的非线性模糊。

2. 弥散

弥散也称光晕、开花。当光敏区的一点或一部分被过曝光时，信号电荷将从势阱中溢出而流入相邻的势阱内，使该部分出现一种像墨水发散那样的现象，画面变白，称为弥散。常由于溢出电荷沿转移方向流动而产生白道，在工艺上作横向溢出漏等方法可以防止弥散。

3. 缺陷

缺陷是因制作工艺不完善而产生的疵点。当摄像机光圈关到最小，摄取的图像在监视器上显示时，在监视器上看到的亮点就是疵点。对于某个器件，疵点的位置是固定的，有些摄像机的处理电路将疵点的位置存储在 ROM 中，读出时，不是读取疵点位置的信号，而是以读取相邻位置的信号来代替，所以看不到疵点。

4. 暗电流

CCD 在没有光注入形成信号电荷包时，处于深耗尽状态的 MOS 电容仍可将由热产生的载流子收集在电极的势阱中，转移电流是器件的热载流子电流，称为暗电流。暗电流不均匀将造成图像背景不均匀，有的还会在图像上出现白斑。当摄像机镜头对准颜色均匀的白纸，把镜头光圈调小，摄取的图像在监视器上显示，在监视器上可以看到一个固定的干扰图形，这往往是由暗电流造成的。温度每降低 10℃，暗电流约减少一半。

5. 电子快门

电子快门是通过改变电荷积累时间来达到摄像机快门的效果的。电子快门能减少高速移动物体的模糊，提高动态清晰度，但会使灵敏度下降。

可选电子快门时间一般为 1/100～1/2000 秒。在快门关闭期间的行消隐期，将存储的无效信号电荷释放到垂直溢出漏上，可将每场中最后的快门时间内存储的电荷在场消隐期间转移出去。

2.2 CMOS 摄像机

与 CCD 相比，CMOS 传感器最明显的优势是器件结构简单、体积小、功耗低、性价比高和易于控制。由于 CMOS 传感器像素尺寸小，具有较高的集成度，可以将模数转换和控制芯片集成在一起，图像数据不必在复杂的电路中传来送去，因此极大地提高了捕获信息的速度。

2.2.1 CMOS 图像传感器三种基本类型

CMOS 图像传感器有无源像素图像传感器(PPS 型，Passive Pixel Sensor)、有源像素图像传感器(APS 型，Active Pixel Sensor)、数字像素图像传感器(DPS 型，Digital Pixel Sensor)三种基本类型。

1. 无源像素图像传感器(PPS 型)

无源像素图像传感器的像元结构简单，没有信号放大作用，由一个反向偏置的光敏二极管和一个行选择开关管 Vx 构成。图 2-16 是无源像素图像传感器结构示意图。

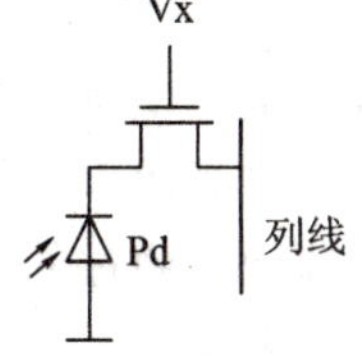

图 2-16 无源像素图像传感器结构示意图

光敏二极管将入射的光信号转换为电信号，开关管 Vx 的导通与否取决于器件像元阵列的控制电路。在每一曝光周期开始时，Vx 处于关断状态；直至光敏单元完成预定时间的光电积分过程，Vx 才转入导通状态；此时，光敏二极管与垂直的列线连通，光敏单元中积累的与光信号成正比的光生电荷被送往列线，由位于列线末端的电荷积分放大器转换为相应的电压量输出；当光敏二极管中存储的信号电荷被读出时，再由控制电路往列线加上一定的复位电压使光敏电源恢复初始状态，随即再将 Vx 关断以备进入下一个曝光周期。采用另外一个开关管以实现二维的 X—Y 寻址。

PPS 像元结构简单，在给定的传感器面积下，可设计出最高的孔径系数(有效光敏单元面积与总面积之比)；在给定的孔径系数下，传感器面积可设计得最小。

但是这种结构存在着两方面的不足：第一，各像元中开关管的导通阈值难以完全一致，所以即使器件所接受的入射光线完全均匀，其输出信号仍会形成某种相对固定的特定图形，较大的固有模式噪声的存在是其致命的弱点；第二，光敏单元的驱动能量相对较弱，故列线不宜过长以减小其分布参数的影响。受多路传输线寄生电容及读出速率的限制，PPS 难以向大型阵列发展。

2. 有源像素图像传感器(APS 型)

有源像素图像传感器就是在每个光敏像元内引入至少一个(一般为几个)有源晶体管，它具有像元内信号放大和缓冲作用，改善了噪声性能。由于每个放大器仅在读出期间被激发，所以 CMOS 有源像素图像传感器的功耗比 CCD 图像传感器的还小。APS 像元结构复杂，与 PPS 孔径系数 60%～80%相比，其孔径系数较小，典型值为 30%～40%，与行间转移 CCD 接近。

1) 光敏二极管型有源像素结构

图 2-17 是光敏二极管型有源像素结构示意图。图中每个像元包括三个晶体管和一个光敏二极管。

在此结构中，输出信号由源跟随器予以缓冲，以增强像元的驱动能力，其读出功能由与它相串联的行选择晶体管(RS)控制。因源跟随器不再具备双向导通能力，故需另行配备独立的复位晶体管(RST)。不难理解，由于有源像元的驱动能力较强，列线分布参数的影响相对较小，因而有利于制作像元阵列较大的器件；利用独立的复位功能便于改变像元的光电积分时间，因此具有电子快门的效果；而像元本身具备的行选择功能，对二维图像输出控制电路的简化颇有益处。CMOS 光敏二极管型 APS 适宜于大多数中低性能成像产品的应用。

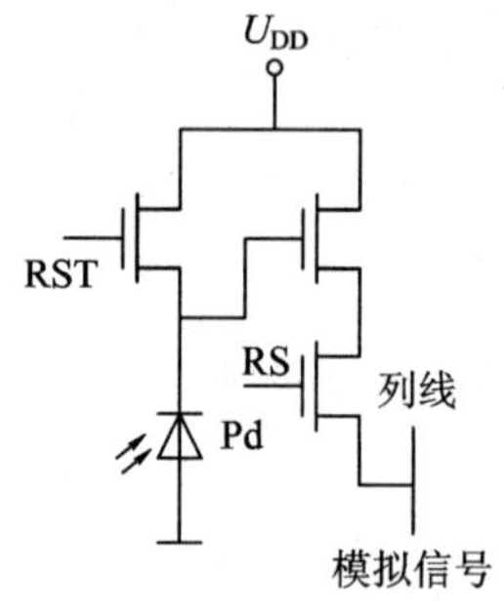

图 2-17 光敏二极管型有源像素结构示意图

2) 光栅型有源像素结构

由于有源像元中所含的晶体管数目较多，因而造成了一些新的问题：首先，晶体管的增多会使像元中光敏单元的面积相对减小，导致像元的孔径系数明显降低；另外，晶体管的增多会使前面提到过的晶体管的导通阈值不匹配问题更加严重，从而导致固有模式噪声指标的进一步恶化。

为了解决有源像元孔径系数低的问题，CMOS 器件往往借用 CCD 制造工艺中现有的“微透镜”技术，就是在器件芯片的常规制作工序完成后，再利用光刻技术在每个像元的表面直接制作一个微型光学透镜，借以对入射光进行会聚，使之集中投射于像元的光敏单元，从而将有源像元的有效孔径系数提高 2～3 倍。图 2-18 是微透镜技术原理示意图。

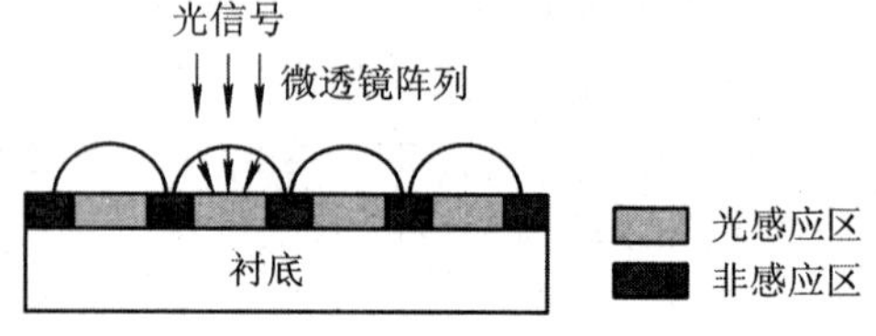

图 2-18 微透镜技术原理示意图

3. 数字像素图像传感器(DPS 型)

CMOS 数字像素图像传感器不像 PPS 和 APS 那样 A/D 转换在像素单元外进行，DPS 将 A/D 转换集成在每一个像素单元里，每一个像元输出的都是数字信号，工作速度更快，功耗比 APS 更低。

美国 Pixim 公司是 DPS(Digital Pixel System，数字像素系统)技术的发明者。图 2-19 是 DPS 像素结构示意图。

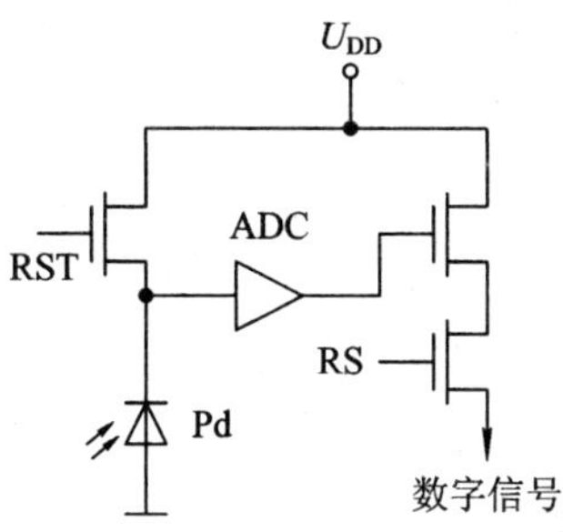

图 2-19 DPS 像素结构示意图

2.2.2 CMOS 图像传感器件的组成

1. OmniVision 公司产品

美国 OmniVision 公司专门生产 CMOS 摄像芯片，表 2-1 是 OmniVision 公司用于安全防范的应用电视 CMOS APS 摄像芯片。表中 OV7949 是典型的电视监控用廉价 CMOS 摄像芯片。图 2-20 是 OV7949 CMOS 摄像芯片的内部结构方框图。

表 2-1 OmniVision 公司应用电视 CMOS 摄像芯片

	闭路电视摄像机	IP 摄像机
专业级	OV7960	OV7962、OV5653、OV10620
民用级	OV7949、OV7950	OV7720、OV7740

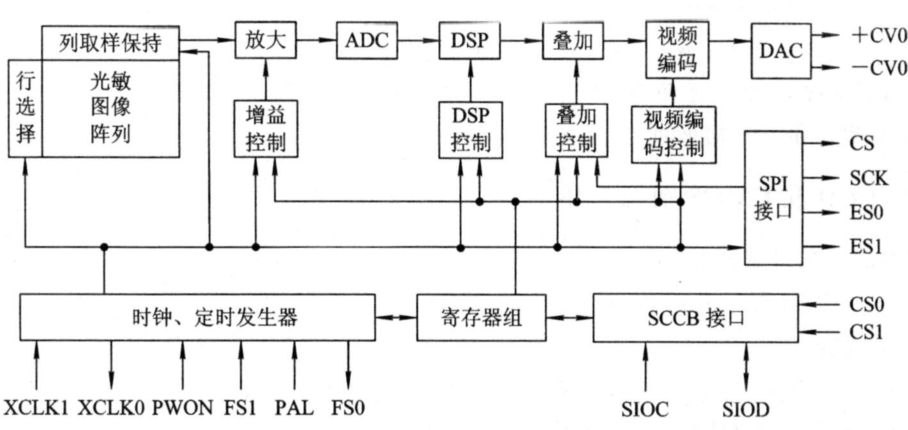

图 2-20 OV7949 CMOS 摄像芯片的内部结构方框图

在图 2-20 中，图像阵列、增益控制、DSP(Digital Signal Processor，数字信号处理器)控制、叠加控制和视频编码控制都由时钟、定时发生器及其控制逻辑驱动控制。CMOS 图像传感器的输出信号经放大后送到 ADC(Analog to Digital Converter，模数变换器)变换为数字信号，由数字信号处理器进行处理后叠加上附加信息，再经视频编码后由 DAC(Digital to Analog Converter，数模变换器)转换为模拟视频信号。

图 2－20 中的 SPI(Serial Peripheral Interface，串行外围接口)用来外接 EEPROM (Electrically Erasable Programmable Read Only Memory，电可擦可编程只读存储器)控制字符和其他附加信息的叠加。SCCB(Serial Camera Control Bus，串行摄像机控制总线)接口是与 I^2C(Inter Integrated Circuit，集成电路内部)接口兼容的，用来控制寄存器组的编程。

摄像芯片具有灵敏度提升、自动曝光增益控制、自动白平衡控制、50 Hz 闪烁消除和 γ 校正等功能，可由外来帧同步信号进行台从锁相。

OV7949 是 1/3 英寸 628×586 像素摄像机，像素尺寸为 9.2×7.2 μm，功耗 168 mW。

2. Pixim 公司产品

由美国 Pixim 公司的 D8800C CMOS DPS 芯片组成的海狼、夜狼系列 CMOS 传感器被世界各地厂商装配成各种 CMOS 摄像机，还有由数字图像传感器和视频图像处理组成的两芯片组组成的各种 CMOS 闭路电视摄像机或 IP 摄像机。图 2－21 是两芯片组组成 CMOS 摄像机的示意图。

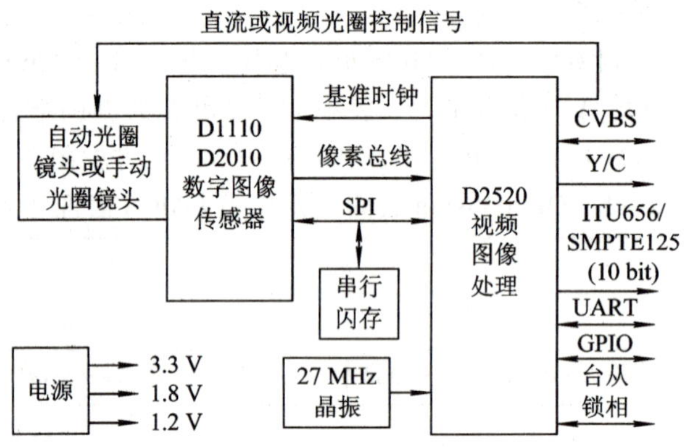

图 2－21 两芯片组组成 CMOS 摄像机示意图

此外，还有 DS3010R 和 D1520 芯片组(闭路电视摄像机)、DS3010R 和 D1620 芯片组(闭路电视摄像机、IP 摄像机)组成的各类摄像机。

2.2.3 CCD 和 CMOS 图像传感器性能比较

CMOS 图像传感器和 CCD 图像传感器的工作原理和结构不同，所以性能上存在着很大的区别，主要体现在集成度、读出方式、功耗、填充因子、动态范围、灵敏度和价格上。

1. 集成度

CCD 图像传感器的时钟驱动、时序发生和模拟、数字信号处理等其他辅助功能电路难以与 CCD 成像阵列单片集成，一般需要 3～8 个芯片组合实现，同时还需要一个多通道非标准供电电压，图像系统为多芯片系统；CMOS 图像传感器能在同一个芯片上集成除像素阵列之外的相关电路和图像处理模块，如时钟信号产生电路、模拟信号处理电路、数字信号处理电路，甚至彩色处理和数据压缩电路、计算机 I/O 接口电路，形成单片高集成度数字成像系统，多数 CMOS 图像传感器同时具有模拟和数字输出信号。

2. 读出方式

CCD 图像传感器是在同步信号和时钟信号的配合下，以帧或行的方式转移，整个电路非常复杂，其图像信息不能随机读取，而这种随机读取对很多应用是不可少的；CMOS图像传感器则以类似DRAM存储器的方式读出信号，可以随机读取。

3. 功耗

CCD图像传感器要求多相电压传输信号电荷，随着阵列尺寸的增加，为了获得信号转移的完整性，更加严格准确的时钟脉冲，需要相对高的工作电压，另外，像素阵列之外的芯片消耗很大功耗；而CMOS图像传感器仅仅只要一个电源电压，一般情况下CMOS图像传感器消耗的能量是CCD的1/10～1/100，有利于延长便携式、机载或星载电子设备的使用时间。

4. 填充因子

填充因子是光敏面积对全部像敏面积之比。CMOS图像传感器的填充因子一般在20%～30%之间，而CCD图像传感器高达80%以上，这主要是CMOS图像传感器的像素中集成了读出电路。为了改善填充因子，CMOS图像传感器的工艺中使用微透镜聚焦入射光来提高填充因子。

5. 灵敏度与动态范围

CCD图像传感器有高的灵敏度，只要很少的积分时间就能读出信号电荷，而CMOS图像传感器因为像素内集成有源晶体管降低了感光灵敏度，但对红外等非可见光波的灵敏度比CCD要高，并随波长增加而衰减的梯度也慢些。由于CCD图像传感器具有较低的暗电流和成熟的读出噪声抑制技术，目前主流CCD图像传感器的动态范围比CMOS图像传感器的动态范围宽。

6. 价格

随着CMOS工艺的发展，CMOS图像传感器已经将时序控制单元、模拟信号处理和数字信号处理等集成在单芯片下；而CCD图像传感器是用特殊工艺制成，这些模块不能与像素阵列集成。因此CMOS图像传感器制造成本低，结构简单，从而成品率高，这样CMOS图像传感器在价格上就比CCD图像传感器有了明显优势。

由于工作的机理不同，CMOS和CCD两种图像传感器芯片的电路设计方法及电路结构形式有很大区别。CCD图像传感器生产过程复杂、成本高、功耗大，但拥有高信噪比、宽动态范围、高电荷转换效率和高输出图像质量的优点；CMOS图像传感器的最大优点是功耗低、成本低、电路结构简单、集成度高。随着技术水平的不断进步，CMOS图像传感器的性能正在逐渐接近和超越CCD。

表2-2是CCD摄像机与CMOS摄像机性能比较表。

表2-2 CCD摄像机与CMOS摄像机性能比较

	生产线	成本	集成度	功耗	抗辐射	电路	灵敏度	信噪比	红外灵敏度
CCD	专用	高	低	大	弱	复杂	高	高	低
CMOS	通用	低	高	小	强	简单	较高	较高	高

2.2.4 摄像机的主要性能与测试

摄像机的主要性能有视频输出幅度、信噪比、清晰度和最低可用照度。

1. 输出幅度

测试时，摄像机摄取 GB6996.12 规定的灰度测试图。摄像机输出端接 75±3.75 Ω 的标准电阻，用示波器观察，从最高电平到同步脉冲顶部，应为 1 V(p-p，即峰—峰)。同时观察亮度信号幅度、同步信号幅度和色同步信号幅度，以消隐电平为基准，应是 0.7 V±0.1 V、-0.3 V(+0.05 V，-0.10 V)、0.3 V(+0.20 V，-0.05 V)。

2. 信噪比

测试时，断开摄像机通道中自动控制和校正电路。如 AGC(自动增益控制)、BLC(背景光补偿)和 ATW(自动跟踪白平衡)等开关均应处于断开(OFF)位置，摄像机摄取 GB6996.12 规定的灰度测试图，摄像机输出端接入视频杂波测量仪，接通视频杂波测量仪的 6 MHz 低通滤波器和 10 kHz 高通滤波器，使摄像机输出端视频信号幅度为 0.7 V，盖上镜头盖后，在视频杂波测量仪上读取信噪比。

没有视频杂波测量仪时，可用示波器测试杂波有效值后再计算出信噪比。摄像机摄取白卡，使输出视频信号幅度为 0.7 V，示波器置于交流档、灵敏度较高位置，读取白电平上杂波的数值。计算信噪比：

$$\frac{S}{N} = 20\ \lg \frac{0.7\ \text{V}}{\text{杂波有效值}}(\text{dB}) \qquad (2-13)$$

3. 清晰度

测试时，摄像机摄取 GB6996.1 规定的综合测试图。摄像机的输出视频信号接到清晰度大于 800TV 线的黑白监视器上，在黑白监视器上用目测法读出图像中心能分辨的最多 TV 线数。

4. 最低可用照度

给出最低可用照度值时，都必须要注明光圈值。如，同一台摄像机光圈为 F1.4 时最低照度为 0.8 lx；光圈为 F0.75 时最低照度为 0.4 lx。测试时，摄像机取 GB6996.12 规定的灰度测试图。摄像机镜头的光圈调到规定值，用示波器观察摄像机输出视频信号幅度，摄像机输出端接 75 Ω 匹配电阻，调节光源照度，使输出视频信号幅度为 0.21 V，同时 S/N 不能低于 32 dB，然后用照度计测出测试图上的照度值就是摄像机的最低可用照度。

2.3 特殊成像摄像机

随着光电子技术的迅速发展，研制开发了许多特种摄像器件，如热释电视像管、凝视焦平面阵列和微通道板像增强管等。用这些特种摄像器件制成的特殊成像摄像机在非可见光或人眼看不见的微弱可见光场合使用。

2.3.1 红外摄像机

1. 红外线的基本概念

红外线是一种人眼看不见的光线，在光谱中位于红色光以外，其波长范围大致在 0.78～1000 μm之间。任何一个物体，只要它的温度高于绝对零度，就有红外线向周围空间辐射。

(1) 红外线的波段：红外线通常按其波长分为近红外、中红外、远红外和极远红外四个波段。按其波长近红外为0.78～3 μm，中红外为3～6 μm，远红外为6～15 μm，极远红外为15～1000 μm。

(2) 热辐射定律：当几个物体温度相同时，各物体发射红外线的能力正比于吸收红外线的能力；当物体处于红外辐射平衡状态时，它吸收的红外能量总是恒等于它所发射的红外能量。根据这一定律还可推断出：性能好的红外反射体或透明体，必然是性能差的红外辐射体。

(3) 玻耳兹曼定律：物体辐射的红外辐射能量密度 W 与其自身的热力学温度 T 的4次方成正比，并与它表面的比辐射率 ε 成正比。由这一定律可以看出，物体的温度愈高，红外辐射的能量愈多。

(4) 红外线的“大气窗口”：红外线在大气中传输时，大气对不同波长的红外线吸收与衰减的程度有很大差别，对波长在2～2.6 μm、3～5 μm和8～14 μm三个波段内的红外线吸收极少，常称这三个波段为红外线的“大气窗口”，它们分别位于近红外、中红外和远红外三个波段内。红外电视的工作波长应尽可能进入这三个波段。

(5) 红外光学材料：可以透过红外辐射的介质称为红外光学材料。任何介质不可能对所有波长的红外线都透明，红外光学材料只是对某些波长范围的红外线具有较高的透过率。

许多介质对可见光是透明的，对红外辐射却是不透明的。

单晶的锗材料是一种最常用的红外光学材料，可以作为红外仪器与大气隔离的窗口，也可以用来磨制各种透镜和棱镜。单晶锗的最大透过率约为44%，在单晶锗的表面镀上一层“增透膜”后，变得对一定波长的红外线具有很高的透过率，最高透过率可达99%。对于波长在1.8～16 μm的红外辐射，单晶锗的折射率在4.0012～4.143之间变化。

单晶硅对波长在11 μm以内的红外辐射具有较高的透过率。

多晶硫化锌是一种热压成型的红外光学材料。在波长为1～14 μm的范围内，其平均透过率大于70%。多晶硫化锌不但可以热压成红外透镜或窗口，而且可用作镀膜材料，用来增加各种红外光学材料透镜或窗口的透过率。

多晶氟化镁是一种耐高温的红外光学材料，用于3～5 μm波长范围而且可透过可见光。对于波长为0.598 μm的可见光，其透过率约为20%～30%；而对于波长为3～6.5 μm的红外辐射，透过率高达90%。

(6) 主动式和被动式红外电视：红外电视可分为主动式红外电视和被动式红外电视两大类。主动式红外电视需红外光源照明，摄像机摄取目标反射回来的红外光；被动式红外电视不用红外光源照明，利用被摄目标本身辐射的红外线成像，摄取的是物体的热分布像。

2. 主动式红外摄像机

主动式红外电视由红外照明光源、红外摄像机和监视器等部分组成，其工作原理是用红外光源照射被摄目标，由摄像机的CCD传感器将目标的可见光和不可见的红外图像转换为电信号输出，在监视器上显示可见光图像。

主动式红外电视系统与一般的可见光应用电视系统基本相同，但其照明光源、光学镜头和摄像器件都工作在近红外波段。

1) 红外照明光源

常用的近红外光源有红外灯泡、红外发光二极 、滤光片式光源和红外激光器。

常用的红外发光二极管为砷化镓红外二极管，它具有体积小、重量轻、发射红外光均匀、电源简单和效率高等特点，其发射峰值波长约为 0.93 μm。

滤光片式光源由钨丝灯、反光罩和透红外的滤光片组成。钨丝灯的光谱响应曲线的峰值在 0.8～1.2 μm 的近红外区，滤光片分为胶粘合型和熔炼型两种类型，两种类型滤光片的峰值透过率分别为 80%和 40%左右。用卤化物灯代替钨丝灯，光谱响应曲线范围在 0.88～2.6 μm。

2）红外摄像器件

黑白 CCD 图像传感器具有很宽的感光光谱范围，通常其感光光谱可延长至 1200 nm，利用黑白 CCD 图像传感器的这个特性，在夜间无可见光照明的情况下，用辅助红外光源照明，传感器能清晰地成像。图 2-22 示出了夏普公司行间转移 CCD 图像传感器的光谱特性，图中黑白 CCD 图像传感器的光敏单元采用了浮置 p-n 结的光敏二极管，这种光敏管用离子注入工艺制成，灵敏度高且比较均匀，但这种 CCD 传感器在强光照射下容易出现光晕和拖影现象。

CMOS 成像器件的光谱范围为 350～1100 nm，峰值响应在 700 nm 附近，达 0.4 A/W。

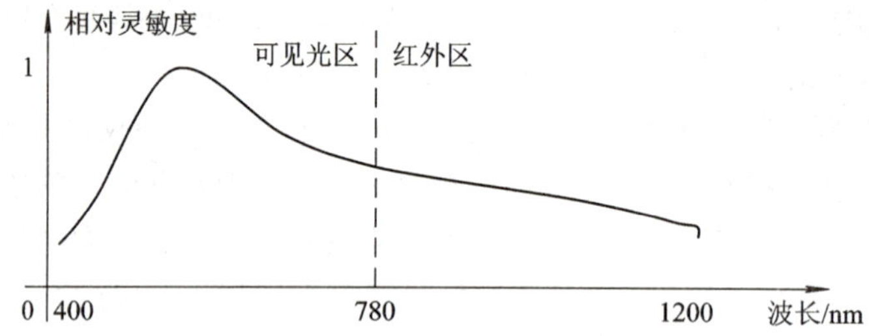

图 2-22 黑白 CCD 图像传感器光谱特性

3）主动红外摄像机

常见的主动红外摄像机有分离式、内置式和一体化式三种形式：

（1）分离式。分离式是指红外照明光源和红外敏感摄像机分离的系统，配置时要注意红外照明光源光谱范围和摄像机光谱特性的一致，安装红外照明光源时要注意投射的角度和距离，最好是在无可见光的情况下看着摄取的图像进行调整，才能取得最佳效果。

（2）内置式。内置式主动红外摄像机常常是在防尘罩内摄像机四周安装红外发光二极管，这种红外摄像机安装方便，用于近距离室内监视。

（3）一体化式。一体化式主动红外摄像机用于室外远距离扫描监视，一般是在室外型电动云台两侧固定两个远距离室外红外照明光源，调整云台时摄像机和红外照明光源一起旋转和俯仰，保证被摄目标受到红外照明。

4）主动红外摄像机的镜头

镜头的作用是把目标的红外辐射分布聚焦在光电传感器上，红外电视的目标距离较远、辐射能量弱，要尽可能使用大尺寸镜头。

主动式红外电视工作在 0.75～3 μm 的近红外区，普通可见光镜头在此波段内仍有较高的透过率，因此主动式红外电视可采用普通可见光镜头，如采用经过镀膜处理的硅、锗镜头则透过率更高。在使用普通可见光镜头观看红外波段图像时，需要重新校正焦距，由于色散得不到校正，清晰度下降，使用通频带较窄的红外带通滤色片后图像清晰度会有所提高。

5）主动红外摄像机的应用

(1) 重要部门、保密部门、军事要地的夜间监视和夜间公安侦察。

(2) 胶卷生产的监视。利用主动红外电视摄像机可在暗室外检查胶卷生产过程中的各种瑕疵，保证产品质量。

(3) 利用半导体材料能透过红外线的特点来观察半导体器件内部结构和缺陷。由红外电视摄像机与红外显微镜组成的红外电视显微镜能对半导体器件实现无损检测，具有分辨率高、结构简单、使用方便等优点。

(4) 利用人的皮肤和皮下组织对红外光的反射、散射和透射特性，用红外电视对眼病、肿瘤和溃疡等疾病进行观察和诊断。

3. 被动式红外摄像机

被动式红外摄像机不需要红外照明光源，它是对目标本身的红外辐射成像。常用的有光机扫描型热摄像机、热释电型摄像机和凝视焦平面阵列红外摄像机 3 种。

1）光机扫描型热摄像机

光机扫描型热摄像机是利用精密机械装置驱动光学扫描部件，完成对目标的扫描，摄取目标的红外辐射而成像，所以称为光学机械扫描成像。图 2-23 是光机扫描型热摄像机的方框图。

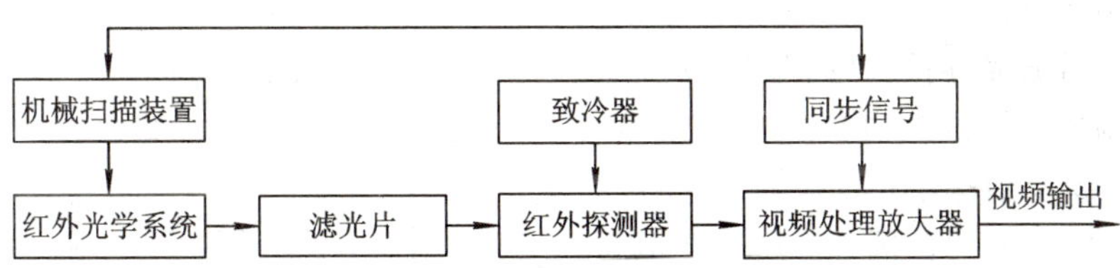

图 2-23 光机扫描型热摄像机方框图

其工作原理是：自然界中温度高于绝对零度的物体总是在不断地进行红外辐射，只要能收集这些辐射能，就能形成与景物温度分布相对应的热图像。红外光学系统将目标发射的辐射收集起来，经过光谱滤波之后将景物的辐射分布会聚并成像到红外探测器所在的光学系统焦平面上。光学扫描器包括两个扫描透镜组：一个做垂直扫描，另一个做水平扫描。扫描器位于聚焦光学系统和探测器之间。当扫描器转动时，从景物到达探测器的光束随之移动，在物方空间扫出像电视一样的光栅。在扫描器以电视光栅形式扫过景物时，红外探测器逐点接收景物的辐射并转换成相应的电信号。或者说，光机扫描器构成的景物图像依次扫过探测器，探测器依次把景物各部分的红外辐射转换成电信号，再经视频处理放大器处理后输出，送到电视监视器，在监视器上显示表征目标温度分布的可见光图像，其明亮部分表示温度高，较暗部分表示温度低。

红外探测器是一种辐射能转换器。它把红外辐射能转换成电信号，是利用某些半导体材料在入射光的照射下，产生光子效应的原理制成的，所以也叫光子探测器。光子探测器一般需在低温下工作，其特点是探测灵敏度高，响应速度快。但每一种光子探测器都有一个截止波长，超过此波长探测器将无响应。

光子探测器的主要类型有外光电探测器(PE 器件)、光电导探测器(PC 器件)、光生伏特探测器(PV 器件)和光电磁探测器(PEM 器件)四种。

视频处理放大是热摄像机的重要组成部分。它将红外探测器输出的反应景物空间温度分布的微弱信号进行加工和变换，形成与景物温度分布相对应的视频信号，然后根据景物各单元对应的视频信号标出景物各部分的温度，并显示出景物的热图像。在实际应用中，还有要求对图像信号作进一步处理，如图像增强、图像修复等。

光机扫描型热摄像机有温度分辨率高、灵敏度高等优点，缺点是需要复杂的光机扫描装置和液态氮致冷器。所以，它体积大、结构复杂、价格贵。

2）热释电型摄像机

热释电型摄像机是采用热释电摄像管作为摄像器件的被动式红外电视摄像机，它能将目标的红外线辐射能量分布转换为视频信号。与光机扫描型热摄像机相比，热释电电视摄像机具有结构简单、使用维修方便和不需要液氮致冷等优点，所以得到了广泛的应用。

（1）热释电摄像管(Pyroelectric Vidicon)。热释电摄像管是一种热成像摄像器件。它在常温下工作，将摄像管靶面上的红外线辐射能量分布转换为视频信号。热释电摄像管能宽谱成像，但由于光学系统和靶面吸收层的限制，在 8～14 μm 波段用得较多，其具有中等灵敏度和分辨率。它体积小，可靠性高，成本低。

有些晶体(铁电体)具有自发极化特性，极化程度与温度有关，在晶体薄片垂直极化轴的表面产生的电荷积累与温度变化成正比，这就是热释电效应。

热释电摄像管的结构如图 2-24 所示。其电极结构与普通光导摄像管相同，锗面板是用单晶锗制成的透红外窗口，涂有透 8～14 μm 波段的抗反射涂层；TGS 靶是直径为 2cm、厚 15～20 μm 的薄圆片，用热释电材料制成，在靠近面板一侧的表面有一层透明导电信号板，它通过靶环与外电路相连接。常用的热释电靶材料有单晶硫酸三甘肽(TGS)、氘化硫酸三甘肽(DTGS)和重氢化氟铍酸三甘肽(DTGFB)三种。TGS 靶灵敏度较高，但每次使用都必须极化，而且靶面温度不能高于材料的居里点(49℃)；DTGFB 靶的灵敏度高，介电常数小，靶的居里点高(70℃)。

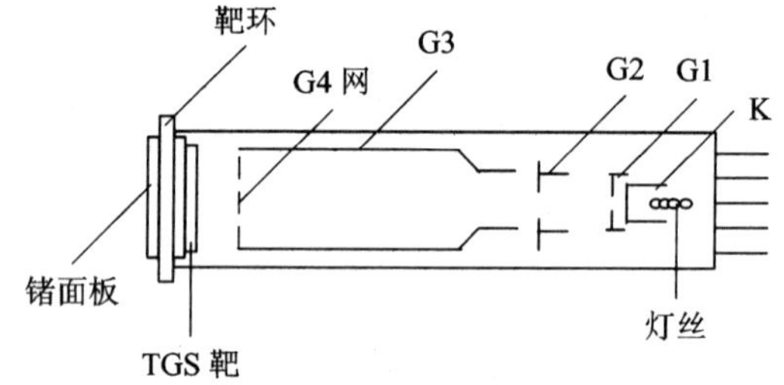

图 2-24 热释电摄像管的结构示意图

热释电摄像管的工作原理是：目标辐射的红外线，经过镜头投射到摄像管的热释电靶面上，引起靶单元温度的改变，靶上各点不同的温度使晶体的自发极化各不相同，因而由热释电效应所释放的表面电荷也不同，形成了空间和强度变化都与目标相同的电荷图形，即在靶面上形成与目标热像相对应的靶面电位像，当电子束在靶面上扫描时，就在信号电极电路内产生信号电流，它经信号电极电路的靶负载电阻形成视频信号。热释电靶产生的热释电电流 I_s 为

$$I_s = AP\frac{dT}{dt} \qquad (2-14)$$

式中，A 是靶单元面积，P 是靶材料热释电系数，$\frac{dT}{dt}$是靶面单元的温度变化率。

式(2-13)表明，当辐射到单元靶上的热辐射强度发生变化时，才有信号电流输出。也就是说，热释电摄像管是对温度的变化率敏感而不是对温度敏感。因此对静物成像时，要对输入信号加以调制；若不加以调制，只能对运动的或辐射强度有变化的目标成像，由此可以区分静止目标和运动目标。

(2) 热释电型摄像机的工作原理。热释电摄像管只对温度的变化率敏感，为了对静止目标成像，必须将输入信号调制。常用的调制模式有平移调制模式和斩波调制模式。

平移调制模式是在使用中不断移动摄像机，摄像机与目标间产生相对运动，热释电摄像管上所接收的目标红外辐射随时间而变化，形成视频信号。平移调制模式摄像机灵敏度高，整机结构简单，但目标呈移动状态，影响观察。

斩波调制模式是在热释电摄像管前安装由透明的和不透明的栅格组成的调制盘，当调制盘运动时，就对目标像产生了调制，使透过调制盘的像随时间而变化。这样，将入射的红外辐射进行周期性斩波调制，输出交变视频信号。斩波调制模式摄像机灵敏度较低，但产生的图像位置稳定，视场不变，但因有调制盘，整机结构复杂，对热释电摄像管输出的等幅度正负交变信号，需有专门的电路来处理。

(3) 热释电型摄像机的主要技术性能。

① 最小可分辨温差(MRTD)。当观察者从监视器屏幕上刚能从背景(黑体)中分辨出某一空间频率的测试卡图形时，测试卡与背景之间的温差即为最小可分辨温差。

最小可分辨温差反映了摄像机对温度的灵敏度，与系统的调制传递函数、等效噪声温差、光学镜头性能、扫描速率及人眼视觉特性等因素有关。

可在空间分辨率为100线或200线时测量最小可分辨温差。将摄像机对准100线或200线的条形测试卡，镜头的光圈调至1位置，增加测试卡与背景之间的温差，在监视器屏幕上刚能分辨出测试卡图像时，测试卡和背景间的温度差就是最小可分辨温差。

② 最小可探测温差(MDTD)。当观察者从监视器屏幕上刚能从背景(黑体)中分辨出大目标时，目标与背景之间的温差即为最小可探测温差。

最小可探测温差表征了摄像机对目标探测灵敏度的高低。测试时，可将目标和背景的温度差 ΔT 调整为2℃，逐步减小摄像机镜头的光圈，至刚能分辨出目标图像时，读出此时的光圈数 F，按下式算出最小可探测温差：

$$\text{MDTD} = \frac{\Delta T}{F^2} \tag{2-15}$$

最小可分辨温差和最小可探测温差，是说明摄像机对客观实物温差的灵敏性，两者的差别仅仅在定义目标的形状上。最小可分辨温差的目标是某一空间频率的测试卡图形，而最小可探测温差的目标是较大面积的正方形或圆形。

③ 最大空间分辨率(MSR)。在测试卡与背景(黑体)之间有一适当的温差时，可分辨的空间频率的最大值，称为最大空间分辨率。它表征了摄像机分辨目标细节的能力。当温差增大时，热释电摄像管的空间分辨率将随之增大，但当温差增大到一定数值后，再继续增大温差，空间分辨率基本保持不变。测试时，将空间分辨率条形测试卡和背景(黑体)之间的温度差调整为一恰当值，更换不同空间频率的测试卡，直至恰好能分辨出的最大空间频率条形测试卡图像时所对应的电视行数，即为最大空间分辨率。

(4) 热释电型摄像机的镜头。热释电型摄像机在中、远红外波段使用，普通可见光镜头已不适用，需要专门设计红外电视镜头。

3～5 μm波段的透镜用硅、锗和三硫化二砷等材料制成；8～12 μm波段的透镜用锗、硒化锌和硫化锌等材料制成。

单晶锗折射率高、像差小，但透过率约为 47%，需在表面镀上增透膜，以提高透过率。国产 HJ-1 型红外锗镜头工作波段为 3～14 μm，采用多层离子溅射镀膜，膜层牢固度好，透过率≥95%。

(5) 热释电型摄像机的应用。热释电型摄像机在常温下工作，不需照明设备，透灰尘及烟雾的能力强，可以对 3～5 μm 和 8～14 μm 光谱范围内的热目标进行成像显示，分辨目标的温度分布和形状，测量目标和背景之间的温差。其具有准确、直观、方便等优点，适用于电力、冶金、化工、消防和医疗等部门应用。

在自动化生产过程中，利用热释电型摄像机，可对一些重要部位和设备进行温度监测。如在钢铁企业，它可对高炉进行监测，看到炉体的温度分布和炉温的变化，发现炉体的损坏；在发电厂对电气设备进行监测，及时发现过热故障和隐患。

发生火灾时，消防人员用热释电型摄像机可在浓烟和黑暗环境中，寻找救护目标，探测火源位置。

在医疗方面，用热释电型摄像机可以检查早期乳腺癌，检查人体一些器官的病变，检查人体烧伤的度数及植皮等情况。

3) 凝视焦平面阵列红外摄像机

采用单个探测器的光机扫描热摄像机，探测器探测每个点的时间为 τ；采用沿垂直方向放置 n 个探测器列阵的并联扫描，n 个探测器恰好覆盖垂直视场而只在水平方向扫描，当帧频一定时，并联扫描探测器探测每个点的时间将增加至单个探测器时的 n 倍，通频带压缩至单个探测器时的 $1/n$，从而使通道信噪比提高了 $\sqrt{n}$ 倍。

凝视型焦平面阵列红外摄像机是用红外探测器面阵充满物镜焦平面的方法来实现全视场范围内目标成像的，取消了光机扫描，采用元数足够多的探测器面阵。探测器单元与系统观察范围内的目标元一一对应。

假如探测器面阵在水平方向有 m 个单元，垂直方向上有 n 个单元，当帧频一定时，探测器探测每个点的时间将增加至单个探测器时的 mn 倍，通频带压缩至单个探测器时的 $1/mn$，从而使通道信噪比提高了 $\sqrt{mn}$ 倍。探测每个点的时间变为 $mn\tau$，探测时间长到好像“凝视”一样。

(1) 混成式红外焦平面阵列。近年来高性能的红外探测器不断出现，CCD 工艺相对成熟，将红外探测器和 CCD 耦合起来就能制成高性能的红外焦平面阵列，称为混成式红外焦平面阵列。混成式红外焦平面阵列的最大特点是选择探测器有很大的灵活性，绝大多数采用光电二极管作为敏感元。混成式红外焦平面的技术关键是解决光敏元和 CCD 器件间的互联问题，包括热匹配和电接触。近几年发展起来的钢柱连接技术已能达到很高的成品率，基本上解决了两部分的互联。

混成式红外焦平面阵列的受光方式有前照射结构和背照射结构两种结构形式。前照射结构探测器在前面受到照射，电信号就在同一面上取出。这种结构中，探测器的前面与多路传输器面向一个方向，电极引线从探测器出来，必须越过探测器的边缘区域到达多路传输器。这种引线方式要求探测器阵列十分薄。由于互连占去了一部分面积，光敏面相应减小。背照射结构要求镶嵌的探测器有薄的光敏层，在光敏层上吸收辐射，所产生的光生载流子从背面扩散到前面被 PN 结检出。目前，焦平面阵列大多数采用背照射结构。

(2) 肖特基势垒红外焦平面阵列。肖特基势垒是指金属淀积在半导体表面形成的具有单向导电、整流作用的金属-半导体接触面。肖特基势垒红外电荷耦合器件(SB - IRCCD, Schottky Barrier Infrared Charge Coupled Device)是把可见光的行间转移 CCD 的光敏部分换成肖特基势垒光电探测器，工作原理类似于可见光 CCD。

SB - IRCCD 可利用成熟的硅集成电路工艺技术，实现高分辨力和获得高的成品率。SB - IRCCD 性能上突出优点是响应均匀，在热成像系统中，响应的均匀性在很大程度上决定了图像的质量；SB - IRCCD 的缺点是探测器灵敏度较低，为了提高光电探测器灵敏度，常采用薄膜金属电极结构和光学共振腔结构。

为了提高分辨率采用电荷扫描器件 CSD。在 CCD 信号读出时，从光敏单元到垂直电荷转移单元，所有光敏单元信号读出的转移栅是同时打开的；而在 CSD 方式中，在一个水平周期内，只有水平方向并排的一组转移栅开启，在一个垂直电荷转移单元内，只读出一个像元的信号，垂直电荷转移单元尺寸可以做得很小，因此像元尺寸相对较大，增加了每个像元所占的探测器面积比，从而提高了分辨率。

目前正在研制的是基于量子阱的红外焦平面阵列探测器，能识别远距离的目标。现已研制出长波 GaAs/AlGaAs320×240 元量子阱器件，未来升级能获得 640×480 元量子阱器件，能对远距离目标高清晰成像，远距离区分各种类型的飞机和汽车。

(3) SB - IRTV 摄像机。图 2 - 25 给出了 SB - IRTV 摄像机的原理框图。与其他光子型红外探测器一样，为了减小噪声和获得较高的信噪比，必须进行制冷，器件要封装在杜瓦瓶内。由于采用 SB - IRCCD 作为摄像器件，电路部分除了视频处理电路，还必须包括 CCD 驱动电路。

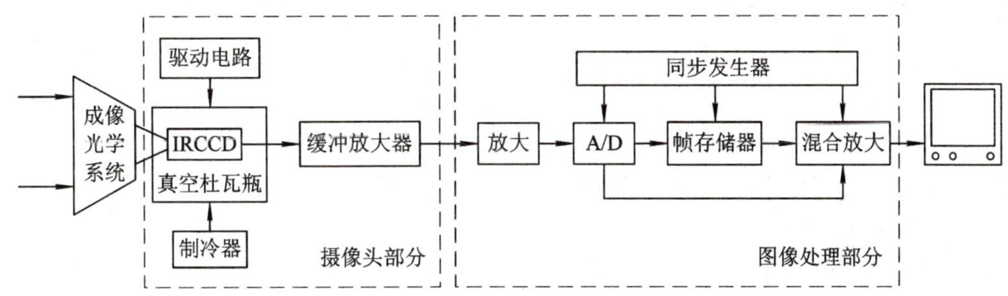

图 2 - 25 SB - IRTV 摄像机的结构框图

图 2 - 26 为便携式 SB - IRCCD 摄像机的视频处理电路。CCD 器件输出的视频信号经相关双取样电路预处理，再经 8 位快速 A/D 转换器数字化。一幅均匀背景的视频信号进入帧存储器，在摄像机正常工作的情况下，真实视频信号和背景信号由同一个 A/D 转换器数字化。两个 D/A 转换器分别将真实视频信号和背景信号还原成模拟信号，送入一个模拟减法器中差分放大，差分放大器输出的是修正了的视频信号。然后加入水平、垂直消隐和同步脉冲，复合成标准视频信号，送至显示器。

CCD 驱动电路提供使 IR - CCD 摄像器件工作所需的全部时钟脉冲。其中包括水平行输出和垂直列输出的 CCD 时钟、浮置扩散复位脉冲和从探测器到 CCD 的转移脉冲。

红外焦平面阵列，特别是 SB - IRCCD 焦平面阵列可以低成本得到高分辨力器件，器件的高均匀性又可以现实大面积凝视阵列。最新出现的凝视焦平面阵列红外摄像机中，数字图像运算与处理采用高速微处理器，实现了智能化。

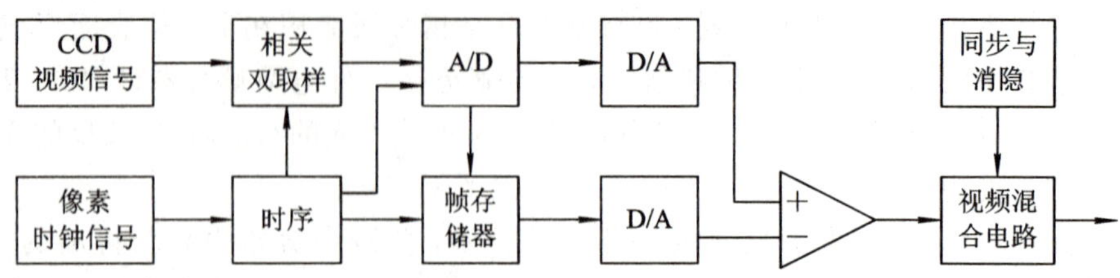

图 2-26 SB-IRTV 摄像机视频处理电路方框图

凝视焦平面阵列红外摄像机取消了扫描结构，缩小了体积，灵敏度提高至单元探测器时的$\sqrt{mn}$倍，对景物辐射的响应时间只受探测器时间常数的限制，不再受光机扫描速度的影响。它可以应用在空间卫星地球表面研究和医学上对皮肤表面、内部组织器官的温度分布检测，特别在军事上可应用于夜视装备、机载探测器、精确制导武器的侦察、跟踪和测距，在现代军事电子对抗中起着非常重要的作用。

4) 非制冷型焦平面阵列热像仪

非制冷型焦平面阵列热像仪(UFPA，Uncooled Focal Plane Array)是美国 20 世纪 90 年代开发出来的高科技产品。探测器从工作机理上看属于热探测器。这种热探测器虽然在探测性能指标上逊色于光子探测器，但对许多应用，比如监视和夜视已经足够。与传统低温制冷型热像仪相比，它具有性价比高、无须制冷、可靠性高、使用方便、功耗低、体积小、重量轻和易携带的优点，在军事、工业、医药和科研等诸多领域都将有广泛的应用，因而是当前热像仪领域的一个热点。

中国科学院上海技术物理研究所进行了 128 元线阵非制冷微测辐射热计红外探测器阵列的研制工作，昆明物理研究所 2003 年研制成功了 128×128 元热释电焦平面器件。但要提供性能稳定的产品，还需要相当长的时间。在非制冷红外焦平面热像仪研制方面，国内主要有武汉高德电器有限公司、武汉华中数控股份有限公司及广州飒特公司等，他们均采用进口的非制冷微测辐射热计红外焦平面器件作探测器。UFPA 热像仪根据探测单元所用材料不同，分为热释电 UFPA 和微测辐射热计 UFPA 两种。

图 2-27 所示是典型的非制冷焦平面红外热像仪功能框图。入射红外辐射穿过大气，进入红外光学系统，被聚焦在 UFPA 热敏面上；UFPA 探测器把光信号转换成模拟电信号，该模拟信号经过预处理后，转换成数字信号进行处理；该数字信号经过处理后恢复成模拟信号送到监视器以便人眼观察。

图 2-27 非制冷焦平面红外热像仪功能框图

2.3.2 微光摄像机

当我们从电视上的动物世界栏目中看到夜间丛林中各种动物生活秘密的时候，一定会惊叹摄像师高超的本领。利用夜幕掩护来接近动物充满了危险，怎样在漆黑的夜晚摄取清晰的图像呢？这就要靠微光摄像机。

微光电视的关键设备是微光摄像机，微光电视系统中的其他设备与普通电视系统是完全一样的。

1. 微光电视的特点

微光电视就是能够在人不能看清景物的条件下，产生清晰图像的电视系统。如能在星光条件下(10^{-4} lx)工作的摄像机。在这样的光照下，人眼已无法看清楚景物，而微光电视系统能够在这样的条件下摄取高质量图像。由于摄像器件的迅速发展，摄像机的灵敏度提高很快，可以在黄昏环境下(10^{-2} lx)工作的摄像机品种很多，价格也很低廉，一般称之为低照度摄像机。实际上，低照度摄像机已列入通用摄像机的范畴。

微光电视提高了人在微光条件下的可见度，也提高了观测目标的清晰程度，但也有一定的局限性，其主要特点有：

(1) 微光电视增强了从目标反射的光线，在可见光范围内，提高了人的可见度。不同于非可见光电视和其他夜视手段，它是一种被动的、通过自身的增强作用来实现夜视功能的手段，利于保密。

(2) 虽然提高了灵敏度和分辨率，但图像效果达不到白天观察时的效果。因为在微光条件下，景物本身的对比度和清晰度降低，色彩消失。而光的增强过程会引入新的噪波。

(3) 微光电视分辨目标的能力会受到气候条件的影响。如在烟、雾、雨和雪中微光电视所产生的图像，并不比人直接观察或使用光学设备观察的效果好。若没有上述影响，微光电视的图像就会远远优于人眼和光学设备。

(4) 用微光电视系统摄取图像，便于传输、记录，可实现远距离的观察和遥控。

(5) 微光摄像机的价格高，使用寿命也低，使用时需要注意的问题多，在应用上受到一定的限制。

2. 微光像增强器

微光像增强器作为一种光增强器件，能够把较弱的输入光学图像转换为相似的、比较明亮的光学图像。像增强器是一种电真空成像器件，主要由光阴极、电子光学系统和荧光屏组成。像增强器把入射光成像在光阴极上，再从光阴极上发射光电子，并用几千伏的电压加速光电子，在输出屏聚焦的图像得到增强，把它与 CCD 摄像器件耦合起来就可以提高摄像器件的光电灵敏度，实现微光摄像。微光像增强器本身也是一种直接观察的夜视器件。

像增强器种类很多，按工作方式可分为：连续工作、选通工作和变倍工作像增强器；按像管结构可分为：近贴式、倒像式、静电聚焦式和电磁复合聚焦式；按发展阶段可分为：第一代级联式像增强器、第二代光纤面板阴极窗带微通道板的像增强器、第二代半玻璃阴极窗带微通道板的像增强器和第三代负电子亲和势光阴极像增强器。目前像增强器又出现了超级倒像管(或称杂交管)，用第三代近贴管与第一代倒像管级联构成，工作在 10^{-4}～10^{-5} lx 极低照度下，增益达 10^5 倍。目前像增强器大部分带有光纤面板，可以方便地与 CCD 摄像器件直接耦合。根据 CCD 摄像器件成像面的大小分为直接耦合与光锥耦合两种，后者适用于小成像面 CCD 摄像器件。图 2-28 给出像增强器与 CCD 摄像器件耦合的示意图。人们通常用 I 表示像增强器，用 I 的幂次表示像增强器耦合的级数。

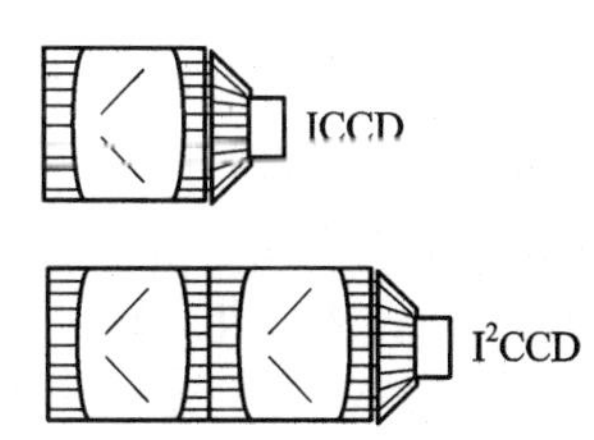

图 2-28　像增强器耦合 CCD 示意图

像增强之间的耦合是通过它们的输出光纤面板和输入光纤面板直接进行的。除了接合损失和光纤不对中所引起的损失，一般耦合效率在25%左右。如单级像增强器的光增益为90，两级像增强器的光增益为90×25%×90=2025。

像增强器与CCD摄像器件耦合后，可以得到很高的灵敏度，同时也引入了噪波，输出图像的信噪比下降。多次光电转换过程也会导致分辨率的下降，若CCD摄像器件的极限分辨率为800线，ICCD的分辨率为600线，I^2 CCD的分辨率会降至500线。

微光条件下使用的CCD固体摄像器件往往还要采取下述措施。

(1) 低温。在24℃常温下，CCD的暗电流可以限制在1 $\mu A/cm^2$，在低温(－20℃～－40℃)时，可以把器件的噪声降低1/100至1/1000。当CCD器件被冷却到－100℃时，每个像素的有效读出噪声仅为15个电子，因此可以工作在10^{-3} lx的微光条件下。当然，这时必须有低噪声输出级相匹配。

(2) 慢扫描。当暗电流被控制在极小的数值后，可以采用慢扫描方式来积累信息以提高灵敏度，例如400×400像素CCD的视频带宽为10 kHz，每帧时间为16 s。

(3) 帧转移结构。采用帧转移结构的最大优点是光敏成像区的每个单元都参与了图像信息电荷的产生和积累，因而灵敏度较高，其有效光敏面积比行间转移结构要大一倍。

(4) 背面光照。对于帧转移结构可采用背面照射的方法提高灵敏度。在0.5～1.0 μm的光谱范围内，背面照射的调制传递函数和量子效率都要高出不少，其灵敏度可以接近硅靶摄像管的数值。

(5) 埋置沟道。埋置沟道器件有别于普通表面沟道器件。微光CCD器件采用埋置沟道传输方式(BCCD)。在这种结构中，在输出二极管上加有足够大的反偏压，使P区表面全部耗尽，信息电荷在离开硅界面相当深的体内进行存储和传输。这样可避开表面对电荷的俘获，减少信息电荷的传输损失，极限随机噪声得以大大降低。

(6) 图像增强CCD(IICCD)。在CCD前面加上光的增强或电子增强，既可以采用级联管，也可采用微通道管，以达到提高图像探测灵敏度的目的。电子轰击增强CCD(EB-CCD)的方式有三种，即倒像式、近贴式和磁聚焦式。如果采用缩小倍率的电子光学系统，可以使EB-CCD具有极高的探测灵敏度，可以在2×10^{-4} lx微光下工作，甚至可以用来记录光子。EB-CCD在技术和工艺上比CCD要困难一些，例如存在硅片的减薄、暗电流的增大、与CCD管座的焊接、静电干扰、光阴极制作过程对CCD的劣化等问题，但这些问题都正在逐步得到克服。

3. 微光摄像机的应用

在微光电视的发展过程中，军事和空间技术的要求起了有力的推动作用。军事是微光电视重要的应用领域。由于技术的发展和价格的下降，微光电视在民用方面也广泛应用。

(1) 军事应用：用于侦察、训练和实战行动。海湾战争中，美、英等国的部队拥有先进的夜视设备，采取夜间行动，一直掌握着战争的主动权。微光摄像机应用于导弹制导、侦察和目标搜集等方面，对战争的进程有重要的作用。

(2) 空间技术应用：用于传递星球的信息数据和宇宙飞船工作状态的监测。

(3) 公安业务应用：用于夜间侦察、夜间监控和安全防范等方面。

(4) 民用方面：如夜间摄像、天文观测等方面。

值得一提的是目前摄像机的灵敏度越做越高，一般低照度黑白或彩色摄像机的最低照度能达到0.01 lx以下。日本Watec公司制造的WA－902H型超低照度黑白摄像机的最低照度能达到0.0003 lx。在具体应用中，如果能用这些摄像机来达到预定目标，则应尽量少用微光摄像机，以降低工程造价。

2.3.3 X射线背散射成像

X射线背散射成像技术利用一定能量的X射线照射人体，收集从人体表面散射返回的X射线，并进行统计分析，得到人体表面图像。根据X射线光子与物质发生相互作用时的康普顿效应，当X射线遇到低原子序数的物质时散射较为强烈，遇到高原子序数物质时散射得相对少一些。因此，测量不同散射位置所对应的散射光子数，经过数据处理和重建，形成图像后，比人体原子序数高的那些物质(如金属、陶瓷等)在图像上将比正常人体更暗，比人体原子序数低的那些物质(如爆炸物、毒品等)在图像上将比正常人体更亮，这样就实现了对人体表面携带物的非接触式检查。工作时被检查者保持静止站立，机械装置在控制系统作用下对人体进行扫描，辐射源系统产生的射线经过射线扫描装置后成为飞点X射线束照射到人体上，然后探测器接收散射的射线信号，经过光电转换获得反映物体特性的相应电信号，再经后续电路处理形成图像。由于并不需要X射线穿过人体，因此可以使得射线对人体的伤害尽可能小。一次典型的背散射扫描人体的剂量仅为一次胸透的千分之一。

2.3.4 毫米波成像技术

利用毫米波可穿透衣物的特性，通过测量人体在毫米波波段的辐射信息或反射信息成像，可以探测到隐藏于衣物之下的物体，如金属或塑料手枪、炸药等。根据成像机制的不同，毫米波成像技术可以分为被动式毫米波成像和主动式毫米波成像两种技术。

被动式毫米波成像系统工作时，人体发出的毫米波经过反射镜反射进入透镜，从特定部位发出的毫米波被透镜聚焦于辐射计阵列，辐射计把接收到的毫米波转化为电平信号，该电平信号的大小和被观测部位的温度呈正相关，通过测量该电平信号就能获得被观测部位的亮温信息，实现该部位的隐匿物检测。

主动式毫米波成像装置在扫描成像过程中，毫米波发射源在不同时刻、不同位置以不同频率发射出一定功率的毫米波，并以不同角度、不同频率照射被检对象，同时在相应的发射点附近接收从被检对象反射回来的毫米波信号，记录其强度和相位，再利用全息重建算法对采集到的强度和相位数据进行重建，最后得出被检对象的三维图像。

2.4 IP摄像机

2.4.1 IP摄像机原理

1. 视频编码器

视频编码器又称视频服务器，是由一个或多个模拟视频输入口、图像数字处理器、压缩芯片和一个具有网络连接功能的接口所构成的。将输入的模拟视频信号数字化处理后，通过LAN、intranet或Internet这样的IP网络发送数字图像，从而实现远程实时监控的目的。图2－29是视频编码器构成方框图。

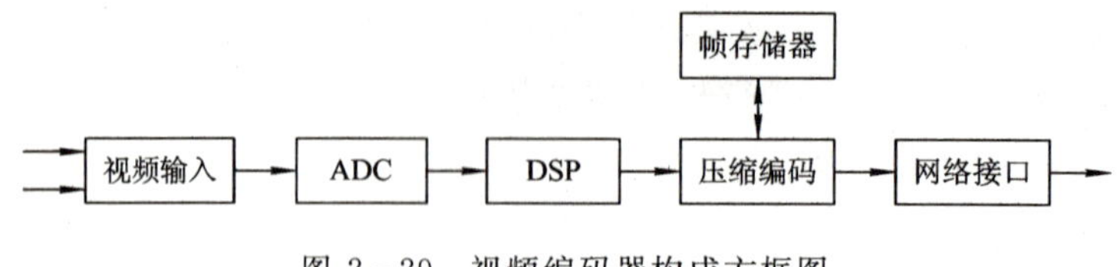

图 2-29 视频编码器构成方框图

2. IP 摄像机

IP 摄像机又称网络摄像机(WEBCAM 或 IP CAM，WEB CAMERA 或 IP CAMERA)是将模拟摄像机和视频编码器集成在一起的产品。

视频编码器和网络摄像机采用的图像压缩编码标准主要有 M-JPEG、MPEG4、H.264 等。M-JPEG 把运动的视频序列作为连续的静止图像来处理，单独完整地压缩每一帧。因为它只压缩帧内的空间冗余，不压缩帧间的时间冗余，故压缩效率不高。

3. 动态域名解析系统(DDNS，Dynamic Domain Name System)

由于在 Internet 网络上租用固定 IP 地址的费用较昂贵，只有部分 IP 摄像机和视频编码器采用的是固定 IP 地址，因此大部分 IP 摄像机和视频编码器产品采用动态 IP 地址。IP 摄像机和视频编码器每次登录上网时，网络都会分配一个新的 IP 地址，就像 PC 拨号上网一样。但远端用户对 IP 摄像机或视频编码器的搜索有一定的难度。

在因特网中，采用在网络上建立 DDNS 服务器的方法来解决动态 IP 地址的问题。每一台 IP 摄像机或视频编码器都有一个网络二级域名，这个二级域名对应 IP 摄像机或视频编码器的 MAC 地址，只要 IP 摄像机或视频编码器在网络上使用，就会自动连接到 DDNS，无论它的 IP 地址如何变化，客户只要在 IE 地址栏键入这个域名，就能通过 DDNS 服务器，将 IP 摄像机或视频编码器的 IP 地址与远程客户进行连接，达到域名解析的目的。

2.4.2 IP 摄像机的组成

安讯士(AXIS)是最先生产网络视频监控产品的公司，目前生产网络视频监控产品的国内、外厂家很多。美国 OmniVision 公司的 CMOS IP 摄像机 OV7720 是典型产品。图 2-30 是 OV7720 的内部结构方框图。

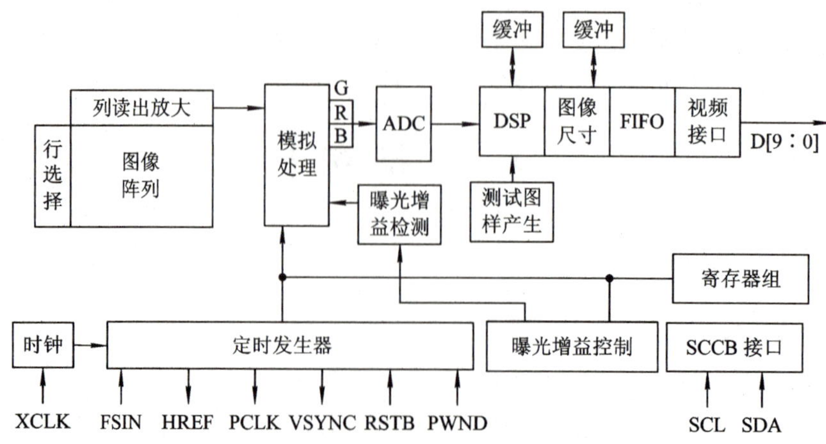

图 2-30 OV7720 的内部结构方框图

2.5 摄像机的配套设备

与摄像机配套的设备有镜头、红外照明器、支架、电动云台和防护罩等。

2.5.1 镜头

镜头的作用是从被摄物体收集光信号到摄像机光电传感器的光敏区。

1. 镜头的组成

镜头是由一组透镜和光阑组成的。

1）透镜

透镜分为凸透镜和凹透镜。凸透镜对光线有会聚作用，所以也叫会聚透镜、正透镜。常用的凸透镜有双凸、平凸和正弯月三类，图 2-31(*a*)是三种凸透镜的纵截面示意图。凹透镜对光线有发散作用，所以也叫发散透镜、负透镜。常用的凹透镜有双凹、平凹、负弯月三类，图 2-31(*b*)是三类凹透镜纵截面示意图。

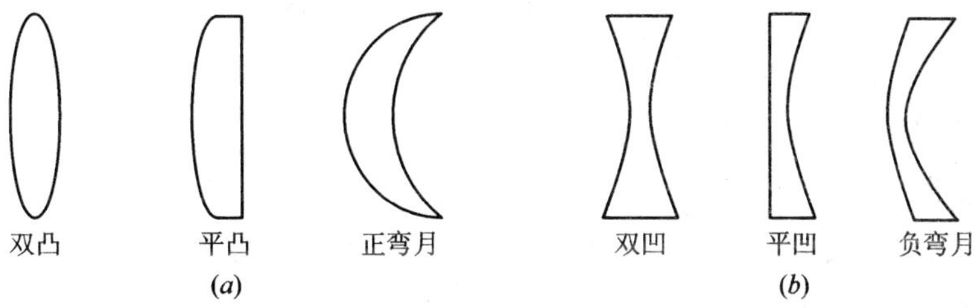

图 2-31 透镜

(*a*) 三类凸透镜；(*b*) 三类凹透镜

由于正、负透镜有相反的特性，如像差和色散等，所以镜头中常常用负透镜与正透镜一起配合使用，以校正像差和其他各类失真，提高镜头的光学指标。在变焦镜头中，既要使镜头的焦距在很大范围内连续可调，又要保证成像面固定地落在摄像机光电传感器的光敏区，所以变焦镜头由多组正、负透镜组成。

2）光阑

能进入镜头成像的光束，其大小是由透镜框和其他金属框决定的。往往这样限制光束还不够，在镜头中设置一些带孔的金属薄片来限制光束，称为光阑。光阑的通光孔一般呈圆形，其中心在透镜的中心轴上。镜头的金属框也是一种光阑。

① 孔径光阑。为了调节镜头的进光量，普通镜头都有光圈调节环，调节环的转动带动镜头内的黑色叶片以光轴为中心作伸缩运动，这一套装置称为可变孔径光阑。

孔径光阑经其前边透镜组在物方空间所成的像称为镜头的入射光瞳，简称入瞳。对一定位置的物体来说，入瞳完全决定了能进入镜头成像的最大光束孔径，并且是物面上各点发出的进入镜头成像光束的公共入口。

② 视场光阑。物方空间可以被镜头清晰成像的范围称为镜头的视场。镜头中限定成像面大小的光阑叫视场光阑。

③ 渐晕光阑。不在透镜中心轴上的点发出的充满入瞳的光束进入镜头后，有一部分光束

被透镜框挡住，只有中间一部分光线可以通过镜头成像。这就使不在中心轴上的点成像光束小于轴上点的成像光束，从而使成像面边缘的光照度降低而变暗，这种现象称为轴外点的渐晕。显然点离开镜头中心轴越远，渐晕越大。对轴外点产生渐晕的光阑称为渐晕光阑。

④ 消除杂光光阑。由非成像物点射入镜头的光束或由折射面和镜头内壁反射产生的光束称为杂光。杂光会使镜头成像面产生明亮的背景，降低了像和背景的对比度，是非常有害的，必须加以限制。一般镜头将镜头内壁加工成螺纹并涂上黑色无光漆以达到消除杂光的目的。

2. 镜头的基本参数

镜头的基本参数有焦距、最大相对孔径、视场角和接口形式等。

1）焦距

由物方射入一束平行且接近光轴的光，经过镜头的多组透镜，出射光线交于光轴 F 点，称为焦点。

焦点到镜头中心的距离是焦距，(过入射光线与出射光线的交点作垂直于光轴的平面，平面与光轴的交点是镜头的中心。)焦距一般用 f 表示。

焦点到镜头最后一面的距离称为镜头的后截距，见图 2－32。

只有变焦镜头的焦距是连续可变的，手动调焦镜头调节调焦环并不改变焦距。调焦环上标有 0.5、1、2、4、∞表示物体距离为 0.5 m、1 m、2 m、4 m、∞时调焦最好，图像最清楚。

2）相对孔径

相对孔径是入射光瞳直径 D 与焦距 f 之比。镜头都标出相对孔径最大值。例如，一个镜头标有“TV LENS 8 mm 1∶1.4”表示这是一个电视镜头，焦距为 8 mm，最大相对孔径是 1∶1.4，也就说镜头允许的最大入射光束直径为 5.7 mm。光圈是相对孔径的倒数，用 F 表示，F16 就是相对孔径 $D/f=1:16$，在镜头的调节环上将字母 F 省略，光圈调节环上常标有的 1.4、2、2.8、4、5.6、8……C 是光圈数，因为像面照度与相对孔径的平方成正比，要使像面照度为原来的 1/2，入射光瞳就应是原来的 $1/\sqrt{2}$，因此每挡的 F 数差 $1/\sqrt{2}$倍，光圈增大一挡，像场照度提高一倍，这是 1900 年巴黎会议规定的标准。当光瞳直径为零时叫全光闭，用 Close 的词头 C 来表示。

3）视场角

摄像机的光电传感器是 4∶3 的矩形，宽为 w、高为 h，对角线长为 d。镜头的水平视角 ω_w、垂直视角 ω_h、对角线视角 ω_d 分别由下面公式表示：

$$\omega_w = 2\arctan\frac{w}{2f} \tag{2-16}$$

$$\omega_h = 2\arctan\frac{h}{2f} \tag{2-17}$$

$$\omega_d = 2\arctan\frac{d}{2f} \tag{2-18}$$

例如摄像机的光电传感器的尺寸为 4.8 mm× 3.6 mm，对角线尺寸为 6 mm，若用焦距为 8 mm(1/3 英寸)的镜头，则有

水平方向视角 $\omega_w=2\arctan\frac{4.8}{2\times 8}=33.4°$

垂直方向视角 $\omega_h = 2\ \arctan\dfrac{3.6}{2\times8} = 25.4°$

对角线视角 $\omega_d = 2\ \arctan\dfrac{6}{2\times8} = 41.1°$

图 2-32 是垂直方向视角的示意图。

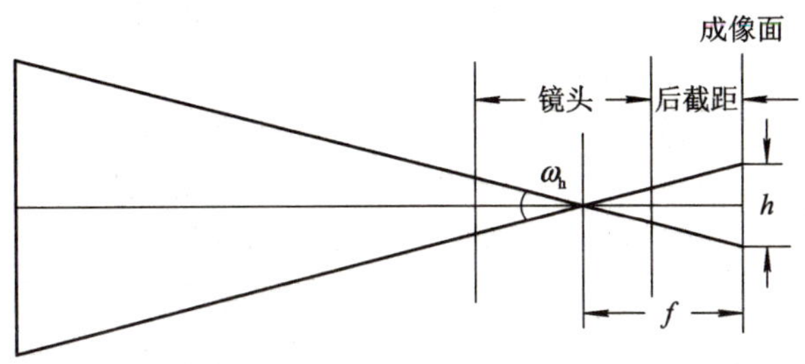

图 2-32 垂直方向视角的示意图

实际的镜头视场角经常偏离理论值，所以若要精确计算，仍应查阅镜头的技术指标。12 mm(1/2 英寸)的镜头装在 8 mm(1/3 英寸)的摄像机上，摄像机的视角比镜头标明的视角小，如图 2-33(*a*)所示；8 mm(1/3 英寸)的镜头装在 12 mm(1/2 英寸)的摄像机上，则摄像机的图像不能充满监视器全屏幕，如图 2-33(*b*)所示。一般的手动调焦镜头，调节调焦环时，视场角不变。而变焦镜头，调整变焦环时，视场角跟着改变。

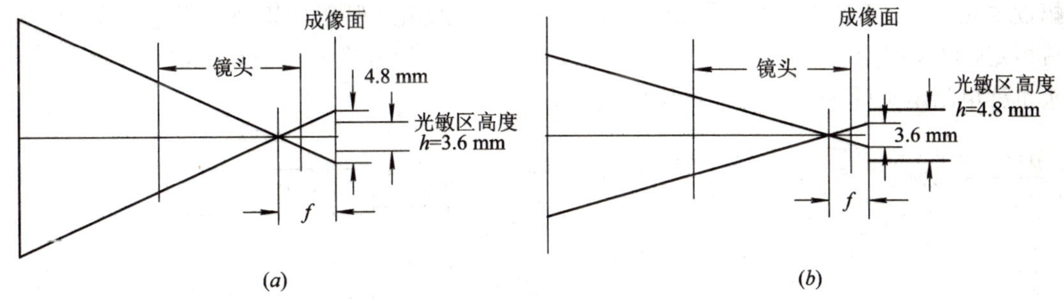

图 2-33 摄像机与镜头不匹配示意图

(*a*) 12 mm(1/2 英寸)的镜头装在 8 mm(1/3 英寸)的摄像机上；

(*b*) 8 mm(1/3 英寸)的镜头装在 12 mm(1/2 英寸)的摄像机上

4) C 和 CS 安装接口

C 和 CS 安装接口是国际标准接口，对螺纹的长度、制造精度以及公差都有详细的规定。C 和 CS 安装都是 25.4 mm(1 英寸)-32UN 英制螺纹连接，C 型接口的装座距离(安装基准面至像面的空气光程)为 17.526 mm，CS 型接口的装座距离为 12.5 mm。

C 接口的镜头可以通过一个 C 型接口适配器再安装在 CS 接口的摄像机上，如图 2-34 所示。如果不用适配器强行安装会损坏摄像机的光电传感器。CS 接口的镜头不能安装在 C 接口的摄像机上。

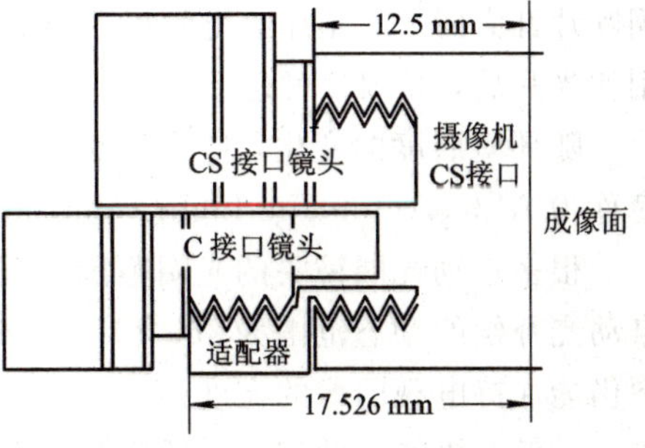

图 2-34 C 接口和 CS 接口镜头的示意图

有的摄像机有后截距调整环，允许使用C接口或CS接口的镜头。使用C接口镜头时，松开侧面紧固螺丝后，面对镜头将后截距调整环顺时针旋转调整，若用力逆时针旋转会损坏摄像机的光电传感器；使用CS接口镜头时，将后截距调整环逆时针旋转调整。

3. 自动光圈镜头

在室外，环境照度是变化的，变化范围远大于摄像机的自动增益控制范围，所以摄像机在室外应用时应该采用自动光圈镜头。

自动光圈镜头的控制原理与人眼控制进光的原理是相同的。可变孔径光阑相当于人眼的瞳孔，CCD光电传感器相当于人眼的视网膜。当人眼感觉到现场光线过强时，大脑控制肌肉动作使瞳孔收缩，减少眼球的进光量；当人眼感到现场光线太暗时，大脑控制肌肉动作使瞳孔扩张，增加眼球的进光量，这样视网膜上始终感受到合适的光强。

自动光圈的控制原理如图2-35所示。来自被摄物体的光，经自动光圈镜头成像于摄像机的光电传感器，摄像机输出的视频信号幅度反映了CCD光电传感器上的受光情况，视频信号经缓冲后分为两路，一路取出峰值电平，另一路取出平均电平。峰值电平和平均电平按比例混合后与一个基准电平进行比较：若直流电平大于基准电平，驱动器发出使伺服系统关闭光阑叶片的信号以减少进光；若直流电平小于基准电平，驱动器发出使伺服系统开大光阑叶片的信号以增大进光，直至直流电平与基准电平相等，表示镜头进光量合适。调整基准电平使视频信号有恰当的幅度。当环境照度发生变化时，摄像机输出视频信号的幅度变化，驱动器使光阑叶片作相应的动作使输入光变化，保证CCD光电传感器上光照保持恒定，电视图像就能保持合适的亮度。因为与人眼控制进光的原理相类似，自动光圈镜头也称电眼镜头(Electric Eye)，即EE镜头。

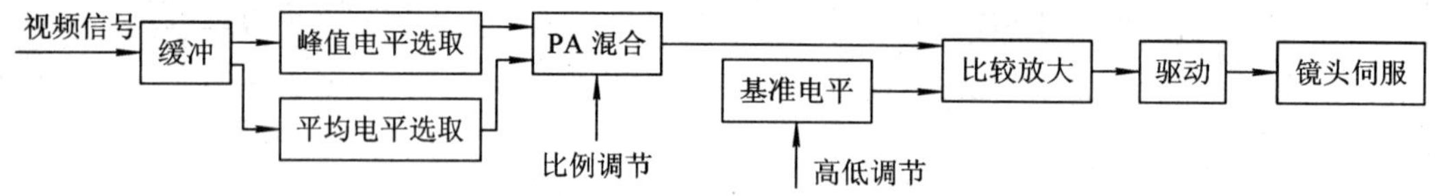

图 2-35 自动光圈镜头控制原理

自动改变光阑直径的方法，在一般光照条件下能获得较好的效果。在光照强烈的条件下，入射光瞳小到一定限度时会产生光的衍射现象，使镜头分辨率下降，所以在叶片关至F32时被限位，而在靠近光阑叶片处放置一个中性滤光片(中性是指对不同波长的光波透光率相同)，圆形滤光片的中心的透光率很小，不到1%，离中心越远，透光率越大。当光阑叶片开大时，滤光片遮光效果不显著；随光阑叶片的关闭，滤光片的作用逐渐增大，采用滤光片后，光圈数可达F360。

随环境照度的变化，自动改变镜头的光圈以取得稳定的成像面照度称为自动光补偿，简称为ALC(Automatic Light Compensation)。

很多自动光圈镜头的光圈范围是$F=1.4\sim360$，因为照度与光圈的平方成反比，所以自动光补偿的动态范围为$360^2/1.4^2=66\ 122$，这表明在被摄物体亮度变化6万多倍的情况下仍能保持电视图像的亮度稳定。

一般在摄像机的侧面有插座提供自动光圈镜头用的电源与视频控制信号。有的摄像机有(自动光圈)镜头选择开关，一端标有 VIDEO 表示输出视频控制信号；另一端标有 DC，表示将视频信号整流滤波为直流控制信号输出。这类摄像机可以使用直流控制型自动光圈镜头，这是一些厂家生产的没有整流与滤波电路的自动光圈镜头，必须在摄像机内将视频信号整流滤波为直流控制信号提供给镜头。

4. 变焦镜头

定焦距镜头由几片透镜组成，构造简单，便于生产，成本低廉且容易达到高的技术指标。但目标距离不定时，如交通监控、大厅保安监控等，必须采用变焦镜头，根据现场情况调节焦距以摄取清晰的图像。

可以证明，两个焦距为 f_1 和 f_2 的相距 d 的透镜组成的复合透镜的焦距为

$$f=\frac{1}{f_1}+\frac{1}{f_2}-\frac{d}{f_1 f_2} \tag{2-19}$$

所以，只要通过机械装置改变两个透镜之间的距离 d，就可使镜头焦距 f 连续可调。

图 2-36 是变焦镜头的示意图。调焦组、变焦组、补偿组和固定组都是由若干透镜组成的复合透镜。为了达到焦距连续可调的目的，变焦组的位置是可以轴向移动的，当变焦组前后移动进行焦距调整时，镜头的成像面将随之变化，补偿组随变焦组的移动作某种规律的相应移动，使成像面依旧落在 CCD 光电传感器上，一组很复杂的凸轮机构保证变焦组与补偿组的移动有严格的对应关系。调焦组能在较小范围内做轴向移动，以实现镜头的聚焦调整。固定组的作用是保证有一定的后截距。

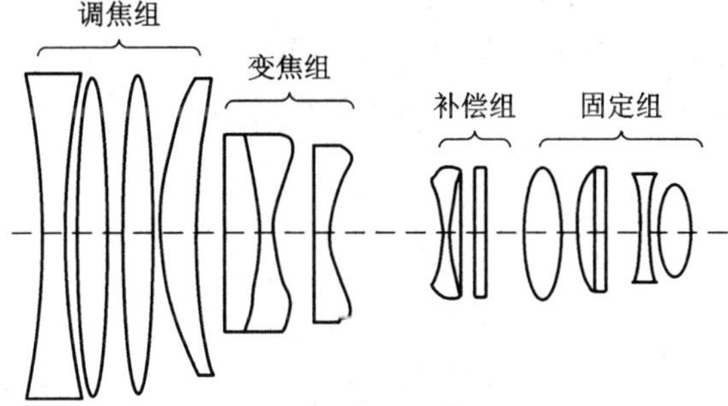

图 2-36 变焦镜头示意图

变焦镜头有自动光圈变焦镜头、自动光圈自动聚焦变焦镜头和三可变镜头等几种。自动光圈变焦镜头的光圈部分与自动光圈镜头一样，聚焦和变焦两个微电机由外加电压控制。自动光圈自动聚焦变焦镜头的光圈部分与自动光圈镜头一样，聚焦由红外线检测自动控制，变焦微电机由外加电压控制。三可变镜头光圈、聚焦、变焦三个微电机都由外加电压控制。

变焦镜头一般都有电机限流电路，当机械机构发生故障使电机电流增大时及时切断电源以保护电机。

5. 镜头的选择

1) 尽量少用变焦镜头

变焦镜头的光学分辨率、像差、像场亮度均匀性、几何失真以及光谱特性(各种波长的光传输系数)等光学指标比固定焦距镜头的差。变焦镜头及其控制电路的可靠性比固定焦距镜头的低得多。少用变焦镜头可提高系统的可靠性。

监控人员应把主要精力放在目标的监视上，不[illegible]花费很多时间来调整变焦镜头。所

以，除非要监视移动目标，尽量少用变焦镜头。

2）根据被监视物体的外部轮廓选择镜头的焦距

一般情况是要求看清被监视物体的外部轮廓，可用下面公式分别从被监视物体的高度和宽度来选择镜头的焦距：

$$f_h = \frac{hL}{kH} \tag{2-20}$$

$$f_w = \frac{wL}{kW} \tag{2-21}$$

式中：f_h、f_w分别是根据被监视物体的高度和宽度选择的镜头焦距，单位是 mm。

L 是物距，即被摄物体到镜头的距离，单位是 m。

H、W 是被摄物体的高度和宽度，单位是 m。

h、w 是摄像机光电传感器光敏区的高与宽，单位是 mm。16 mm(2/3 英寸)摄像机的 h、w 是 6.6 mm 和 8.8 mm；12 mm(1/2 英寸)摄像机的 h、w 是 4.8 mm 和 6.4 mm；8 mm(1/3 英寸)摄像机的 h、w 是 3.6 mm 和 4.8 mm；6 mm(1/4 英寸)摄像机的 h、w 是 2.7 mm 和 3.6 mm。

k 是修正系数。电视机、监视器光栅有 10%～15%的过扫描，防止摄像机摄取图像的边缘部分显示出来，加入修正系数能消除过扫描的影响。一般取 k=1.1～1.2；当监视器处于欠扫描工作方式时取 k=0.9。

例　银行营业柜台窗口，柜员与顾客的活动范围是 0.9 m×0.6 m，8 mm(1/3 英寸)摄像机和柜台中央的距离是 2.5 m，要求用电视机监视整个活动范围，应采用多大焦距的镜头？

解

$$f_h = \frac{3.6 \times 2.5}{1.2 \times 0.6} = 12.5$$

$$f_w = \frac{4.8 \times 2.5}{1.2 \times 0.9} = 11.1$$

可见，要看到整个高度，要求焦距 f_h=12.5；要看到整个宽度，要求焦距 f_w=11.1。因为焦距越短，能看到的范围越大，为保证被摄取物体的高度与宽度都包括在画面内，取 f_h、f_w中较小的，f 取值应小于 11.1，可取 f=8。

3）根据被摄物体的细节尺寸来选择镜头焦距

一些特殊情况下，需要看清物体的细节，应按下面公式来选择镜头焦距：

$$f = \frac{500L}{BR} \tag{2-22}$$

式中：f 为所选镜头焦距，单位为 mm；

L 为物距，单位是 m；

B 为被摄物体细节尺寸，单位是 mm；

R 为镜头光学分辨率，单位是 lp/mm（Line Pair/mm，每毫米内线条对数），16 mm(2/3 英寸）镜头的光学分辨率为 27 lp/mm，12mm（1/2 英寸）镜头的光学分辨率为 38 lp/mm，8 mm(1/3 英寸)镜头的光学分辨率为 50 lp/mm。

大部分镜头没有标明成像尺寸是多大，但说明书上注明配各种尺寸摄像机时的镜头视角是多少，那么镜头成像尺寸就是可配摄像机尺寸中最大的规格。比如，某镜头说明书标明配 16 mm(2/3 英寸)、12 mm(1/2 英寸)、8 mm(1/3 英寸)摄像机时的视角分别为：69°20′，56°，41°09′，则该镜头的成像尺寸为 16 mm(2/3 英寸)。因为只有大尺寸镜头能被小尺寸摄像机使用，但大尺寸镜头的光学分辨率低。例如，16 mm(2/3 英寸)的镜头装在 8 mm(1/3 英寸)摄像机上，观察景物的外部轮廓时，与 8 mm(1/3 英寸)镜头的效果相差无几，但在观察景物的局部细节时，16 mm(2/3 英寸)镜头光学分辨率只有 8 mm(1/3 英寸)镜头的一半。

例 银行出纳柜台办公桌离摄像机 2.5 m，12 mm(1/2 英寸)摄像机采用 12 mm (1/2 英寸)镜头，要求看清 10 元以上票面，应选多大焦距的镜头？

解 12 mm(1/2 英寸)镜头的光学分辨率为 38 lp/mm，10 元以上票面的细节尺寸根据票面数字的大小估计为 2 mm，$f=\frac{500\times 2.5}{2\times 38}=16.4$ mm，可选焦距为 25 mm 的 12 mm (1/2 英寸)镜头。

当观察被摄物体的细节时，摄像效果与被摄物体的照度、被摄物体的对比度、摄像机的灵敏度与分辨率、监视器的分辨率等多种因素有关。按照公式计算的镜头焦距只能作为参考。例如，在上面的例子中，计算结果要求焦距大于 16.4 mm，一般说来，实际上应取焦距为 25～35 mm 的镜头，才能在各种外部因素变化的情况下都能看清票面。

6. 镜头的调整

在调整镜头之前，应按摄像机的说明书先调整好摄像机的后截距，即调整光电传感器位置使光敏区恰好位于镜头的成像面上。对于变焦镜头，应在长焦距与短焦距两种状态下分别反复调整后截距以求兼顾。

镜头调整环的操作规律是：当操作者在摄像机后，面朝目标时，顺时针方向旋转光圈调整环时，光圈变小；顺时针方向转动调焦环时，距离刻度递减；顺时针方向转动变焦调整环时，镜头焦距变短。

1) 景深

摄像系统在观察一个确定距离目标的同时，还可以清楚地观察到目标前后一定空间的景物，更近、更远的地方图像就比较模糊，这段能清楚聚焦的空间距离叫景深。景深与镜头的焦距、孔径以及摄像机的像素数目等因素有关。当要求被摄图像有一定景深时，应该记住：

① 镜头光圈越小，景深越大。

② 镜头焦距越短，景深越大。

③ 被摄物体的距离越远，景深越大。

景深越大，调焦效果越不明显，所以对一目标进行精确调焦前，应先把镜头光圈开得较大，如果图像出现饱和时，可设法降低景物亮度或在镜头前临时加一个灰度滤光片，然后精确调焦，调焦完毕，再取走滤光片，调小光圈至合适的位置。

2) 自动光圈镜头的调整

视频信号幅度的平均值代表电视图像的整体亮度，视频信号幅度的峰值代表电视图像的某些亮点。自动光圈镜头一般有 ALC(Automatic Light Compensation)测量电位器，一端标有 AV，表示测量视频信号的平均值作为光补偿的依据；另一端标有 PK，表示测量视频信号的峰值作为光补偿的依据。

当图像对比度很大而出现饱和现象时，可将 ALC 测量电位器转向峰值(PK)一端，这样容易看清景物明亮部分的细节，而不出现饱和现象。当图像对比度过小时，可将 ALC 测量电位器转向平均值(AV)一端，这时可以看清景物中较暗的部分而景物中亮的部分可能出现饱和现象。当调节 ALC 测量电位器不起作用时，景物适用于平均值测量，应将 ALC 电位器旋转向平均值(AV)一端，然后调整电位器以调节基准电平。

基准电平(LEVEL)调整电位器也称灵敏度调整电位器，一端标有 H，代表基准电平为 1V(p-p)；另一端标有 L，代表基准电平为 0.5 V(p-p)。图像对比度太高时，旋向 L；图像对比度太低时，旋向 H。同一系统中，可以通过调整基准电平电位器使各摄像机的对比度基本一致。

自动光圈镜头上这两个调整电位器，在出厂时都已调好，系统调试前不要去动它。

7. 常用镜头

图 2-37 是几种常用镜头。图 2-37(*a*)是一种针孔镜头，针孔镜头前端的孔很小，直径在 2 mm 左右，可以安装在隐蔽的位置进行监视而不被监视者察觉，针孔镜头有直通和 90°转角两种。也有自动光圈针孔镜头和广角针孔镜头，后者几何失真略大。

图 2-37(*b*)是一种超级广角固定光圈镜头。它体积很小，用在小型摄像机上，但失真较大。图 2-37(*c*)是一种手动变焦固定光圈镜头，焦距有两倍可调，使用方便。图 2-37(*d*) 是一种自动光圈镜头。图 2-37(*e*)是一种 10 倍电动变焦自动光圈镜头，监视远距离移动目标时使用。

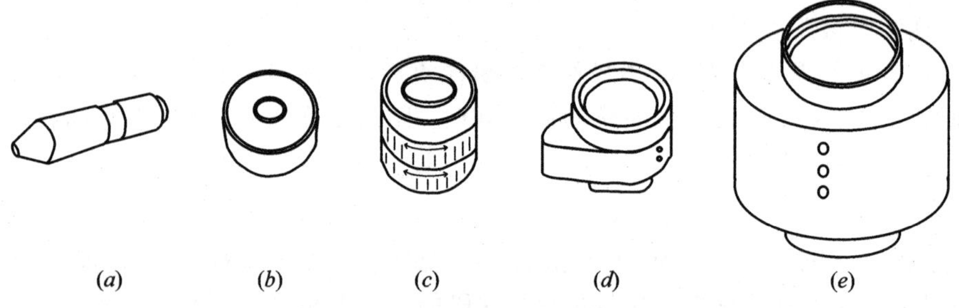

图 2-37 几种常用镜头

(*a*) 针孔镜头；(*b*) 定焦镜头；(*c*) 手动 2 倍变焦镜头；(*d*) 自动光圈镜头；(*e*) 10 倍变焦镜头

2.5.2 红外照明器

CCD 光电传感器对波长为 800～1000 mm 的人眼看不见的红外光仍然敏感，在黑暗中用该段波长的光源来照射被摄物体，虽然对人而言是黑暗的，但黑白 CCD 摄像机却能得到令人满意的图像(彩色 CCD 摄像机因为有滤色器挡住红外光，不能成像)，所以电视监控报警系统中常利用红外照明器在黑暗中进行监视。

红外照明器有大功率(300W)的红外照明白炽灯，有效范围可达 150 米；也有小功率的(60 W)红外 LED 照明灯，有效范围可达 60 米。专用红外照明灯都配有能手动的水平、垂直方向转动支架，以调整角度。如果用 20 个红外 LED(每个 10mA 电流)排成阵列定向照明，在黑暗中有效范围能达 10 米以上。因为物体对红外光和可见光的反射率是不同的，所以在红外光照射时摄取的图像与在可见光照明时摄取的图像在灰度层次上略有区别。在红外光照射的情况下，图像的对比度较大且景物的细节较清楚。在完全黑暗的情况下进行红外照明，摄像机是红外成像，被摄目标的图像较清楚；当环境光线稍亮时，因为摄像机对可见光的灵敏度高，摄像机变为可见光成像，红外成像基本上不起作用，被摄目标图像反而不清楚。所以，在室内进行红外照射暗中监视时，应用窗帘等物遮住月光和其他可见的反射光，使室内完全黑暗，就能取得最佳的图像。

2.5.3　支架

支架又称手动云台，用来安装摄像机或内装摄像机的防护罩，所以支架的摄像机安装座必须能调整水平位置和垂直方位。

图 2-38(*a*)是一种墙壁和天花安装支架，可以通过基座上四个安装孔固定在墙壁或天花板上，旋松紧固螺丝后可以将摄像机安装座的水平、垂直方位自由调节，调节好合适的方位后，拧紧螺丝固定方位。图 2-38(*b*)是一种利用万向球调节水平、垂直方位的壁装支架，摄像机上的螺孔直接与万向球顶端螺丝拧紧，放松中间支撑杆和基座螺纹，万向球可以自由转动，将摄像机调整到合适的方位，然后再将紧固装置的螺丝拧紧，万向球不再能转动，摄像机被固定。必须注意万向球与其外部的紧固装置必须有较大的接触面才能保证万向球的长期固定，若万向球靠个别点固定，遇有震动，位置就容易被移动。

图 2-38(*c*)是一种安装云台用的壁装支架，用铸铝制造，有较大载重能力，尺寸也比摄像机支架大。考虑到云台已具有方位调节功能，云台支架不再调节。

图 2-38(*d*)是一种可以在室外使用的壁装支架，一般用来吊装摄像机，这种支架用金属制造，有一定的防潮能力，但仍应尽量安装在屋檐下，减少雨淋，延长使用寿命。

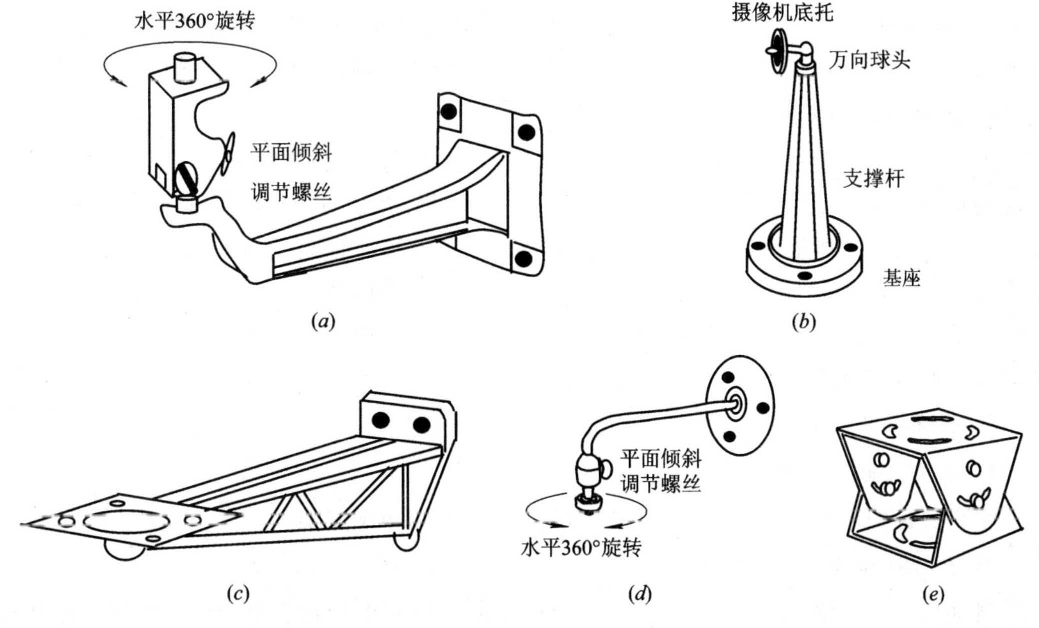

图 2-38　支架

(*a*) 一种墙或天花安装支架；(*b*) 一种用万用球调节的壁装支架；

(*c*) 一种云台壁装支架；(*d*) 一种室外壁装支架；(*e*) 一种室外载重支架

图 2-38(*e*)是一种可以在室外使用的载重支架，用钢板制造，有较大负荷能力，松开螺丝后，可以将摄像机安装座方位作一定的调节，调节好合适的方位后，拧紧螺丝固定方位。常将这种支架固定在自制的基座上。

2.5.4 电动云台

电动云台在电压信号控制下能作水平方向、垂直方向的旋转。摄像机安装在电动云台安装座上后，操作人员在控制室内按键就能改变摄像机的视角方向和俯仰，以监视位置不固定的目标。

1. 电动云台的组成

1) 电动机

电动机是电动云台的基本部件，可以是 12 V、24 V 直流伺服电机，但直流电机容易干扰其他设备；也可以是 24 V 或 220 V 交流伺服电机。国产电动云台以 220 V 交流伺服电机为主。

2) 传动装置

齿轮、蜗轮、蜗杆等传动装置将电动机的高速旋转变为摄像机安装座的缓慢转动。为了使控制电压断开时，摄像机安装座能立即停止转动，必须至少采用一对有自锁能力的蜗轮、蜗杆。

3) 限位开关

为了限制电动云台的旋转角度，电动云台都设有限位开关。当旋转角度到达限位时，压住微动开关，微动开关的常闭触点断开，切断云台电机的工作电压，电动机停止旋转。电动云台的限位位置是可以调节的，限位位置在外部可以调节的云台使用起来比较方便。有些云台的限位位置在云台内部，必须打开云台外壳才能调整，使用时不很方便。

2. 电动云台的技术参数

电动云台的主要技术参数是最大负载(kg)，是指摄像机(包括防护罩)的重心距云台工作面的距离为 50 mm，负载的重心通过云台的回转中心并且与云台的工作面垂直时，云台垂直方向承受负载的能力。在实际使用中，如果负载的重心偏离云台的回转中心，云台的负载能力减弱，所以在选择电动云台时最大负载要有足够的余量。

电动云台的回差与噪音也是选择云台必须考虑的。这些参数测试都比较麻烦，一般是将云台带负载运行来进行目测。

3. 特殊电动云台

1) 水平云台

水平云台的水平方向转动受电压控制，垂直方向相当于支架。

2) 自动扫描云台

自动扫描云台除了上、下、左、右四个动作能受控制电压操纵外，还可由控制电压操纵在水平方向作自动往复旋转。这是将普通云台在线路上作些改进后形成的。

每次自扫端电压断开后重新加控制电压，云台总是先向右转一直到限位，再向左转一直到限位……

这种自动扫描云台内部有继电器，继电器吸合和放开时的感应电势和火花易产生干扰。为此，在使用单片机控制器或单片机解码器时，应在云台继电器线包两端加接压敏电阻。

普通电动云台可以在软件控制下作自动扫描，但因各个云台扫描全程时间(云台从一个限位端旋转到另一限位端所需时间)不一样，给软件控制带来不便，当输出控制电压时间长于扫描全程时间时，会在限位处停留时间过长；当输出控制电压时间短于扫描全程时间时易造成扫描角度的移位，硬件自动扫描云台没有这个缺点。

3) 半球形、球形云台

半球形、球形云台是为了美观和隐蔽而设计的在半球形、球形防护罩内的电动云台。护罩常采用优质透明的聚丙烯颗粒热铸成型，有的云台还能进行高速、变速运转，可进行快速目标搜索和精确跟踪，有的云台还能瞬时反转，运行时平稳、无声，常常用24V交流电压进行控制。

4) 室外云台

室外云台必须有良好的防雨淋性能，云台的垂直输出轴处垫有防水密封圈，装卸时应该注意。室外云台机壳往往用铝合金整体铸造，这样比较轻巧，防雨性能也好。控制电压输入插头座须采用防水型的或者有防雨橡胶护套。

5) 防爆云台

防爆云台用于煤矿、化工厂、油田等有爆炸性气体的场合。防爆云台可与防爆型防护罩配合作用。

4. 常用电动云台

图2-39(a)是一个典型的电动云台，控制信号输入插座在云台的安装基座上，这样输入控制信号线不会随云台转动而转动。图2-39(b)是一种轻型云台，由于负载设计在侧面，使负载在所有倾斜角度上都能保持平衡。图2-39(c)是一种带壁装支架的小型电动云台。

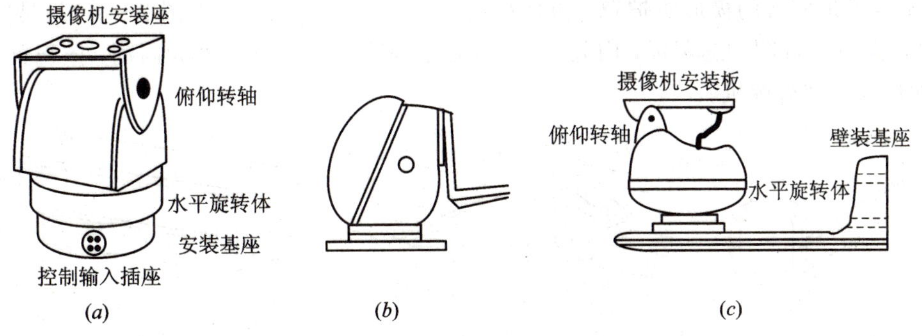

图2-39 几种电动云台

(a) 普通云台；(b) 侧装云台；(c) 带壁装支架小型云台

2.5.5 防护罩

1. 室内防护罩

室内防护罩的主要功能是防灰尘和起隐蔽作用，而外形美观是防护罩的基本要求。目前国内流行铝型材长方形室内防护罩，这种防护罩结构简单，安装方便，价格低廉。

2. 室外防护罩

室外防护罩应能适应各种恶劣的气候，保证摄像机在室外各种自然环境下正常工作。室外防护罩必须具有防晒、防雨、防尘、防冻和防凝露等功能。

室外防护罩的散热通常采用轴流风扇强迫对流自然冷却方式，由温度继电器进行自动控制。温度继电器的温控点在35℃左右，当防护罩的内部温度高于温控点，继电器触点导通，轴流风扇工作；防护罩内的温度低于温控点，继电器触点断开，轴流风扇停止工作。室外防护罩往往附有遮阳罩，防止太阳直晒使防护罩内温度提高。

在低温状态下，室外防护罩采用电热丝或半导体加热器加热，由温度继电器进行自动控制。温度继电器的温控点在5℃左右，当防护罩内温度低于温控点时，继电器触点导通，加热器通电加热；当防护罩内温度高于温控点时，继电器触点断开，加热器停止加热。

室外防护罩的防护玻璃可采用除霜玻璃，除霜玻璃是在光学玻璃上蒸镀镀一层导电镀膜，导电镀膜通电后产生热量，可以除霜和防凝露。室外防护罩通常还有雨刷，下雨时除去防护玻璃上的雨珠，也可除去防护玻璃上的尘土。为了防雨淋，在各机械连接处往往采用橡胶带密封，使用前最好能做一次淋雨水模拟试验，淋雨的角度为45°和90°，此时罩内不能有漏水、渗水现象。

上述室外防护罩在室外自然温度下使用，在工厂特别高的温度时，应采用高温电视。

3. 防爆型防护罩

在化工厂、油田、煤矿进行电视监控时必须使用防爆型防护罩。隔爆外壳的类别为dⅠ类防护罩用于煤矿，dⅡ类防护罩用于工厂。按最小点燃电流比可分为A、B、C三级，T1～T6为允许的最高表面温度，T1是450℃、T2是300℃、T3是200℃、T4是135℃、T5是100℃、T6是85℃。

4. 常用防护罩

图2-40是几种常用防护罩。图2-40(*a*)是铝合金型材制的室内用防护罩。图2-40(*b*)是室内吸顶安装的楔形防护罩，摄像机的大部分在天花板之上。图2-40(*c*)是室外用防护罩，上有可拆卸的遮阳板，内装冷却风扇和加热器，还有除霜器和雨刷，体积较大，可装各种长镜头和摄像机。

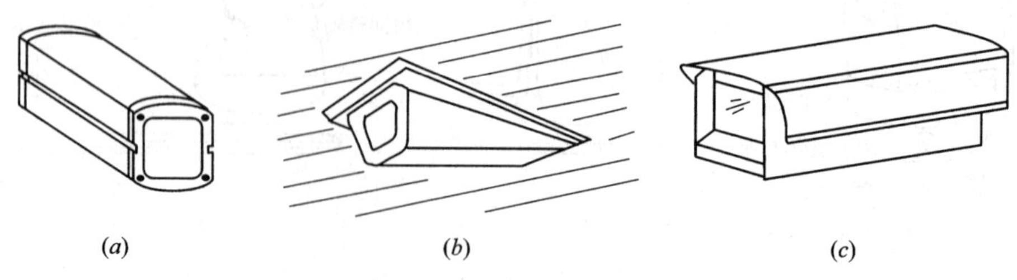

(*a*) (*b*) (*c*)

图2-40 几种防护罩

(*a*) 铝合金型材防护罩；(*b*) 楔形防护罩；(*c*) 室外防护罩

半球形、球形防护罩一般采用优质透明的聚丙烯颗粒热铸成型，光学性能好，机械强度大，经日晒雨淋不易变形，外形美观，有多种规格可供选配。图2-41(*a*)是一种半球形防护罩，宜吸顶安装，上面的柱体藏在天花板内。图2-41(*b*)是一种球形防护罩，体积较大，可装半球形、球形云台，内装风扇和加热器，宜在室外使用。

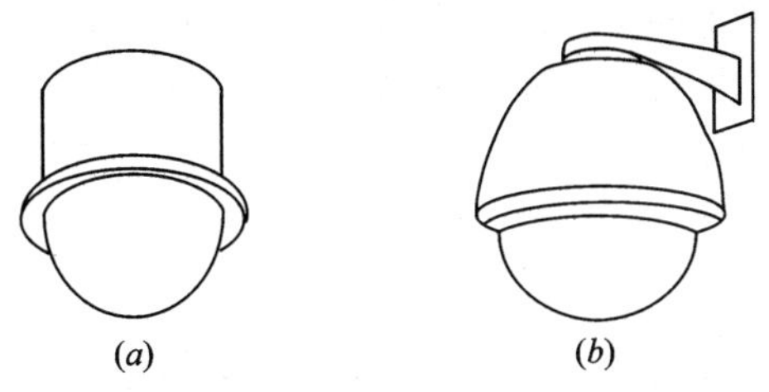

图 2-41 半球形、球形防护罩
(a) 室内半球形防护罩；(b) 室外球形防护罩

2.5.6 高温防护罩

当环境温度较高时，摄像机靠自然对流冷却和辐射热量方式不能确保使其在额定温度范围内正常工作，必须采用鼓风机强迫风冷、水泵强迫水冷或温差电致冷等方法，以确保摄像机的工作性能和可靠性。

1. 风冷系统

风冷系统一般采用直接冷却。净化空气作为冷却剂直接送入防护罩中，将摄像机热量带出，使摄像机温度下降。

风冷防尘系统由风冷防尘罩、空气滤清箱、半固定云台、空气调压、分水滤气器、送风软管和线缆护管等组成，如图 2-42 所示。

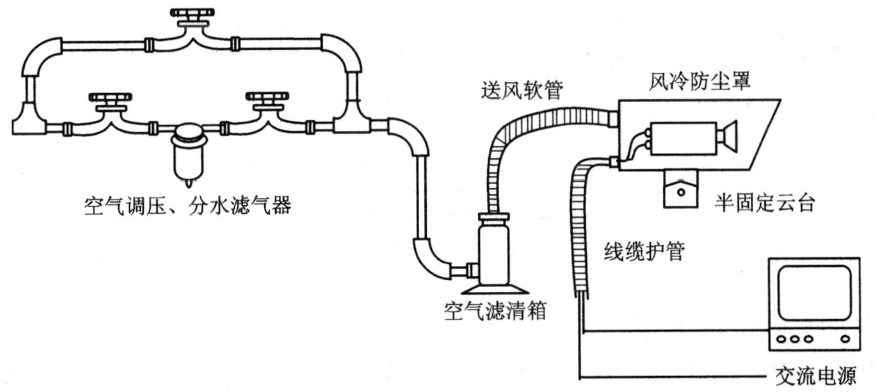

图 2-42 风冷防尘系统示意图

由管道送来的压缩空气经截止阀调压后，再由分水滤气器过滤后送至空气滤清箱。空气调压分水滤气器采用双通道方式，当分水滤气器发生故障或需要维修时，打开另一通道，保证系统继续工作。

空气滤清箱由箱体、空气过滤器、消音层和油水排泄管等组成，用来对经调压、油水分离后的空气作进一步的减压、净化和消音处理。经它处理后的空气用送风软管送入风冷防护(尘)罩。

风冷防尘罩由遮光罩和防护箱体组成。遮光罩中装有隔热玻璃，以免外界辐射热损坏摄像机镜头。防护箱体中设有摄像机导轨，摄像机通过安装板固定在导轨上，前后位置可以调整。送到防护箱体的冷却空气首先将摄像机冷却，继而均匀地吹向遮光罩中的隔热玻璃，将辐射热量带走。冷却气流冲出遮光罩，阻止粉尘进入风冷防尘罩内，从而达到风冷防尘的目的。半固定云台用于固定风冷防尘罩，其仰角可调，并用螺丝锁定。

该系统用于冶金、化工等行业在高温多粉尘环境中对作业现场进行远距离监视，一般在环境温度低于 60℃场合使用。

2. 水冷系统

当环境温度更高，靠风冷无法控制摄像机温度时，可采用水冷系统。因为水的导热系数和比热均比空气大，水冷与风冷相比较，具有换热热阻小、冷却效率高等优点。用水作为冷却剂的液体冷却每平方厘米的换热量为 40～80 瓦，最大可达 120 瓦。液体冷却的缺点是：系统复杂、体积大、价格高和维修难。

1）水冷防尘电视系统

水冷防尘电视系统由水冷防尘罩、气调压系统、水调压系统、控制系统、半固定云台、摄像机和监视器等组成。图 2－43 为水冷防尘防护罩。经过调压的冷却水液从防护罩前端流入，在环形隔套中形成紊流(指流体流速超过临界值时分子紊乱无章的运动，且产生涡流，促进能量交换)。紊流分别从内水冷套外壁和外水冷套内壁获得热量，形成热流体。热流体从防护罩后端流出，达到冷却的目的。同时水冷套前端有密封隔热玻璃，隔热玻璃前端有锥形喷气孔，压缩空气从进气管送入将隔热玻璃上的辐射热带出，在隔热玻璃前部中心形成气流屏障，阻挡烟尘，实现水冷防尘功能。

该系统用于冶金、化工等行业在加热炉、玻璃熔炉附近高温多粉尘环境中对作业现场进行监视，一般在环境温度低于 80℃场合使用。

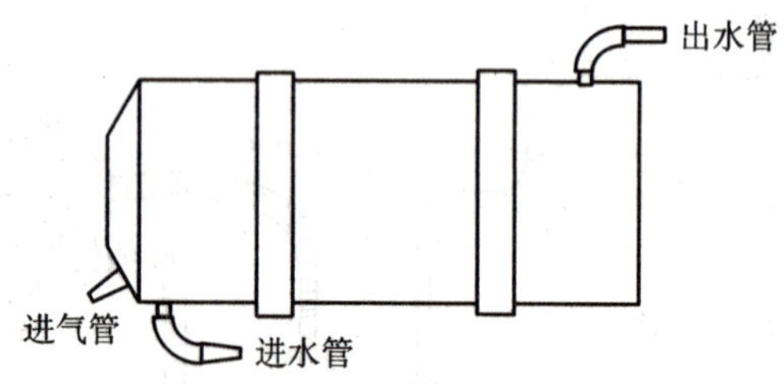

图 2－43　水冷防尘防护罩示意

2）炉用高温型电视设备

炉用高温型电视设备包括高温防护罩、带高温针孔镜头摄像机、空气调压分水滤气系统、送风软管、送水软管、线缆护管、控制器、云台、报警系统、快门和水泵等设备、高温防护罩可直接安装在炉窑壁上，通过窥视孔监视炉内温度高达 1600℃的景物。

高温防护罩包括水冷套、水冷中套、风冷套、摄像机座架等。摄像机安装在机架上，针孔镜头隔热玻璃位于风冷套内侧。冷却水先进入水冷套，然后流经水冷中套带出热量，冷却摄像机。为了减少外界辐射热的影响，水冷套外层装有隔热海绵胶板和辐射罩。为了减少炉窑壁高温对摄像机的影响，高温防护罩分为水冷套、水冷中套和风冷套三段，之间采用石棉橡胶板衬垫，炉窑壁对摄像机的影响明显降低。压缩冷却空气经调压、分水滤气后分两路送至风冷套，一路流向针孔镜头前的隔热玻璃上，换热后经风冷套窥视孔向前喷出；另一路经风筒喇叭口风孔形成锥形气流，与窥视孔喷出的压缩空气一起阻挡炉窑内高温和烟尘对摄像机的影响。喷出的压缩空气的气压必须大于炉内压力的两倍。

为了防止停水、停气导致高温防护罩内摄像机温度超出上限值，系统设有故障报警装置。风冷套内还有快门装置，当停风或摄像机需维修时，可用快门将窥视孔关闭。

3. 半导体致冷

半导体致冷又叫温差电致冷。当任何两种不同的导体组成一对电偶并通以直流电流时，在电偶的相应接头处就会发生吸热和放热现象，这种效应在金属中很弱，在半导体中则比较显著。

1）半导体致冷原理

半导体致冷的电偶利用特制的N型和P型半导体用铜连接而成，其原理如图2-44所示。当直流电从N型半导体流向P型半导体时，则在②、③端的铜连接片上产生吸热现象（称冷端），而在①、④端的铜连接片上产生放热现象（称热端）。若电流方向相反，则冷、热端互换。

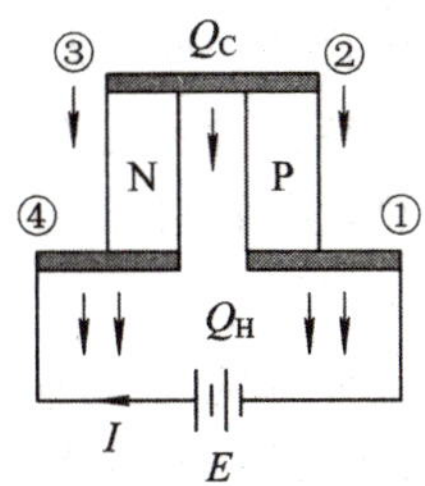

图2-44　半导体致冷原理示意图

半导体致冷的原理可用载流子（电子或空穴）流过结点时热能的变化来解释。由于载流子在金属和半导体中的势能大小是不同的，所以载流子在流过结点时，必然会引起能量的传递。当载流子由较低的势能变到较高的势能时，必须吸收外界的能量，反之，必然放出能量。

P型半导体是空穴导电，空穴在金属中具有的势能低于在P型半导体中具有的势能。当空穴在电场作用下由金属片通过结点②到达P型半导体时，必须增加一部分势能，空穴从金属片中吸收热量，把热能变成空穴的势能，因此结点②处的金属片被冷却下来；当空穴沿P型半导体通过结点①流向金属片时，必须减少一部分势能，这些势能转变为热能释放出来，所以结点①处金属片被加热。

N型半导体是电子导电，电子在金属中的势能低于N型半导体中的势能。在电场作用下电子从金属片通过结点③到达N型半导体时必然要增加势能，这部分势能也只能从金属片中吸收热能来转换，结果结点③处的金属片冷却下来。当电子从N型半导体通过结点④到金属片时，就要释放能量并转变为热能，所以结点④处金属片被加热。

一个电偶对能产生的热电效应较少，可将几十个这样的电偶对串联以获得较大的致冷量，将冷端排在一侧，热端排在另一侧，构成一个热电堆。

2）半导体致冷器

半导体致冷器是由热电堆、冷却板和散热器组成。冷却板装在电堆的冷端为了加强热交换，冷板可有不同形式，如肋片式，平板式等。散热器装在电堆的热端，散热形式可有强迫风冷、强迫水冷和自然冷却等，图2-45为半导体致冷器结构示意图。无论采取哪种冷却结构形式，都必须使冷板、致冷电偶堆和散热器三者之间的连接满足导热和电绝缘的要求。

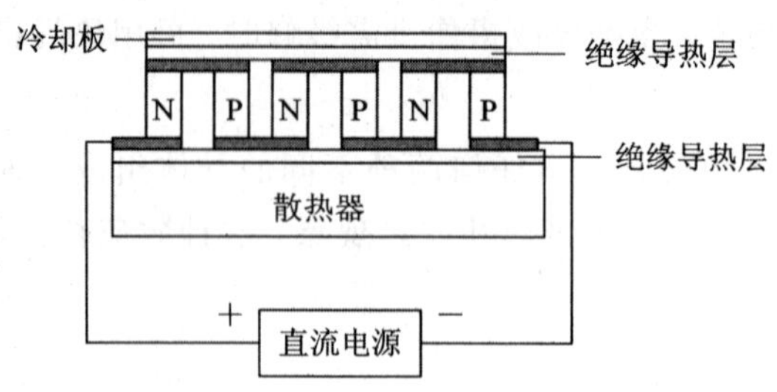

图 2-45 半导体致冷器结构示意图

致冷器连接可用粘合法、螺丝固定法或焊接法。

粘合法用环氧树脂粘合，粘合时加一定的压力使粘合层很薄以减少热阻，固化后在60℃～70℃下烘烤。粘合法的缺点是粘合层不易做得很薄，同时由于环氧树脂与电偶堆膨胀系数不同，长期冷热交替工作会使粘合层松脱、无法散热、烧坏电偶堆。

螺丝固定法用螺丝将电偶堆、散热器及冷板连在一起。在接触面上涂硅脂提高导热性能。为了避免热端通过螺丝向冷端传热，应采用导热性能差的尼龙螺丝，这种方法因维修方便而被普遍采用。

焊接法采用一种金属化的陶瓷，这种陶瓷片大小与铜连接片大小相同，在两面烧结上金属(如银)层，一面与铜连接片焊接，再焊上半导体元件；另一面与散热器或冷板相连接。此法电绝缘性能好，但增加了金属化陶瓷的工艺。

通常一级致冷能得到50℃的温差，为得到较大温差可将致冷器用串联、并联和混联方式堆起来构成多级半导体致冷。

多级致冷器是金字塔形状，见图 2-46。下面的级要带走上面的级产生的热量，而致冷器热端发热效率比冷端致冷效率大，因此多级致冷器下面的级总要比上面的级的元件对数多许多。多级致冷器的级数愈多，达到的温差愈大，顶端的产冷量也愈小，总的致冷效率也就愈低。串联型多级致冷电偶堆如图 2-46(*a*)所示，虽然每一级工作电流相同，级与级之间必须绝缘良好。并联型多级致冷电偶堆如图 2-46(*b*)所示，特点是工作总电流较大，但级间不必电绝缘。混联型多级致冷电偶堆如图 2-46(*c*)所示。

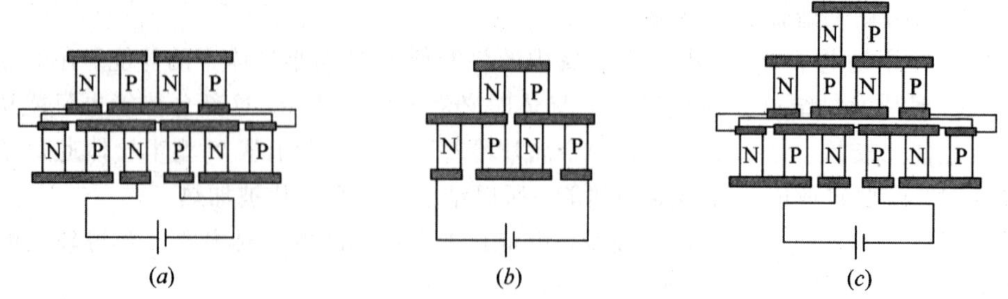

图 2-46 多级半导体致冷器结构示意图

(*a*) 串联电偶堆；(*b*) 并联电偶堆；(*c*) 混联电偶堆

3) 半导体致冷的特点

(1) 无噪音、无振动、寿命长、结构简单、安装容易、维修方便、可靠性高、致冷时间短。

(2) 致冷量和冷却速度可通过改变电流的大小随意调节，加上温度检测手段，可实现高精度的温度控制，容易实现遥控、程控、计算机控制，组成自动控制系统。

(3) 对核辐射很不敏感。如把致冷器放在离放射性钴几十厘米的地方，数周之后致冷器的特性没有任何改变，所以适用于高温核辐射环境的应用电视。

(4) 功率范围宽。单个致冷元件的功率虽小，但组合简单，容易实现各种功率的致冷系统。

(5) 需要消耗功率很大的直流电。由于反向电压有致热作用，要求直流电源波纹系数小，否则致冷器达不到最大温差。

4) 半导体致冷器的应用

半导体致冷器的应用比较灵活，所需致冷功率较小时可以单独使用，需要较大致冷功率时与风冷装置、水冷装置配合使用，组成半导体致冷高温防尘电视系统，效果较好，适用于高温、高粉尘等恶劣环境，在钢铁、冶金、水泥、玻璃、化工、电力等部门中实现对生产过程的监视调度。

4. 高温电视自动退出系统

高温电视自动退出系统是将摄像机探头直接伸入炉内，监测炉内燃烧情况和火焰形状，可用于冶金、电力、建材、轻工、化工机械等行业的加热炉上。由于环境温度高、辐射热量大和粉尘聚集等原因，只能在限定的范围内进行短时间的观察，全自动高温电视退出系统由控制中心远距离遥控监测，能提高冶炼质量，又降低劳动强度，还便于实现集中调度及生产过程的自动化。

炉用高温电视自动退出设备由探头摄像机、分配盒、退出装置、控制器、空气压缩装置、水冷却装置、电源及监视器等组成，其方框图如图 2-47 所示。

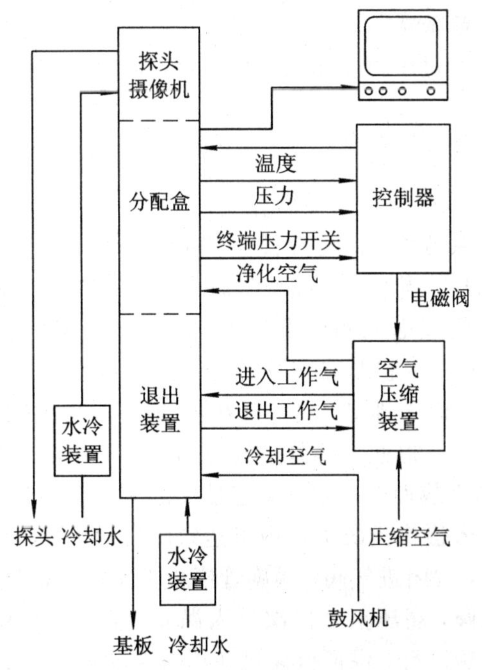

图 2-47 炉用高温电视自动退出系统

探头摄像机可在燃烧温度高达2000℃情况下使用，当压力和温度传感器探测到摄像机冷却功能发生故障时，电动气动控制的退出装置会自动地把探头摄像机从燃烧室退出，以防止摄像机和镜头烧坏。探头摄像机也可以由控制室遥控装置遥控退出。探头摄像机进入或退出时间大约是10～15秒，探头运动速度约为0.1米/秒。

当系统出现下列七种情况之一时，退出装置即退出。

① 探头顶部的冷却水温度超过预定值时。

② 压缩空气故障或压力降到预定值时。

③ 探头处净化空气通道故障或压力降到预定值时。

④ 当水流量小于预定值。

⑤ 当空气或水监测线路中断时。

⑥ 当主电源电压故障时。

⑦ 当控制器或控制中心发出退出指令时。

只有当以上七种情况全部不存在时，探头的进入过程才能进行。

摄像机安装在探头罩内，采用高温针孔镜头，视角为82°，探头伸进炉内，摄像机通过罩前2 mm小孔摄取图像，输出电视信号经过分配盒转接，由视频电缆传至监视器显示炉膛内图像。摄像机的正12伏电源由控制器提供。

净化的压缩空气输入空气压缩装置内，经过滤减压处理后供给自动退出装置中的无杆气缸，由电磁阀控制无杆气缸两端压缩空气的压差来带动探头，实现进入和退出的功能；另一路经过过滤减压形成的净化空气通过分配盒送到探头罩内，由罩前小孔喷出，形成一定的正压，起到保护镜头的作用。

输入的冷却水经水冷却装置过滤减压后分两路：一路供给探头罩隔套，起冷却作用；另一路供给炉壁基板，也起降温冷却作用。

气泵形成的冷却空气经过压力表和压力控制器，提供给基板上圆形喷嘴，产生恒定的锥形空气流保护探头罩。

5. 涡旋致冷

1）涡旋致冷原理

涡旋致冷又称涡旋膨胀致冷，涡旋致冷系统的主要部件为涡旋致冷器，又叫涡旋管。涡旋管的两端均有气流出口，当送入压缩空气时，一端喷出冷气流，而另一端喷出热气流。压缩空气首先通过喷嘴成切线送入涡旋发生腔，涡旋发生腔位于涡旋管的热端和冷端之间，并与它们相连。由涡旋发生腔形成的涡旋气流送入涡旋管的热端，涡旋气流紧贴涡旋管的内表面，热空气不断从热端排出，热空气在热端产生一个流阻，这个流阻在涡旋管中形成了足够的负压，这一负压迫使一部分空气经涡旋管的中心回流到冷端。这部分空气由于流向热端的膨胀气流的吸热而变得很冷，它是反向流过涡旋管的，并通过冷排气口离开涡旋管。将这股冷气流接入摄像机防护罩内可达致冷目的。当防护罩内空气被冷却至温控点以下，温度继电器放开，关闭进气阀，涡旋管停止工作；当罩内温度上升到温控点时，温度继电器吸合，打开进气阀，高压空气再次进入涡旋管，即刻产生涡旋效应，冷气流再次进入机壳。此过程周而复始进行，保证摄像机在正常温度环境下工作。

2）涡旋致冷特点

(1) 安全可靠：涡旋致冷器构造简单，不易发生故障，可长时间工作。

(2) 经济实用：涡旋致冷的原理较为复杂，涡旋致冷产品却制造工艺简单，涡旋致冷器的工质是空气，可以在风冷防护系统的基础上加装涡旋致冷器，以提高致冷效果，改变风冷防护罩结构复杂、庞大的缺点。

(3) 适应性强：涡旋致冷系统防护的环境温度可达90℃，适应于露天放置及高温条件下工作的应用电视摄像机。

涡旋致冷系统与风冷型、水冷型系统相比，在性能、价格上都有一定的优势。

思考题和习题

2-1　CCD器件是如何在多相时钟驱动下转移电荷的？

2-2　面阵CCD有几种形式？分别是如何转移信号电荷的？

2-3　GCFS滤色器的输出信号是如何分离为三基色信号的？

2-4　CMOS图像传感器有哪三种基本类型？

2-5　红外线分为几个波段？是怎么划分的？

2-6　主动式红外摄像机和被动式红外摄像机各有什么特点？

2-7　热释电摄像机用在什么波段？有哪些具体应用？

2-8　为什么热释电摄像机要对输入的视频信号进行调制？

2-9　为什么凝视焦平面阵列红外摄像机灵敏度提高为单元探测器时的$\sqrt{mn}$倍？

2-10　微光电视有什么特点？

2-11　用8 mm(1/3英寸)摄像机监视高2 m、宽4 m大门人员进出情况，把摄像机装在大门前方10 m处，应采用多大焦距的8 mm(1/3英寸)镜头？

2-12　用8 mm(1/3英寸)摄像机监视5 m远处仪表板上的数码管，数码管高19 mm，宽12.7 mm，一排8个，数码管笔画间距约为5 mm，应采用多大焦距的8 mm(1/3英寸)镜头？

2-13　用黑白摄像机对机要室进行夜间监视，用红外灯照明，要不要挂窗帘？

2-14　半导体致冷的原理是什么？

2-15　半导体致冷器的三种连接方法是什么？

2-16　多级半导体致冷器有哪三种结构？

2-17　涡旋致冷的原理是什么？有哪些特点？

第3章 图像信号的传送

图像信号的传输是应用电视系统的重要部分，在大型系统和需要进行远距离监视和控制的系统中，建立高质量的图像信号传输网络是应用电视系统的关键。长距离传输引起的图像质量下降会影响整个系统的质量，也限制了电视系统的应用范围；敷设线缆需要巨大的工程量。这些原因使传输环节成为决定应用电视系统的质量、造价和工作难度的主要因素。

图像信号的传输有多种方式，可以通过不同的介质传输，可以采用不同的调制方式。表 3－1 给出了几种图像信号传输方式的特点和适用范围，具体应用要结合实际条件进行选择。

表 3－1 几种图像信号传输方式的特点和适用范围

传输介质	传输方式	特点	适用范围
同轴电缆	基带传输	设备简单、经济、可靠、易受干扰	近距离传输，加补偿可达 2 km
	调幅或调频	抗干扰性强，可实现多路传输，设备复杂	主要用于有线电视系统
双绞线	基带传输	平衡传输，抗干扰性强	智能大楼综合布线中传输，近距离
	数字压缩	抗干扰性强，准实时传输	通过计算机局域网传输，灵活
光缆	基带传输	图像质量好，不受电磁干扰	大型应用电视系统，远距离传输
	PFM		更远距离传输
无线	微波调频	灵活、可靠、施工方便，易受干扰和建筑物阻挡	临时性和流动性图像传输，不易敷设电缆时

无线方式设备成本较高，保密性差，必须取得无线电管理委员会的许可，传输多路信号时必须相互避开所用的频道。若采用微波定向传输，设备架设比较困难，所以较少使用。

图像信号的基带传输(视频传输)是最为常用的传输方式，即使采用调制技术，仍然可以把传输设备(调制、解调器)与线缆视为一个整体，把它看作一个视频入/视频出的传输过程。对传输系统质量的评价也是把线缆与相关的传输设备结合在一起进行。

本章介绍应用电视系统中最普遍使用的同轴电缆、双绞线、光纤和无线传输。

3.1　同轴电缆视频传送

在某种意义上，同轴电缆视频传输可以看做是视频设备之间的直接连接。它不需要或只需要较少的附加设备，在一定范围内可获得较好和稳定的图像质量，线缆敷设、接续和维护方便。它是目前大多数应用电视系统所采用的图像信号传输方式。它所利用的传输介质是同轴电缆。

3.1.1　同轴电缆的结构与特性

1. 同轴电缆的结构

图 3－1 是同轴电缆结构示意图。同轴电缆由中心导体、绝缘介质、屏蔽层和护套四部分组成。

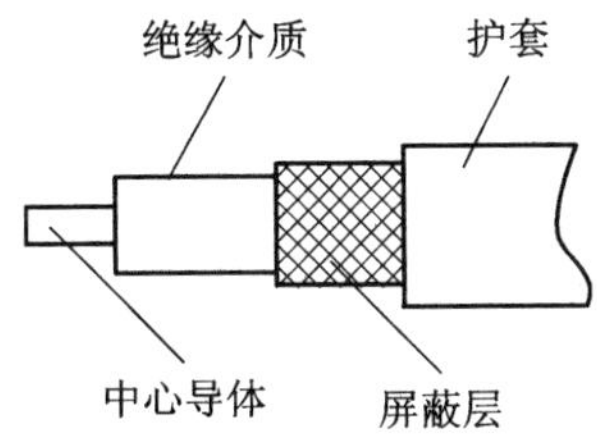

图 3－1　同轴电缆结构示意图

（1）中心导体：它是实现电信号传输的基本通道，是一根圆柱形或由多股导线绞合而成的柱形铜质导体，它位于电缆的中心。

（2）绝缘介质：它充满屏蔽层和中心导体之间，形成一个不导电的空间，主要材料是聚乙烯。真空或干燥的空气是最好的绝缘介质，所以目前多采用通过物理方法形成的泡沫聚乙烯作为电缆的绝缘介质。它的主要作用是保证中心导体和屏蔽层之间的几何位置，防止电缆变形，它在很大程度上决定着电缆的传输速度和损耗特性。

（3）屏蔽层：它是与中心导体同心的环状导体，采用细铜导线编织而成。屏蔽层既能将电信号约束在一个封闭的空间中传送，又能阻止外界其他信号串入电缆，同时对加强电缆的机械强度也有很大的作用。所谓同轴，就是指屏蔽层与中心导体之间的这种均匀的同心结构。

（4）护套：它是起防水、防潮和抗磨损作用的塑胶材料，保护导体不被锈蚀和磨损。专用电缆经常还加有铝皮或铅防护，既加强了机械强度，也增强了抗干扰性。

同轴电缆的特性阻抗有 50 Ω、75 Ω 等规格。主要型号有：SYV 型，它的绝缘层为实心的聚乙烯；SBYFV 型，其绝缘层应用泡沫聚乙烯。在应用电视工程中，视频信号的传输主要用 SYV 型和 SBYFV 型特性阻抗为 75 Ω 的两种同轴电缆。单以衰减特性来说，同样直径的这两种电缆，SBYFV 型的衰减量比 SYV 型要小。为了便于比较，表 3－2 列出了几种同轴电缆的性能。

表 3-2　几种同轴电缆的主要参数

型　号	内导体	绝缘外径/mm	电缆外径/mm	特性阻抗/Ω	电容不大于/(pF/m)	试验电压/kV	衰减量/(dB/m)			重量/(kg/km)
	根数/直径 mm						30 MHz	50 MHz	200 MHz	
SYV-75-2	7/0.08	1.5±0.10	2.9±0.10	75±5	76	1.5	0.2200	0.280	0.597	16
SYV-75-3	7/0.17	3.0±0.15	5.0±0.15	75±5	76	3.0	0.1220	0.113	0.308	42
SYV-75-5-1	1/0.72	4.6±0.20	7.1±0.30	75±5	76	5.0	0.0706	0.082	0.190	77
SYV-75-5-2	7/0.26	4.6±0.12	7.1±0.30	75±5	76	5.0	0.0785	0.095	0.211	77
SYV-75-7	7/0.40	7.3±0.30	10.2±0.30	75±5	76	7.5	0.0510	0.061	0.140	151
SYV-75-9	7/1.37	9.0±0.30	12.4±0.40	75±5	76	10.0	0.0369	0.048	0.104	213
SBYFV-75-5	1/1.13	5.2±0.20	7.3	75±5					0.140	53
SBYFV-75-7	1/1.50	7.3±0.20	10.4	75±5					0.270	123
SBYFV-75-9	1/1.90	9.0±0.20	12.5	75±5					0.095	190

2. 同轴电缆的特性

同轴电缆在视频范围内是一种有损耗的传输线，我们可以用传输线理论对它进行分析。

1）同轴电缆的等效电路

在电特性上，同轴电缆可以看成是一个四端网络，而这一个四端网络又是由无数个无限小的四端网络(也就是无限小的电缆段)串联组成的。回路导线上存在着均匀分布的电阻和电感，回路中心导体和屏蔽层之间分布着电容和电导，这些无限小的四端网络的结构形式(等效电路)如图 3-2 所示。图中，R 为回路单位长度的有效电阻，L 为单位长度电感，C 为内外导体间单位长度的电容，G 为内外导体间单位长度的电导。

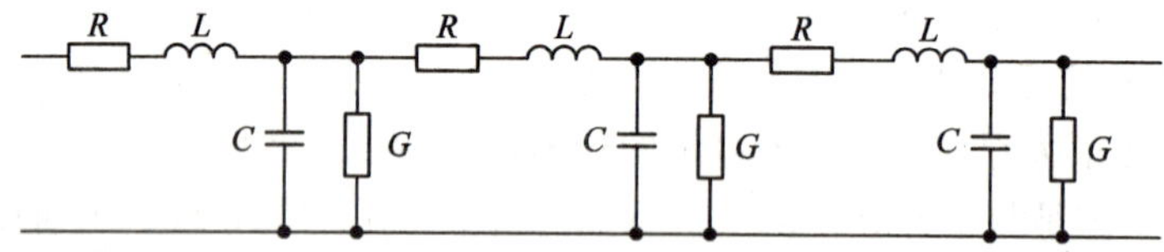

图 3-2　均匀电缆的等效电路

为了讨论方便，我们假设电缆段的物理性质和结构沿着长度都是均匀的，称为均匀电缆。(实际电缆是不均匀的，总存在着微小的差别。)电缆的每一无限小段都是相同的，那么对于全长来说，就可以看作是由这样的无限小电缆段串联而成。图 3-2 为同轴电缆的等效电路。所以，同轴电缆是一种分布参数电路。在集中参数电路中，信号传输的持续时间与该信号本身变化的时间相比要短得多，信号的能量集中消耗和存储在电路的各个元件(R、L、C)上。因此，集中参数电路的电压或电流和空间坐标的位置无关，它们只是时间的函数，即在集中参数电路(或称短线)中电压或电流是均匀分布的。在分布参数电路中，如同轴电缆，信号传输的持续时间与该信号本身变化的时间可以相比或长得多，因此在这种电路中，电压或电流不仅是时间的函数，而且还与空间的坐标有关，即在分布参数电路(或称长线）中，电压或电流的分布是不均匀的。

实际应用的同轴电缆传输线属于短线还是长线，并不看它的实际长度，而是看它与信号波长的相对长度。信号传播的速度接近光速 $c=3\times10^8$ m/s，其波长 λ 与频率 f 的关系如式：$\lambda=c/f$。对于 50 Hz 的信号来说，波长为 6000 km，100 km 的同轴电缆也视为短线。在这个线段上可以认为电压或电流大小和方向都相同；对频率为 6 MHz 的信号来说，波长为 50 m、100 m 的同轴电缆也视为分布参数的长线。视频信号的频带一般从 20 Hz～6 MHz，在其低频端同轴电缆主要表现为集中参数形式，在其高频端同轴电缆主要表现为分布参数的形式。这种变化是随着工作频率的升高逐步过渡的。从而引起高频端和低频端不同的衰耗和相位差。

2）衰减常数 α、相移常数 β 和波阻抗 Z

从同轴电缆的等效电路可以得出电缆的两个传输参数：传播常数 γ 和波阻抗（特性阻抗）Z。传播常数 γ 是个复数，它的实数部分 α 称为衰减常数，它的虚数部分 β 称为相移常数。γ 和 Z 可以用下式表示：

$$\gamma=\alpha+\mathrm{j}\beta=\sqrt{(R+\mathrm{j}\omega L)(G+\mathrm{j}\omega C)} \tag{3-1}$$

$$Z=\sqrt{\frac{R+\mathrm{j}\omega L}{G+\mathrm{j}\omega C}} \tag{3-2}$$

式中：α 表示信号在均匀电缆上每单位长度的衰减值；β 表示信号的相位在均匀电缆上单位长度的变化值；波阻抗 Z 表示信号在没有反射时电缆所呈现的阻抗。R、L、G、C 分别代表单位长度电缆的电阻、电感、电导和电容。（α、β、γ、Z 都是 ω 的函数，都随频率变化。）

（1）衰减常数 α。衰减常数 α 是信号频率 f 的函数，单位为 dB/m 或 dB/km。因为信号在同轴电缆里传输时，除有导体的电阻损耗外，还有绝缘材料的介质损耗，这两种损耗都随着电缆线的加长和信号频率的增高而增加。图 3-3 表示出不同长度的 SYV-75-5 型同轴电缆在传输 0.5 MHz 到 7 MHz 信号时的实际衰减情况。

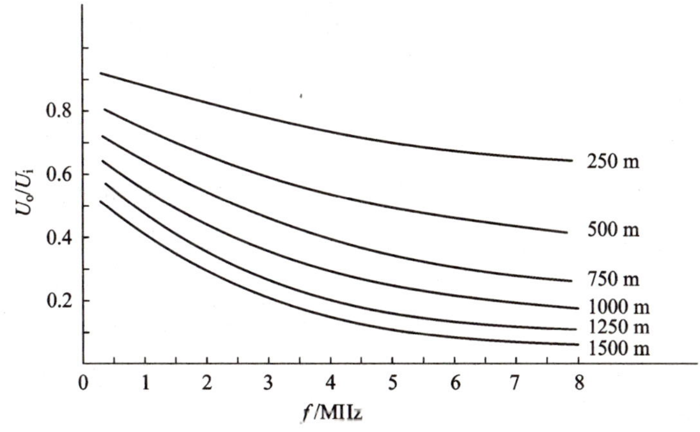

图 3-3　不同长度的 SYV-75-5 型同轴电缆在传输信号时的实际衰减情况

衰减常数 α 不但与电缆的长度和频率有关，还与同轴电缆的直径、绝缘体的介电常数有关。金属损耗造成的衰减与$\sqrt{f}$成正比，介质损耗造成的衰减与 f 成正比，但在频率为几兆赫时介质损耗造成的衰减不大于总衰减值的 1%。因此，同轴电缆的衰减常数 α 大致与

$\sqrt{f}$成正比。

在工程中，应根据要求的衰减量选择合适的同轴电缆。图 3 - 4 是几种不同规格的 SYV 型同轴电缆的衰减特性。

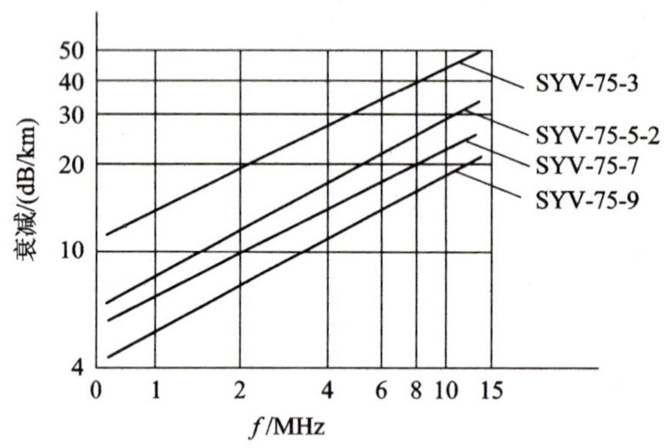

图 3 - 4 不同规格 SYV 型同轴电缆的衰减特性

(2) 相移常数 β。相移常数 β 随信号频率的增高和电缆的增长而增大。不同结构、材料和直径的电缆也具有不同的相移特性。

(3) 波阻抗(特性阻抗)Z。特性阻抗 Z 的普遍形式为公式(3 - 2)。从式(3 - 2)可以看出同轴电缆的特性阻抗 Z 是信号频率的函数。在高频率时，$\omega L \gg R$、$\omega C \gg G$，同轴电缆的高频波阻抗也可写成下式形式：

$$Z = \sqrt{\frac{L}{C}} \tag{3 - 3}$$

市场销售同轴电缆所标的波阻抗就是指高频时的特性阻抗。考虑到视频信号是 20 Hz～6 MHz 的宽频带信号，同轴电缆在低频时和高频时所表现出来的阻抗不相同，无法做到完全的匹配。但是图像细节信号都在 1 MHz 以上的频带内，只要高频段阻抗匹配就能够满足传输的要求，在低频段即使有微小的失配，图像也不会有明显的重影失真。因此，只要按电缆的高频特性阻抗(也即生产厂的标称特性阻抗)进行阻抗匹配就可以了。

3.1.2 同轴电缆损耗补偿器

在应用电视系统中，大多采用同轴电缆基带传输方式。传输距离越长，视频信号的衰减越大；信号频率越高，衰减越大，同时也会引起很大的群延时失真。由于相位校正是很难实现的，所以电缆补偿主要对摄像机输出的 1 V(p - p)视频信号进行幅频失真的补偿。一般情况下，经过 300 米 SYV - 75 - 5 型同轴电缆的传输后，图像还能达到 400 线左右的分辨力，则认为能够满足一般应用的要求。在传输线超过 300 米后，应该考虑使用电缆补偿器，以保证图像质量。

1. 电缆补偿器的原理

图 3 - 5 是电缆补偿电路原理图。电路主要由 RC 电路组成，通过减少高频分量负反馈的方法，来提高其增益，从而进行频率均衡和补偿。如果将电缆的衰减曲线分成几段，对应于各段都用一组 RC 电路予以补偿。这样电路的幅频曲线就比较接近电缆的衰减曲线的补偿曲线，实现对规定长度电缆段衰耗的整体补偿。

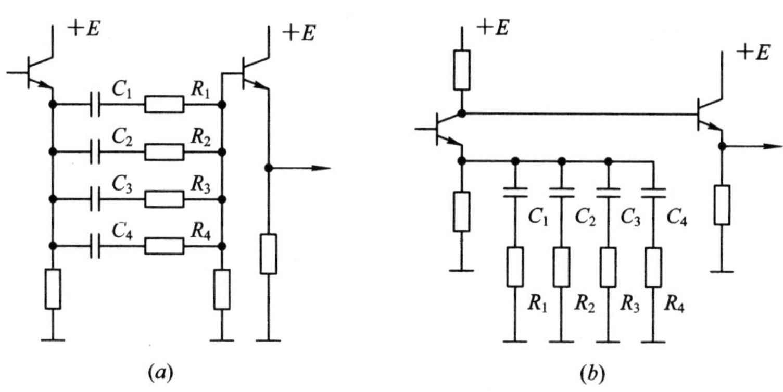

图 3－5　RC 电缆补偿电路原理图

(a) 补偿电路串接在基极回路里；(b) 补偿电路并接在发射极反馈电阻上

电路 3－5(a)中 RC 补偿电路串接在三极管的基极回路里。容抗 $Z_c=\frac{1}{\omega C}$是随着频率升高而减小的。我们把容抗 $Z_c=R$ 时的频率叫 RC 串联电路的中心频率 f_0，那么 $f_0=\frac{1}{2\pi RC}$，如图 3－6 所示。工作频率低于 f_0 时串联电路的阻抗主要决定于电容 C，工作频率高于 f_0 时串联电路的阻抗主要决定于电阻 R。在设计补偿器电路时，可以查阅所用长度同轴电缆的衰减，画出其衰减曲线，然后根据补偿精度的要求分段选取中心频率，就可以决定出 RC 补偿电路的数值和段数。

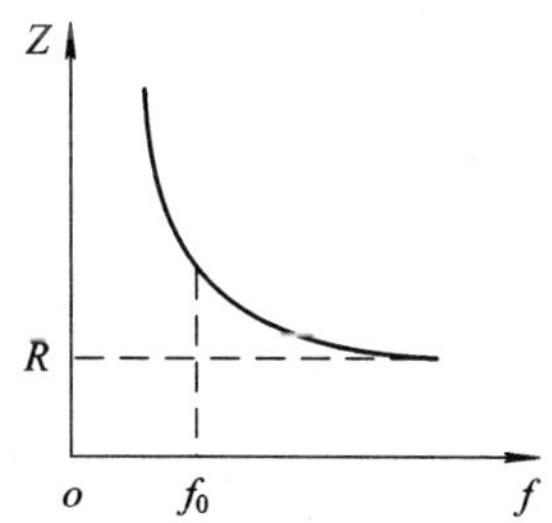

图 3－6　RC 串联电路频率与阻抗关系

图 3－5(b)电路中 RC 电路是并联在晶体三极管的发射极负反馈电阻上的，RC 电路的阻抗将随频率升高而减小，使放大器放大倍数 K 增加，从而对电缆损耗进行补偿。

图 3－7 是长度是 1 km 的 SYV－75－5 电缆的衰减曲线和对应的补偿曲线。

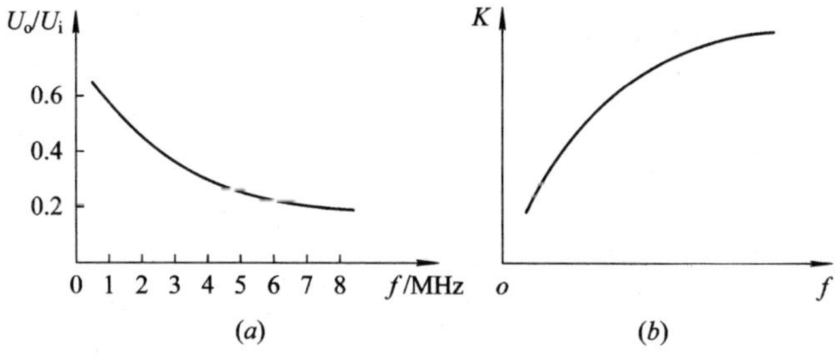

图 3－7　长度为 1 km 的 SYV－75－5 电缆的衰减曲线和对应的补偿曲线

(a) 衰减曲线；(b) 补偿曲线

2. 电缆补偿器的组成

电缆补偿器除了RC电路补偿高频衰减外，为了消除电缆芯线和屏蔽层上的干扰，输入级采用差分平衡电路，电路的增益和补偿点应可微调，以满足输出视频信号1 V(p－p)幅度和补偿的要求；输出级要低阻抗输出(75 Ω)。

图3－8是电缆补偿器的原理方框图。图中补偿器有1 km和2 km两种补偿长度，用开关转换。在2 km时，增加一级RC补偿电路。这个电缆补偿器的视频输入插座与机箱绝缘，使同轴电缆的中心导体和屏蔽层以平衡的形式接到运算放大器的同相和反相输入端；经长距离传输后的视频信号，幅度较小，还可能混有干扰信号，调整电位器R可以使干扰信号得到抑制。视频信号在放大器中放大后被耦合到由三极管和RC补偿电路组成的补偿级。这一级采用发射极补偿的办法，调整RC串联电路中电阻或电容的数值，可以改变补偿曲线的幅度和补偿点。

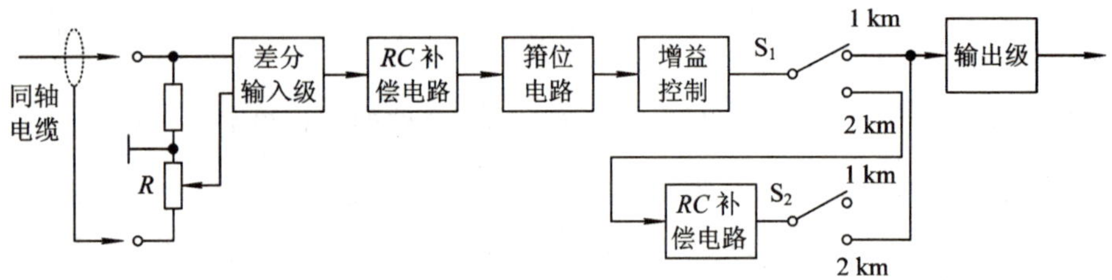

图3－8 电缆补偿器的原理方框图

仔细调整四个并联RC电路的参数，就可以得到合适的补偿曲线。实际调整时，把需要补偿的电缆的一端接到扫频仪输出端，电缆的另一端与补偿器输入端相接，扫频仪的输入端接到补偿器的输出端。调整RC电路，直到扫频仪表示出从20 Hz～7 MHz的振幅不平度小于3 dB为止，这表示电缆补偿器的频响曲线已调好。也可用有多波群信号的电视信号发生器来调整，需要补偿的电缆一端接多波群信号，电缆的另一端与补偿器输入端相接，补偿器的输出端接示波器，用示波器监视补偿器的输出来调整RC，直到示波器上多波群信号振幅不平度小于3 dB为止。最好是用一种方法调整，用另一种方法验证。

RC补偿电路后面是箝位级和增益调整级。箝位的目的是为了进一步消除低频交流干扰和恢复视频信号经多级交流耦合而失去的直流电平。增益调整级的目的是使最后输出的视频信号幅度在1 V(p－p)～1.2 V(p－p)。输出级应具有一定的放大倍数，较宽的通频带和75 Ω的输出阻抗。

3.1.3 同轴电缆基带传输容易出现的问题及解决办法

基带传输还有一个缺点是抗干扰能力差，同轴电缆容易受广播和低频电磁波的干扰。

1. 广播干扰

同轴电缆在架空敷设时，电缆线本身就成了一根很长的天线，在受到广播电磁波感应时，感应出电位差，这个电位差产生在电缆线屏蔽层两端(芯线也存在感生电位差，但较小)，如图3－9所示。假设A端电位E_A高于B端电位E_B($E_A>E_B$)，则电缆A端屏蔽层通过信号源内阻与芯线相连，B端芯线通过75 Ω负载连于电缆屏蔽层。屏蔽层的电位差E_A-E_B就通过以上回路而形成了干扰电流，该电流在负载电阻75 Ω上形成干扰压降而叠加到视频信号上。这种干扰频率一般在几百千赫到几兆赫，对图像产生较为稳定的网纹干扰，干扰频率越高条纹就越细越密，大于 10 MHz 的干扰已基本上不影响观看效果了。

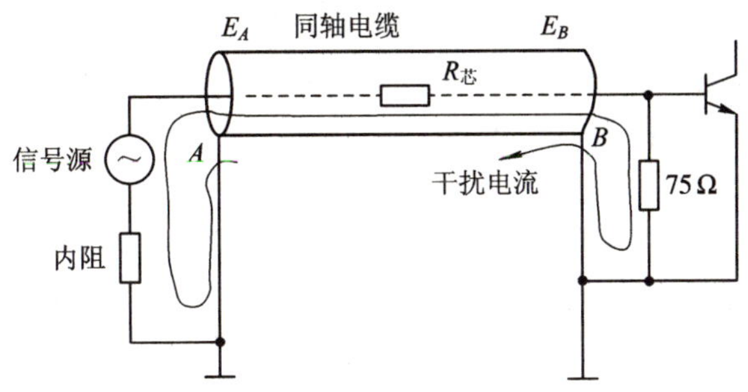

图 3－9　广播干扰形成原理示意图

将电缆埋地敷设是抑制这种干扰的最好办法。也可采用铅包电缆或具有外屏蔽层的对称平衡电缆作为传输线，当然这时传送的信号也必须是平衡方式输出。当只能采用同轴电缆传输时，应使电缆线屏蔽层单端接地，同时在接收端设置对称输入的电缆补偿器，如图 3－10 所示。该补偿器有输入信号平衡调整电位器，适当调整该电位器，就可以抑制干扰所引起的网纹。

采用高电平传输的方法也能较好地抑制广播和其他较低频率电磁波的干扰。方法是把视频信号放大到 5～8 V(p－p)后再馈送到电缆上去，在接收端干扰电平相对于视频信号就减小了，传输距离也可更远一些。

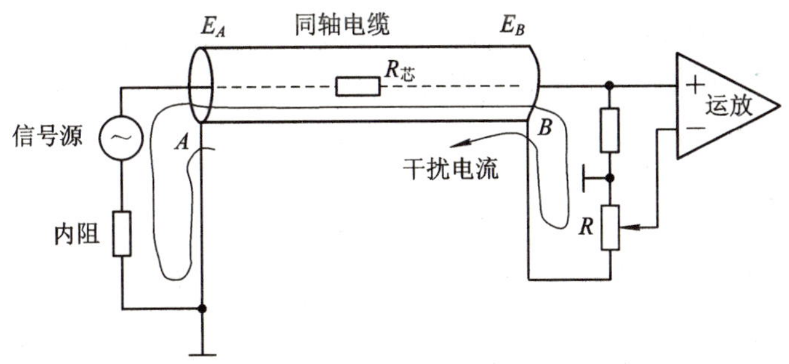

图 3－10　对称输入抑制广播干扰示意图

2. 低频干扰

低频干扰主要是 50 Hz 工频干扰。这种干扰使图像产生水平黑色滚道，严重时使图像不同步，无法观看。形成 50 Hz 干扰的主要原因是地电位差。在城市和工厂区，用电设施很多，大功率设备不少，用电设备的三相不平衡或接地方式不同时，就会形成较大的地电流。这个电流通过具有地电阻的大地时，就会在两地之间形成电压降，如果电缆线两端都接地，地电位差就会在电缆线上形成电流。图 3－11 是地电位差形成干扰电流混入视频信号的示意图。

假设始端 A 点与终端 B 点存在着地电位差，则形成两个电流回路。一是通过电缆屏蔽层的电流回路，这一路电流不通过 75 Ω 负载，不构成干扰；二是通过信号源内阻、电缆芯线、负载电阻的电流回路，这一电流在 75 Ω 负载上形成压降，从而造成了干扰。因此，抑制 50 Hz 地电位差引起干扰的最好方法是采用电缆线单端接地。具体施工时，可以在始端

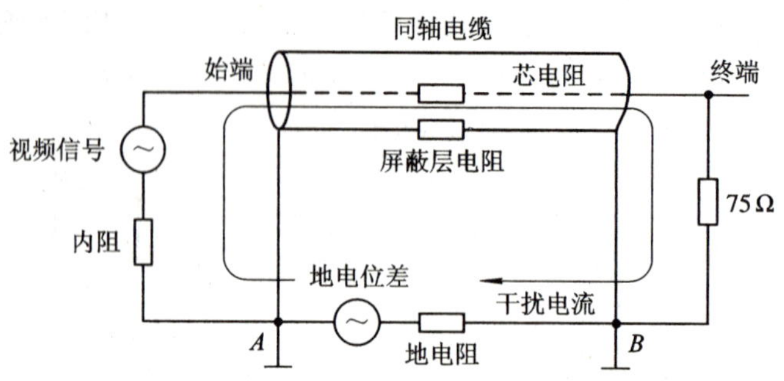

图 3－11 地电位差形成干扰原理示意图

把电缆的屏蔽层接地，或在终端把电缆的屏蔽层接地。但要注意，在一个系统工程中，接地方式要一致。一般采用终端(控制端或监视端)接地为好。当应用电视系统中 50 Hz 工频干扰严重时，系统中摄像机全部不接地，摄像机与防护外壳之间绝缘隔离，而防护外壳接地，这是为了使外壳与地电位一致，以保证施工人员的安全。但如果摄像机与防护外壳间有危险的电位差，则应采取防护措施，遵守安全标准。

3.2 非屏蔽双绞线(UTP)视频传送

非屏蔽双绞线传输是应用电视系统中目前较少采用的一种传输方式，但当智能大楼内已经按标准敷设了大量的双绞线(五类线)并且在各相关房间内均留有相应的信息接口(RJ－45 接口或 RJ－11 接口)，则应用电视系统就不需再重新布线，视、音频信号及控制数据都将通过敷设的双绞线来传输。随着智能大楼综合布线在我国的普及，将会有越来越多的系统采用双绞线来传输。

3.2.1 智能大楼

一栋现代化的大楼不仅要有舒适的环境、豪华的装饰，还必须有话音、数据和图像等基础通信设施来提高工作效率，激发办公人员的创造性。此外，大楼应配置电视监控、安全检测以及对供电及空调控制的设备，以便对大楼进行有效的管理。一栋称得上智能化的大楼应具备以下三个系统：

1. 大楼自动化系统(BA)

大楼自动化系统主要包括电视监控保安系统、电力及照明管理系统、给水排水管理系统、火灾检测及报警系统、空调管理系统和其他设备监控系统。

2. 通信自动化系统(CA)

通信自动化系统主要有电话自动交换机、广播、传真和其他数据通信自动化系统。

3. 办公自动化系统(OA)

办公自动化系统主要是计算机和网络设备，还包括会议电视、综合管理和辅助决策系统。

由于现代科学技术的交叉和互通，实际上这三个系统是你中有我，我中有你，很难清楚地分开。

3.2.2 综合布线

智能大楼通过综合布线将上述各部分构成一个有机的整体。综合布线系统采用组合压接方式、模块化结构、星型布线方法，具有开放系统特征，是一套完整的布线系统。

布线系统的网络采用星型连接。星型拓扑结构的优点在于系统中的任意节点发生故障时可以自动关闭相应的端口，而网络上的其他终端不受影响。

综合布线系统是一种开放式结构，除了能支持电话及多种计算机数据系统，还能满足电视监控等系统的需要。布线系统采用非屏蔽双绞线(UTP)和光缆。非屏蔽双绞线有三类、四类、五类、超五类、六类等几种，其最高传输频率分别是 16，20，100，100，200 MHz。采用的光纤直径为 62.5 μm、光纤包层直径为 125 μm 的缓变增强型多模光缆，其标称波长为 850 nm，长距离也可采用光纤直径为 10 μm，光纤包层直径 125 μm，标称波长为 1300 nm 的单模光缆。

综合布线系统所有设备之间的连接端子、塑料绝缘的电缆或导线、电缆环箍都使用色标，不仅各个线对是用颜色识别的，而且线束组也使用同一图表中的色标。

总之，综合布线系统采用标准化的统一材料、统一的布线设计、统一安装施工，集中管理维护，整个大楼的布线系统成为一个有机的整体，便于管理、维护和设备扩展，提高了系统可靠性。

综合布线分六个子系统：

1. 工作区子系统

一个独立的需要设置终端设备的区域宜划分为一个工作区。工作区子系统应由水平子系统的信息插座延伸到工作站终端设备处的连接电缆及适配器组成。信息插座的类型有墙上型和桌上型，它们各自都有单孔和双孔两种型号。插座的接口是符合国际标准的 RJ-45 接口，它既可插计算机的 RJ-45 插头，也能插电话常用的 RJ-11 插头。

2. 水平(配线)子系统

水平子系统是由工作区用的信息插座、每层配线设备至信息插座的配线电缆和终端匹配器等组成。摄像机一般不用信息插座，只用配接信息插座的接线盒。在接线盒中，从配线设备来的电缆和从摄像机适配器来的电缆直接相连。

3. 管理子系统

管理子系统设置在每层配线设备的房间内。管理子系统应由交接间的配线设备(主要是配线架)、输入/输出设备等组成。在经常需要重组线路时，宜使用插接式交接设备，即用插头插座连接的交接设备，如 110 P；在无需经常重组线路时，宜使用夹接式交接设备，即夹接固定连接的设备，如 110 A。

4. 垂直(干线)子系统

垂直子系统是由设备间子系统和管理子系统的引入口之间的连接电缆组成。如果设备间、计算机房、电视监控的中央控制室处于不同的地点，而且需要把话音电缆连至设备间，把数据电缆连至计算机房，把图像电缆连至电视监控的中央控制室，则应选取干线电缆的不同部分来分别满足不同路由话音、数据和图像的需要。连接电缆一般是大对数电缆，有 25，50，75，100 对等几种。

5. 设备间子系统

设备间是在大楼的适当地点设置进线设备，进行网络管理及管理人员值班的场所，可与程控电话交换机、计算机主机房、电视监控的中央控制室、消防控制主机合并建设。设备间子系统应由建筑物进线设备与电话、计算机、电视监控、消防控制等的配线设备组成。在实际建设中，往往只有电视监控的中央控制室、消防控制主机合并建设，程控电话交换机、计算机主机房都是独立的。

6. 建筑群子系统

建筑群子系统是由两个以上建筑物综合布线系统组成的，宜采用地下管道或直埋电缆沟内的敷设方式。

3.2.3 视频信号与综合布线的连接

1. 视频信号以模拟信号形式传送

1）模拟信号传送的特点

在智能大楼中，应用电视的视频信号目前主要是以模拟信号形式传送的。这种传输方法的特点是对图像质量的影响小，传输设备费用低。

在摄像机端，视频信号用视频适配器将单端的非平衡视频信号转换为双端平衡信号，通过信息插座的接线盒接入综合布线系统，由五类非屏蔽双绞线送到中控室，在中控室先经视频适配器将双端平衡信号转换成单端非平衡信号后，再进入电视监控主控设备(如叠加字符、切换和多画面合成等)，再由主控设备处理后输出。可以在中控室的监视器上显示图像，也可以再经视频适配器和综合布线系统将信号传送到其他地方的监视器上显示图像。

用五类非屏蔽双绞线传送基带彩色视频信号的最长距离为 457 m，传送基带黑白视频信号的最长距离为 762 m。

对云台和变焦镜头的控制信号是从中控室控制设备的 RS－485 接口输出，经综合布线系统的一对五类非屏蔽双绞线送到各个解码器。解码器再将串行的控制信号解码后，由驱动电路输出控制云台、变焦镜头的电压信号。

分控制器将键盘命令转换成串行控制信号，经 RS－485 接口输出，经综合布线系统送到主控，再由主控制器去控制视频切换或经过解码器去控制云台和变焦镜头。分控需要的视频信号由主控制器切换输出，经视频适配器变为双端信号后，在综合布线系统中传送到分控所在地，再经视频适配器变为单端信号后在监视器上显示。

这种方式传送视频信号，设备价格较低，图像的清晰度较高(400 电视线以上)，图像质量主要由摄像机和监视器的性能决定，传送控制信号能实时起到作用，便于快速调整云台、变焦镜头，能对移动目标进行实时跟踪摄像。缺点是每一图像信号都需要有一对双绞线送到中控室，控制信号也需要用一对双绞线从中控室送到解码器(距离不远的几个解码器可共用一对线)；分控所需的图像信号也需一对双绞线从中控室送到分控所在地，分控的控制信号也是从分控所在地经双绞线送到主控制器的。

2）视频适配器

视频适配器可以是电感耦合型的无源适配器，如朗讯科技公司的 380B 型无源视频适配器。这种无源视频适配器是无方向性的，即由非平衡信号转换成平衡信号或将平衡信号转换为非平衡信号用的是同一种产品，而国产的视频适配器大部分是有源适配器，是利用视频运算放大器或视频放大器来进行"平衡－非平衡"转换的，有将平衡信号转换为非平衡信号和将非平衡信号转换成平衡信号两种不同的产品。

有源视频适配器一般选用宽带、高速、有较大驱动能力的视频运算放大器组成，如AD813、LM6181、LF357 等集成运放，附加少量电阻、电容就可组成有源视频适配器。当买不到上述运放时，也可用通用宽带视频放大器 LM733 加晶体管驱动电路组成有源视频适配器。图 3－12 是视频适配器(从同轴电缆转双绞线)电原理图。电缆芯线送来的视频信号通过分压电位器接放大器的正输入端，屏蔽线接放大器的负输入端，LM733 的 G1A、G1B、G2A、G2B 端不接时，电压增益为 10，调整输入电位器使适配器输出幅度合适，放大器的正、负输出分别经两级射极输出器进行电流放大后驱动低阻双绞线。

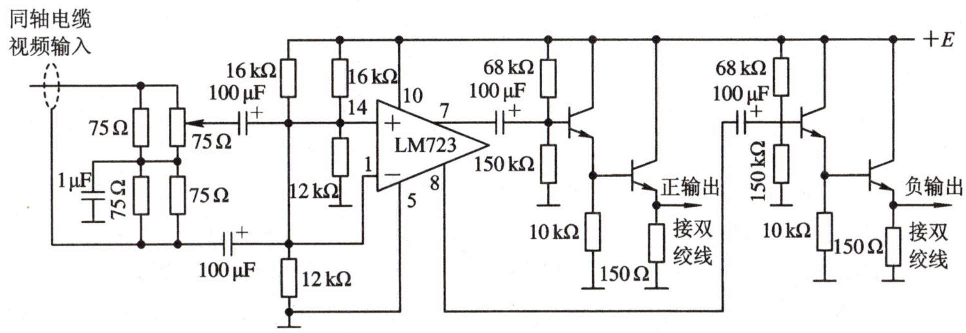

图 3－12 视频适配器(从同轴电缆转双绞线)电原理图

图 3－13 是视频适配器(从双绞线转同轴电缆)电原理图。双绞线送来的正极性视频信号通过分压电位器接放大器的正输入端，负极性视频信号接放大器的负输入端，LM733 的G1A、G1B、G2A、G2B 端不接时，电压增益为 10，调整输入电位器使适配器输出幅度合适，放大器的正输出经两级射极输出器进行电流放大后驱动 75 Ω 同轴电缆。

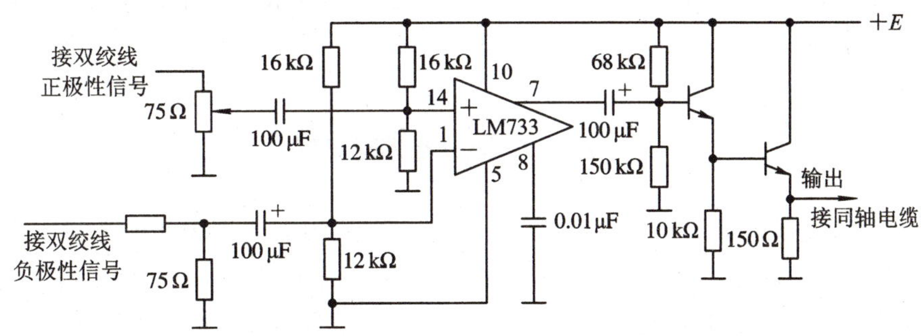

图 3－13 视频适配器(从双绞线转同轴电缆)电原理图

2. 视频信号以数字信号形式传送

视频信号以数字信号形式传送时，摄像机的视频信号首先送到计算机的采集压缩卡先转换成数字信号，然后利用视频信号的行间相关性和帧间相关性进行数据压缩，压缩数据打包后，通过网卡在网上组播(对一组指定的计算机广播)。网上任一台计算机只要被授权且有接收、解压缩软件均可在 CRT 上显示图像。控制信号也在网上传送，网上的任意一台计算机只要具备相应的控制软件，都可以接收本机键盘、鼠标的控制命令，形成控制数据包后，经网络送到某台指定的计算机。这台计算机接收到控制数据包后，在其 RS－232 接口上输出串行控制信号，经 RS－232/485 转换器转换成平衡信号后，再经综合布线系统送到各个解码器，由控制数据包指定的解码器接收到控制信号后，由其驱动电路输出电压信号去控制云台和变焦镜头的电机。

视频信号以数字信号形式传送最重要的优点是有灵活性和可移动性，可从计算机网络的任意信息点上获取压缩的数字化的电视信号，数据包经计算机解压缩后在计算机的 CRT 上显示，也可调整摄像机的云台和变焦镜头。

视频信号以数字信号形式传送的缺点是：

(1) 图像质量和清晰度由视频采集压缩卡决定。目前一般的采集压缩卡是 CIF 格式，即 352×288 点阵，水平清晰度最高能达 280 电视线。即使摄像机的清晰度高于 280 电视线，经采集压缩后图像信号的清晰度也下降为 280 电视线。若需要更高的清晰度，必须采用高分辨率的采集压缩卡。高分辨率的采集压缩卡价格较高。

(2) 传送延迟时间长。图像信号经采集、压缩、打包、传输、拆包和解压缩处理后才能在 CRT 上显示，整个过程需要一定的时间，一般的计算机要延迟 1～2 秒钟。如果只是观察图像，感觉不到这种延迟。值得注意的是，由于这种延迟不能对移动目标进行实时跟踪，因为调整云台、变焦镜头后，调整的效果要经过 1～2 秒钟后才能看到，使得云台、变焦镜头只能作粗调，无法进行精细调整。目前的产品都声称能进行 PTZ 控制，即云台水平扫描、俯仰和镜头变倍三种控制，还勉强可用，光圈和聚焦则不易调节，应采用自动光圈、自动聚焦镜头。这一缺点应该引起足够重视。

(3) 容易产生数据拥塞。当网络中传送的视频信号路数较多时，容易产生数据拥塞，使延迟时间变长。

视频信号以数字信号形式传送目前虽然有许多不足之处，但随着计算机速度的加快，千兆网的普及，视频信号以数字信号形式传送将成为主流。目前市售的硬盘录像机，采用 1 GHz 的 P4 CPU，在传输速率可达 100 Mb/s 的网上组播，网上同类的 PC 机能接收 2～10 路 CIF 格式的准实时图像或录像。

3.3 光缆视频传送

光通信是人类最古老的通信方式之一，由于早期采用大气作为传输介质，通信距离、通信容量受到了很大的限制。光导纤维(简称为光纤)的出现，使光通信展现了良好的前景。它具有传输损耗低，通带宽，抗干扰性强的特点，是实现大容量通信的理想介质。电视信号具有很宽的频带，长距离传输是一个很困难的问题，因此，光纤传输成为电视信号传输的重要方式。

3.3.1 光纤传输原理

1. 光纤传输的特点

1) 传输损耗低

光纤作为光信号的传输介质具有低损耗的特点，非常适合于长距离传输。一般以每公里几分贝来衡量光纤的损耗，将来会降至每百公里几分贝，这是电缆传输所无法比拟的。

2）传输频带宽

光纤一般都具有几百 Mb/s 以上的传输带宽，非常适合于传输速率高于 2 Mb/s 的宽带业务，实现大容量通信，包括可视电话、高分辨率传真和高分辨率电视等。光纤传输视频信号能够保证长距离传输具有很高的信噪比，可省去电缆传输所需的高频补偿。光纤的宽带特性不仅适于基带信号视频信号的传输，还可以实现频分复用多路(FDM)方式传输，可以将多路视频信号调制于不同的载频，然后形成一路宽带(FDM)载波信号，在一根光纤中传输。

3）抗干扰性强

光纤传输无电磁辐射，无信号泄漏。光纤传输中的载波为光波，是频率极高的电磁波，远高于电波通信所使用的频率。它不受干扰，尤其是不受强电干扰。光波是在光缆之内传输的，无辐射，对环境无污染，传送信号无泄漏，保密性强。

4）成本低

由于生产技术和制造工艺的提高，光纤传输成本(包括光器件、光缆等)下降得很快。光纤生产的主要材料是地球上蕴藏最丰富的石英砂，在当今金属(如生产电缆所用的铜)资源缺乏的情况下，其意义就更加重大了。目前，按单芯计算光缆的价格与电缆基本相同。从发展趋势上看，光缆的价格会大大低于电缆。

5）机械性能好

有人认为光纤机械性能差，易于折断，线路敷设工序复杂，不如电缆方便。这是一种误解。现在光缆在机械强度(抗拉强度、抗侧压强度)上均不低于电缆，在施工过程中造成光纤损伤的可能性很小。光缆的重量轻，直径小，便于运输，便于施工。近年来，高质量的光纤熔接机、光纤性能测试设备和接头防护装置不断出现，使得光纤传输系统的建立更加方便。

此外，光纤传输还有信号失真小，系统功耗低，耐高温，以及没有接地和短路问题等优点。同电缆相比，在性能、价格上均具有明显的优势。

2. 光纤与光缆

光纤是光波传输的介质，是由介质材料构成的圆柱体，它分为芯子和包层两部分，光沿芯子传播。在实际工程应用中，光纤是指由预制棒拉制出纤丝经过简单被复后的纤芯。纤芯再经过被复、加强和防护成为各种工程应用的光缆。光纤是光通信技术中的一个技术名词，而光缆是实际光通信系统中的器材。

3. 光纤传光的机理

光波在光纤中的传播过程是一个复杂的电磁场的边界值问题。但是对大多数实际应用来说，用几何光学的方法定性分析就足够了。光纤芯子的直径要比传播光的波长高几十倍以上，因此这种分析方法是正确的。

在介绍光纤传光的机理之前，首先叙述有关光线在介质交界面上的折射和反射现象。如图 3－14 所示，当一束光线投射在两种具有不同折射率的介质交界面上时，就会发生折射和反射。假定两种介质的折射率分别为 n_1、n_2，且 $n_1>n_2$，折射光会向交界面方向偏转，当入射角 α_1 增大至$\alpha_c=\arcsin(n_2/n_1)$时，就将没有光线进入第二种介质，形成全反射。所有入射角 $\alpha_1\geqslant\alpha_c$ 的光线在交界面处都会形成全反射，α_c 称为临界角。

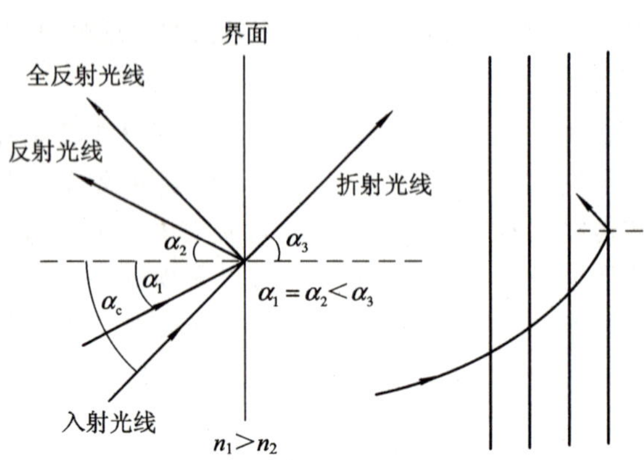

图 3-14 光线的折射和反射

对于多层介质形成的一系列交界面，若 $n_1>n_2>n_3\cdots>n_m$，则光线通过每一个界面的入射角逐渐加大，直至形成全反射。由于折射率的变化入射光会受到偏转的作用，而改变传播方向。把这样的分析应用于光纤，就可以很清楚地理解光纤传光的机理了。

光纤由芯子、包层和套层组成。套层的作用是保护光纤，对光的传播没有什么作用。芯子和包层的折射率不同，其折射率的分布主要有两种类型：折射率连续分布型(又称梯度分布型)和折射率间断分布型(又称阶跃分布型)。这样的结构为什么能够传光呢？我们结合图 3-15 予以说明。

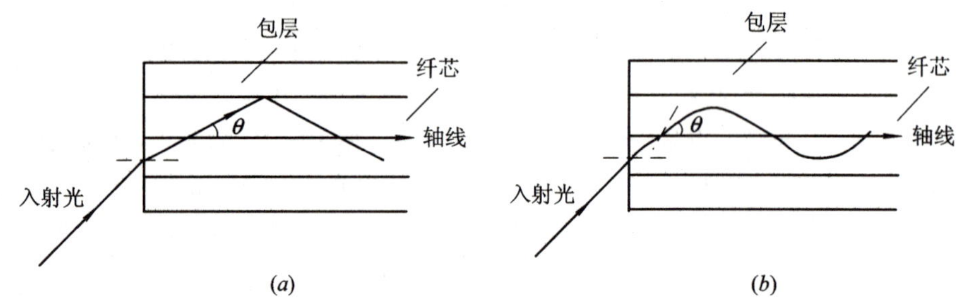

图 3-15 光纤中光的传播

(a) 阶跃光纤；(b) 梯度光纤

先以阶跃光纤为例，入射光经过光纤端面的折射后进入光纤，除了与其轴线一致的光沿直线传播外，其余的光线将投射到芯子和包层的交界面，出现以下两种情况：

一种是与光纤轴线的夹角为 $\theta\leqslant\sqrt{2\Delta}$(相当界面的入射角大于等于 α_c)，折射率的相对变化率 $\Delta=(n_1-n_2)/n_1$，即 $n_2=n_1(1-\Delta)$的光线，在界面处形成全反射，这些光线与光纤轴线的夹角将保持不变，呈锯齿状无损耗地在光纤芯子内向前传播，这些光(包括直线传播光)我们称之为传播光。

另一种是与光纤轴线的夹角 $\theta\geqslant\sqrt{2\Delta}$ 的光线，它们在界面处只有一部分形成反射，还有一部分被折射进入包层，最后被套层吸收，反射的光线再次到达界面时，又会有部分损耗掉，因而不能传播，这就是非传播光。

必须指出，上面的叙述是在光纤的轴线截面上进行的。入射光是光纤的轴面光，而实际上进入光纤的光大部分并不是轴面光，所以还存在着第三种光，即泄漏光。这种光线与

光纤轴的夹角 $\theta > \sqrt{2\Delta}$，它在界面的入射角仍大于全反射的临界角，形成全反射，而得到传播。由于交界面不平坦等缺陷，这些光会逐渐损耗掉，对于长距离传输是没有意义的。

对于折射率连续变化的光纤也可以进行类似的分析。由于芯子折射率离开轴线逐渐减小，光线进入光纤向芯子与包层的交界面传播时，就会受到一个向轴心偏转的作用。与轴线夹角 θ 小于一定值的光线将不能达到界面或达到界面形成全反射，而受束于芯子内，呈波浪状无损耗地向前传播，成为传播光。其余的光由于有一部分在界面处折射进入包层，逐渐被吸收掉，而不能传播。

可以看出：光纤的芯子和包层的折射率以及折射率的分布与光纤的传播特性有密切的关系，正是这种折射率的分布，使得传播光能够受束于光纤的芯子之中而向前传播。所以，这种光纤也称之为折射率光纤。图 3-16 给出了两种光纤的折射率分布和典型参数。

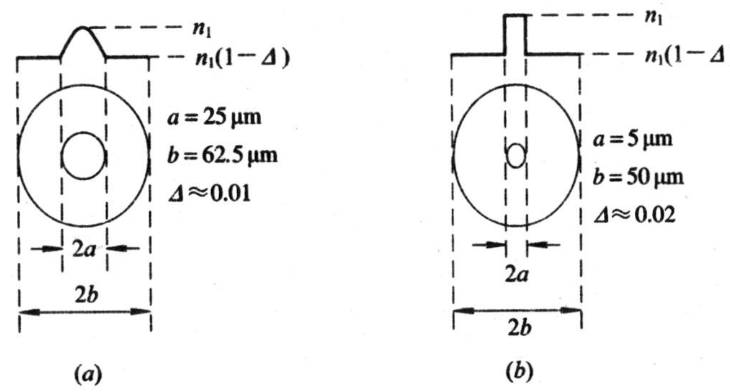

图 3-16　光纤的折射率分布和典型参数

(a) 梯形分布型；(b) 阶跃分布型

4. 光纤的分类

可以从不同的角度(如材料，制造方法，折射率分布及传播光的模数)对光纤进行分类。表 3-3 给出了几种主要的分类情况。这里对多模和单模光纤说明一下，先简单地介绍一下模的概念。我们可以把一条光线理解为一个模，或者是不同模表示不同角度的入射光。如我们在前面讲得一样，根据几何光学理论(光的射线理论)，只要与光纤轴线夹角 $\theta \leqslant \sqrt{2\Delta}$ 的光线都可以传播。而光的波动理论认为，光纤只能允许有限的离散数目的光(或者模)传播，实验也证明了这一点。光纤中可以传播模的数量是芯子的横截面积和芯子中心与包层间折射率差的函数，二者成正比例关系。当光纤芯子的直径减小到一定值时，光纤就只允许一个模的光传播了，即成为单模光纤。显然单模光纤只传播轴线光，因此不存在模色散，具有很大的信息载送容量。多模光纤一般可以有几百个低损耗的传播模，易与光源和探测器耦合。

表 3-3　光纤的分类

按折射率分布分类	折射率间断分布型光纤，折射率连续分布型光纤
按传播模的数目分类	多模光纤，单模光纤
按制备材料分类	高纯石英玻璃光纤，多组合玻璃光纤，卤化物光纤
按制造方法分类	CVD(化学汽相沉淀法)，MCVD(改进化学汽相沉淀法)

5. 光纤的特性

光纤的特性包括传输特性、几何参数和折射率差等。传输特性主要是传输损耗和带宽。

1）数值孔径 NA

光纤的数值孔径 NA 是光纤的一个重要参数。它表示一根光纤收集光线本领的大小，即表示光纤易不易激发，以及光纤与光源和别的光纤耦合的难易程度。光纤的数值孔径越大，其集光能力越强，因而也越容易与其他的光源或光纤耦合。数值孔径同时还对连接损耗、微弯损耗、衰减温度特性和传输带宽等都有影响。数值孔径过大时，会给制造及传输损耗带来不利影响，因而光纤的数值孔径应取折中值。据标准规定，多模梯度光纤的数值孔径以在 0.20 左右为宜，单模光纤没有规定值，但经计算可得出其数值孔径约为 0.11 左右，因此单模光纤比多模光纤的耦合效率要小许多。

数值孔径 NA 也表示光纤芯子与包层之间折射率的差。n_1 为纤芯折射率，n_2 为包层折射率，且 $n_1 > n_2$。折射率的相对变化率 Δ 为

$$\Delta = \frac{n_1 - n_2}{n_1} \tag{3-4}$$

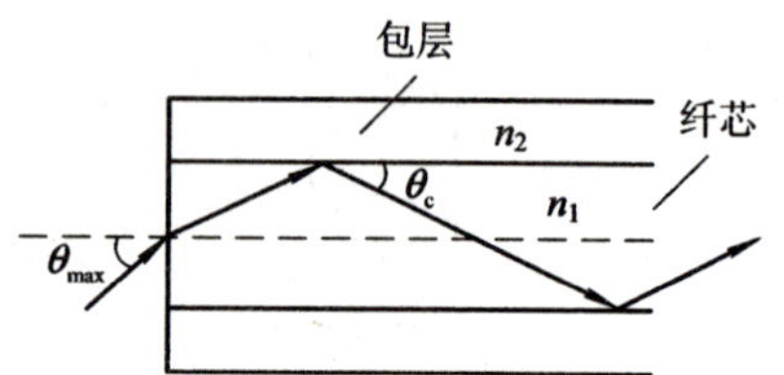

图 3-17　光纤的数值孔径

从图 3-17 可以看到，θ_{max} 为入射光与光纤轴线的最大外夹角，超过此角的入射光会在包层界面发生折射。能在光纤中传播的光的最大入射角应满足如下关系：

$$\begin{aligned} n \sin\theta_{max} &= n_1 \sin\theta_c = n_1 \cos\alpha_c \\ &= n_1(1 - \sin^2\alpha_c)^{1/2} \\ &= (n_1^2 - n_2^2)^{1/2} \end{aligned} \tag{3-5}$$

式中，n 为光纤外部介质的折射率，对于空气为 1，因 $n_1 \approx n_2 = n$，则有

$$\text{NA} = n \sin\theta_{max} \approx n\sqrt{2\Delta} \tag{3-6}$$

2）传输损耗

传输损耗是光纤的一项重要光学特性。引起光纤损耗的原因有材料吸收、散射损耗和结构缺陷等。材料吸收是指光在光纤中传播时，其功率以热的形式消耗的过程。材料不纯是产生材料吸收的一个主要原因。散射损耗是由于光纤的几何参数或折射率分布的不均匀性造成的，因为这个不均匀性会引起一个传播模的光功率部分转移到另一个模上去，这就是散射。如果转移模为非传播模，就产生了散射损耗。光纤结构的缺陷也是产生损耗的一个原因，如芯子包层界面不光滑、气泡、应力、直径的变化和轴线的弯曲等，都会引起损耗。

光纤传输损耗以每公里分贝(dB/km)来计量。

3）传输带宽

传输带宽表示光纤的传输速率，主要是受到光纤色散的限制。色散将导致脉冲展宽，这是理解其限制光纤传输速率最直观的方法。

光纤色散主要有材料色散、波导色散和模色散。在 1.3 μm 波长处石英光纤的波导色散与材料色散互相抵消，因此在理论上可以制造出 1.3 μm 零色散单模光纤。如能将石英光纤的零色散点从 1.3 μm 移到它最低损耗波长 1.55 μm 处，就可制造出色散位移(DS)单

模光纤。若能使波在长和宽的范围内色散都很低、即为色散平坦光纤。这些光纤将为大容量、高速率通信提供更好的介质。

人们常用带宽与距离乘积($f\cdot$km)来计量光纤的传输带宽。而对单模光纤则常用色散值来表示其传输特性。

光通信系统的实际传输带宽为

$$B=\frac{B_0}{L^{\gamma}} \tag{3-7}$$

式中，B_0 为一公里的传输带宽，L^{γ} 为距离，在大多数应用中取 $\gamma=1$。

6. 光缆

光纤传输要得到实际应用，必须能适应各种工程施工的要求和各种自然环境条件，因此要对光纤进行加强、防护，使之成为具有实用价值的传输介质——光缆。由光纤到光缆是光纤传输从实验室进入实际应用的过程。光缆制造技术的发展对光纤通信的推广应用起很大作用。

为了保证光纤具有良好和稳定的传输特性，光缆设计要考虑以下几方面：

(1) 避免产生纤芯的微弯损耗。

(2) 避免纤芯的表面受到损伤。

(3) 保证光缆有足够的机械强度、良好的密封性和防潮性能。

(4) 多芯光缆要便于识别每根纤芯。

(5) 合理的重量、体积和纤芯空间分布。

所有这些设计与考虑，主要是为了避免纤芯不受到任何附加应力和损伤，提高可靠性，同时使光缆具有适应工程施工所要求的机械强度，便于现场接续和运输。

常用的光缆形式有层绞式和骨架式两种。

所谓层绞式光缆，是以一根纤维加强塑料或钢丝为中心加强件，外面环绕一层缓冲层。多根纤芯均匀地分布在缓冲层外(分一层或多层)、螺线状地环绕着中心加强件，纤芯层外面又是一层缓冲层，最外层是防水、防护被复。

骨架式光缆采用一根含有中心钢丝的特殊形状塑料骨架，纤芯平稳地放置在骨架周围的空腔中，纤芯同样也是螺线状地环绕着中心钢丝。这就避免了在光缆折弯时，纤芯受到附加的应力。其外层是防水、防护被复。

3.3.2 光源

光纤传输信息的载体是光波，因此光源是最重要的器件。光纤传输用的光源要求有很好的稳定性和足够的寿命，其波长应与光纤的低损耗区互相一致，同时具有很好的调制性能。体积小、价格低又易于调制的固体发光器件很适合于光纤传输。

1. 发光二极管

发光二极管，简称 LED(Light Emitting Diode)，发射波长为 0.8～0.9 μm 或 1.1～1.6 μm 的发光二极管是最简单的固体光源。它可以提供足够的输出功率和中等程度的光谱宽度，容易与光纤耦合，可以方便地直接调制，在光纤传输中得到了大量的应用。

在通常的情况下，正向偏置的半导体(Ⅲ-Ⅴ族化合物)PN 结都可以发射出可见光和红外波段的自发辐射，这种器件就是发光二极管。

当 PN 结加上正向偏压时，就会有少数载流子(电子)注入 P 区，这些处于导带的电子与价带内的空穴(多数载流子)复合后，就会发射出光子，其能量取决于半导体材料导带和价带之间的能量，它也决定了发射光的波长。这种自发复合通常是在靠近 PN 结的 P 区进行的，称为辐射复合。由于晶体缺陷等原因，有些复合不发出光子，使得 LED 的转换效率不是 100%。通常同质结发光二极管的量子效率为 50%，双异质结发光二极管的量子效率可达 60%～80%。

发光二极管有表面发光二极管和端面发光二极管两种结构。表面发光二极管在小面积的有源区发光，光沿垂直于结平面的方向，通过有源区上面一个很薄的透明半导体层输出，如把有源区做成小的圆面(直径可为 25～100 μm)，光纤端面可以非常接近有源区，得到很好的耦合。端面发光二极管是直接从暴露的有源区的一个端面输出光。由于有源层的折射率高于两侧，形成波导效应，发射光集中在有源层内。在一个端面镀上反射膜，而在另一个端面(即输出面)镀上抗反射膜，就会使光从一个端面集束地发射出来，该端面的光强度很高，便于与光纤耦合。

2. 半导体激光器

激光二极管简称 LD(Laser Diode)，也是一种常用的光源。它具有很窄的光谱宽度，一般小于 1 nm。在材料色散是限制光纤传输带宽的主要因素时，LD 是非常优越的，同时它与光纤的耦合效率也要比 LED 高得多。在正常的偏置条件下，半导体激光器的调制频率可达 1 GHz 以上。在长距离、高速率传输系统中非常适用。

半导体激光器的工作方式是利用光来产生强烈的受激辐射。一个谐振腔，如果它的回路增益大于回路中损耗的那部分光功率，就会产生激光振荡。对于光来说，两个相对的反射面，就可以使光在两个镜面之间来回往复，形成光反馈。给 LED 加上一个能够提供反馈的谐振腔，在大电流密度下，就构成了半导体激光器。最常见的是双异质 DH(Double Hetero)结条型半导体激光器，这种结构是利用两个端面的反射作用来形成激光振荡反馈的。

3. 光源的特性

光源的特性主要有以下几项：

(1) 光谱特性：光源的基本特性，通常用波长 λ 和光谱宽度 $\Delta\lambda$ (光功率下降 3 dB 时宽度)来表示。光源的光谱特性是光纤传输系统设计时考虑的主要参数。

(2) 功率效率：它表示实际接收到的光功率与加到二极管上的电功率之比。实际接收到的光功率与光源的结构和光纤的耦合方式有关。因此，耦合效率也是一个有用的指标。它表示注入光纤的光功率与光源输出的光功率之比。

(3) 输出特性：光源的输出特性表示了工作电流与输出光功率(或出纤功率)之间的关系。图 3-18 给出了发光二极管和半导体激光器的典型输出特性曲线。可以看出两者之间有着明显的差别。LED 在较宽范围内有良好的线性，当注入电流达一定值时，呈现饱和状态。而半导体激光器则有一个拐点，它对应受激发光的阈值。当注入电流低于阈值时，器件处于 LED 状态；当注入电流高于阈值时，开始受激发光，产生高功率输出，并有一段很好的线性区。光源的输出特性是设计光发射机时选取工作点、确定电信号的调制幅度的重要依据。

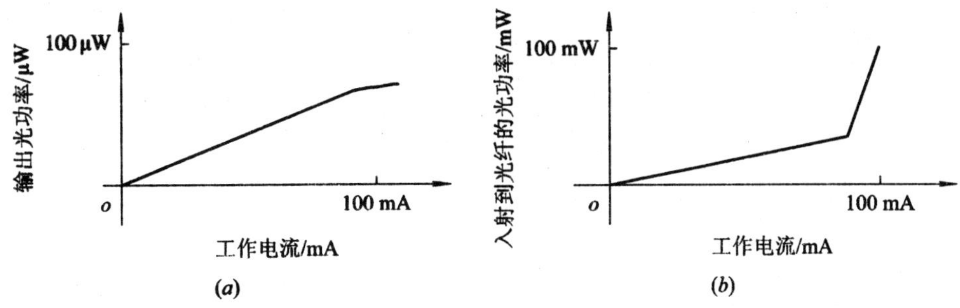

图 3-18　光源输出特性曲线

(*a*) LED 光源输出特性；(*b*) LD 光源输出特性

(4) 效率与调制带宽：光源的效率和调制带宽是一对互相制约的量。高输出的器件只能以低速率调制；若想得到高的调制速率，就必须牺牲输出功率。因此，用带宽、功率乘积(P_fW)来表示光源特性。在 P_fW 中，P_f 为出纤功率，W 是光源的输出功率。

(5) 寿命：它是关系到传输系统可靠性、经济性的一项指标。工作寿命是指光源的输出光功率降至初始值一半时的工作时间。

4. 光源的调制

为将信息搭载到光波上，就要对光源进行调制。有多种调制方式，直接光强度调制(IM)方式是应用较为广泛的一种。

改变发光二极管的注入电流，可以改变其输出光功率。从图 3-18 输出曲线可以看出，输出光功率(即光强度)与注入电流有很宽的线性范围。将小交变信号($f=\omega/2\pi$)叠加在一个直流偏置电流上作为注入电流，其输出光强度就会包含静态分量 I_0 与调制量 $I(\omega)$ 两部分。调制光强度的幅度 $|I(\omega)|$ 代表了 LED 对交流驱动的响应，近似于：

$$|I(\omega)|=\frac{|I(0)|}{\sqrt{1+(\omega\tau)^2}} \tag{3-8}$$

式中，$I(0)$为零频率的调制强度，τ 为载流子寿命。

因可以检测到的电功率 $P(\omega)$同 $|I(\omega)|^2$ 成正比，当 $P(\omega)=P(0)/2$(3 dB 带宽的概念)，有 $|I(\omega)|^2=|I(0)|^2/2$，即可定义调制带宽 $\Delta\omega$ 为

$$\Delta\omega=\frac{1}{\tau} \tag{3-9}$$

这说明材料的载流子寿命 τ 是限制 LED 调制带宽的主要因素。

半导体激光器也可以通过改变驱动电流的方法来进行直接调制，调制光强度具有同 LED 一样的关系。因为注入型激光器中载流子的寿命由于受激发射的作用而明显变短，所以它的调制带宽明显高于 LED，非常适于宽带信号的传输系统。

3.3.3 光探测器

与光源相反，光探测器的作用是解调光信号，把搭载于光波上的信息转变为电信号。光纤传输系统对光探测器的主要要求是在工作波段上有足够的灵敏度和带宽。目前常用的光探测器有 PIN 光电二极管和雪崩二极管。

1. PIN 光电二极管

PIN 光电二极管(PIN-PD，Positive-Intrinsic-Negative Photo Diode)，图 3-19 给出了

PIN 光电二极管与普通光电二极管结构的区别。普通光电二极管 PN 结的耗尽层受到光的照射，在入射光子的能量大于或等于半导体带间能差时，光子能量被吸收，产生空穴电子对，由于强电场的作用，空穴、电子向相反方向漂移，通过结后被收集，形成光电流。这就是光电二极管的工作原理。为提高耗尽层的宽度，减小掺杂量使 P 区实际上成为本征区(I 区)，再通过重掺杂的 P 区构成良好的欧姆接触，就形成了 PIN 结构。

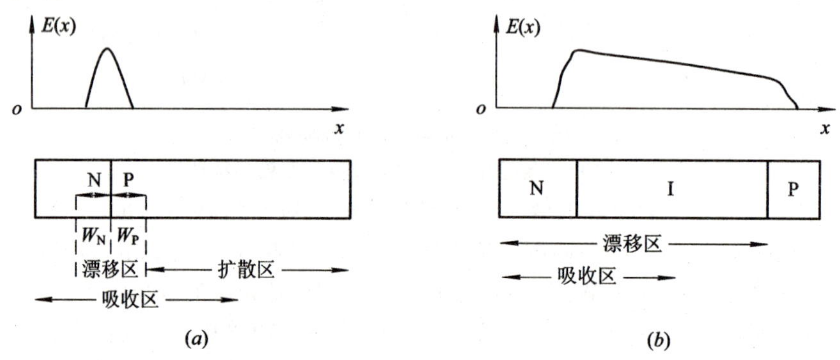

图 3-19　PIN-PD 与普通 PD 结构的区别
(a) 普通光电二极管结构；(b) PIN 光电二极管结构

2. 雪崩光电二极管

雪崩光电二极管 APD(Avalanche Photo Diode)是一种高灵敏度的探测器件。它接收的光功率是可以毫微瓦级的，它的工作原理如图 3-20 所示。在加反向偏压的二极管中，当耗尽层内的电场足够强时，光生载流子可以获得足够大的能量去撞击被束缚的价电子使之电离，从而产生额外的空穴电子对。这些载流子同样可以在电场中获得能量去撞击受束缚的价电子，再产生新的载流子，如此往复下去，就会形成载流子的雪崩倍增。当入射光的光子被吸收，产生空穴电子对，如果有强电场的存在，就会出现雪崩倍增，这样形成的光电流就相应地被放大了几十到几百倍。

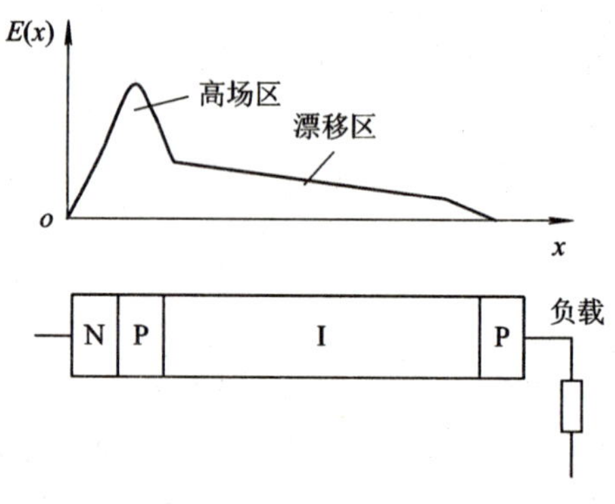

图 3-20　APD 工作原理

雪崩噪声是雪崩二极管的主要特性。因为雪崩本身具有统计的性质，绝不是每一个光电子都会产生相同的倍增作用，这个增益涨落即表现为雪崩噪声。

PIN 和 APD 都是一种把光强度的变化直接转变为电流变化的器件，这种工作方式称之为直接探测，其输出电流是入射光功率的线性函数。在光纤通信系统中，直接光强调制是最为普遍的形式，因此 PIN 和 APD 直接探测也就成为应用很广泛的方式。由于在稳定性、寿命和价格方面的优势，因而 PIN 探测器的应用最为广泛。

3.3.4　光纤视频传输系统

光纤传输的三要素是：光源、光纤和探测器。光源将电信号调制，完成电光转换，构成光发射机；光纤将光信号传送到目的地；由探测器将光信号解调还原为电信号即为光接收机。表 3-4 给出了它们的特性参数。

表 3 - 4　光纤传输各部分的特性

		传输带宽（模拟信号）	传输速率（数字信号）	影响性能的因素	备　注
光源	LED	数十兆赫	≥100 Mb/s	载流子寿命	实用于 0.8～1.3 μm
	LD	数百兆赫	1～2 Gb/s	载流子寿命、发光延迟	
光纤	阶跃多模光纤	数十兆赫公里	≥100 Mb·km	模色散	最广泛应用于 0.8～1.3 μm
	梯度多模光纤	吉赫公里	≥2 Gb·km	模色散	
	单模光纤	数十千兆赫公里	数 10 Gb·km	材料色散、波导色散	
探测器	PIN	数百兆赫	≥1 Gb/s	载流子漂移时间	已实用
	APD	吉赫	1～2 Gb/s	载流子漂移时间、反偏电压值	

1. 视频传输系统

在应用电视中，视频传输主要采用模拟基带方式和脉冲频率调制(PFM)方式传输。

1) 模拟基带传输方式

典型的模拟基带传输方式如图 3 - 21 所示。这是一种最简单的系统，通常可得到 10 MHz 以上的带宽，传输距离可达数公里。预加重电路可用来提高 S/N，非线性补偿电路主要是针对光源的非线性失真，校正由非线性失真引起的微分增益 DG(Differential Gain)、微分相位 DP(Differential Phase)失真。这样的系统多采用 LED 为光源，驱动电路是发射机关键部分。图 3 - 22 给出了几种常用的 LED 驱动电路。

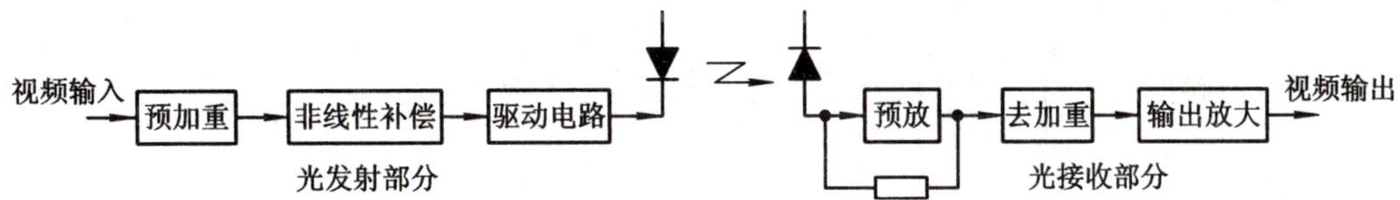

图 3 - 21　模拟基带视频传输系统示意图

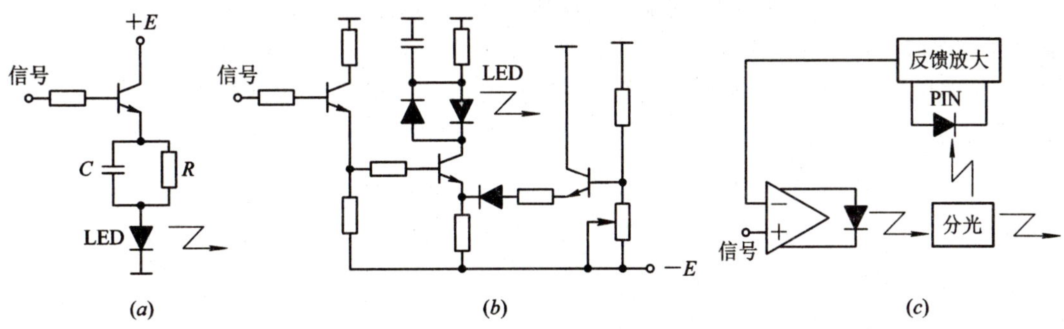

图 3 - 22　LED 的驱动电路

(*a*) 射极驱动；(*b*) 数个并列集电极驱动；(*c*) 负反馈非线性补偿

图 3 - 22(*a*)是最简单的驱动方式——射极输出器方式，与 LED 串联的 RC 电路具有频率补偿作用。图 3 - 22(*b*)是集电极恒流驱动电路，也是一种常用的方式，右边的电路是非线性补偿电路。图 3 - 22(*c*)是具有反馈控制的驱动电路，它通过本机探测器截获一部分发射光，通过反馈来改善光源的线性，要求较高的系统往往采用这种驱动电路。

光接收机的主要部分是预放电路，它基本上决定了整个接收电路的性能。图 3 - 23 所示 PIN－FET 互阻放大器预放电路目前应用较为普遍，V_1 和 V_2 构成共源-共基电路，其开环带宽非常宽；R_F 为反馈电阻，形成互阻放大器。它具有噪声低、动态范围大的优点。由于其性能好、价格低，应用较普遍，因此多做成组件的形式。

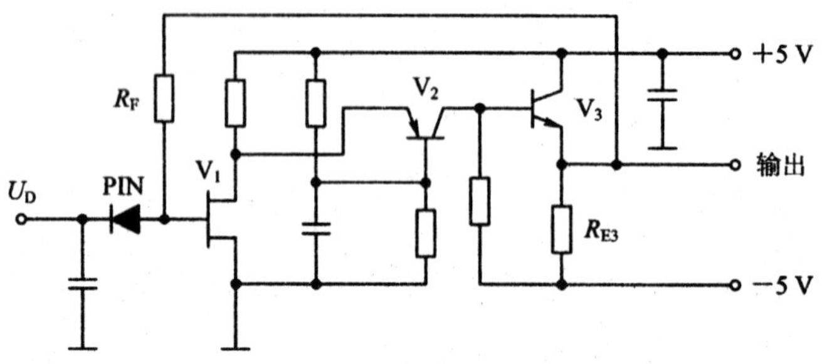

图 3－23 PIN－FET 互阻放大器预放电路

预放后面的去加重电路是针对光发射机的加重电路设计的，输出电路保证输出视频信号有足够的负载能力(75 Ω、1 V(p－p))。

2) 脉冲频率调制传输方式

脉冲频率调制，简称 PFM(Pulse Frequency Modulation)调制，就是将模拟的视频信号幅度的变化转化为脉冲频率的变化。PFM 传输方式具有模拟和数字调制两者的优点，它比模拟方式更适合于长距离传输和中继放大，制作成本又不像数字方式那样高，系统框图示于图 3－24。它的关键部分是调制和解调，而光源的驱动和光接收的预放电路等与其他形式的系统是相同的。

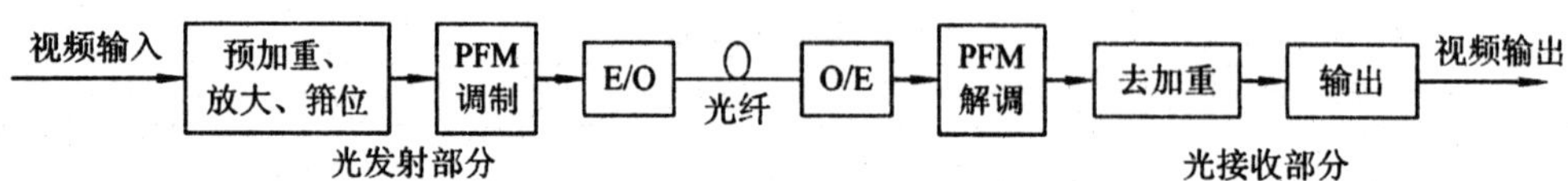

图 3－24 视频 PFM 传输系统示意图

图 3－25 给出了几种 PFM 调制方式及其频谱。从频谱图可知，方波 PFM 不包含基带成分和偶次谐波，f_c 可以选得很低，实现低载波调制。等宽 PFM 的频谱则含有基带和偶次谐波，当脉冲很窄时会出现频谱交叠。倍频方式 PFM 可以防止频谱交叠，便于利用低通滤波器还原出调制信号。

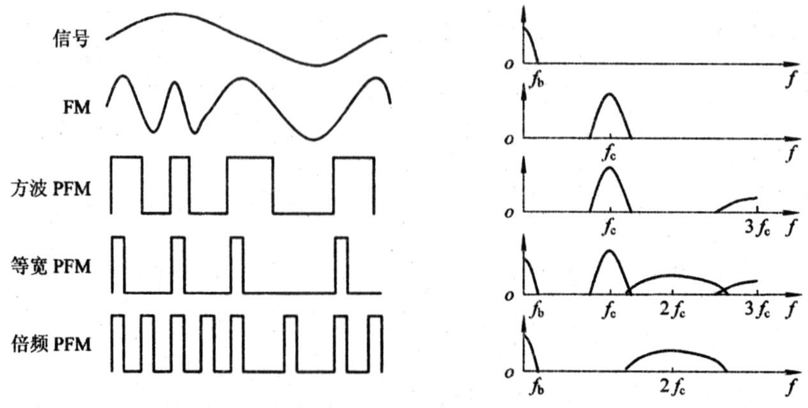

图 3－25 几种 PFM 调制方式及其频谱

2. 常用的多路传输方式

实现多路传输对降低系统成本、提高资源利用率很有好处。常用的有频分复用多路(FDM)和波分复用多路(WDM)两种形式。

1) 频分复用多路

频分复用多路，简称 FDM(Frequency Division Multiplex)，是利用电信号的频分多路技术，将多路视频信号调制于不同的载频，然后形成一路宽带载波信号，在一根光纤中传输；在接收端，再分路解调形成多路输出。图 3 - 26 为频分复用多路视频传输系统的基本框图。频分复用多路传输又可分为 AM - FDM 和 FM - FDM 方式。这些调制技术和频率复用技术在电路中都是很成熟的，由此形成的宽带信号通过电缆传输是很困难的，但利用光纤传输都是可以实现的。

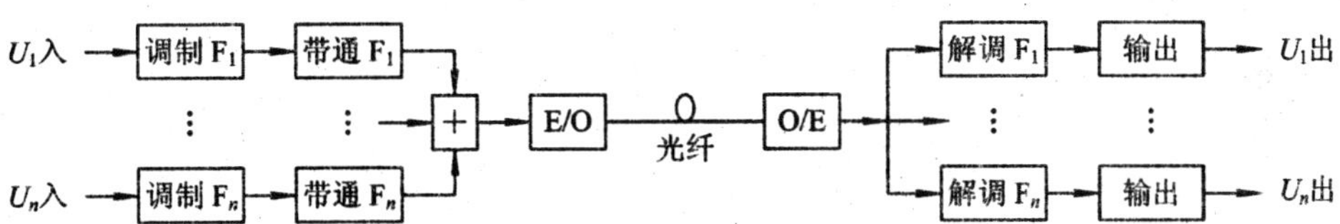

图 3 - 26 频分复用多路视频传输系统示意图

2) 波分复用多路

波分复用多路，简称 WDM(Wavelength Division Multiplex)，是利用光波波长的复用，将不同波长的被调制过的光合在一起，利用一根光纤传输。在接收端先把各种不同波长的光分开，再分别还原为电信号输出。WDM 方式不是通过电路技术，而是利用光学器件实现多路光波的混合传输，是在光波波段上的复用。图 3 - 27 给出了它的基本示意图。

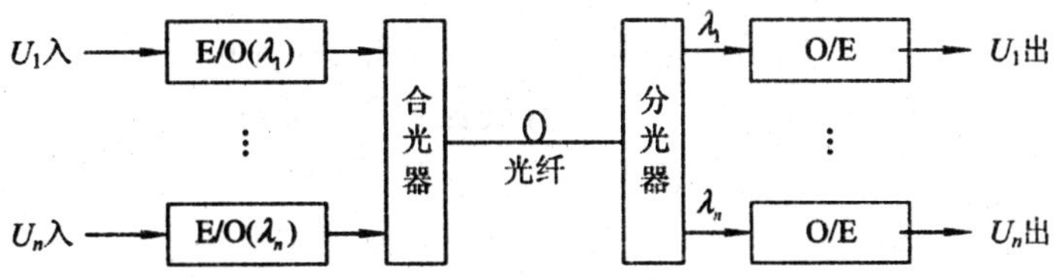

图 3 - 27 波分复用多路视频传输系统示意图

可以看出：合、分光器件是实现 WDM 的关键。由于光纤制作技术的发展，实现了宽波长范围的低损耗和低色散，加之光源的光谱宽度可以做得很小，因此可以方便地实现波分复用多路传输。

波分复用方式中，每一路采用的光调制技术与单路传输是完全相同的，调制后的多路光载波(不同波长)经合光器形成一束光信号，通过一根光纤传输。在接收端采用分光器分成多路光信号，分别探测、还原为各路电信号。波分复用不仅可以构成多路同向传输，还可以实现双向传输，随着各种光器件性能的提高和完善，将得到广泛的应用。

3. 光路的建立

建立光路是实现光纤传输的基础工程。设计时不仅要考虑技术性能，还要考虑许多工程因素，如光缆的敷设，接续和防护处理等。

1）光纤的熔接

光纤的熔接是一项技术性很强的工作，需要专用设备，不像电缆接头那样方便。将两个端头利用电弧熔接在一起是光纤接头的主要方法。衡量接头质量的主要指标是接头损耗，因为熔接后的光纤在熔接处几何参数一定会有所改变，产生接头损耗。常见的引起接头偏差的原因有两个：一是端面处理中的缺陷，二是接续的两根光纤几何参数的差异。所以，要做好一个接头一定要处理好两根光纤的端面，在保证正确的对中的同时，也要求接续光纤具有良好的同心度，相同的几何尺寸、光纤的数值孔径 NA 和折射率分布。目前实用的光纤熔接机是通过两个 V 型槽来保证光纤的几何对中，当电弧熔化光纤时能自动地控制进给量，保证平滑的接连，然后通过几何外观的测量（纤芯直视 DCM 方式）计算出接头损耗。对于光纤参数一致性好的光纤，可以 1～2 分钟接一个头，损耗低于 0.01 dB。其工作流程如图 3－28 所示。

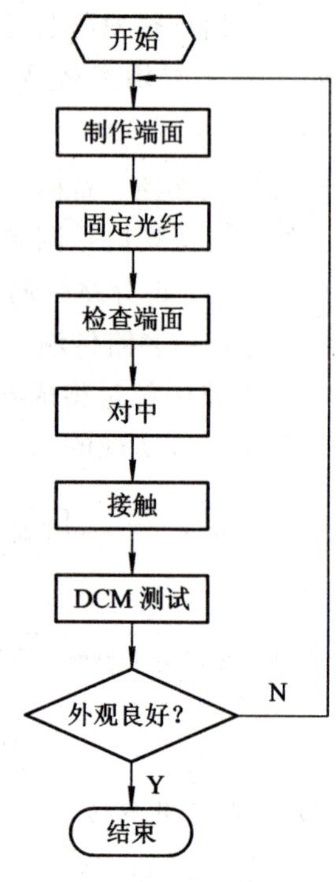

图 3－28　光纤溶接流程图

由于熔接后的光纤是裸露的，必须进行防护。接续光纤的接头防护是由防护装置（俗称防护套）来完成的。它应具有如下主要作用：保证接头部分的密封性，防止潮湿进入装置引起内部机械件锈蚀；能够妥善地放置剩余的光纤，光纤接头一定要有余量，多芯光纤还会出现余量长度不同的情况，因此必须安放这些剩余光纤，这就要求防护装置有足够的几何空间，使光纤能在最小折弯限度以上顺畅地盘放并固定牢靠；能够可靠、牢固地固定两根光缆的端头，保证接头仍具有足够的机械强度。

常用的防护装置为机械腔体结构。腔内有放置剩余的光纤的空间和固定光纤和光缆端头的机构，光缆出、入口要采用密封措施，一般不需要专用工具即可在现场进行安装。光缆的防护装置是光路的重要部分，对系统的可靠性有重要的关系。

2）活动连接

因为光接收机、光发送机常常要移动，所以需要活动连接器。活动连接适用于光发送机、光接收机和光纤相互之间的连接。活动连接器产品有光纤跳线、尾纤、扇出尾纤和 FDDI（光纤分布数据接口）连接器等。

光纤跳线两端是活动接头，中间是光纤，跳线两端的活动接头可以是相同型号，也可以是不同型号，便于连接或者转接。

将跳线一分为二就得到两根尾纤，即一端与光纤连接，另一端带有活动接头。使用尾纤时，一般是购买跳线后剪成两根尾纤。连接线长度可由用户订货。

扇出尾纤的一头为多芯活动接头，与多芯活动接头相连的是带状光缆。

FDDI 连接器两端都有两个活动接头，一个接收信号，另一个发送信号。中间部分是双光纤。

光纤活动接头的清洁要先用干净的压缩空气沿着一定角度吹向光端口（不要直接对着光端口吹），然后用 90％纯度乙醇沾湿无屑刷，轻轻地擦拭，不要用棉刷。

活动接头按结构和形状分为 ST 型(圆形卡口式结构)和 FC 型(双重配合螺旋终止型结构)。按活动接头端面形状分为 PC 型(端面成球形，接触面集中在光纤的中央部分，反射损耗 35 dB)和 APC 型(Angle PC)。APC 型连接器的端部加工成斜面，使端面与光纤轴线的夹角小于 90°，可增加光纤接触面积，并且端面仍然为球面，光耦合紧密，后向反射损耗会增加。当端面法线与光纤轴线夹角为 8° 时，插入损耗小于 0.5 dB，反射损耗高达 68 dB。产品说明书除了说明活动接头型号外，还说明光纤长度。例如，5 m 长 FC/PC－FC/APC跳线表示 PC 接头转接为 APC 接头。

3）光时域反射仪

光时域反射仪，简称 OTDR(Optical Time Domain Reflectometer)，是一种相当复杂的仪表，它广泛应用于实验室和现场。它能测试整个光纤链路的衰减并能提供和长度有关的衰减细节。OTDR 同时可测试接头损耗及故障点。它依赖于对从光纤中反射回的瑞利散射光的测量来进行分析。因此，具备非破坏性且只需在一端测试的优点。

OTDR 由激光源发射一束光脉冲到被测光纤中。通常，由用户选择脉冲的宽度。由被测光纤链路特性及光纤本身特性反射回的信号返回 OTDR。信号通过一个耦合器耦合到接收机，在那里光信号被转换为电信号，最后经分析并显示在屏幕上。

由于时间值乘以光在光纤中的速度即得到距离，OTDR 可以显示返回的相对光功率对距离的关系。有了这个信息，就可得出有关光路上特征点(如接头、弯曲点等)的位置、光路的距离、单个光纤接头的损耗、链路中光纤的衰减和活接头反射等。图 3 - 29 为 OTDR 的组成和显示的测试结果。

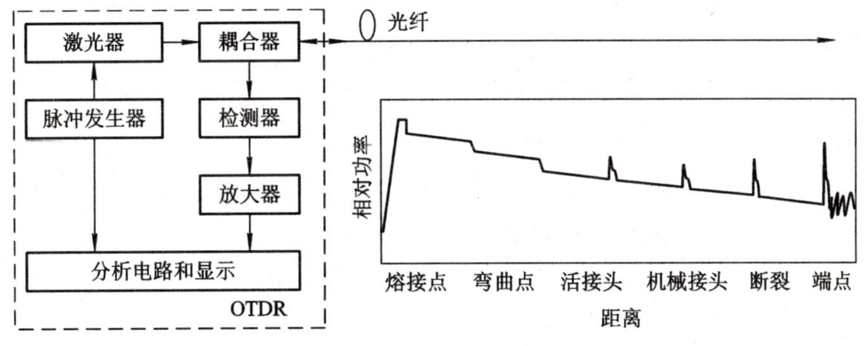

图 3 - 29　OTDR 的组成和显示的测试结果

用 OTDR，可以监测光纤的熔接。在接头点，将处理好的待接续的光纤端头置放在熔接机的调整架上，通过熔接机上的显微镜或摄像显示设备观察，进行人工或自动对接，使光纤对准。这时监测点的 OTDR 将使对接点出现菲涅尔反射峰，而且对接损耗大，使曲线的后段下降很快。从接头点反射峰的大小和接头后光功率的衰减程度，可以监测纤芯是否对接最佳，然后启动电弧熔接。这时，OTDR 屏幕上可以观察到接头处的反射峰消失而出现一个小的“台阶”，同时接头后的衰减曲线提升上去，接头损耗的大小就根据衰减曲线的“台阶”来确定。目前的 OTDR，只要在“台阶”前后正确设置光标，就可自动测出光纤接头的损耗。不过，这只是一个方向的测定。只按一个方向的测试确定接头损耗是不准确的，还必须进行相反方向的测试，只有按两个传输方向测得的结果取平均值才能正确地确定光纤接头的损耗。

3.4 无线视频传送

为了节约频率资源，国家无线电管理委员会从2002年起禁止使用模拟微波传输图像，所以目前无线传送的视频信号都是经过模数转换、压缩、信道编码、调制后的数字信号，图3-30是无线视频传送系统的方框图。本节以介绍射频的发送和接收为主。现代无线传输系统主要有宽带无线接入和移动通信系统。

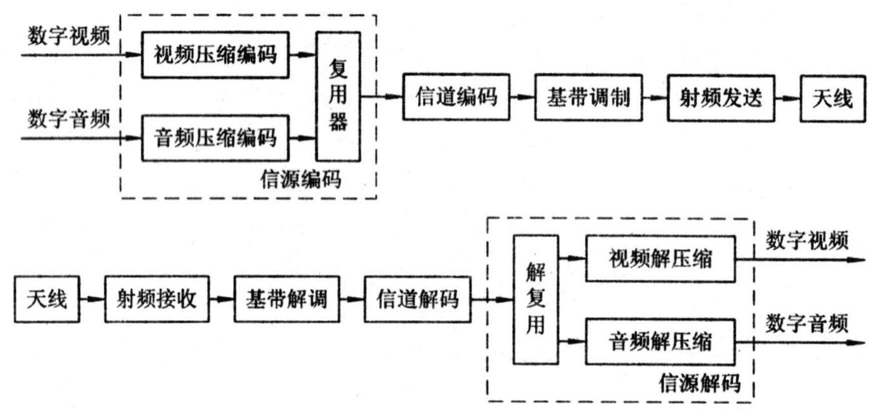

图3-30 无线视频传送系统方框图

3.4.1 宽带无线接入

BWA(Broadband Wireless Access，宽带无线接入)技术是指能够以无线传输方式向用户提供2 Mb/s以上数据速率接入的技术，它是无线技术与宽带技术相结合的产物。IEEE根据覆盖范围将宽带无线接入划分为WPAN(Wireless Personal Area Network，无线个域网)、WLAN(Wireless Local Area Network，无线局域网)、WMAN(Wireless Metropolitan Area Network，无线城域网)、WWAN(Wireless Wide Area Network，无线广域网)、WRAN(Wireless Regional Area Network，无线区域网)。图3-31是宽带无线接入技术覆盖范围示意图。

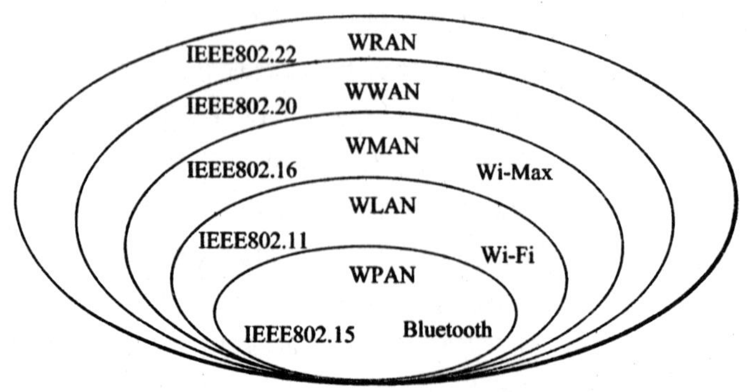

图3-31 宽带无线接入技术覆盖范围示意图

1. WPAN

WPAN 是在个人周围、覆盖范围在 10m 半径以内的短距离无线网络，尤其是指能在便携式电器和通信设备之间进行短距离特别连接的自组织网络。例如，如果一个人携带笔记本电脑、PDA（Personal Digital Assistant，个人数字助理，又称为掌上电脑）和便携式打印机，那么就可以利用无线技术而无需任何线缆的插接来实现这些设备的互联。通常，这种类型的 PAN 也可以通过无线网络连接到 Internet 或者其他网络上。

WPAN 分为高速 WPAN(High Rate Wireless Personal Area Network，HR－WPAN)和低速 WPAN(LR－WPAN)两种。蓝牙 Blue tooth（IEEE 802.15.1)是介于高速 WPAN 和低速 WPAN 之间的一种 WPAN 技术。

1）蓝牙

蓝牙是一种用于在个人电脑、手提电话和其他便携电子设备间短距离传输的无线通信技术，采用 FHSS(Frequency Hopping Spread Spectrum，跳频扩频)技术，跳频速率为每秒 1600 次，每次传送一个信包，信包大小从 126～2871 位皆可，而且其信包内容可以包含数据或语音等不同的资料。资料信包可借助 ARQ(Automatic Repeat Request，自动请求重发)机制来加以保护，而声音信包因采用 CVSD(Continuous Variable Slope Delta modulation，连续可变斜率调制)方式编码而可以不再重发以增加效率，抗干扰能力很强，即使在误码率达到 4%时仍然有可以接受的话音质量。其设备采用的是 GFSK(Gauss Frequency Shift Keying，高斯频移键控，通过一个高斯低通滤波器来限制信号的频谱宽度，然后频移键控)调制技术，其最高传输速率为 1 Mb/s，实际数据有效速率为 723 kb/s。通信协议则采用 TDMA（Time Division Multiple Access，时分多址)，在 ISM(Industrial Scientific Medical，工业科学医学，2.4～2.4835 GHz)频带上设立 79 个带宽为 1 MHz 的信道，用每秒钟切换 1600 次的频率的跳频(hopping)扩展技术实现信息的收发。

2）NRF24L01 发送接收器

Nordic Semiconductor 公司的 NRF24L01 是 2.4 GHz GFSK 发送接收器，可用于短距离图像发送和接收。北京航空航天大学曾将它用于图像传输系统，详见参考文献 12。图 3－32 是 NRF24L01P 功能方框图。我国已经有很多基于蓝牙的较短距离无线视频监控系统的报道。

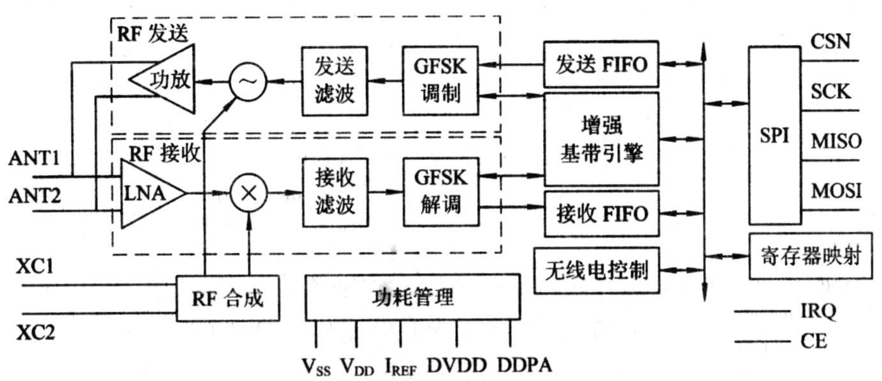

图 3－32 NRF24L01P 功能方框图

2. WLAN

WLAN 是一种能支持较高数据传输速率(2～54Mb/s)，采用微蜂窝、微微蜂窝结构的自主管理的计算机局域网络。无线局域网的设备主要包括无线网卡、无线访问接入点、无线 HUB 和无线网桥等。

WLAN 主要有两种网络类型：对等网络和基础结构网络。对等网络是最简单的无线局域网结构。一个对等网络由一组有无线接口的计算机组成。这些计算机要有相同的工作组名、ESSID(Extended Service Set Identifier，扩展的服务区识别号)和密码。任何时间，只要 2 个或更多的无线接口互相都在彼此的范围之内，它们就可以建立一个独立的自组织网络。基础结构网络中无线中继站(如无线接入访问点、无线 HUB 和无线网桥等设备)把无线局域网与有线网连接起来，并允许用户有效地共享网络资源。中继站不仅提供了与有线网络的通信，也为网上邻居解决了无线网络拥挤的问题。复合中继站能够有效扩大无线网络的覆盖范围，实现漫游功能。

WLAN 的标准包括 IEEE 802.11a/b/g/n 等。

1) Wi-Fi

成立于 1999 年的 Wi-Fi(Wireless Fidelity，无线保真)联盟是一个非盈利国际协会，旨在认证根据 IEEE802.11 规格的无线局域网产品的互操作性，促进 IEEE 802.11 无线局域网产品的发展和应用。Wi-Fi 论坛的影响力使得 Wi-Fi 成了 802.11 技术的统称。表 3-5是 802.11b、802.11g 和 802.11a 三大标准的比较。

表 3-5　802.11b、802.11g 和 802.11a 三大标准的比较

	802.11	802.11b	802.11g	802.11a
可用频谱带宽	83.5 MHz	83.5 MHz	83.5 MHz	125 MHz
在中国的工作频率	2.400～2.4835 GHz	2.400～2.4835 GHz	2.400～2.4835 GHz	5.725～5.85 GHz
互不重叠的信道数	3	3	3	5、13～24(US)
调制方法	FHSS、DSSS	CCK	CCK、OFDM	OFDM
每个信道的最大数据速率/(Mb/s)	1、2	1、2、5.5、11	1、2、5.5、6、9、11、12、18、24、36、48、54	6、9、12、18、24、36、48、54

2) 传输芯片

Wi-Fi 无线传输芯片常用台湾益勤公司的 ZD1211b，美国无线通讯公司(Atheros Communications Inc.)已收购了台湾益勤科技(ZyDAS Technology Corp.)。还有台湾雷凌(Ralink)公司的 RT73、美国思佳讯公司(Skyworks Solutions，Inc)的 SKY65249-11。我国已经有很多基于 Wi-Fi 的中短距离无线视频监控系统的报道。

3) WAPI

2003 年 5 月，两项 WLAN 中国标准已正式颁布。这两项国家标准在采用 IEEE 802.11/802.11b 系列标准前提下，充分考虑和兼顾了 WLAN 产品互联互通，针对 WLAN 的安全问题，给出了技术解决方案和规范要求。该规范称为 WAPI (Wireless LAN Authentication and Privacy Infrastructure，无线局域网鉴别和保密基础结构)。

WAPI 技术具有广泛的适用性，解决了现行 WLAN 中存在的安全问题和缺陷，WAPI

采用了 STA(Station，站点)与 AP(Access Point，接入点)双向认证的机制，阻止了非法 STA 访问 AP，同时也避免了 STA 登陆非法 AP 造成信息泄漏；认证过程中协商产生的完整密钥并没有在网络中进行传输，在网络中传输的仅是密钥的一部分，减少了密钥丢失的可能；WAPI 协议采用的 CBC－MAC 校验模式，保证了数据的完整性，避免了数据包在网络传输过程中被入侵者截获并非法修改；数据加密中所采用的分组加密算法性能良好，能够完全胜任无线环境网络加密要求；对分组进行加密时引入了分组序号 PN，可有效地阻止报文重放攻击；动态密钥是由通信双方通过协商所产生的两个完全随机的随机数所构成的，且随着时间的推移通信双方会不断通过密钥协商来更新密钥，因此可有效地避免密钥分析攻击和密钥字典攻击；单点和集中两种应用模式增加了 WAPI 在实际应用中的灵活性，使其在应用中具有良好兼容性。

3. WMAN

WMAN 覆盖范围可以从几百米到几十千米，可以是城市或者大型社区中不同网络的互联而成为一个大的网络，也可以是一些局域网通过骨干线路桥接而成的网络。

IEEE 802.16 标准被设计用于大范围的宽带无线接入应用场景，包括室外 LOS(Line Of Sight，视距)条件下长距离(高达 50 km)的应用、市区环境 NLOS (None Line Of Sight，非视距)距离的应用、固定的企业和住宅应用、便携式移动个人应用等。

802.16d 是固定宽带无线接入系统空中接口标准，工作频段可选 10～66 GHz 或 10 GHz以下频段，2004 年通过该标准，但不支持移动环境，现已有产品投放市场。

802.16e 标准规定了可同时支持固定和移动宽带无线接入系统，工作在小于 6 GHz 适宜于移动性的许可频段，可支持用户终端以车辆速度移动，最终移动速度达到 120 km/h。802.16e 标准的物理层核心技术主要采用 OFDMA，频谱利用率最高可达到 3bit/Hz/sector。

表 3－6 是 IEEE 802.16 标准的主要技术特征。

表 3－6 IEEE 802.16 标准的主要技术特征

技术参数	802.16d	802.16e
子载波数	256(OFDM)2048(OFDMA)	256(OFDM)128、512、1024、2048(OFDMA)
带宽	1.75～20 MHz	1.25～20 MHz
频段	2～11 GHz	<6 GHz
移动性	固定或便携	中低车速
峰值速率	75Mb/s(20 MHz)	15Mb/s(5 MHz)
调制方式	QPSK、16 QAM、64 QAM	
信道编码	卷积码、块 Turbo 码、卷积 Turbo 码、LDPC 码	
链路自适应	AMC、功率控制、HARQ	
小区间切换	不支持	支持
增强型技术	智能天线、空时码、空分多址、宏分集(16 e)、Mesh 网络拓扑	
接入控制	主动带宽分配、轮询、竞争接入相结合	
QoS	支持 4 种 QoS 等级：UGS、rtPS、nrtPS、BE	
省电模式	不支持	支持空闲、睡眠模式

1）WiMAX

WiMAX（Worldwide Interoperability for Microwave Access，全球微波互联接入）由全球数百家企业参加组成，其中包括众多业界领先的设备制造商、部件供应商（芯片、射频、天线、软件和测试服务等）、服务供应商和系统集成商。其主要任务是通过对产品进行兼容性和互操作性认证，消除 IEEE 802.16 标准应用的障碍，扩大标准的应用范围。由于 WiMAX 论坛的影响力，WiMAX 这个名词也被看做是对所有 802.16 技术的统称。

2）WiMAX 宽带无线通信射频系统

安徽四创电子股份有限公司利用 SIGE 公司开发的中频芯片 SE7051L10 及 TI 公司开发的射频芯片 TRF2436，研制出 5.8 GHz 频段 CPE（Customer Premise Equipment，客户终端设备）点对点射频收发系统，测试指标满足或优于 802.16d 标准。

图 3－33 是 WiMAX 射频系统结构方框图。

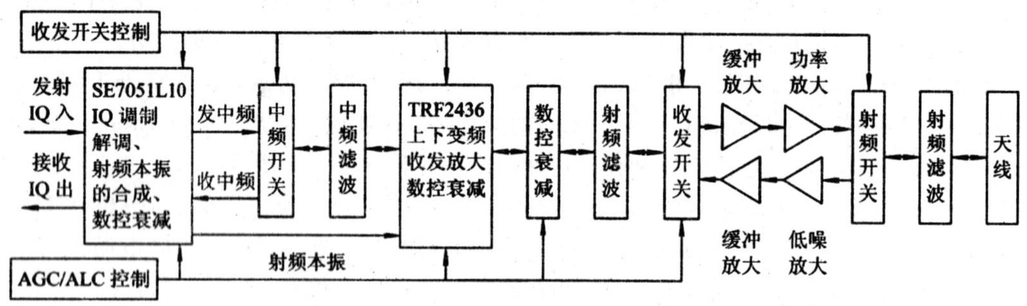

图 3－33　WiMAX 射频系统结构方框图

SE7051L10 主要功能为：① 在发射时隙内完成 I、Q 基带信号上变频为 380 MHz 的固定中频信号；② 在接收时隙内将接收的 380 MHz 固定中频信号下变频为零中频的 IQ 基带信号；③ 完成合成 IF 和 RF 所需的本振功能，其中中频本振频率为固定的 380 MHz，RF 本振频率可选，以便系统工作在期望的工作信道内；④ 在发射和接收通道，均内置可变增益放大器，发射通道具有 18 dB 的增益控制范围（步进 6 dB）或 50 dB 增益控制范围（步进 1 dB），接收通道具有 50 dB 的自动增益控制范围。

TRF2436 完成功能为：① 在发射时隙内将 380 MHz 的固定中频信号上变频到所需的 RF 信道频率；② 在接收时隙内将接收的 RF 信号放大并下变频为 380 MHz 的固定中频信号；③ 片内内置收发开关、低噪声放大器及开关控制的功率放大器；④ 内置射频本振倍频器。

系统采用时分双工工作方式，当基带控制的收发开关信号为高电平时，系统工作在发时隙，基带送出的 I、Q 信号经调制、上变频、功率放大和中频、射频滤波后经开关由天线发射；基带控制的收发开关信号为低电平时，系统工作在收时隙，接收的射频信号经开关、低噪放、下变频、相应射频、中频滤波，解调出 IQ 基带信号送至基带信号处理单元。

美国富士通公司有 MB86K23（基频）和 MB86K52（射频）WiMAX 芯片组，富士通还与威达云端电讯共同合作推出便携式 WiMAX－WiFi 路由器 CW6200i。

4. WWAN

IEEE 802.20 标准工作组计划制定一个全新的移动宽带无线接入标准，可以支持的移动目标速率高于 IEEE 802.16e，大约为 250 km/h。由于对移动性的支持较高，IEEE 802.20 的传输速率低于 IEEE 802.16e。在 1.25 MHz 带宽的时候，IEEE 802.20 的下行传输速率为 4.5 Mb/s，上行传输速率为 2.25 Mb/s；在 5 MHz 带宽的时候，IEEE 802.20 的下行传输速率为 18 Mb/s，上行传输速率为 9 Mb/s。目前没有得到大的芯片制造商和设备制造商的支持。

5. WRAN

WRAN 的市场目标是为城市中的中小企业、居民区和校园，以及人口较稀少的农村地区，提供各种各样的固定无线宽带业务，使用 54～862 MHz 的空闲频段。

3.4.2 移动通信系统

移动通信业务根据其技术发展进程可以大致划为第一代移动通信、第二代移动通信和第三代移动通信。

第一代移动通信在 20 世纪 80 年代中期到 90 年代初期在世界各国迅速发展，开创了移动通信进入实际规模商用的时代。在这个阶段，以模拟移动通信体制的 AMPS(Advanced Mobile Phone Service，先进移动电话服务系统)和 TACS(Total Access Communications System，全入网通信系统)为典型代表，无线技术采用 FDMA (Frequency Division Multiple Access，频分多址)技术。系统主要是解决在移动环境下提供话音业务的问题。

1. GSM

随着以欧洲 GSM(Global System for Mobile Communications，全球数字移动通信)为代表的数字蜂窝移动通信技术体制的成熟和快速发展，移动通信在 20 世纪 90 年代初进入第二代(2G)移动通信的时代。北美和日本也推出 CDMA(IS－95)和 PDC(Public/Personal Digital Cellular，公用/个人数字蜂窝系统)技术并开始商用。第二代移动通信系统除了采用更加先进的 TDMA(Time Division Multiple Access，时分多址)无线技术之外，在移动业务的支持上变得更加多样化。除了话音业务、更加丰富的补充业务和智能网业务外，还提供了基于电路连接的短消息业务和 9.6/14.4(kb/s)的电路型数据业务。

GSM 的主要特点如下：

(1) GSM 具有典型的通用公众蜂窝移动通信系统结构，具有较完备的、开放的接口和通用的接口标准。

(2) GSM 通过唯一的 SIM (Subscriber Identity Module，用户识别卡)进行用户身份认证和进行网络操作，并对传输的信号提供更安全的加密。

(3) 支持电话、紧急呼叫、传真等电信业务，支持承载数据业务，支持呼叫转移、短消息、来电显示等补充业务。

(4) 具有全球漫游功能。

(5) GSM 具有较大的系统容量和较高的频谱利用率。系统容量比 TACS 模拟系统高两倍，频率重复利用率高，组网灵活方便。

GSM 的空中接口采用 TDMA/FDMA 多址方式，每载频有 8 个 TDMA 的基本物理信道，载波频道间隔 200 kHz，每载波码元速率为 270.833 kb/s。调制方式采用 GMSK (Gaussian Filtered Minimum Shift Keying，高斯滤波最小移频键控)，语音编码采用 13 kb/s的 RPE－LTP(Regular Pulse Excitation－Long Term Prediction，规则脉冲激励长

期预测)编码。

2. GPRS

GPRS (General Packet Radio Service，通用分组无线业务)是在 GSM 网络的基础上，增加了一些网元设备，包括 GPRS 网关支持节点(GGSN，Gateway GPRS Supporting Node)、GPRS 业务支持节点(SGSN，Serving GPRS Supporting Node)，同时在手机和基站之间采用新的协议，使终端和基站之间能够建立分组数据连接，并采用分组交换的方式，实现真正意义上的移动数据通信。GPRS 根据所采用编码方式的不同(CS－1、CS－2、CS－3、CS－4，每种编码方式对应不同的时隙数据速率)可以实现不同的数据速率，如当一个用户采用 CS－4 编码方式并分配使用 4 个时隙时，数据传输速率峰值可支持 53.6 kb/s。实际使用中，用户数据速率一般在 10～30 kb/s 之间。

1) GPRS 网络的优越性能

(1) 实时在线。用户随时与网络保持联系，不像普通拨号上网那样断线后还得重新拨号才能上网。

(2) 按量计费。用户可以一直在线，按照用户接收和发送数据包的数量来收取费用。没有数据流量的传递时，用户即使挂在网上，也是不收费的。

(3) 快捷登录。GPRS 的用户一开机，就始终附着在 GPRS 网络上，每次使用时只需一个激活的过程，一般只需 1～3 秒就能登录至互联网

(4) 高速传输。GPRS 采用分组交换的技术，数据传输速率最高理论值能达 171.2 kb/s，但实际速度受到编码的限制和终端的限制，可能会有所不同。

(5) 自如切换。GPRS 还具有数据传输与话音传输可同时进行或切换进行的优势。GPRS 就类似于固定电话的 ISDN 的概念，电话、上网两不误。

2) 常用的 GPRS 模块

西门子公司的 GPRS 模块有 MC55、MC35I、MC39I，华为公司的 GPRS 模块有 EM310，台湾明基公司的 GSM/GPRS 模块有 M22。

MC55 无线模块是西门子公司推出的三频模块，适用于 900、1800 和 1900 MHz 三种频段，频段的切换可由 AT 指令控制。MC55 模块是系统的无线网络接口，给模块供电的电压范围是 3.5～4.5 V 的直流电，具有 GPRS class－10 多时隙功能，class－B 操作模式，支持增强型 AT 命令集，支持语音和数据通信。图 3－34 是微处理器与 MC55 连接示意图。我国已经有很多基于 GPRS 的较长距离无线视频监控系统的报道。

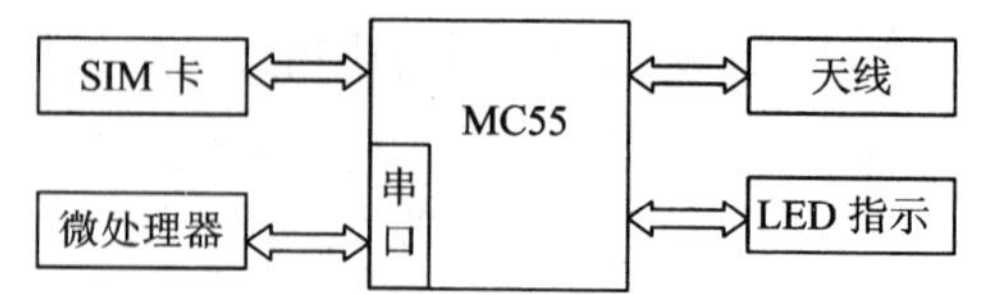

图 3－34 微处理器与 MC55 连接示意图

3. 第三代移动通信

第三代移动通信(3G)主流技术包括 WCDMA(Wideband Code Division Multiple Access，宽带码分多址)、TD－SCDMA(Time Division－Synchronous Code Division Multiple Access，时分同步码分多址)和 CDMA2000。中国移动组建 TD－SCDMA 网，中国电信组建 CDMA2000 网，中国联通组建 WCDMA 网。

1）TD－SCDMA

TD－SCDMA 提供的峰值数据速率可达到下行 2.8 Mb/s（上下行时隙配比为 1∶5），上行 2.1 Mb/s（上下行时隙配比为 4∶2）。

在政府和 IT 运营商的全力支持下，我国 TD－SCDMA 产业联盟和产业链已基本建立起来。越来越多的厂商也将工作的重心转到 TD－SCDMA 产品的研发上。国内知名的公司如华为、中兴、大唐移动等几家公司都已经开发出技术比较成熟的 3G 无线模块，并已上市。如中兴的 MU301、大唐移动的 LC6311＋和华为的 MT509。表 3－7 是这 3 种无线模块性能比较。

表 3－7　3 种 TD－SCDMA 无线模块性能比较

模块	LC6311＋	MT509	MU301
TD 频段	1880～1920 MHz，2010～2025 MHz	1900 MHz，2100 MHz	2010～2025 MHz
传输速率	上行最大传输速率384 kb/s，下行 2.8 Mb/s	上行最大传输速率2.2 Mb/s，下行 2.8 Mb/s	上行最大传输速率384 kb/s，下行 2.8 Mb/s
外部接口	60pin 板对板连接器，提供 UART 和 USB 接口	LGA（触点阵列封装）贴片式，提供 UART 和 USB 接口	Mini PCI－e
尺寸	55.0 mm×33 mm×2.6 mm	30.0 mm×30 mm×2.5 mm	30.0 mm×50.95 mm×4.75 mm

2）WCDMA

WCDMA R99 版本支持上、下行 384 kb/s 的单用户峰值数据传输。为了增强上、下行数据传输速率，WCDMA 在向前的过程中推出了 HSPA（High Speed Packet Access，高速分组接入）技术，HSPA 为用户提供的传输速率峰值可达到下行（HSDPA，High Speed Downlink Packet Access，高速下行链路分组接入）10 Mb/s，上行（HSUPA，High Speed Uplink Packet Access，高速上行链路分组接入）5 Mb/s 左右。国内知名的公司如华为、中兴移动等几家公司都已经开发出技术比较成熟的 3G 无线模块，并已上市。如中兴的 MF205 和华为的 MU509、美国高通（QUALCOMM）公司的 QSC6270。表 3－8 是这 3 种 WCDMA 无线模块性能比较。

表 3－8　3 种 WCDMA 无线模块性能比较

模块	MU509	MF205	QSC6270
TD 频段	1900 MHz，850 MHz	2100 MHz，1900 MHz，850 MHz	2100 MHz，1900 MHz，850 MHz
传输速率	上行最大传输速率 384 kb/s，下行 3.6 Mb/s	上行最大传输速率 384 kb/s，下行 3.6 Mb/s	上行最大传输速率 384 kb/s，下行 3.6 Mb/s
外部接口	LGA（触点阵列封装）贴片式，提供 UART 和 USB 接口	36 脚邮票孔	
尺寸	30.0 mm×30 mm×2.5 mm	36.0 mm×19.5 mm×2.85 mm	

3）CDMA20001x

CDMA20001x EV－DO(Evolution Data Only)是专为高速分组数据业务开发的无线技术，与CDMA2000 1x结合提供话音和数据业务。1x EV－DO的A版本标准可以支持上行3.1 Mb/s、下行1.8 Mb/s的峰值数据速率。国内知名的公司如华为、中兴移动等几家公司都已经开发出技术比较成熟的3G无线模块并已上市。如中兴的AC200、华为的MU509和深圳易通无限科技有限公司的E396。表3－9是3种CDMA20001x EV－DO无线模块性能比较。

表3－9　3种CDMA20001x EV－DO无线模块性能比较

模块	MU509	AC200	E396
TD频段	1900 MHz，800 MHz	800 MHz	800 MHz
传输速率	上行最大传输速率1.8 Mb/s，下行3.1 Mb/s	上行最大传输速率1.8 Mb/s，下行3.1 Mb/s	上行最大传输速率1.8 Mb/s，下行3.1 Mb/s
外部接口	LGA(触点阵列封装)贴片式，提供UART和USB接口	36脚邮票孔	60脚邮票孔或B2B板与板连接器
尺寸	30.0 mm×30 mm×2.5 mm	26.8 mm×30 mm×5 mm	40 mm×26 mm×2.83 mm

利用现成的移动通信网进行长距离无线传送当然很方便，但是当监控系统的摄像头较多时，移动通信的收费很可观的。表3－10是宽带无线接入和宽带移动通信的主要性能参数。

表3－10　宽带无线接入和宽带移动通信的主要性能参数

	宽带无线接入		宽带移动通信		
标准	802.11a/g (Wi－Fi)	802.16 (WiMAX)	cdma2000	WCDMA/UMTS	TD－SCDMA
最大数据传输速率	54 Mb/s	可达75 Mb/s (20 MHz信道带宽)	2.4 Mb/s (1XEV－Do) 3.1 Mb/s (1XEV－DV)	2 Mb/s(HSDPA支持超过10 MB/s)	2 Mb/s
单小区覆盖范围	室内100 m室外300 m	典型6～10 km	典型2～5 km	典型2～5 km	城区约1～2 km 郊区为3～5 km
工作频段	5 GHz(802.11a) 2.4 GHz(802.11g)	2～11 GHz 10～66 GHz	400、700、800、900、1800、2100 MHz	1800、900、2100 MHz	1880～1920 MHz、2010～2025 MHz
带宽	6、20、54 MHz(802.11a) 6、9、12、18、24、36、48、54 MHz(802.11g)	1.25～20 MHz，28 MHz (10～66 GHz)	1.25 MHz	5 MHz	1.6 MHz
物理层核心技术	OFDM	OFDMA、AAS、HARQ	CDMA、1XEV－DV、HSDPA、HARQ(HSDPA)		CDMA，智能天线技术，上行同步方式，接力切换方式，低码片速率
双工方式	TDD	FDD/TDD	FDD	FDD/TDD	TDD
多址方式	CSMA/CA	OFDMA/TDMA	CDMA	CDMA	TDMA/CDMA
移动性	室内，静止，步速	不支持移动性	支持高速移动		
QoS	不支持	能保证端到端不同分组数据业务的QoS	能够提供多种业务的QoS保证，尤其是话音业务QoS较高		
安全性	较差	较高	高		

思考题和习题

3-1　同轴电缆长距离传送视频信号会产生什么问题？是如何解决的？

3-2　同轴电缆传送视频信号常受到哪两种干扰？用什么方法消除？

3-3　综合布线分为哪 6 个子系统？为什么说综合布线提高了系统可靠性？

3-4　模拟视频信号在综合布线系统中传送要用什么设备？简述其功能。

3-5　数字视频信号在综合布线系统中传送还存在什么问题？

3-6　常用的光源有哪两种？各有什么特点？性能如何？

3-7　常用的光探测器有哪两种？各有什么特点？性能如何？

3-8　常用的光纤视频传送方式有哪些？

3-9　常用的光纤视频多路传送方式有哪两种？各有什么特点？

3-10　光时域反射仪为什么能提供与长度有关的衰减细节？

3-11　根据覆盖范围将宽带无线接入划分为哪几种网络？

3-12　蓝牙采用什么调制技术？采用什么通信协议？

3-13　GPRS 网络有哪些优越性能？

3-14　第三代移动通信(3G)主流技术有哪 3 种？分别由哪家公司组建？

第4章 监 视 器

监视器是应用电视系统中最常用的图像显示设备。它与电视摄像机相反，所完成的基本物理变换是电/光转换，即把图像信号还原为与原景物图像相似的可视图像。

4.1 概 述

4.1.1 监视器与电视机的区别

监视器与电视接收机(简称电视机)有许多共同之处，主要的差别在于：监视器的设计目标是尽可能逼真地还原图像，而电视机则主要考虑如何满足人眼的视觉效果。监视器通常还具有外同步、欠扫描、行延迟和场延迟等功能。

应用电视系统除了需用各种专用仪器进行测试之外，最直观的是用监视器监视图像，并根据图像对某些设备进行一定的调整。专用监视器就是用来调整、检查和监测应用电视系统各个环节的图像质量的终端显示设备。它也能作为测量仪器对电视信号进行定性甚至定量测试。

电视机设计的原则是让输入电视信号中存在的各种缺陷不在荧光屏图像中表现出来。因此，设计中采用了各种自动控制补偿电路。监视器则相反，它要求真实地反映出输入图像信号中的细节和不足之处，监视器中电路的技术指标要求很高，电路的稳定性可靠性要好，很少采用自动调整补偿电路(为提高本机电路和器件的稳定而采用的自动补偿电路除外)。电视接收机的功能偏重于调节简便灵活，控制尽量自动化；监视器则偏重于监测精度，尽可能正确地监测出图像信号的质量状况。

彩色监视器有多种特殊功能，可在选单中设定。

1. 行、场延时功能

利用监视器的行、场延时功能，可观察图像的行、场逆程信号，将场逆程在监视器屏幕上扩大显示出来，能观察到场消隐期间的均衡脉冲、行同步脉冲和场同步脉冲是否正确。图 4－1 是在监视器屏幕上显示的行、场逆程信号图像。

2. 欠扫描开关

为了不显示摄像机摄取图像的边缘部分，监视器和电视机的光栅都有10％～15％的过扫描，但有时为了看清图像的边缘部分，应该将监视器置于欠扫描状态。

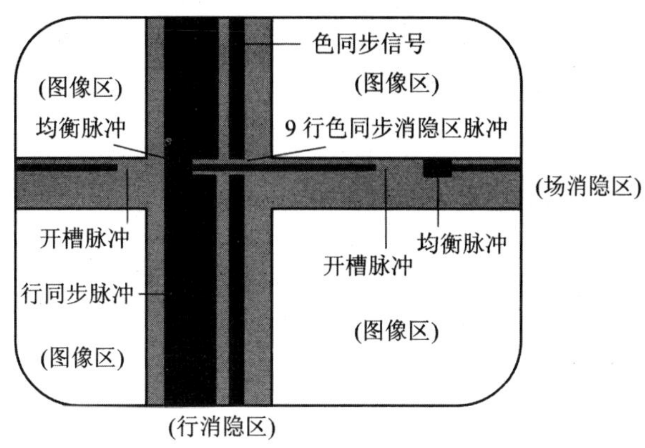

图 4-1 行、场逆程信号图像

3. 色温开关

彩色监视器色温开关有6500 K和3200 K两挡。6500 K相当于室外日光下的色温，白炽照明灯的色温是2854K。监视器色温开关应配合摄像机在室外和室内摄取图像时不同的环境照明色温；而应用电视系统中常用的摄像机一般置于自动白平衡控制模式，色温在2300～10 000 K范围时，自动准确调整白平衡。

4. 彩色制式转换开关

为了使彩色监视器能适用于世界各种彩色制式的监测，彩色监视器应该具备彩色制式转换功能。

5. 金属外壳

金属外壳可以防静电、防辐射、抗强电磁场干扰，特别在监控中心，许多监视器堆叠放置，金属外壳可以防止相互干扰。

6. 长期连续工作

电视监控常常24小时不间断地连续工作，要求监视器有足够的稳定性和可靠性。

4.1.2 监视器的控制芯片

ST公司开发了一系列监视器控制芯片，有STDP8021/8028、FLI5962/5968、STDP9310/9320等，这些多媒体监视器控制用的SOC(System ON Chip，片上系统)将微处理器、去隔行处理、帧频变换、图像缩放、彩色空间变换、PIP(Picture in Picture，画中画)和OSD(On Screen Display)显示等信号处理功能都集成在一起，通过LVDS(Low Voltage Differential Signaling，低电压差分信号)信号接口或DP (Display Port，显示器接口)接口输出数字图像信号，可以直接与各种平板显示模块相连组成监视器。图4-2是芯片STDP8021构成监视器方框图。

STDP8021是2008年推出的单片增强监视器控制芯片，有两个10位3ADC(模数转换器)，支持模拟R、G、B输入和各制式CVBS(Composite Video Burst Sync，复合视频信号)输入，支持HDMI 1.3(High Definition Multimedia Interface，高清晰度多媒体接口)、DVI 1.0(Digital Visual Interface，数字显示接口)、DP 1.1(Display Port，显示接口)输入，同时支持SPDIF(Sony/Philips Digital Interface，索尼、飞利浦数字音频接口)和I^2S

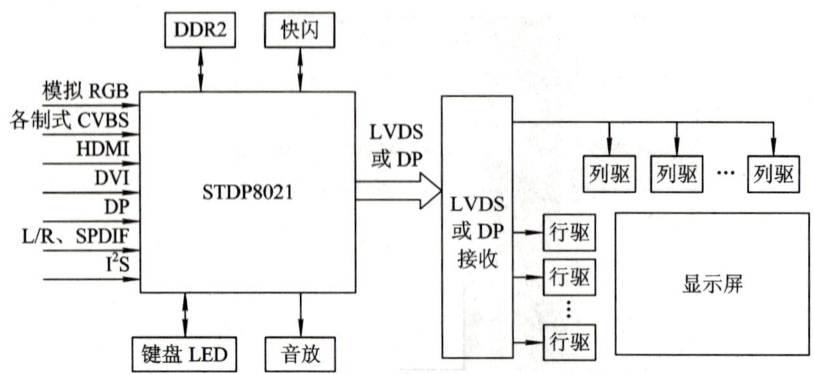

图 4-2 STDP8021 构成监视器方框图

(Inter-IC Sound，飞利浦公司数字音频数据传输标准)音频输入。具有 32 位 DDR(Double Data Rate，双倍数据率)2 存储器接口、快闪存储器接口、键盘和发光二极管接口以及音频放大器。输出具有嵌入式双通道 10 位 LVDS 或 DP 发送接口，支持 WUXGA(Wide screen Ultra eXtended Graphics Array，宽屏超级扩展图形阵列，分辨率为 1920×1200，宽高比为 16∶10)平板显示屏。具有 PIP 功能和位映射 OSD 功能。409 脚 HSBGA(Heat Sink Ball Grid Array，带有散热顶盖的球栅阵列)封装。

FLI5962/5968 是 2010 推出的多功能监视器控制芯片，输入、输出方式更多，功能更强。

STDP9310/9320 是 2011 推出的增强优质监视器控制芯片，支持 HDMI1.4、DP1.2、DDR3 存储器接口，支持 WQXGA(Wide Quad Extended Graphics Array，宽屏 4 倍扩展图形阵列，2560×1600)。

4.1.3 监视器的主要参数

1. 图像分辨率

图像分辨率是监视器分辨图像细节的能力，以水平和垂直方向有效像素数点阵数衡量。我国的 SDTV(Standard Definition Television，标准清晰度电视)图像分辨率为 720(水平)×576(垂直)点阵；HDTV(High Definition Television，高清晰度电视)图像分辨率为 1920(水平)×1080(垂直)点阵。

按照计算机显示终端的分辨率标准，其可分为 SVGA、XGA、SXGA、UXGA、QXGA 等几种规格。

(1) SVGA 的含义是超级视频图形阵列(Super Video Graphics Array)，它的最小分辨率为 800×600 个像素，比较适用于 15 英寸的显示屏。随着屏幕尺寸加大，必须要求增多扫描线，扩展每条线上的像素才能保证高质量的图像。

(2) XGA 的含义是扩展图形阵列(Extended Graphics Array)，它的分辨率为 1024×768 个像素，特别适用于 17 英寸和 19 英寸显示屏。

(3) SXGA 的含义是超级扩展图形阵列(Super Extended Graphics Array)，其分辨率为 1280×1024 个像素，适用于 21 英寸和 25 英寸显示屏，也达到了高清晰度电视的要求。

(4) UXGA 的含义是特级扩展图形阵列(Ultra Extended Graphics Array)，其分辨率

为 1600×1200 个像素，通常用于高级工程设计和艺术制图，一般适用于 30 英寸或以上的显示屏。

(5) QXGA 的含义是 4 倍扩展图形阵列(Quad Extended Graphics Array)，其分辨率为 2048×1536 个像素，多为高级投影系统使用，图像放大到很大时仍然保持清晰。

前缀 W(Wide)常用来表示加宽格式，如 WQXGA 是加宽的 QXGA 格式。

2. 图像清晰度

图像清晰度是人眼能察觉到的电视图像细节清晰程度，用电视线表示。一般从水平和垂直两个方向描述，1 电视线与垂直方向上 1 个有效扫描行的高度相对应。

我国 SDTV 规定水平和垂直图像清晰度值大于等于 450 电视线，HDTV 规定水平和垂直图像清晰度值大于等于 720 电视线。

我国 SDTV 画面的有效扫描行数为 576，HDTV 画面的有效扫描行数为 1080。当距电视屏的距离分别约为屏幕高度的 5 和 3 倍，观看 SDTV 和 HDTV 电视图像时，能把电视图像在垂直方向上的细节看清楚，这样的距离也是观看 SDTV 和 HDTV 图像的最佳距离。

人眼在水平方向上分辨图像细节的能力与在垂直方向上相当。我国 SDTV 系统有效扫描行数为 576，如果显示器的宽高比分别为 4∶3 和 16∶9，为在垂直与水平方向上同时都能看到最清晰的图像细节，则水平方向有效像素数应分别为 576×4/3=768 和 576×16/9=1024。可见，目前 SDTV 在水平方向上只有 720 个有效像素的数量偏低，对于越来越多的 16∶9 屏，更是偏低，而 HDTV 则不存在这个问题。这是因为 HDTV 显示器的宽高比为 16∶9，与 1080 有效扫描行相当的水平方向有效像素数为 1920，HDTV 标准与此相符。

图像垂直清晰度的理论上限值为 1 帧图像的有效扫描行数，水平方向有效像素数需乘以 3/4 才能换算成电视线数。我国 SDTV 和 HDTV 系统水平方向有效像素数分别为 720 和 1920 个，若分别显示 4∶3 和 16∶9 图像，则分别相当于 540 和 1080 电视行，因而水平清晰度的理论上限值分别为 540 和 1080 电视线。若把图像宽高比为 4∶3 的 SDTV 信号拉扁显示成 16∶9 图像，则水平清晰度只有 720×9/16=405 电视线了。

3. 对比度

对比度是表征在一定的环境光照射下，物体最亮部分的亮度与最暗部分亮度之比。监视器的对比度是指在同一幅图像中，显示图像最亮部分的亮度和最暗部分的亮度之比。对比度越高，重显图像的层次越多，图像越清晰。通常对比度为 1000∶1～1500∶1。

4. 亮度

亮度是指发光物体的明亮程度，是人眼对发光器件的主观感受。在监视器中亮度是表征图像亮暗的程度，是指在正常显示图像质量的条件下，重显大面积明亮图像的能力。亮度的单位为坎德拉每平方米(cd/m^2)，旧称为尼特(nit)。通常亮度为 250～500 cd/m^2。

5. 可视角

我们在观看 LCD 监视器时，会发现观看位置不同，看到的电视图像的亮度、对比度、图像的层次感及图像颜色会发生变化，偏离屏幕中心位置越大，则图像变化越严重，甚至看不清楚图像，颜色发生严重畸形。因此对这些监视器而言，在观看图像时，有一个适宜观看的角度范围，该角度范围称为可视角。为了方便，可视角是指水平和垂直方向上的可视角。

在国际电工委员会公布的IEC 60107－1规定了可视角的定义，即在屏幕中心的亮度减小到最大亮度的1/3时(也可以是1/2或1/10时)的水平和垂直方向的视角。

6. 响应时间

响应时间是用来描述显示器件的字段或像素亮度变化相对于激励信号变化反应快慢的一组参数，它包括开启时间(turn－on time)、关断时间(turn－off time)、上升时间(rise time)和下降时间(fall time)。通常响应时间为5～20 ms。

7. 像素缺陷

现在市场上销售的平板监视器，包括LCD监视器、PDP监视器，都是以像素显示图像，它们的像素数都是相对固定的，例如：720×576、1280×720、1366×768、1920×1080像素等。每个像素点都是以R、G、B三个基色点构成，可以显示全部的颜色，并以寻址方式显示图像，而不像CRT型电视机那样，采用可变扫描方式显示图像。因此，这种以像素成像的监视器，称为固有分辨力监视器。

这些以像素显示图像的监视器在数百万个像素点中，可能出现像素缺陷(又称为坏点)。

像素缺陷是指监视器在正常工作状态时，监视器的屏幕上不能正常显示图像的像素点，一般分为亮点和暗点。亮点又称为不熄灭点，是指屏幕无论在黑色背景还是在白色背景下，永不熄灭的白亮点、闪亮点和带颜色的亮点，包括绿亮点、红亮点、蓝亮点、黄亮点、青亮点、品红亮点等。特别是白亮点、绿亮点、黄亮点在黑色或灰色背景下，人眼对其比较敏感，令人讨厌。暗点又称为不发光点，是指在白色或灰色背景下，显示出黑色点、灰色点等。

像素缺陷规定中将显示屏幕分为A区和B区，如图4－3所示。图中W是显示屏宽度，H是显示屏高度。

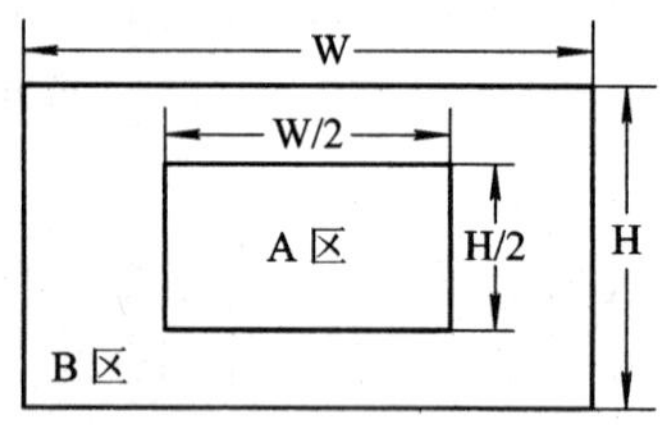

图4－3 显示屏幕的A区和B区示意图

LCD监视器像素缺陷要求：A区内不发光点缺陷小于等于2个，A＋B区内不发光点缺陷小于等于8个，在1/9屏高×1/9屏宽的面积内不能出现2个绿或白不发光点；A区内没有白发光点或绿发光点，红、蓝或其他色发光点小于等于1个，A＋B区内不熄灭点小于等于2个，在1/9屏高×1/9屏宽的面积内不能出现2个绿或白发光点。

PDP监视器像素缺陷要求：A区内不发光点缺陷小于等于2个，A＋B区内不发光点缺陷小于等于8个，在1/9屏高×1/9屏宽的面积内不能出现2个不发光点；A区内没有白发光点或绿发光点，红、蓝或其他色发光点小于等于2个，A＋B区内不熄灭点小于等于4个，在1/9屏高×1/9屏宽的面积内不能出现2个绿或白发光点。

通用平板监视器与平板电视机的要求是相同的，计算机用显示器对图像清晰度和像素缺陷的要求降低。

4.2 监视器的常用接口

4.2.1 模拟信号接口

1. A/V 接口

A/V 接口，常称 A/V 端子。它是由 3 个独立的 RCA 插头(RCA jack，又叫莲花插头)组成的。RCA 连接器如图 4-4 所示。其中的 V 接口连接 CVBS(Composite Video Burst Sync，复合视频信号)为黄色插口；L 接口连接左声道声音信号，为白色插口；R 接口连接右声道声音信号，为红色插口。

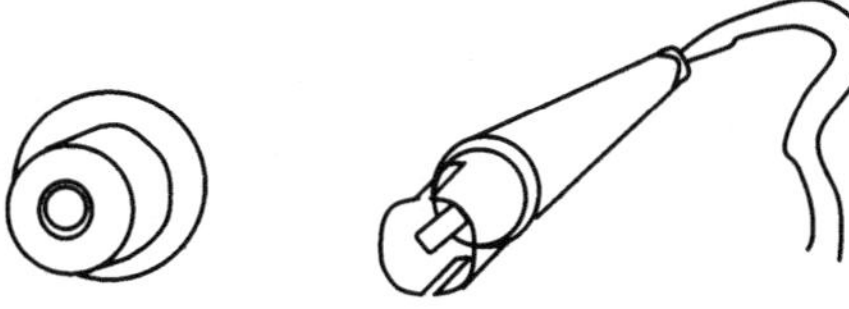

图 4-4 RCA 连接器

CVBS 信号还常采用 BNC(Bayonet Neill-Concelman，Connector Used With Coaxial Cable，一种同轴电缆连接器) 连接器。图 4-5 是 BNC 连接器示意图。

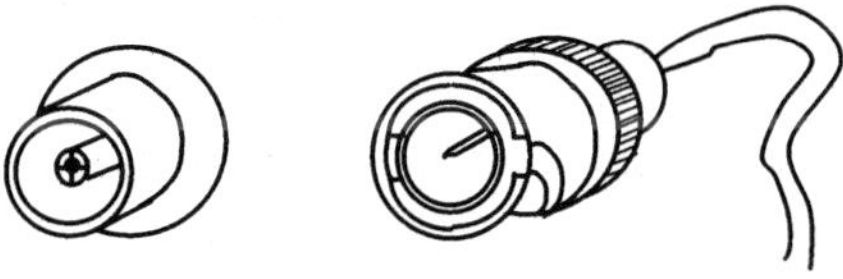

图 4-5 BNC 连接器

2. S 端信号接口

S 端信号接口常称为亮色分离接口、超级视频端子(Super Video)、S Video、S-VHS。S 端子使用专用的五芯连接线、结构独特的 4 针插头 MINI DIN(1，Y 回线；2，C 回线；3，Y；4，C)，如图 4-6 所示。由于 S 端子传输的视频信号保真度比 V 端子的更高，用 S 端子连接到的视频设备，其水平清晰度最高可达 400～480 线。

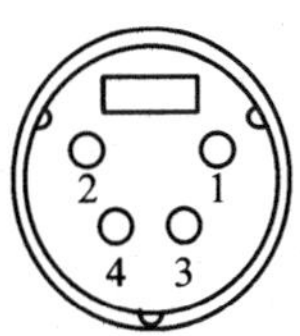

图 4-6 MINI DIN

3. 分量信号接口

分量信号接口，常称为 Y、P_B、P_R分量色差端子。分量色差端子使用三条电缆，亮度信号 Y、色差信号 R-Y 和 B-Y，采用 RCA 连接器，Y，绿色；P_R，红色；P_B，蓝色。通过分量色差端子还原的图像水平清晰度比 S 端子更高。

4. 基色信号接口

基色信号接口，常称为 R、G、B 三基色端子。R、G、B 三基色端子比分量色差端子效果更好。在视频播放机中将图像信号转化为独立的 RGB 三种基色，直接通过 R、G、B 端子输入电视机或显示器中作为显像管的激励信号。由于省去了许多转换、处理电路直接连接，可以得到比分量色差端子更高的保真度。接口采用 RCA 连接器，R，红色；G，绿色；B，蓝色。

5. VGA 接口

VGA 接口，常称为 VGA 端子、SVGA 端子。VGA 是计算机系统中显示器的一种常用显示类型，其分辨率为 640×480，SVGA 端子分辨率可以达到 1024×768。二者都使用标准的 15 针专用插口 D-Sub-15(1，R；2，G；3，B；5，DDC 地；6，R 地；7，G 地；8，B 地；10，逻辑地；12，SDA；13，行同步；14，场同步；15，SCL)，如图 4-7 所示，只是传输的信号规格不一样。具有 VGA 输入端子的平板监视器，可以用作计算机的显示器。

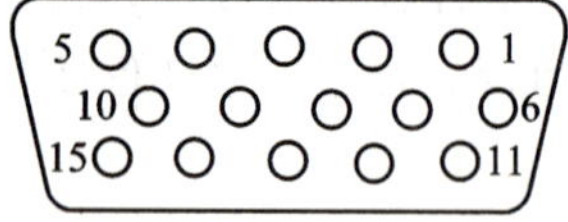

图 4-7 D-SUB-15

4.2.2 低电压差分信号接口 LVDS

LVDS(Low Voltage Differential Signaling)是一种低电压差分信号技术，驱动器有一个差分对管驱动的输出为 3.5 mA 的电流源。接收端直流输入阻抗很高，驱动电流通过 100 Ω 终接电阻在接收器输入端产生约 350 mV 的电压。当驱动部分切换时，通过电阻的电流方向改变，从而改变逻辑状态。图 4-8 是 LVDS 驱动和接收器示意图。

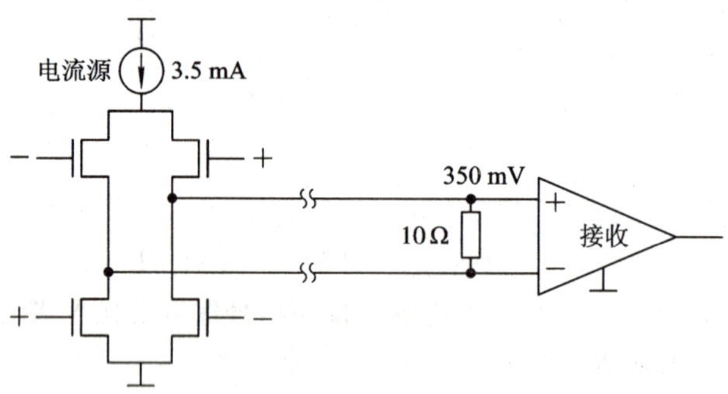

图 4-8 LVDS 驱动和接收器示意图

线驱动器的电源电压 3.3 V，最大输出阻抗为 100 Ω，输出共模电压为 1.125～1.375 V，输出差分信号幅度为 250～450 mV，当驱动器具有 100 Ω 负载且在 20%～80% 峰值间测量，上升和下降时间小于 T/7，上升与下降时间差不超过 T/20，T 为时钟周期。

线接收器输入阻抗 90～132 Ω，最大输入信号 2.0 V_{p-p}，最小输入信号 100 mV_{p-p}。差分传输有共模抑制功能，电流驱动不易产生振铃现象和切换尖峰信号，更降低了噪声，就能用低的信号电压摆幅，可以提高数据传输率和降低功耗。LVDS 允许数据以每秒数百兆位的速率传输，DVB 的 SPI(Synchronous Parallel Interface 同步并行口)接口也采用 LVDS。

美国国家半导体公司(National Semiconductor，NS)推出的 Open LDI(LVDS Display

Interface，LVDS 显示接口）标准在笔记本电脑中得到了广泛的应用，绝大多数笔记本电脑的 LCD 显示屏与主机板之间的连接接口都采用了 Open LDI 标准。Open LDI 接口标准具有高效率、低功耗、高速、低成本、低杂波干扰、可支持较高分辨率等优点，LCD 组件接口也采用 Open LDI 标准。

LCI 组件接口第 1 通道有 4 对数据 A_0、A_1、A_2、A_3 和一对时钟 CLK_1，第 2 通道有 4 对数据 A_4、A_5、A_6、A_7 和一对时钟 CLK_2。图 4－9 是 LDI 接口 LVDS 信号与显示数据的映射关系，第 1 通道传送的 RGB 数据的第 1 个下标为 1，为奇像素数据；第 2 通道传送的 RGB 数据的第 1 个下标为 2，为偶像素数据。H_S 为水平同步，V_S 为垂直同步，DE 为数据允许，RES(Reserved)为保留。

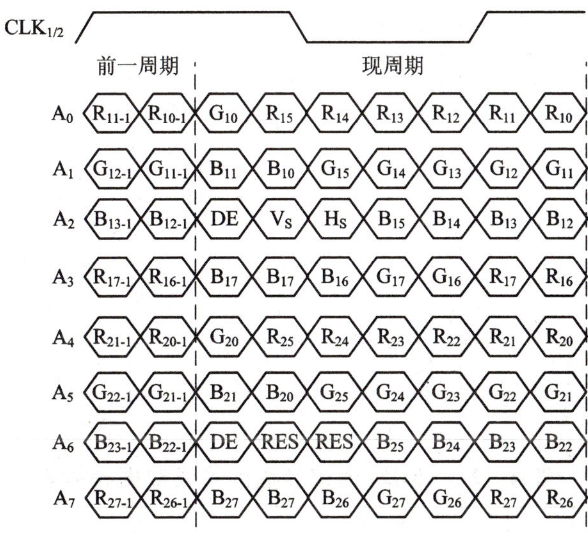

图 4－9 LDI 接口 LVDS 信号与显示数据的映射关系

4.2.3 数字显示接口 DVI 和 HDCP

1. DVI 接口

DVI(Digital Visual Interface，数字显示接口)是由 Silicon Image、Intel、Compaq、IBM、HP、NEC、Fujitsu 等公司共同组成的 DDWG(Digital Display Working Group，数字显示工作组)推出的标准，采用 TMDS(Transition Minimized Differential Signaling，瞬变最少化差分信号)作为基本电气连接，这里瞬变是指信号从"0"变成"1"或从"1"变成"0"。瞬变最少使得电磁干扰最少。

DVI 接口常用在信源管理主机与监视器之间传送显示信息，是监视器的主要输入接口。DVI 接口中显示信息通过 3 个数据信道(DATA0～DATA2)输出，同时还有一个信道用来传送同步时钟信号。每一个信道中数据以差分信号方式传输，电源电压 $V_{DD}=3.3$ V，输出差分电压为 150～1560 mV，输出共模电压为 $V_{DD}-0.3V$～$V_{DD}-0.037V$，输出电压的上升和下降时间为 1.9 ns。由于数据接收中识别的都是差分信号，传输电缆长度对信号影响较小，可以实现较远距离的数据传输。在 DVI 标准中，对接口的物理方式、电气指标、时钟方式、编码方式、传输方式、数据格式等进行了严格的定义和规范。

DVI 标准采用 D 型 24 针连接器，引脚定义如表 4－1 所示。表中 DDC（Display Data Channel，显示数据通道）是 VESA（Video Electronics Standards Association，视频电子标准协会）定义的监视器与图形主机通讯的通道，主机可以利用 DDC 通道从监视器只读存储器中获取监视器分辨率参数，根据参数调整其输出信号。DDC 通道所使用的通讯协议遵循 VESA 制定的 EDID（Extended Display Identification Data 扩展显示识别数据）规范，DDC 通道是低速双向通讯 I^2C 总线，这个 I^2C 总线接口称为 I^2C 从接口；还有一个 I^2C 主接口，是芯片与存储密码的 EEPROM 之间的通信接口。表 4－2 是 TMDS 通道传送的像素数据映射表，在 DE＝1 的有效显示时间内 3 个通道传送像素数据；在 DE＝0 的消隐期间 3 个通道传送 H_S、V_S和自定义信号 CTL0～3。

表 4－1　DVI 标准连接器引脚定义

1	TMDS DATA2－	9	TMDS DATA1－	17	TMDS DATA0－
2	TMDS DATA2＋	10	TMDS DATA1＋	18	TMDS DATA0＋
3	地	11	地	19	地
4	未定义	12	未定义	20	未定义
5	未定义	13	未定义	21	未定义
6	DDC CLOCK	14	＋5V DC	22	地
7	DDC DATA	15	地	23	TMDS CLOCK －
8	未定义	16	未定义	24	TMDS CLOCK ＋

表 4－2　TMDS 通道传送的像素数据映射表

像素数据（DE＝1）	TMDS 通道	平板显示器数据
R(7～0)	2	QE(23～16)，QO(23～16)
G(7～0)	1	QE(15～8)，QO(15～8)
B(7～0)	0	QE(7～0)，QO(7～0)
控制数据（DE＝0）	TMDS 通道	平板显示器信号
CTL(3～2)	2	CTL(3～2)
CTL(1～0)	1	CTL(1～0)
H_S，V_S	0	H_S，V_S

当像素显示数据超过 3×8 位或最高像素频率超过单通道 DVI 接口传输能力（165 MHz）时，可采用双通道 DVI 接口。双通道 DVI 接口增加 3 个数据信道（DATA3～DATA5），仍采用 D 型 24 针连接器，引脚定义如表 4－3 中 1～7、9～24 所示。

DVI 规范不仅允许传送同步信号和数字视频信号，还可传送模拟 RGB 信号，在某些情况下可以省去需要准备的另一条连接线。这时，DVI 连接器除了平时的 24 针连接之外，还要增加一个接地端 C5，其四周还有 C1～C4 针脚，如图 4－10 所示。配有 C1～C5 针脚的 DVI 接口称为 DVI－I，没有这些连接的则称为 DVI－D。表 4－3 是 DVI－I 连接器引脚定义。

表 4-3 DVI-I 连接器引脚定义

1	TMDS DATA2 -	9	TMDS DATA1 -	17	TMDS DATA0 -	C1	R
2	TMDS DATA2+	10	TMDS DATA1+	18	TMDS DATA0+	C2	G
3	信道 2/4 屏蔽	11	信道 1/3 屏蔽	19	信道 0/5 屏蔽	C3	B
4	TMDS DATA4 -	12	TMDS DATA3 -	20	TMDS DATA5 -	C4	H_S
5	TMDS DATA4+	13	TMDS DATA3+	21	TMDS DATA5+	C5	地
6	DDC CLOCK	14	+5V DC	22	CLOCK 屏蔽		
7	DDC DATA	15	地	23	TMDS CLOCK -		
8	模拟 V_S	16	热插拔检测	24	TMDS CLOCK +		

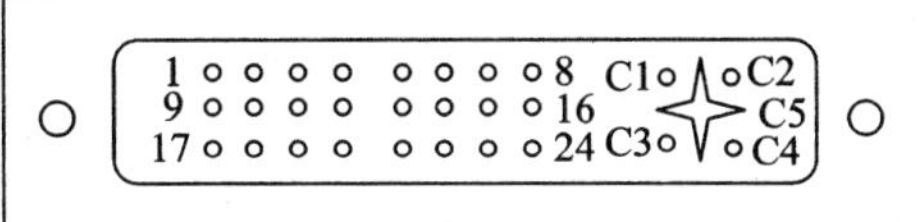

图 4-10 DVI-I 连接器示意图

DVI 具有分辨力自动识别和缩放功能。由于平板监视器大多采用数字寻址、数字输入信号激励、逐行、逐点显示方式，不同分辨力的图像信号都需要先将其变换到与平板监视器物理分辨力相同的状态，才能正常显示。例如一台物理分辨力为 1366×768 的平板监视器，当输入图像格式为 1920×1080 时，必须先将其变换为 1366×768 的信号格式再进行显示；如果输入信号格式为 852×480，则需要先将其信号格式变换到 1366×768 显示格式，才能进行显示。DVI 规范能对图像信号的分辨力进行识别和准确的缩放，以满足平板监视器的显示格式，只要该平板监视器兼容 DVI 规范，就可以不用担心信号分辨力与监视器分辨力之间的差别，DVI 能以缩放方法来进行输入信号的缩放处理，使最终显示的图像能恰到好处地布满整个屏幕，并具有本显示屏最佳清晰度。

DVI 接口主要缺点有：体积大，不适用于便携式设备；只能传输数字 R、G、B 基色信号，不支持分量信号 Y、PR、PB 传输；不能传输数字音频信号。

DVI 发送芯片有 TI 公司的 TFP210A、TFP410A 和 TFP510A，DVI 接收芯片有 TI 公司的 TFP201A、TFP401A 和 TFP501A 和 Silicon Image 公司的 Sil161。

2. HDCP

DVI 支持 HDCP(High-bandwidth Digital Content Protection，宽带数字内容保护)。HDCP 对 DVI 接口传送的内容进行加密，防止 DVI 接口传送的内容被复制或非法使用。数据的加密在 DVI 发送的输入端进行，数据的解密在 DVI 接收的输出端进行，如图 4-11 所示。所以，DVI 链路的带宽不受 HDCP 影响。

HDCP 能保护知识产权，得到好莱坞演播室、卫星电视节目供应商、有线电视节目供应商的广泛支持。

HDCP 的基本原理是首先给接收设备授权，并提供一个密钥，用来打开传送来的保密盒，盒内装有需要保护的数字信号内容。如果接收设备没有被授权，就无法打开装有需要保护的数字信号内容。这样一来，不支持 HDCP 协议的监视器无法正常播放有版权保护的高清晰度电视节目，有版权保护的高清晰度电视节目只能在被授权的、支持 HDCP 协议的设备上正常播放。在未被授权的、不支持 HDCP 协议的设备上，只能看到黑屏显示或低画质显示，清晰度只有正常显示的 1/4，失去高清晰度电视节目的价值。

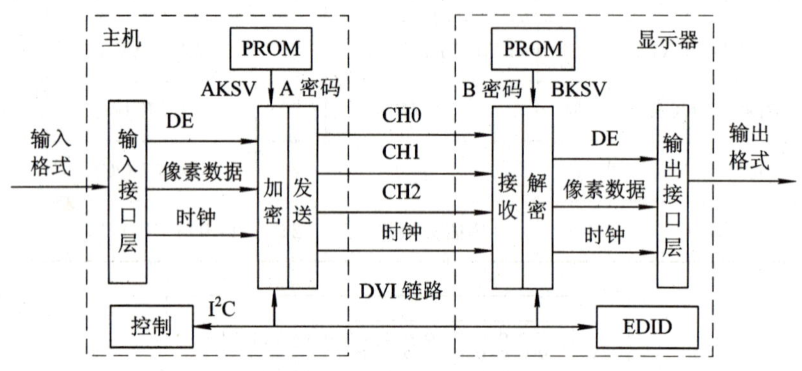

图 4-11 HDCP 与 DVI 链路

在计算机平台上，受到 HDCP 技术保护的数据内容输出时，先由操作系统中的 COPP 驱动(认证输出保护协议)显卡，只有合法的显卡才能实现内容输出，随后要认证显示设备的密钥，只有符合 HDCP 要求的设备才可以最终显示显卡传送来的内容。HDCP 传输过程中，发送端和接收端都存储一个可用密钥集，这些密钥都是秘密存储，发送端和接收端都根据密钥进行加密解密运算，这样的运算中还要加入一个特别值 KSV(Key Selection Vector，密钥选择矢量)。同时 HDCP 的每个设备会有一个唯一的 KSV 序列号，发送端和接收端的密码处理单元会核对对方的 KSV 值，以确保连接是合法的。HDCP 的加密过程会对每个像素进行处理，使得画面变得毫无规律、无法识别，只有确认同步后的发送端和接收端才可能进行逆向处理，完成数据的还原。在解密过程中，HDCP 系统会每 2 秒进行一次连接确认，同时每 128 帧画面进行一次发送端和接收端同步识别，确保连接的同步。为了应对密钥泄漏的情况，HDCP 特别建立了“撤销密钥”机制。每个设备的密钥集 KSV 值都是唯一的，HDCP 系统会在收到 KSV 值后在撤销列表中进行比较和查找，出现在撤销列表中的 KSV 将被认作非法，导致认证过程的失败。这里的撤销密钥列表将包含在 HDCP 对应的多媒体数据中，并将自动更新。

可见，要想在计算机和数字电视接收机上播放有版权保护的高清节目，不论是高清晰度电视(HDTV)节目、蓝光 DVD，还是 HDDVD 碟片，都要求显示器和显卡支持 HDCP 协议。由于高清晰度电视节目会逐渐普及，为防止盗版，保护节目制作者的合法利益，HDCP 的大量应用已成定局，因此支持 HDCP 协议的显示设备也会越来越多。当然，HDCP不是开放标准，必须交纳版权费及专利费才可使用，即嵌入 HDCP 并通过认证都是要花成本的。

要支持 HDCP 协议，必须使用 DVI、HDMI 等数字视频接口，传统的 VGA、RGB 等模拟信号接口无法支持 HDCP 协议。当使用 VGA、RGB 等模拟信号接口时，画面就会下降为低画质或者提示无法播放，从而也会失去高清晰度电视节目的意义。通常在 HDMI 接口内都嵌入了 HDCP 协议，即有 HDMI 接口的显示器都支持 HDCP 协议。但并不是带 DVI 接口的显示器都支持 HDCP 协议，必须经过相应的硬件芯片，通过认证的带 DVI 接口的显示器才支持 HDCP 协议。

4.2.4 高清晰度多媒体接口 HDMI

通常，当我们用 DVI 接口连接主机和平板监视器(或高分辨力的消费类产品)传送 24 位 RGB 数据时，常常要传送数字分量数据 YUV，这种 DVI 接口被称为 DVI－HDTV，DVI－HDTV 也支持 HDCP。

HDMI(High Definition Multimedia Interface，高清晰度多媒体接口)是在 DVI 接口基础上发展起来的用于消费类产品的新的数字显示接口，得到 Silicon Image、日立、英特尔、松下、飞利浦、索尼、汤姆逊、东芝等厂商支持，也得到 20 世纪福克斯、华纳兄弟等影片公司的支持。DVI 接口只传送图像信息(视频信号，同步信号)，HDMI 增加了传送多声道压缩或未压缩的数字音频信号的能力，增加了传送基本的控制数据。HDMI 可以传输杜比数码等经过压缩的多声道数字音频信号，也可以传输未经压缩的数字音频信号。HDMI 支持 8 个未经压缩的数字音频声道，量化精度可达 24 位，采样频率高达 192kHz。这些性能指标在进行高清晰度视频节目传送时也能达到。HDMI 是利用视频信号的消隐期间进行音频数据传输的，因此不会占用可用视频传输带宽。

HDMI 可支持的计算机显示格式有：SXGA1280×1024/85 Hz 和 UXGA1600×1200/60 Hz。HDMI 可支持的数字电视显示格式有 480i、480p、576i、576p；720p、1080i、1080p。HDMI 可支持的数字音频格式有 CD：16 位 32 kHz、44.1 kHz、48 kHz；DVD：8 声道数字音频。

对于控制数据的传输，HDMI 利用一条双向数据总线，将处在一条通路上的所有符合 HDMI 规范的设备连接起来，遵循消费电子产品控制协议(Consumer Electronics Control，CEC)。

作为一个消费类产品接口，HDMI 采用比 DVI 更小的连接器，图 4－12 是 HDMI 连接器外形与尺寸。除了支持 DVI－HDTV 外，HDMI 还支持高分辨力数字分量格式，支持 HDCP。DVI 接口推荐的最大传送距离为 8 m，HDMI 接口因为改进了芯片和连接器，最大传送距离超过 15 m。表 4－4 是 HDMI 连接器引脚定义。

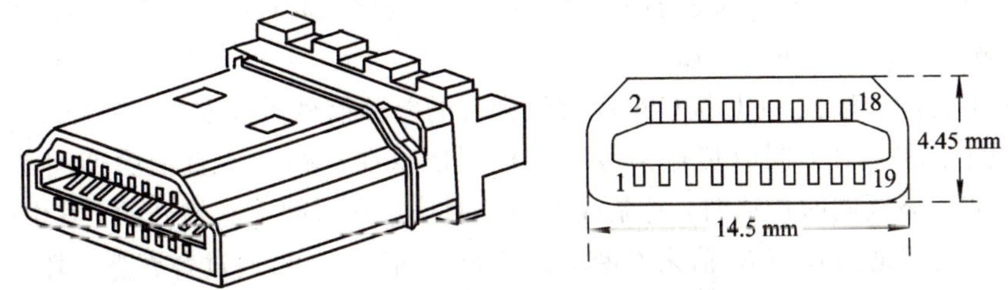

图 4－12 HDMI 连接器

HDMI 与 DVI 后向兼容，HDMI 产品与 DVI 产品能够用简单的无源适配器连接在一起，当然会失去 HDMI 产品传送多声道音频和控制数据的新功能。

表 4-4 HDMI 连接器引脚定义

1	TMDS DATA2+	8	TMDS DATA0 屏蔽层	15	SCL
2	TMDS DATA2 屏蔽层	9	TMDS DATA0 -	16	SDA
3	TMDS DATA2 -	10	TMDS 时钟+	17	DDC/CEC 地
4	TMDS DATA1+	11	TMDS 时钟屏蔽层	18	+5V 电源
5	TMDS DATA1 屏蔽层	12	TMDS 时钟-	19	Hot Plug Detect
6	TMDS DATA1 -	13	CEC		
7	TMDS DATA0+	14	保留		

HDMI1.3 版将其单连接带宽提高到 340 MHz(10.2 Gbit/s)，支持 30 位、36 位、48 位的 R、G、B 基色信号和 Y、P_R、P_B色差信号的量化精度用于数字电视中心节目的交换；新增了对“xvYCC”彩色标准(IEC61996-2-4)的支持；加入了自动音、视频同步功能。

HDMI 1.4 版数据线将增加一条数据通道，支持高速双向通讯，允许两个 HDMI 设备之间共享数据；音频回授通道(Audio Return Channel)能让高清电视通过 HDMI 线把音频直接传送到 A/V 功放机上；3D 支持(3D Support)支持双通道 1080p 分辨率的视频流；支持 Micro HDMI 微型接口，外形足足小了一半，但其功能特性与标准大小的 HDMI 无异。

2010 年 3 月发行的 HDMI1.4a 版本又规定了多种 3D 视频格式，不降低分辨力的格式有：帧包装(Frame Packing)、场交替(Field alternative)、行交替(Line alternative)、全分辨力的左右格式(Side by Side Full)等；进行下转换(下取样)的半分辨力的格式有：半分辨力的左右格式(Side by Side Half)、上下(Top and Bottom)格式等；下取样方式也增加了梅花形下取样(Quincunx sub-sampling)的取样方法；支持左视加深度(L+depth)、左视加深度加图形加图形深度(L+depth +Graphics +Graphics-depth)的数据形式。

Silicon Image 公司有专用的 HDMI 发送芯片 Sil9030 和 HDMI 接收芯片 Sil9031、Sil9021。飞利浦公司有 HDMI 接收芯片 TDA9975A。NXP 公司有 4 输入 HDMI 1.4a 接收器 TDA19978A。

4.2.5 DP 接口

DP 接口(Display Port，显示器接口)标准为开放式标准，功能强大.兼容性好，免费使用。如用 HDCP 进行内容保护，则要根据有关内容保护的规定收取费用，费用与 HDCP 的相当。

DP 传输接口标准的主要有以下特点：

(1) 抗干扰能力较强。DP 接口采用交流耦合的差分信号传输方式，对共模干涉信号有较高的共模干扰抑制比，同时传输信号时的控制信息在每帧的垂直消隐期间都会发送一次。当 2 条或 4 条线同时传输时，每条线上的控制信息在时间上是错开的，其中的 M 值每次传送 4 次，可以通过检查 M 值来判断信息是否遭到破坏，再通过舍弃被破坏的信息来提高信号传输的准确性。

(2) 数据传输路径较长，符合 DP1.0 版标准的器件可传输 15 m 长的距离。

(3) 支持较高分辨力。由于它是一种比较灵活的协议，只要不超过信号通道带宽，就可以传输更高的分辨力。在 4 条线传输时，数据带宽可达 10.8 GHz。

(4) 支持双向数据传输。DP 的数据通道由主通道和辅助通道组成，主通道是高速单向的数据总线，辅助通道是高速双向传输线。

(5) 支持热插拔。

(6) 应用范围广泛，可以应用于外部连接和内部连接的各种场合。例如：电视机顶盒与显示器的连接、计算机与监视器的连接、电视机顶盒内部连接和笔记本电脑主板与面板连接等。

DP 接口有两种接口插座。第一种外部接口接头引脚数为 20 位，标准型外形类似于 USB、HDMI 接口；低矮型主要针对连接面积有限的场合应用，例如超薄笔记本电脑。第二种内部用接口接头引脚数为 26 个，仅有 26.3 mm 宽，1.1 mm 高，体积小，传输速率高。

DP 接口由主通道、辅助通道及热插拔检测(HPD，Hot Plug Detect)组成，主通道是单向、高带宽和低延迟通道，用于传输同步流，如非压缩音、视频数据流；辅助通道是半双工、双向通道，用于连接管理和设备控制。热插拔检测线接收来自接收设备中的中断请求。另外，用于盒与盒之间的 DP 外部连接头有一个电源管脚，可供 DP 中断设备或 DP 到传统接口的转换器使用。

① 主通道：主通道由 1 个、2 个或 4 个通信线对 (Lane，交流耦合双终端差分线对，AC - Coupled，doubly - terminated differential pair)构成。交流耦合特性允许 DP 发送端与接收端用不同的通用模式电压。这使 DP 在支持 0.35 微米 CMOS 处理流程的同时(目前仍通用于 LCD 面板的时序控制器)，也易于采用更高级的硅工艺(如 65nmCMOS 处理流程)。

线对支持两种传输速率：2.7 Gbit/s 或 1.62 Gbit/s。具体使用哪种传输速率，取决于发送与接收设备的能力及通信信道的质量。

主通道的线对数可以是 1 对、2 对或 4 对。所有线对均传送数据，没有专用的时钟通道，根据数据流的编码特性，时钟信息可以从数据流中直接读出。

发送设备和接收设备可以根据它们的需要选择激活最少的线对数。支持 2 线对的设备必需同时支持 1 线对和 2 线对，同样支持 4 线对的设备必须同时支持 1 线对、2 线对和 4 线对。可由终端用户插拔的外部电缆要求支持 4 线对，以保证发送设备和接收设备的互操作性。当激活的线对数少于 4 对时，必需首先使用数字较小的线对(由 0 号线对开始)。

② 辅助通道：辅助通道由一个交流耦合双终端差分对组成。通道编码使用 Menchester II 编码方法。与主通道一样，时钟信息由数据流中解出。

辅助通道是半双工双向通道，源设备为主设备，接收设备为从设备，所有辅助通道上的会话都是由源设备发起。虽然如此，接收设备仍然能通过在热插拔检测线上发送中断请求，来提示源设备开始一次对话。这种中断请求特性使得 DP 接口易于支持 CEA - 931 - B 标准中定义的远程控制命令。

辅助通道提供 1Mbit/s 的数据传输率，每次会话的时间不得超过 500 ms，最大突发数据包不得大于 16 字节，以免一个辅助通道应用阻塞其他应用。辅助通道会话的语法定义使得它可以无缝转换到 I^2C 会话语法。

DP 版本 1.2 传输速度升级到单线对 5.4 Gb/s，四线对达到 21.6 Gb/s，可以传输分辨率为 3840×2160 四倍超高清的视频，同时也可以传输 3D 数字信号。版本支持多台显示器同时输出，包括同时传输 2 组分辨率为 2560×1600 的显示信号，或者 4 组分辨率为 1920×1200的显示信号，其辅助通道也实现高速化　　持 USB 数据和耳麦数据传输。此外版本提供了与之相应的 mini DP1.2 插头座。

iPad 使用 2 Lanes DP 接口，可做到 1080 p Full HD 输出，iPhone 提供 1 Lane DP 接口，支持 720 p HD 分辨率的屏幕输出讯号。要外接大屏幕时，大多数电视/显示器仅支持 HDMI，因此苹果针对 iPad/iPhone 推出 Digital AV Adapter，也就是 1 个可插在其 30pin 专属接头，由连接线接到显示器 HDMI 接头的 DP 转 HDMI 配接器(Dongle)。

4.2.6 数字音视频交互接口 DiiVA

DiiVA(Digital Interactive Interface for Video & Audio，数字音视频交互接口)是由中国数字家庭产业联盟推广的标准，主要推广者有海信、TCL、创维、长虹、康佳、海尔、上广电、熊猫、凌旭等 9 家企业。

(1) DiiVA 采用菊花链的连接方式与 Any to Any 数据传输方式，简而言之，就是任何一个在 DiiVA 网络中的设备都可以互相访问，包括非压缩的音视频数据流、以太网数据包、USB 数据包。

(2) DiiVA 采用了高级的电源管理技术 POD(Power on DiiVA)，由 DiiVA 的线缆提供 5V/1 A 的 Standby 电源，通过 POD 的技术可以远程打开或关闭连接在 DiiVA 网络中的任何一个设备，即使网络中的某一个设备关闭了，也不影响下一级的设备与整个网络的互联，功耗不大的设备比如摄像头，游戏遥控设备就完全不需要电源。

(3) 在 DiiVA 链路中除了 Video Link 进行视频传输外，还有专门用于数据/音频/命令进行传输的 Hybrid Link(混合链路或称为 Data channel)，对数据内容没有限制，只要按照协议进行封包解包即可。

(4) DiiVA 支持高色域、高刷新率和高分辨率，采用了 4 对 6 类双绞线，其中 3 对六类双绞线来传输非压缩视频，每线对可以支持高达 4.5 Gb/s 的带宽速率，单向总计13.5 Gb/s带宽速率，同时将剩余的一对双绞线定义为一条 2 Gb/s 带宽的混合信道用于双向数据传输和音频传输。DiiVA 的 Any to Any 的传输方式，使网络连接总的成本大大降低。

(5) DiiVA 采用 8 B/10 B 的编码技术。DiiVA 是具有中国自主知识产权的数字电视高清互动接口，它的出现将大大增强中国彩电企业的话语权。

4.2.7 Combo - PHY 接头

目前影视装置常用 HDMI 接口，PC 显示装置常用 DP 接口，美国传威(TranSwitch)公司开发一种能将 HDMI 与 DP 接口融合在一起，使用 1 个 PHY 的 Combo HDP 转接接口技术。Combo - PHY 可以将 HDMI 输出信号转成 DP 信号接到 DP 的显示器，或者将 DP 的输出信号转成 HDMI 信号接到 HDMI 的显示器/电视，在两个接口之间进行无缝转接。

4.3 LCD 监视器

4.3.1 液晶显示原理

1. 液晶

有一类有机化合物，温度加热至 T1，会熔化为具有光学各向异性而混浊黏稠的液体；

温度加热到T2，则变成光学各向同性而透明的液体；温度保持在T1～T2之间，呈现出液体的流动性和晶体的光学各向异性，把具有这类特性的有机化合物称为液晶。它们既不同于不能流动的晶体，也有别于各向同性的液体。

液晶由棒状分子组成。这些分子以各种液晶特有的规则排列，但共同点是各分子的长轴平行，指向某一方向。正是由于液晶分子有指向性的排列，使其物理参数在分子长轴方向及其垂直方向取不同值。这种表征液晶物理特性的参数随方向而异的性质，称为液晶的各向异性。液晶的各向异性及其分子排列易受外加电场、磁场、应力、温度等的控制，从而得到了多种应用。

在外加电场作用下，由于液晶分子排列的变化而引起液晶光学性质改变的现象，称为液晶的电光效应。液晶显示器正是利用液晶的电光效应，实现光被电信号的调制。

2. 液晶显示原理

液晶显示（LCD，Liquid Crystal Display)是基于液晶电光效应的显示器件。最常用的是扭曲向列型(TN，Twisted Nematic)LCD。图4-13(*a*)是扭曲向列型显示器的工作原理。TN LCD在涂有透明导电层的两片玻璃基板间填充10 μm厚的液晶，液晶分子在基板间排列成多层。在同一层内，液晶分子的位置虽不规则，但长轴取向都平行于基板，在不同层间，液晶分子的长轴沿基板平行平面连续扭转90°，正是因为液晶分子呈这种扭曲排列，故称之为扭曲向列型液晶显示器。然后上下各加一片偏振片，入射光侧的偏振片称为起偏振器，出射光侧的偏振片称为检偏器。起偏器的偏光方向与该侧表面的液晶分子轴方向一致，检偏器的偏光方向与起偏器的偏光方向相互垂直。当与起偏器的偏光方向一致的直线偏振光，垂直射向无外加电场的TN LCD时，如图4-13(*a*)所示。此时由于液晶折射率的各向异性，入射光将因其偏振方向随分子轴的扭曲而旋转射出。若对液晶层施加适当的电场，且外加电压高于阀值电压时，液晶分子轴变为与电场方向平行，如4-13(*b*)所示。此时，液晶不再能旋光，检偏器把光遮断。这种平常光线能通过，液晶层加电场时光线不能通过的情况称为常亮(NW，Normally White)模式。若两片偏振片的偏振光方向相平行，则透光、遮光的发生条件相反，称为常暗(NB，Normally Black)模式，常暗模式遮光、透光如4-13(*c*)、(*d*)所示。

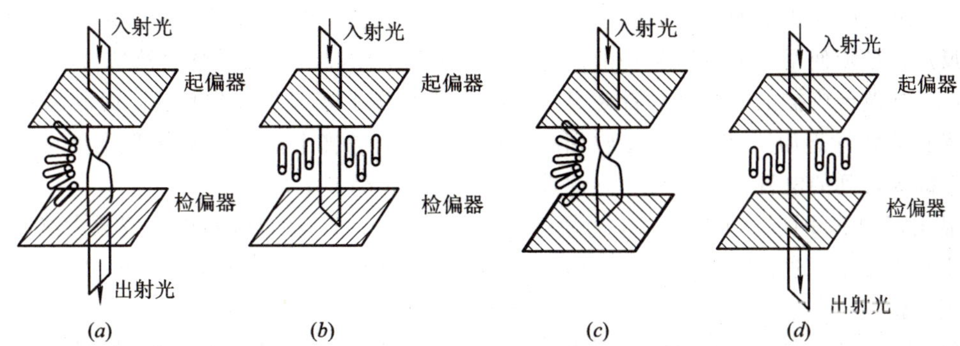

图4-13 扭曲向列型显示器的工作原理

(*a*) 常亮模式透光；(*b*) 常亮模式遮光；(*c*) 常暗模式遮光；(*d*) 常暗模式透光

液晶显示用的液晶材料，在常温下即处于液晶状态。当液晶两端的外加电压升高时，电场强度E随之升高，使液晶分子排列方向与电场垂直改变为与电场平行时的电压称为阀

值电压 V_{TH}。一般扭曲向列型液晶的 V_{TH} 约为 2～3 V。

超扭曲向列(STN，Super TN)型液晶，跟 TN 型液晶结构大体相同，只不过液晶分子不是扭曲 90°而是扭曲 180°，还可以扭曲 210°或 270°等，其特点是电光响应曲线更好，可以适应更多的行列驱动，但响应时间较长。

TFT－LCD(Thin Film Transistor LCD，薄膜晶体管液晶显示器)具有分辨率高、色彩丰富、屏幕反应速度较快、屏幕可视角度大、容易实现大面积显示优点，是液晶显示技术进入高质量、真彩色的重要技术保证，是运用最广泛的平面显示器(FPD)。

薄膜晶体管(Thin Film Transistor，TFT)通常是指用半导体薄膜材料制成的绝缘栅场效应晶体管。根据其使用的半导体材料可以分为非晶硅、多晶硅和化合物半导体等。利用非晶硅材料制成的非晶硅(amorphous Silicon)薄膜晶体管(a－Si TFT)具有制作容易、基板玻璃成本低、能够满足有源矩阵液晶驱动的要求、开/关态电流比大、可靠性高和容易大面积制作等优点被广泛应用，成为了 TFT－LCD 中的主流技术。

透明导电玻璃基板是一种表面极其平整的薄玻璃片，表面涂有 ITO(Indium Tin Oxide，掺锡氧化铟)膜。ITO 膜常温下具有良好的导电性能，对可见光具有良好的透过率，经光刻加工成透明电极图形。这些图形由像素图形和外引线图形组成，因此外引线不能用传统的锡焊，必须通过导电橡胶带进行连接。

3. 液晶监视器的特点

液晶显示利用液晶的电光效应，用信号电压改变液晶的光学特性，造成对入射光的调制。使用液晶监视器时，应注意以下特点：

(1) 液晶显示器件本身不发光，它必须有外来光源。这种光源可以是高照度的荧光灯、太阳光、环境光等。

(2) 液晶材料的电阻率高，流过液晶的电流很微小，所以液晶显示电源电压低，一般为 3～5 V 左右。驱动功率小，一般为 $\mu W/cm^2$ 级，能用 MOS 集成电路驱动。

(3) 液晶光学特性对信号电压响应速度慢(TN 型液晶的响应时间为 50 ms，薄膜晶体管有源矩阵的响应时间为 20 ms)，但最新出品的大屏幕液晶显示模块的响应时间已减少到 8 ms。

(4) 直流电压驱动液晶屏会引起液晶分子电化学反应，缩短液晶寿命。为避免这种电化学反应，必须使用交流电压驱动液晶屏，交流驱动电压波形应无平均直流成分。

(5) 电视台广播的电视信号针对显像管的非线性作了非线性预先校正，而液晶显示屏的电光转换特性近似线性。为使接收到的电视信号在液晶屏上显示为无灰度畸变的电视图像，应将接收到的电视信号经过非线性校正，再送到液晶屏上显示。

显像管的非线性系数 $\gamma=2.2$，为使电视系统总的 $\gamma=1$，在摄像机的前置放大级，加了一个 $1/\gamma=1/2.2$ 的预校正电路。所以，液晶电视机的视频放大级应有一个 $\gamma=2.2$ 的非线性校正电路。

(6) 液晶显示器件是由两层透明电极板之间夹一层液晶组成，与电容器的结构相似，形成平行板电容器，称为 CLC(Capacitor of Liquid Crystal，液晶电容)。它的大小约为 0.1 pF，这个电容无法将电压保持到下一帧(当 60 帧/s 时，需要保持约 16 ms)。因此在面板的设计上，会再加一个储存电容 Cs(大约为 0.5 pF)，使电容上的充电电压能维持到下一次更新画面的时候。对于驱动信号源来说，液晶器件是容性负载。

4.3.2 液晶显示驱动

液晶显示均采用矩阵驱动方式。矩阵驱动方式分为简单矩阵方式和有源矩阵方式，目前多采用有源矩阵驱动方式。

有源矩阵液晶屏是在扫描电极和信号电极的交叉处，安装透明的薄膜晶体管(TFT，Thin Film Transistor)开关与液晶像素串联，使液晶电极之间的交叉效应减少，使液晶像素的阈值特性变陡。

图 4-14 为薄膜场效应晶体管驱动的有源矩阵液晶的一个像素的示意图。图中，x_i为第 i 个扫描电极，y_j为第 j 个信号电极，BK 为背电极，T_{ij}为 x_i和 y_j交叉处的开关晶体管。$C_{ij}=CLC+C_s$为液晶像素电容，用来储存模拟信号的一个像素。R_{ij}为液晶像素的绝缘电阻，其阻值很大，可以视为开路。

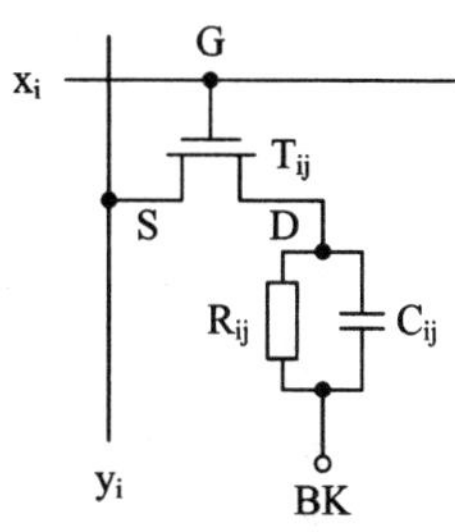

图 4-14 薄膜场效应晶体管驱动的有源矩阵液晶的一个像素

每一个像素配置一个开关晶体管，晶体管导通、截止状态接近理想开关。因此，各个像素之间的寻址完全独立，从而消除了液晶像素之间的交叉串扰，大大改善了液晶显示图像的对比度和清晰度。

图 4-15 是 1024×768 有源矩阵驱动的面阵电路结构。当与 TFT 栅极相连的行线 X_i加高电平脉冲时，连接在 X_i上的 TFT 全部被选通，图像信号经缓冲、同步电路加在与 TFT 源极相连的引线 $Y_1 \sim Y_m$上，经选通的 TFT 将信号电荷加在液晶像素上。X_i每帧被选通一次，$Y_1 \sim Y_m$每行都要被选通。通常，液晶像素可以等效为一电容，一端与 TFT 的漏

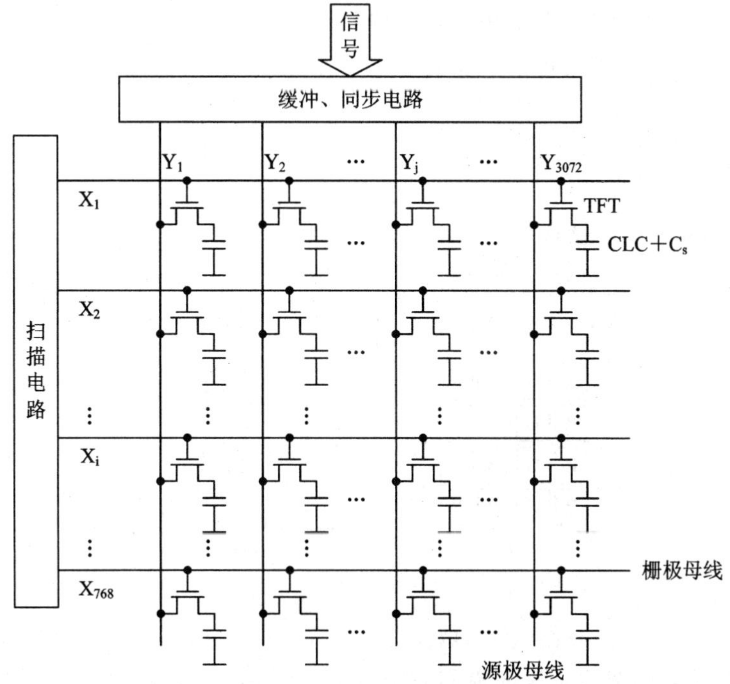

图 4-15 1024×768 有源矩阵驱动的面阵电路结构

极相连，另一端与制备有彩色滤色膜的上基板上的公共电极相连。当 TFT 栅极被扫描选通时，栅极上加一正高压脉冲 V_G，TFT 导通，若此时源极有信号 V_{LD}输入，则导通的 TFT 提供开态电流 I_{ON}，对液晶像素电容充电。液晶像素电容即加上了信号电压 V_{LD}，该电压的大小对应于所显示的内容。同时为了增加信号的存储时间，正高压脉冲 V_G过后 X_i上为 0 或低电平，像素电容上的电荷将保持一帧的时间，直至下一帧再次被选通后新的 V_{LD}到来，像素电容上的电荷才改变。由此，逐行选通 TFT，使 X_i依次加正的高电平脉冲，这样逐行重复便可显示出一帧图像。由于扫描信号互不交叠，在任一时刻，有且只有一行的 TFT 被扫描选通而开启，其他行的 TFT 都处于关态，所显示的图像信号只会影响该行的显示内容，不会影响其他行，从而消除了串扰。

一个基本的显示单元需要三个 TFT 来分别代表 RGB 三基色。对于 1024×768 分辨率的 TFT LCD，共需要 1024×768×3 个这样的点组合而成。然后再用 V_G脉冲，依序将每一行的 TFT 打开，使整个面阵的各点充电到各自所需的电压，以显示不同的灰度。以一个 1024×768(XGA)分辨率的液晶显示器来说，总共会有 768 根栅极母线，有源极母线 1024×3=3072 条。对 60 帧/s 的液晶显示器来说，每帧的显示时间约为 1/60 秒 = 16.67 ms。每根栅极母线的开关时间约为 16.67 ms/768=21.7 μs。所以，V_G 波形(如图 4-16 所示)为一个接着一个宽度为 21.7 μs 的脉冲，依次序打开每一行的 TFT。在这个 21.7 μs 的时间内，由 3072 条源极母线，将 3072 个显示点充电到所需的电压，以显示出相对应的灰度。

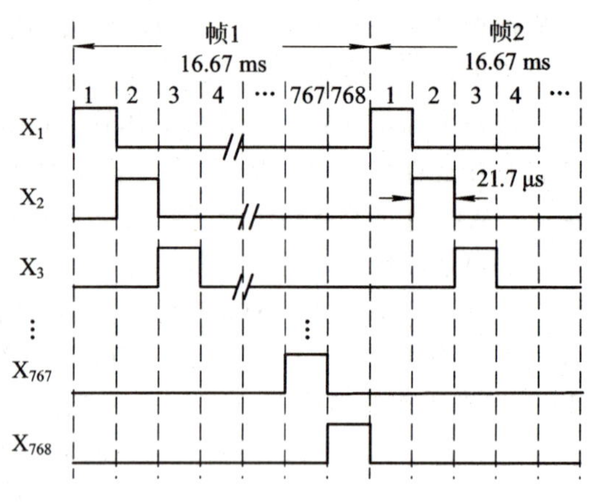

图 4-16 X_1～X_{768}行的 V_G 波形

4.3.3 LCD 组件

1. 彩色液晶显示屏的结构

彩色液晶显示屏通过着色工艺将 R、G、B 三种色素沉积在玻璃基板内表面，形成纵向排列三基色滤色片或镶嵌式三角形排列，三基色滤色片如图 4-17 所示。

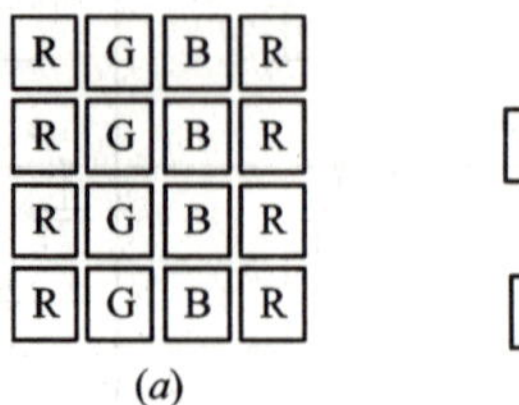

图 4-17 三基色滤色片

(a) 纵向排列；(b) 镶嵌式三角形排列

图 4-18 是彩色液晶显示屏的横剖面示意图。起偏振片和检偏振片的偏振方向相同，TN 液晶阀中掺有黑色染料分子，有利于关闭滤色片，使其不透光。不加电场时，液晶分子

与上、下基片表面平行，但TN液晶分子在上、下基片之间连续扭转90°，使入射液晶的直线偏振光的偏振方向通过液晶层时，沿液晶分子扭转90°，因而出射光的偏振方向垂直于检偏振片的偏振方向，结果出射光被遮断。

当透明的Y电极与X电极之间加的电压大于液晶的阀值电压时，外加电场改变TN液晶分子的排列方向，液晶分子轴与电场方向平行，液晶的90°旋光性消失，如图4-18左边第一个R滤色单元，入射白光经R滤色单元透过检偏振片，出射R色光，结果在出射端能看到红基色光。当一组R、G、B三基色滤色单元之中有1～3个滤色单元能使入射白光被其滤色而透过检偏振片时，在出射端就能看到1～3种基色光的相加混色。这里TN型液晶对基色光起控制阀门的作用。

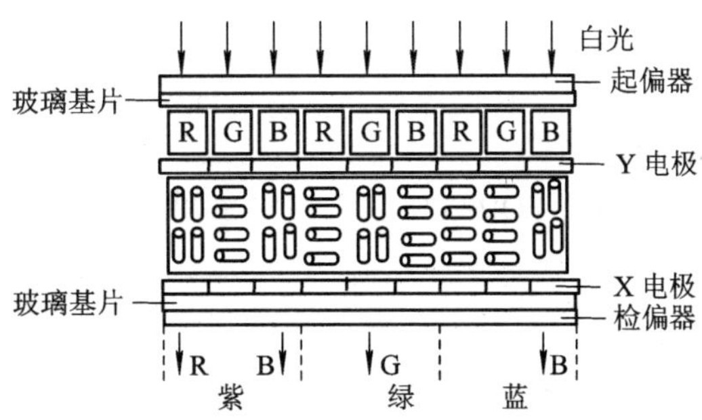

图4-18 彩色液晶显示屏的横剖面示意图

2. LCD组件简介

彩色液晶显示屏的引线很多，要将这些引线从玻璃基板上引到驱动系统的PCB板上，这种工艺不是普通用户能掌握的。彩色液晶显示屏的制造商对产品进一步开发，制作出相应的控制和驱动PCB板和压框，然后用压框和导电橡胶条将LCD固定在PCB板上。PCB板上包含了数据接口电路、控制电路、扫描电路、驱动电路和电源，加上背光源就构成了彩色液晶显示屏组件，或称为LCD组件。图4-19是LCD组件的组成方框图，外部只要输入显示数据和电源，LCD组件就能显示。

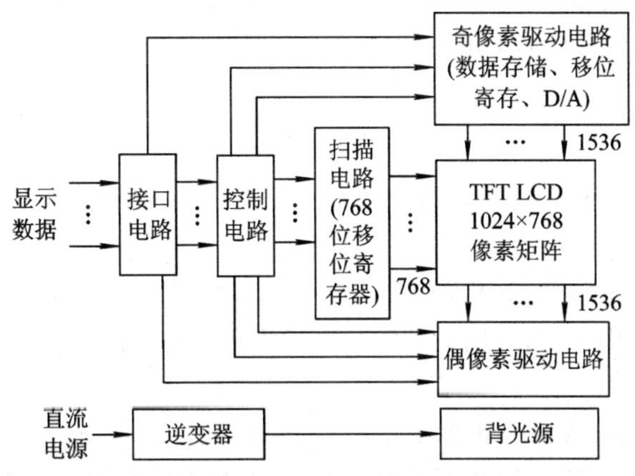

图4-19 彩色液晶显示屏组件方框图

显示数据接口有CMOS和LVDS(Low Voltage Differential Signaling 低电压差分信号)两种信号接口方式。CMOS信号接口多用于早期的低分辨率液晶显示组件，近来的高分辨率液晶显示组件普遍采用 LVDS 信号接口。

若组件中每一种基色 R、G、B 都是 8 位数据，就有 2^8 种分档排列的强弱变化，即从 00000000 到 11111111，00000000 表示该基色光无输出，11111111 表示该基色光输出最大。三种基色光均有 2^8 种排列，其组合后可得到 2^{24} 种色彩。

在扫描电路中，由 768 位移位寄存器产生逐行扫描信号，经缓冲器加到每行 TFT 的栅极。源极驱动电路分为奇像素驱动电路和偶像素驱动电路，各驱动 512 个像素，驱动电路中有数据存储器、移位寄存器和 D/A 转换器。

TFT - LCD 组件是采用背光来发亮的，以前常采用 CCFL(Cold Cathode Fluorescent Light，冷阴极荧光灯)，寿命 5 万小时，交流供电，有发光效率低、放电电压高、低温下放电特性差、加热达到稳定辉度时间长的缺点。

LED 背光源寿命 10 万小时，有色纯度高、色再现率高、亮度高、不怕低温、适应性强、可靠性好、无汞污染等优点。

图 4 - 2 中监视器控制芯片 STDP8021 的 LVDS 输出接到 LCD 组件的显示数据接口就构成一台 LCD 监视器。

4.3.4 面板技术

液晶面板决定了颜色数、可视角度、对比度、响应时间和分辨率等重要参数指标。液晶面板主要有 TN、VA 和 IPS 三大类型。

1. TN 面板

TN 面板是低档产品，有可视角度小、开口率(aperture ratio，光线能透过的有效区域比例，决定亮度)低、最大色彩数少等缺点。但是由于 TN 面板输出灰度级数较少，液晶分子偏转速度快，有响应时间短的优点。

TN＋薄膜(TN＋film)面板是 TN 面板的改良型，薄膜称为补偿膜、相差膜或者视角拓宽膜。补偿膜贴在液晶盒的两侧，可以有效提高可视角度。

视角补偿膜对各种液晶显示器均起关键性作用。事实上，不同类型的液晶显示器都会因为液晶分子的状态不同而衍生出不同的光学畸变，要实现完美的视角特性，光学补偿膜必不可少。

2. VA 面板

VA(Vertical Alignment，垂直取向)类面板是高档的面板类型，其特点是 16.7 M 色彩和大可视角度。

TN 面板视角狭窄的主要原因是液晶分子在运动时长轴指向变化太大，让观众看到的分子长轴在屏幕的“投影”长短有明显差距，在某些角度看到的是液晶长轴，某些角度则看到短轴。

MVA(Multi-domain Vertical Alignment，多畴垂直取向)面板的液晶层中包含一种凸出物供液晶分子附着，在不施加电压的状态下，MVA 面板看起来同传统技术没什么两样，液晶分子垂直于屏幕。而一旦在电压的作用下，液晶分子就会依附在凸出物上偏转，形成垂直于凸出物表面的状态。此时，它与屏幕表面也会产生偏转效应，提高了透光率，形成画面输出。这种方式有效改善了 LCD 的响应时间和视角。

PVA(Patterned Vertical Alignment，垂直取向构型)面板用透明的 ITO 电极代替 MVA 中的液晶层凸出物，获得更高的开口率和背光源的利用率，换言之，就是可以获得优于 MVA 的亮度和对比度。

改良型的 S－PVA 和 P－MVA 提供的可视角度可达 170°，响应时间被控制在20 μs 以内，而对比度可轻易超过 700∶1。

CPA(Continuous Pinwheel Alignment，连续焰火状排列)技术严格来说也属于 VA 阵营的一员。在未加电压状态下，液晶分子跟 VA 模式一样都是分子长轴垂直于面板方向互相平行排列。CPA 模式的每个像素都具有多个方形圆角的次像素电极，当电压加到液晶层次像素电极和另一面的电极上时，形成一个对角的电场驱使液晶向中心电极方向倾斜，各液晶分子朝着中心电极呈放射的焰火状排列。由于像素电极上的电场是连续变化的，称为“连续焰火状排列(CPA)”模式。在性能上，CPA 模式与 MVA 基本相当，而且 CPA 也属于 NB(常黑)模式液晶，在未加电压情况下屏幕为黑色，在生产导致 TFT 损坏时也同样不易产生“亮点”。因为 CPA 模式在各个方向均有相应的液晶分子作补偿，所以在视角表现上除了水平和垂直两方向外在其他倾斜角也有不错的表现。

夏普的 ASV(Advance Super View，Axial Symmetric View)技术，通过缩小液晶面板上颗粒之间的间距，整体调整液晶颗粒的排列来降低液晶电视的反射，增加亮度、可视角和对比度。夏普 ASV 面板是使用了 ASV 技术的 CPA 液晶面板。

3. IPS 面板

IPS(In－Plane Switching，平面开关）面板技术是日立于 2001 推出的，也称为超级 TFT(super TFT)。IPS 面板液晶分子的旋转属于平面内的旋转(X－Y 轴)，不管在何种状态下液晶分子始终都与屏幕平行，只是在加电压或常规状态下分子的旋转方向会有所不同。IPS 面板对电极进行改良，将电极做到了同侧，形成平面电场，可视角度问题得到了解决。但由于液晶分子转动角度大、面板开口率低，IPS 面板有响应时间长和对比度难提高的缺点。

第二代 IPS 面板(S－IPS，Super－IPS)采用人字形电极，引入双畴模式，改善 IPS 面板在某些特定角度的灰阶逆转现象。第三代 IPS 面板(AS－IPS，Advanced Super－IPS)减小液晶分子间距离，提高开口率，获得更高亮度。

应用 IPS 面板的液晶显示器在左上和右下角 45°会出现灰度逆转现象，这可以通过光学补偿膜改善。

IPS 面板的电极都在同一面上，对显示效果有负面影响。当把电压加到电极上后，靠近电极的液晶分子会获得较大的动力，迅速扭转 90°是没问题的。但是远离电极的液晶分子就无法获得一样的动力，运动较慢。只有增加驱动电压才能让离电极较远的液晶分子也获得足够的动力。所以 IPS 的驱动电压会较高，一般需要 15 V。由于电极在同一平面会使开口率降低，减少透光率，所以 IPS 应用在 LCD TV 上会需要更多的背光灯。

FFS(Fringe Field Switching，边沿场开关)面板是 IPS 面板的改进，采用透明电极来增加透光率。第一代 FFS 技术主要解决 IPS 固有的开口率低造成透光少的问题，并降低了功耗。第二代 FFS 技术(Ultra FFS)改善了 FFS 色偏现象，并缩短了响应时间。第三代 FFS 技术(AFFS，Advanced FFS)则在透光率、对比度、亮度、可视角度、色差上均有明显提高。

FFS一个致命的缺陷是由于电场的畸变导致灰度逆转，AFFS通过修改楔状电极和黑矩阵解决了这一问题。AFFS拥有极高的透光率，可以最大限度地利用背光源得到高亮显示。无论是水平还是垂直方向，AFFS都能实现惊人的180°视角。

由于AFFS具有自补偿特性，在不同视角下不会发生色差变化。采用透明电极和舍弃黑矩阵有利于提高开口率和清晰度。事实上AFFS除了响应时间稍逊之外，在其他方面它都代表着目前液晶显示器高画质和广视角兼得的最高水平。

4.3.5 TCL CEM55 - F 监视器

TCL公司55英寸全高清CEM55 - F监视器分辨率为1920×1080，像素间距为0.63 mm，亮度为700 cd/m^2，对比度为6000∶1，反应时间为8 ms，显示色彩为16.7 M，视角为178°(H) / 178°(V)，屏幕比例为16∶9，采用3 D梳状滤波，数字降噪，适合PAL、NTSC制式。自动温控系统能自动根据设定的工作温度和实际机器温度，控制风扇的运转，降低噪音，节约能耗，提高监视器的稳定性和可靠性。智能背光调节能随环境光线的不同强度自动调节液晶屏幕的亮度和对比度，提高人眼观看的舒适度，便于监控人员的长期监控。平均无故障时间(MTBF) 50 000小时。全金属外壳，防静电，防磁场，防强电场干扰。

视频输入接口有CVBS(BNC)×2；S - Video(Y/C)×1；VGA(DB - 15)×2，1920×1080@60 Hz向下兼容；YP_bP_r(RCA)×1；DVI(DVI - I)×1；HDMI×2，1080P(1920×1080)向下兼容；USB(USB2.0)×1。音频输入接口有RCA×1。视频输出接口有CVBS(BNC)×2。音频输出接口有RCA×1。远程集中控制输入RS232(RJ45)×1。远程集中控制输出RS232(RJ45)×1。系统升级接口USB×1。

4.4 PDP监视器

4.4.1 PDP的分类

彩色PDP (Plasma Display Panel，等离子体显示)是利用惰性气体放电产生紫外线(Ultraviolet)激发三基色荧光粉发出基色光而实现彩色显示的。

1. ACPDP和DCPDP

PDP按电极间驱动电压可分为交流PDP(ACPDP)和直流PDP(DCPDP)两大类。ACPDP在电极上涂敷介质层，电极和气体不直接接触；DCPDP电极和气体直接接触。

ACPDP根据电极结构的不同又可分为双基板型和单基板型。双基板型的维持电极呈正交分布在上下两个基板上，放电发生在两基板之间，因此又称为对向放电式ACPDP。单基板型的维持电极位于同一基板，放电发生在维持电极所在基板的表面，而荧光粉则在另一基板表面，因此又称为表面放电式ACPDP。图4 - 20是彩色PDP的三种基本类型示意图。

ACPDP运行时，电极间始终加有维持电压V_S，V_S低于气体放电点火电压V_F。当需要点燃某像素时，则对该像素施加大于点火电压的书写脉冲V_{WR}，使该单元放电，放电产生的正离子和电子在电场作用下向瞬时阴极和瞬时阳极运动，积累到电介质表面形成壁电荷Q_W并产生壁电压V_W。V_W与外加电场方向相反，并随时间而增大，最终使放电停止。当维

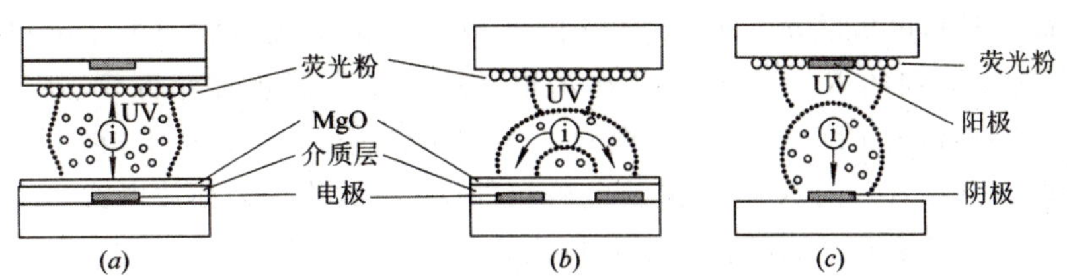

图 4-20 彩色 PDP 的三种基本类型示意图

(a) 对向放电式 ACPDP；(b) 表面放电式 ACPDP；(c) DCPDP

持电压 V_S反相时，则 V_S和 V_W方向相同，如维持电压 V_S大小合适，可使 V_S+V_W大于 V_F，再次产生放电，并且不断地重复前述过程。如果要发光单元停止发光则施加一擦除脉冲 V_E，产生一次微弱放电，将 Q_W中和掉，使 V_W变得很小。尽管此时仍然存在交变的维持电压 V_S，但是 V_S+V_W总是小于 V_F，所以该单元停止放电和发光。由此可知，ACPDP 具有固有的记忆性和限流作用。

DCPDP 工作时电极间施加直流电压，电极直接与放电气体接触，它没有类似于 ACPDP中的记忆机制，但采用脉冲储存方式可使 DCPDP 获得记忆性。脉冲储存方式的工作机理是利用放电室产生一次放电后的消电离时间，在此期间，如果放电室重新加以电压，由于尚未消电离的离子的引火作用，将使气体正常点火电压下降，这样就有可能采用低于气体正常点火电压的维持脉冲 V_S将放电维持下去，擦除时，则产生一负脉冲叠加在维持脉冲上，使其低于点火电压 V_F。由于点火粒子随时间而减少，下一个维持脉冲到来时，气体点火电压已高于 V_S，从而使放电停止。

2. 表面放电式 ACPDP

表面放电式 ACPDP 具有结构简单、易于制作、放电效率高等优点。图 4-21 是表面放电式 ACPDP 结构示意图。前基板用透明导电层制作一对对平行的由 X 电极和 Y 电极组成的显示电极 (transparent electrode)，为降低透明电极的电阻，在其上再制作一层金属电极 (如 Cr-Cu-Cr)，称为汇流电极(bus electrode)，电极上覆盖透明介质层和 MgO 保护层。后基板上先制作一组平行的选址电极，其上覆盖一层白色介质层，作反射之用。在白色介质层上再制作一组与选址电极相平行的条状障壁，条状障壁可以防止各单元之间光电串扰。在障壁的两边和白色介质层上再分别依次覆盖 R、G、B 三基色荧光粉。两基板放置使得显示电极和选址电极正交，四周用低熔点玻璃封接，排气后充入 Ne+Xe 等混合气体即成显示器件。

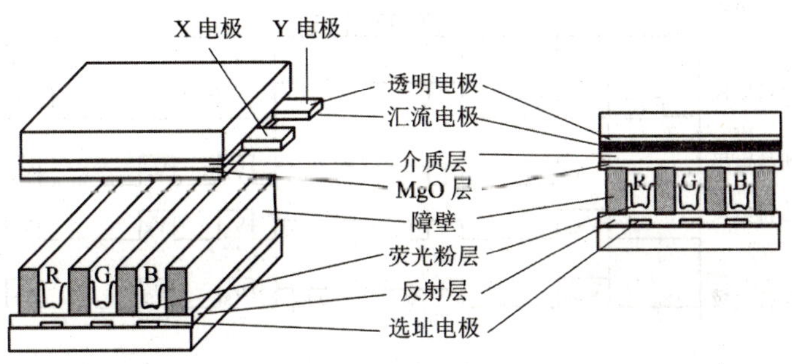

图 4-21 表面放电式 ACPDP 结构示意图

选址电极与显示电极的每一对 X 电极和 Y 电极相正交就形成一个放电单元(显示单元),每三个连续排列的 R、G、B 三色显示单元组成一个彩色显示像素。所以像素数为 640×480 的 VGA 格式 PDP 应该有 X 电极和 Y 电极各 480 个,选址电极 640×3 个。显示单元的维持放电是在其一对 X 电极和 Y 电极间进行的,故称为表面放电式。后基板的选址电极仅作显示的选址之用,该结构的主要特点是显示发光为反射式,可以大大提高像素的亮度。气体放电为单基板表面方式而远离荧光粉,降低了放电离子对荧光粉的轰击,提高了使用寿命,工作时在两组电极上施加交变的维持电压脉冲 V_S。对被选的显示单元用一个书写脉冲 V_{WR}进行放电着火,并用 V_S来维持其着火状态,当要该单元熄火时,可用一个擦除脉冲 V_E停止该像素放电,并用 V_S维持其熄火状态,这就是 ACPDP 的固有存储特性。

4.4.2 ADS 原理

1. 原理

彩色 PDP 是主动发光器件,各个像素的亮度与其发光时间成正比。1992 年日本富士通公司首先提出 ADS(Address display period - separated subfield method, ADS - Sub - field,寻址显示周期分离子场)技术来解决 ACPDP 中的灰度显示,对于 8 比特灰度,是将一帧分成 8 个子场 SF1～SF8,每个子场由寻址期和显示期组成,图 4 - 22 是 8 比特灰度 ADS 驱动示意图。8 个子场的显示期(即发光的维持时间)以 1∶2∶4∶8∶16∶32∶64∶128 设定。8 个子场不同的组合将会使显示期的长短呈现为 0～255 个等级,从而使每个像素的灰度达到 256 级。每个子场的工作电压波形如图 4 - 23 所示。

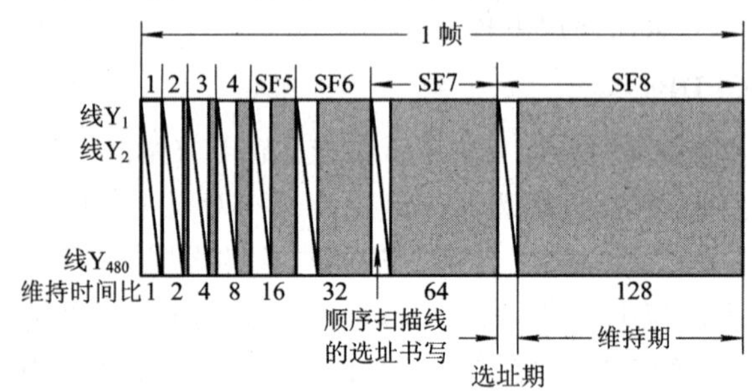

图 4 - 22 8 比特灰度 ADS 驱动示意图

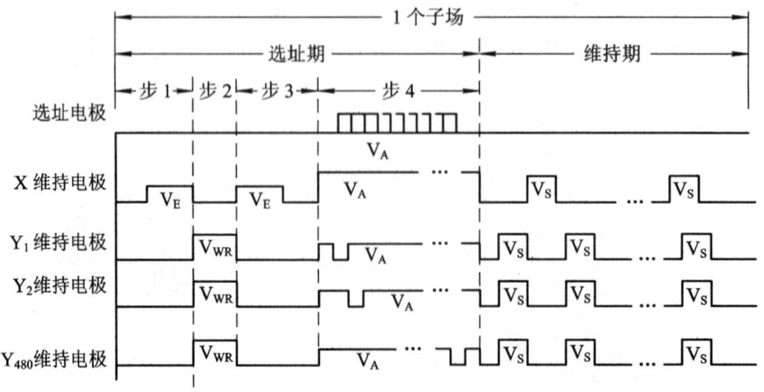

图 4 - 23 表面放电式 ACPDP 一个子场驱动电压波形

2. 操作顺序

这种工作方式的主要特点是能实现高速及低压的寻址驱动，它按以下五步操作顺序依次完成：

第一步首次全屏擦除是为了后面第四步的选址书写不受前一个子场的维持期间着火状态的影响，进行所有放电单元擦除放电。第二步的全屏写仅在X和Y电极之间进行。此时选址电极维持在0V，书写放电所产生的部分离子在选址电极形成一定的壁电荷。第三步的再次全屏擦除是去除掉上一步时产生并积累在X和Y电极上介质表面、对下一步的选址书写不利的壁电荷。但不会影响已积累在选址电极上荧光粉表面的壁电荷。第四步以扫描线顺序选址书写，选址放电在Y电极与选址电极之间进行。这时由于有残留在荧光粉表面的离子和Y电极介质层表面的电子所形成的壁电荷的存在，在被选单元有数据的选址电极线上只要用很低选址电压与壁电荷所形成的壁电压相加就可形成该单元放电。第五步在X和Y电极之间施加的维持电压，利用ACPDP的存储特性即可维持所有显示单元的放电或不放电状态，直到下一个子场为止。

4.4.3 CLEAR方式

1. ADS法动态伪轮廓

ADS法能够很好地再现静态图像，但是在显示运动图像时出现伪轮廓的扰乱现象。该现象发生在相邻像素之间灰度级的二进制编码高位有跃变的地方，其中以第127级灰度和第128级灰度之间最为明显。显示第127级灰度时需要点亮第1～7个子场，而显示第128级灰度时只需要点亮第8个子场。当图像运动时，随着运动方向的不同，一种情况使得第128级灰度和第127级灰度中点亮的子场，分别为第8和第1～7个子场交叠，从而在两级灰度的交界处形成比原图像亮的线；另一种情况则使第127级灰度和第128级灰度中不亮的子场，分别为第8和第1～7个子场交叠，在交界处形成比原图像暗的线。这就是所谓的动态伪轮廓。

2. CLEAR法原理

CLEAR（high Contrast & Low Energy Address & Reduction of false contour sequence高对比度、低能量寻址及减少伪轮廓）法能消除动态伪轮廓现象。图4-24是CLEAR驱动方式的子场结构。一场被分为若干个子场，每个子场的维持期长度相同。在一场的开头，首先通过全屏放电使所有单元内累积壁电荷，然后利用擦除式寻址方式，根据各单元所要显示的灰度等级，在适当的子场将壁电荷擦除。各单元在擦除壁电荷之前将

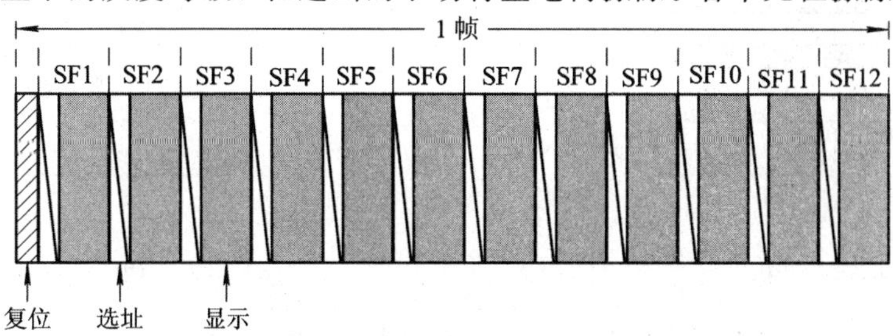

图4-24 CLEAR驱动方式的子场结构

在壁电压和维持脉冲的作用下产生放电发光。由此可见，不论显示哪一级灰度，发光的子场都是从一场的开头起连续排列，因此 CLEAR 方式能够从根源上消除动态伪轮廓现象。但是，因为各子场的维持期完全相同，其能够自然显示的灰度等级十分有限，例如 12 个子场仅能显示 13 级灰度。要想得到足够的灰度显示效果，还需通过抖动算法进行补偿。而如果灰度量化间隔过大，即使经过补偿仍能看到静态伪轮廓现象。为了增加自然显示的灰度级数，就需要增加子场的数目。如果增加的子场和原有的子场相同，则每增加一个子场，灰度级只能增加一级，而伴随子场增加造成的亮度下降却很显著。

3. Super - CLEAR

Super - CLEAR 方法是在 CLEAR 方法基础上进一步提高显示灰度等级的驱动方法。在 Super - CLEAR 方法中，通过增加子场个数提高显示灰度等级。子场个数的增加是通过采用具有高寻址速度的 ASC(Address Sustain Complex)方法实现的。通常，ADS 方法是在每个子场的寻址期通过逐行扫描对所有像素寻址。寻址和维持期是分离的。ASC 方法维持期和寻址期交叉，从预放电到寻址放电时间较短。可使用较窄的寻址脉冲，寻址周期缩短，从而可增加子场个数。

4.4.4 ALIS 技术

ADS 驱动法能够实现 256 级灰度和一定亮度的图像显示，因此得到了广泛的应用。ADS 驱动法在相邻显示单元之间设有起隔离作用的条状障壁。障壁在防止相邻显示单元之间光、电串扰的同时，也形成 PDP 屏上的非发光区。所以，当应用于 HDTV(如 1920×1080 像素)彩色 PDP 的驱动时，ADS 驱动法不能满足高亮度、高清晰度的要求。ALIS (Alternate Lighting of Surfaces，表面交替发光)驱动方法，去掉了 PDP 屏上的障壁，通过正确控制相邻显示单元的交替点亮和擦除，使相邻行各像素分别放电，在避免放电单元相互放电干涉的同时，消除了非发光区域，充分利用屏上空间。

ALIS 技术将整个 PDP 屏的显示行按奇数行和偶数行分成两场，奇数场和偶数场交替显示，构成一帧图像。图 4 - 25 是 ALIS 驱动方法的原理示意图。奇数显示行和偶数显示行在不同时段分别进行寻址扫描和维持放电。当显示偶数场图像时，维持期驱动电路只给偶数显示行所对应的显示电极提供维持电压，而所有奇数显示行显示电极之间的电位差为 0V。此时，偶数行所对应的需点亮的显示单元放电；而奇数行形成非显示行(非发光区)，起障壁作用。当显示奇数场图像时，奇数显示行所对应的需点亮的显示单元放电，而偶数

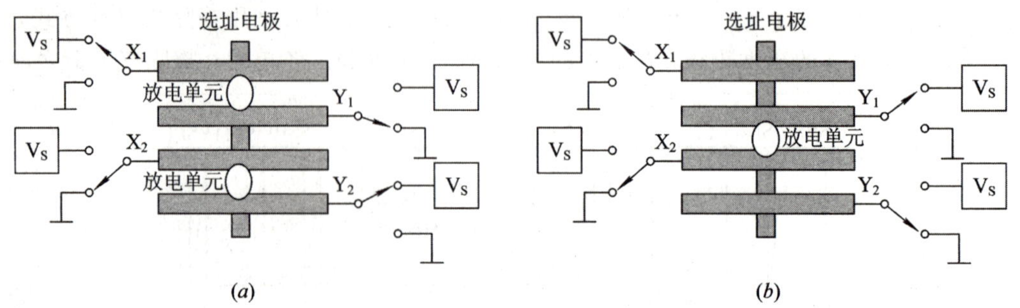

图 4 - 25 ALIS 驱动方法的原理示意图
(a) 显示奇数显示行；(b) 显示偶数显示行

显示行形成非显示行。ALIS 实现灰度显示的方法与 ADS 相同，将一帧分为奇场和偶场两场，奇场显示奇数行，偶场显示偶数行。每场分 8 个子场，每个子场包括准备期、寻址期和显示期。它同样可实现 256 级灰度显示。

为了降低驱动成本，富士通公司还提出称为 TERES(technology of reciprocal sustainer)的驱动方法。在维持电极 X 和 Y 上分别交替施加维持电压，一般为 160 V 左右，在 TERES 驱动中，在维持电极 X 和 Y 上分别交替施加±80 V 的维持电压产生维持放电。当 X 电极加+80 V，则 Y 电极加−80 V，此时 XY 电极间的维持电压仍为 160 V。这样采用便宜的开关电路即可实现 PDP 的驱动。

在 ALIS 驱动方法的基础上，富士通公司又提出了适合于大屏幕高分辨率显示屏驱动的 e-ALIS(enhanced-ALIS)方法。前基板采用公共汇流电极结构，后基板采用网格状单元结构。这种结构可增加荧光粉涂敷面积，提高开口率，实现高分辨率显示。

4.4.5　PDP 显示模块的组成

图 4-26 是 PDP 显示模块原理方框图，主要由接口电路、存储驱动控制电路、高压驱动电路和 DC/DC 变换电路组成。

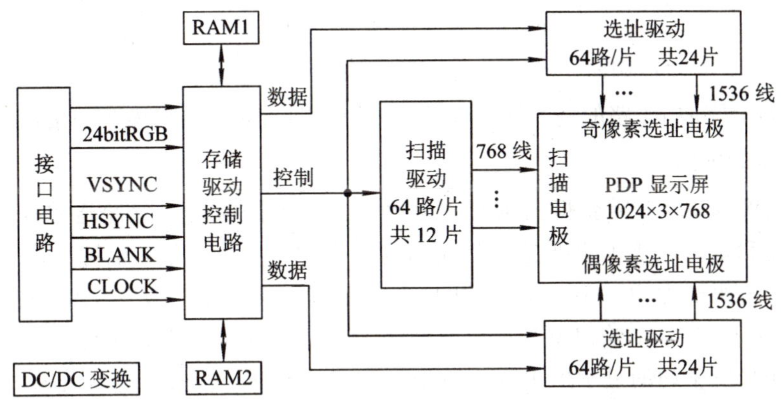

图 4-26　PDP 显示器原理方框图

1. 接口电路

接口电路的功能是完成常规模拟视频信号的数字化、存储、PDP 显示的图像处理。其中常规模拟视频信号包括 CVBS、S-VIDEO 以及 VGA 信号。接口电路内包含宽带放大电路、A/D 变换电路等，针对 PDP 显示的特殊性，还必须对图像进行处理，消除数字显示带来的视觉误差，提高显示质量。也就是说通过接口电路把输入的各种格式的模拟图像信号进行解码和数字化，统一处理成适合等离子体显示模块后级显示电路处理的数据格式，如 24 bit(8 bit×3)的 RGB 信号，送入存贮驱动控制电路。同时为后级电路提供显示所需要的各种同步控制信号，如场同步(VSYNC)、行同步(HSYNC)、场消隐(BLANK)和时钟信号(CLOCK)也进入存贮控制电路。另外，由于外界输入的图像信息大多为 CRT 显示器设计，预先进行了 γ 校正，而 PDP 显示具有线性特性，所以为确保彩色正确的显示图像，在接口部分还应对图像数据进行相应的反 γ 校正。

2. 存储驱动控制电路

存储驱动控制电路是整个PDP显示模块的核心部分，显示模块所需要的各种控制信号都在这里产生，显示时所需的数据也在这里整理并存储，这部分电路的具体要求也受其前级接口电路和后级驱动电路制约，数据信号将根据PDP显示屏的特性整理成相应形式，控制信号则根据驱动电路的要求，在原有的控制信号的基础上进一步产生所有所需的控制波形。这一部分功能的实现通常采用可编程逻辑器件(PLD)，如Altera公司的大规模现场可编程门阵列(FPGA)，通过程序的配置可适用各种显示屏结构和驱动方法。

存储驱动控制电路可分为两个模块，数据整理模块和驱动模块。

数据整理模块对来自接口电路的数据进行整理。来自接口电路的RGB数据先在缓存1中存储成便于分离子场的格式，然后进行子场分离放入缓存2中，再存入相应的RAM中。RAM要能够存放一帧的数据，共需两片RAM交替工作，即RAM1处于写状态时，RAM2处于读状态。读出的数据按照选址电极排列要求进一步进行处理，图中的选址电极由上、下两端引出，需将相邻像素数据分别送到上、下两组选址电极驱动IC的输入端，这就是数据分流技术，可以降低对驱动的速度要求。最后以12 Mb/s的速率(选址电极往显示屏送数据的速率)送入PDP显示屏，在其他驱动信号的共同作用下，显示出相应的图像。

驱动模块有扫描驱动、选址驱动两部分，从驱动过程来分，又可分为初始化期、寻址期、维持期三段，要实现同时工作或顺序工作等要求。对于如图所示的1024×3×768规格的PDP显示屏，需要64路的选址驱动集成电路48片、64路的扫描驱动集成电路12片。

3. 高压驱动电路

要实现图像的显示，需要将低压的图像数据信号转换为高压脉冲施加在选址电极上，同时扫描电极和维持电极上也要施加相应的高压脉冲以完成寻址，维持显示等操作。一般选址驱动的输出耐压为60～100 V，输出电路源和漏电流都是10～30 mA；扫描驱动器的输出耐压为150～200 V，输出源和漏电流都是200～400 mA。输出电流主要取决于所采用的显示屏尺寸和所驱动的显示屏电极上所施加的切换脉冲。驱动器耐高压输出能力是最重要也是最基本的性能，完全由彩色PDP本身的结构特性决定。因此，要求PDP的制造者和半导体集成电路的制造者建立必要的紧密合作关系，共同开发彩色PDP的驱动集成电路。

4. 电源

电源部分主要包括开关电源和DC-DC变换电路，用以产生所需的各种电压。由于PDP是电容性器件，因此其正常工作时瞬间电流较高，为了降低PDP的功耗，必须采用能量复得电路，利用电感将能量返回电源，从而解决高功耗的问题。

图4-2中监视器控制芯片STDP8021的LVDS输出接到PDP显示模块的接口电路就构成一台PDP监视器。

4.4.6 松下TH-50PH30C型PDP监视器

松下TH-50PH30C型PDP监视器采用新型节能电极结构，额定功耗降低约35%；采用寿命近10万小时的持久型面板，并结合加固型前玻璃面板，经久耐用；通过采用“短余辉荧光粉”，实现优于松下传统产品1.5倍的视频显示性能，余辉时间也缩短到约1/3，即使是运动很快的图像，亦能非常稳定地显示，很少出现模糊。在面板反应速度较低的图像显示设备中显示3D图像，会出现左右眼图像重叠的重影现象；在PF30系列中，除了采用"短余辉荧光粉"之外，还采用了独创的发光控制电路，可抑制重影的产生，显示清晰的3D图像。监视器像素数1024×768，宽高比16∶9，动态清晰度900线。

视频输入接口有BNC×1[1.0Vp-p，75欧姆]，分量输入BNC×3[Y/G：同步1.0Vp-p，75欧姆；B/Pb/Cb，R/Pr/Cr：0.7V p-p，75欧姆]，HDMI输入；DVI-D 24针×1；DVI版本1.0，兼容HDCP 1.1。音频输入(左/右)接口有RCA pin jack ×1 [0.5 V_{rms}]，M3×1 [0.5 V_{rms}]。音频输出(左/右)接口有M3×1 [0.5 V_{rms}]。PC输入接口有Mini D-Sub 15针×1 [Y/G：同步1.0 V p-p，75欧姆，非同步0.7 V p-p，75欧姆]，即插即用(VESA DDC 2B) B/Pb/Cb，R/Pr/Cr；0.7 Vp-p，75欧姆，HD/VD：1.0～5.0 Vp-p(高阻抗)。串口有D-Sub 9针×1(外部控制端口)，兼容RS-232C。

4.5 OLED监视器

OLED(Organic Light Emitting Device，有机发光器件)是一种利用有机半导体材料在电流的驱动下产生可逆变色来实现显示的技术。OLED是夹层式的基本结构，发光层被两侧的电极像三明治一样夹在中间，一侧为透明电极以获得面发光。常见的有三层器件和多层器件。

4.5.1 OLED的结构

1. 三层结构

图4-27是OLED三层器件的结构示意图，在玻璃基板上溅射透明的ITO(Indium Tin Oxide，氧化铟锡，一种N型半导体，常温下具有良好的导电性能，对可见光具有良好的透过率)膜作为阳极，在阳极上面真空蒸镀三芳香胺(triarylamine)化合物形成空穴传输层(Hole transporting layer，HTL)，传输层上面是由有机物形成的发光层及分子形成的电子传输层(Electron transporting layer，ETL)，制作的最后工序是在顶部淀积一层MgAg合金层作为阴极。

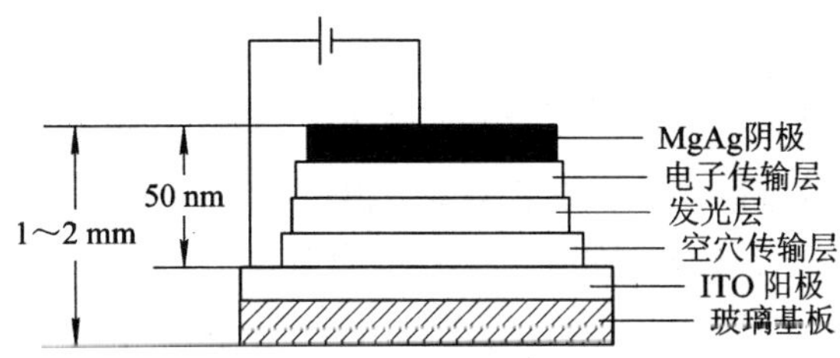

图4-27 OLED三层器件的结构示意图

2. 发光过程

OLED的发光过程可以分为以下五步，如图4-28所示。

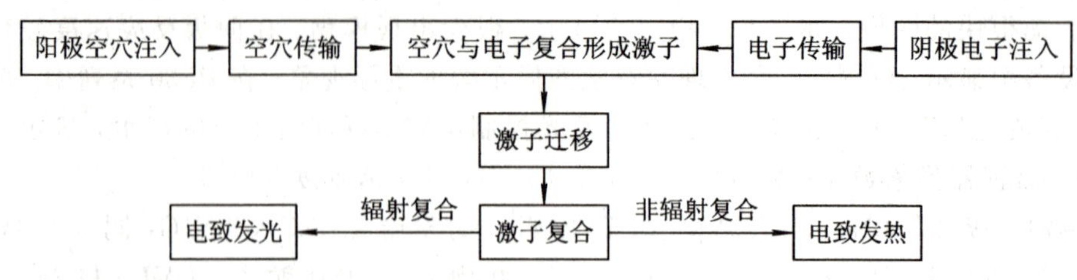

图 4-28 OLED的发光过程示意图

（1）载流子注入：对器件施加适当的正向偏压，电子和空穴克服界面能垒后，经由阴极和阳极注入，电子由低功函数金属阴极（如 Mg，Ag）注入到电子传输层的 LUMO（Lowest Unoccupied Molecular Orbits 最低未占轨道）能级（类似于半导体中所谓的导带），空穴由宽带隙的透明 ITO 薄膜注入到空穴传输层的 HOMO（Highest Occupied Molecular Orbits，最高已占轨道）能级（类似于半导体中所谓的价带）。

（2）载流子传输：在外部电场的驱动下，注入的电子和空穴在电子传输层和空穴传输层中向发光层迁移。

（3）复合：电子和空穴在有发光特性的有机物质内互相复合，形成处于激发态的激子（exciton）。

（4）激子的迁移：激子将能量传递给有机发光分子，并激发有机发光分子的电子从基态跃迁到激发态。

（5）电致发光：激发态电子辐射失活，产生光子，释放能量回到稳定的基态。辐射光可从 ITO 一侧观察到，MgAg 层阴极同时起着反射层的作用。

在有机电致发光器件中，电子和空穴分别从阴极和阳极注入，当电子与空穴在有机层中的某个分子上相遇后，由于库仑作用，两者就会束缚在一起，形成激子。此时形成激子的过程与光激发下形成的激子过程不同，而且结果也不同。光激发时，电子与空穴是同时产生的，而且相互束缚在一起，两者的自旋态保持了基态时的状态，是反平行的，因此形成的是单线态激子。而在电极注入的电子与空穴的自旋则是随机的，两者复合时，可能是反平行的，也可能是平行的；所形成的激子可能是单线态的，也可能是三线态的。在荧光材料中，只有单线态激子才对发光有贡献。因此，在以荧光材料制成的电致发光器件中，发光效率受到限制，利用磷光材料，可以有效利用三线态激子，发光效率可以得到很大提高。

激子不带电荷，不会在电场下进行定向移动，但是激子会发生扩散或漂移。激子在有机层中迁移到合适的位置后，就会发生复合，激子本身是一种激发态，所以激子复合一定要释放能量。激子的能量可以以辐射形式释放，也可能以非辐射形式释放出来。其中以辐射形式释放出来的部分就是发光。在有机电致发光器件中，就是利用注入的载流子复合形成激子后，再复合发光。

3. 多层器件结构

图 4-29 是 OLED 多层器件的结构示意图，是在三层结构的基础上，为了帮助电子或空穴更有效地从电极注入有机层，又加入了电子注入层（Electron Injection Layer，EIL）和空穴注入层（Hole Injection Layer，HIL），用以改善 ETL 与阴极以及 HTL 与阳极的界面。

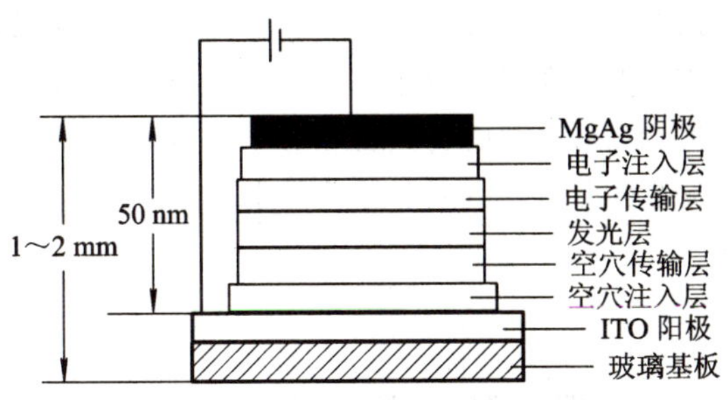

图 4-29 OLED 多层器件的结构示意图

4.5.2 OLED 的彩色化

OLED 可通过有机材料化学结构的变化很方便地选择发光色，比较容易解决蓝色发光问题，实现全彩色显示。常用的 OLED 彩色化技术有独立发光材料法、彩色滤光薄膜法、色转换法和微共振腔调色法等 4 种。

1. 独立发光材料法

独立发光材料法也称为 RGB 三色发光法或是 RGB 分别蒸镀工艺方式。通过以红绿蓝三色为独立发光材料进行发光，是目前 OLED 彩色化常用的工艺方法。其制作方法是在蒸镀 R、G、B 其中一组有机材料时利用遮挡掩模(shadow mask)将另外两个子像素遮蔽，然后利用高精度的对位系统移动遮挡掩模或基板，再继续下一子像素的蒸镀。在制作高分辨率的面板时，由于像素及节距都变小，相对地遮挡掩模的开口也变小，因此解决对位系统的精准度、遮挡掩模开口尺寸的误差和遮挡掩模开口阻塞及污染等问题是关键，目前量产机台的对位系统误差为±5 μm。另外，因遮挡掩模热胀冷缩所导致的形变，也是影响对位精准度的因素。遮挡掩模大多使用镍奥不锈钢材料，日本 OPTNICS 精密公司开发了热膨胀系数只有普通镍奥不锈钢 1/10 的 OLED 蒸镀遮挡掩模。图 4-30 是 RGB 分别蒸镀工艺方式示意图。柯达公司取得此方法专利。柯达、先锋、东芝、EPSON 和一些台湾厂商发展该技术。

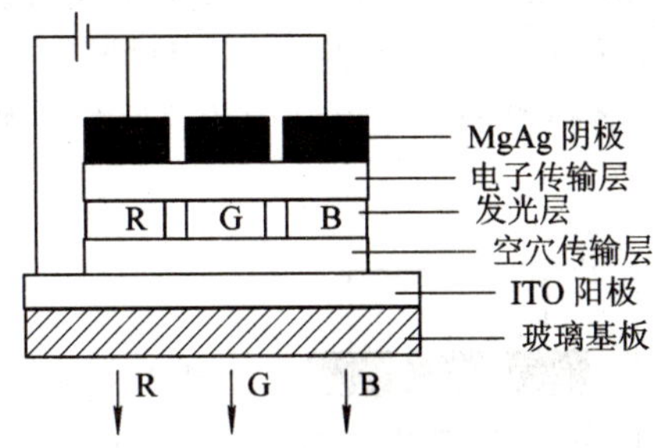

图 4-30 RGB 分别蒸镀工艺方式示意图

2. 彩色滤光薄膜法

彩色滤光薄膜法(white OLED with color filter arrays)也称为白光法或白光+CF 工艺方式。它是以白色发光层搭配彩色滤光片(color filter，CF)来达到全彩效果，该方法的最大优点是可直接应用 LCD 彩色滤光片技术，由于采用了单一种 OLED 光源，因此 R、G、B 三基色的亮度寿命相同，没有色彩失真现象，也不需要考虑遮挡掩模对位问题，可增加画面精细度，应用在大尺寸面板有更大的潜力。由于彩色滤光片会减弱约 2/3 的光强度，发展高效率且稳定的白光是其先决条件。应用在小尺寸面板时，彩色滤光片带来的成本增加和生产效益降低是其缺点，在未来应用在高分辨率、大面积面板时，是最佳方法之一。图 4-31是白光+CF 工艺方式示意图。TDK、三菱化学、三洋和丰田自动织机等厂商发展该技术。

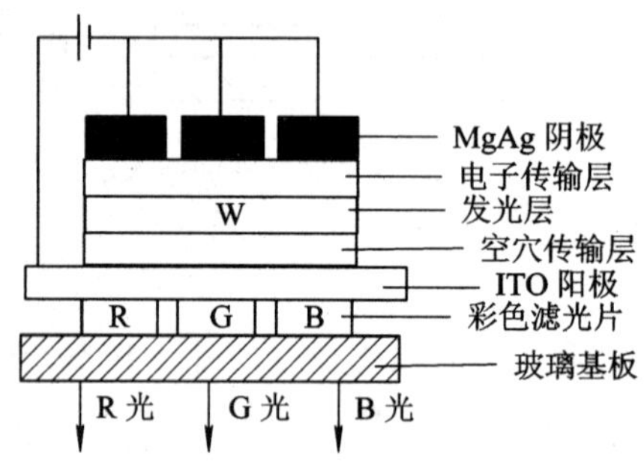

图 4-31 白光+CF 工艺方式示意图

3. 色转换法

色转换法(Color Conversion Method，CCM)也称为色变换法或蓝光+CCM(Color Changing Mediums，改变彩色介质)工艺方式，图 4-32 是蓝光+CCM 工艺方式示意图。该法是把 OLED 发出的蓝光利用染料吸光后再转放出红、绿、蓝的三原色光。色转换法的好处是可以改善 RGB 三色发光法中的两个问题。其一，因为 R、G、B 三种元件效率不同，所以需要设计不同的驱动电路；其二，因为 R、G、B 元件寿命的不同所造成的颜色不均，如果要以电路补偿则会增加其困难度。目前发展此技术的厂商以日本的出光兴产和富士电机为主。为了提高颜色转换效率，出光兴产将光源改成了具有长波长光谱成分的白色光源，颜色转换效率可提高 20%以上，形成颜色转换层的底板是与大日本印刷共同开发的，由于能够使用与彩色滤光片相同的生产技术，因此与原有的 RGB 三色发光法相比，提高了密度(从而提高图像分辨率)，也有望实现较高的成品率。但由于使用多波段光源，所以需加上一片彩色滤光片来增加像素的色纯度。除了色转换效率之外，如何增加光在多层介质(如 CCM、CF 和基板)的出光率与改善天蓝光 OLED 的稳定度及色转换层老化的问题也非常重要。当分辨率增加时，各像素的发光也会因为在介质中横向(lateral)扩散而造成漏光或互相干扰的情形。

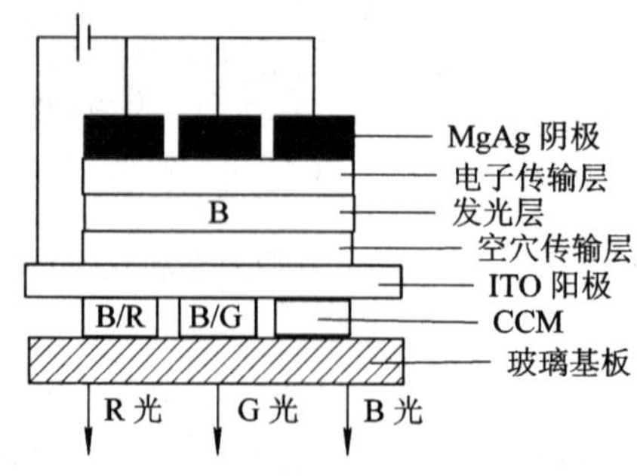

图 4-32 蓝光+CCM 工艺方式示意图

4. 微共振腔调色法

微共振腔效应是指器件内部的光学干扰效应，器件必须在出光处制作一半透明半反射的半镜（half mirror），例如（SiO_2/TiO_2）的布拉格镜面（Distributed Bragg Reflectors，DBR）多层膜。当光子从发光层发出后，会在反射阳极和半镜间互相干扰，造成建设性或是破坏性的干涉，因此只有某特定波长的光会受到增强，有一部分则被削弱。图 4－33 是共振腔结构示意图。采用微共振腔效应的最大特征就是特定波长的光在某一方向会受到增强，因此光波的半高宽也会变窄，并且发光强度会与视角有关。微共振腔的发光特性可由微共振腔的光学长度(optical length)来决定，并和每层材料的厚度及折射率相关，因此可以加入一个光学长度控制层来调整。由于光学长度控制层的最佳厚度，是随着 RGB 颜色不同而变化的，因此会增加制程的难度。如果只用一种发光波长的 OLED 器件，想要利用微共振腔效应改变发光颜色成为 RGB 三原色，在量产上几乎是不可能的，而且发光强度和颜色随视角的改变对于应用于显示器来说必须加以控制。在 2004 年 SID 年会上，SONY 公司利用多波长的白光，由微共振腔效应制作出全彩主动式上发光面板，在反射阳极上依照不同的颜色需求制作出不同厚度的 ITO，由调整光学长度将原本多波长的白光变成 RGB 三原色，最后再由彩色滤光片法得到饱和的三原色，而彩色滤光片也可稍微改善视角问题，并可增加对比度。SONY 公司的 OLED 监视器显示屏就是由微共振腔效应制作的全彩主动式上发光面板。

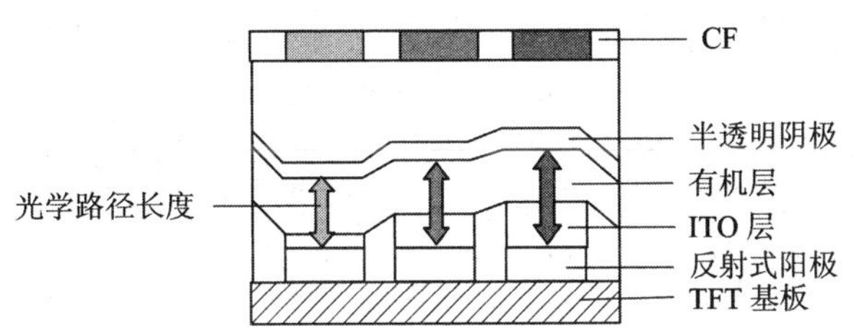

图 4－33 共振腔结构示意图

4.5.3 OLED 的驱动

1. PMOLED 和 AMOLED

按驱动方式分类，OLED 可分为无源 OLED(PMOLED，Passive Matrix OLED，基板需要外接驱动电路)和有源 OLED(AMOLED，Active Matrix OLED，驱动电路和显示阵列集成在同一基板上)两种。

在 PMOLED 中，ITO 和金属电极都是平行的电极条，二者相互正交，在交叉处形成 LED，LED 逐行点亮形成一帧可视图像。由于每一行的显示时间都非常短，要达到正常的图像亮度，每一行的 LED 的亮度都要足够高。例如一个 100 行的器件，每一行的亮度必须比平均亮度高 100 倍。这就需要很高的电流和电压，从而引起功耗增加，显示效率急剧下降。这就使得 PMOLED 在大面积显示中的应用受到限制。

AMOLED 中，采用的是薄膜晶体管阵列(即 TFT 阵列)。先在玻璃衬底上制作 CMOS 多晶硅 TFT，发光层制作在 TFT 之上。驱动电路完成两个功能，一是提供受控电流以驱动 OLED，二是在寻址期之后继续提供电流以保证各个像素连续发光。和 PMOLED 不同的是，AMOLED 的各个像素是同时发光的。这样单个像素的发光亮度的要求就降低了，电压也可相应地下降。这就意味着 AMOLED 的功耗比 PMOLED 要低很多。由于 AMOLED 高亮度、高分辨率、高效率、高集成度、低功耗、易于彩色化和适合大面积显示等优点。使其成为今后 OLED 发展普遍采用的方式。

2. PMOLED 的驱动

香港晶门科技有限公司(SOLOMON SYSTECH)生产多种 OLED 显示驱动芯片，SOLOMON 公司的 PMOLED 驱动芯片将显示 RAM、列驱动、行驱动集成在一起。图 4-34是 SOLOMON 公司 SSD 系列 PMOLED 驱动芯片的功能方框图。表 4-5 是 SSD 系列 PMOLED 驱动芯片的主要性能。

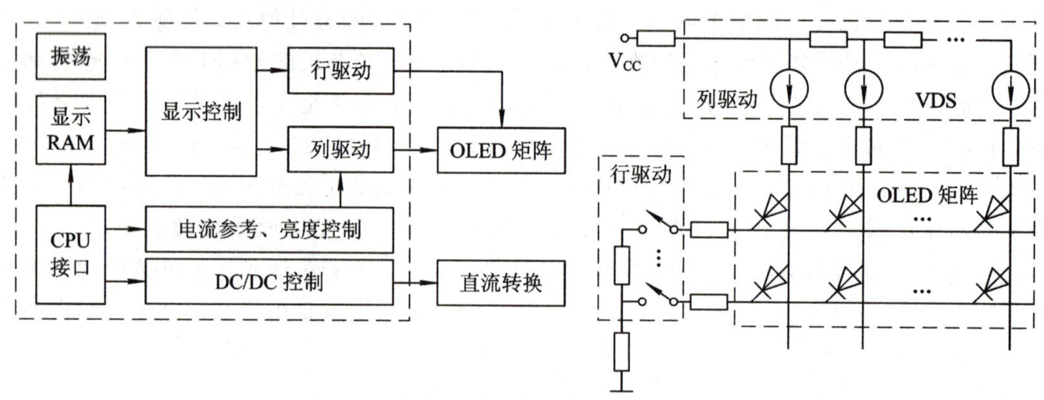

图 4-34 SSD 系列 OLED 驱动芯片的功能方框图

表 4-5 是 SSD 系列 PMOLED 驱动芯片的主要性能

型号	SSD1322	SSD1353	SSD1355
像素数	480×120	160×3×132	128×3×160
显示 RAM	480×120×4 bit	160×132×18 bit	128×160×18 bit
颜色	16 灰度黑白	262 K	262 K
行电流	300 μA	160 μA	200 μA
列电流	80 mA	60 mA	80 mA
电源	2.4～3.5 V	2.4～3.5 V	2.4～3.5 V
高压电源	10～20 V	10～21 V	10～21 V

3. AMOLED 的驱动

AMOLED 是一种矩阵选址的电路结构，其驱动技术分为像素驱动技术和外围驱动技术。像素驱动电路为 OLED 的持续点亮提供实现条件，外围驱动电路的作用则是为 AMOLED 矩阵电路提供正确的输入信号。如为有源矩阵电路提供逐行选通的扫描信号(行驱动信号)，为选通行的各 OLED 像素提供带有显示信息的数据信号(列驱动信号)，因此像素驱动电路和外围驱动电路相辅相成，紧密配合，共同完成驱动有源 OLED 显示屏的正常工作，是 OLED 显示技术中至关重要的一项内容。

(1) 像素驱动。在 AMOLED 中，亮度是由流过 OLED 自身的电流决定的，要求将不均匀性控制在约±1%的范围内，这意味着要求将 OLED 的电流控制在约 11%的范围内。

由于大部分已有的 IC 电路都只传输电压信号，而不是电流信号，所以 AMOLED 像素要完成一个困难的任务，即将电压信号转变为电流信号，然后将这个转变结果在一帧的周期内储存在像素内。

AMOLED 像素按设计方案的作用原理可分为只起 V/I 变换的像素电路和具有补偿功能的像素电路。

① 只起 V/I 变换的像素电路。只起 V/I 变换的像素电路也称变换器像素，如图 4－35 所示。其中图 4－35(*a*)用于 LTPS (Low Temperature Polycrystalline Silicon，低温多晶硅)TFT。图 4－35(*b*)用于 a－Si TFT，它们都有一个选址 TFT M1、一个驱动 TFT M2 和一个存储电容 C_{st}。当 M1 被扫描线选址时，M1 导通，V_{DATA}被转移到 M2 的栅极上；当扫描线不选 M1 时，由于 C_{st}的存在，V_{DATA}将保持在 M2 的栅极上，一般称之为 2T－1C 电路。使用这种不带补偿的 2T－1C 像素电路，AM－OLED 亮度的不均匀性约为 50%，或者更大。

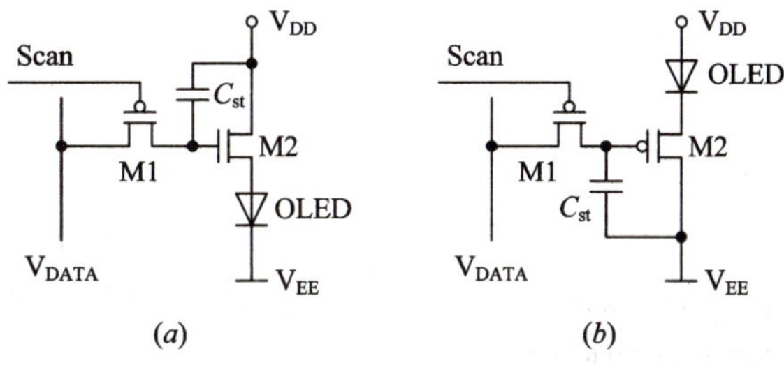

图 4－35　典型的 2 T－1 C 变换器像素电路

具有补偿功能的像素电路也称补偿像素电路。补偿像素电路包括电压补偿、电流补偿。

② 电压补偿(电压编程)。电压补偿方案只能消除 TFT 阵列中由于各驱动 TFT 阈值电压不同和电源线上 IR 压降引起的图像不均匀性，不能补偿由于 TFT 阵列中各 TFT 迁移率不同引起的图像不均匀性，所以这种补偿方案是不完善的。图 4－36 是一个用于 LTPS 的 4T－2C 的电压驱动像素补偿电路。其基本原理是先将驱动 TFT M_2 截止，然后接成二极管，后者处于导通状态，对储存电容 C1 充电，直至驱动 TFT 的栅极电压达到 V_{th} 而截止，从而将 V_{th}储存在 C1 上。还出现过许多种 4T～6T－1C～2C 的电压补偿电路，其基本原理都是相同的。从设计观点来说，在一个有限的像素面积里，控制线和电源线越少越好，此外还希望像素的运行方便。实验表明，在面板亮度为 15 cd/lm 的情况下，采用上述 4T 电路后，像素间亮度的标准偏差由 2T 电路时的 16.1%降低到 4.7% 。

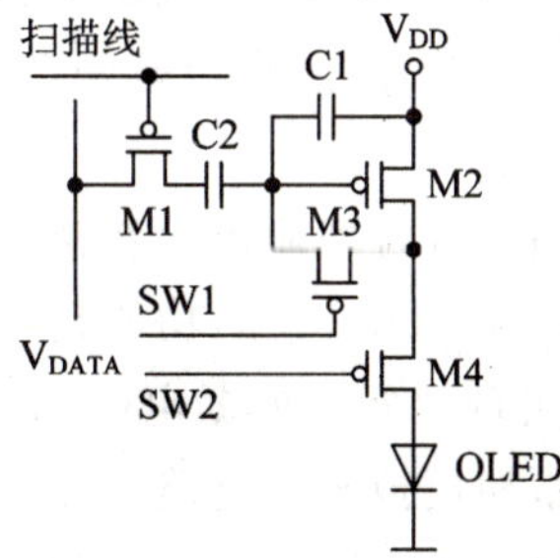

图 4－36　用于 LTPS 的 4T－2C 的电压驱动像素补偿电路

③ 电流补偿(电流编程)。因为 OLED 是电流驱动，它的亮度正比于驱动电流，给像素施加电流数据显然是合理的。电流驱动补偿方案能补偿各驱动 TFT 参数的变化，即能补偿各 TFT 阈值电压和迁移率的不同，但是这只在电流采样 TFT 的特性和驱动 TFT 的特性完全相同时才是正确的。电流驱动补偿方案还能补偿 V_{DD} 电源线上的 IR 压降引起的亮度不均匀性。

图 4-37 是一种用于 LTPS TFT 的 4T-1C 电流镜像式像素补偿电路。它的工作原理是：当所讨论行被选址时，扫描线的电平变成低电平，使 M1 导通，对 Cs 充电；使 M2 导通，将 M3 连接成二极管结构，以完成将 I_{DATA} 转换成储存在 Cs 上的 V_{DATA} 的过程；SW 是显示控制线，只有在显示时变成低电平，使 M4 导通。

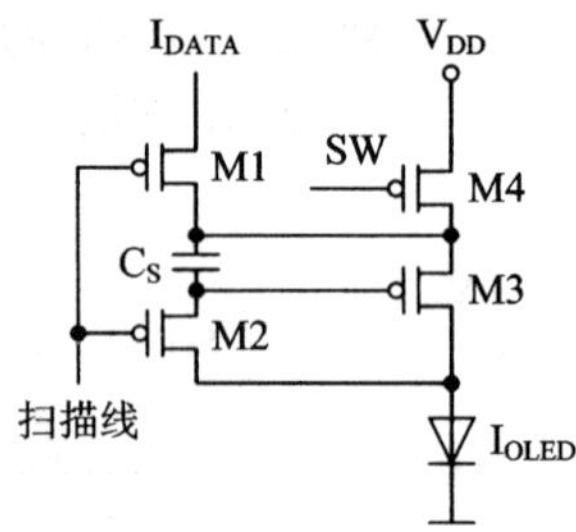

图 4-37 一种用于 LTPS 的 4T-1C 电流镜像式像素补偿电路

(2) 外围驱动电路。AMOLED 显示屏采用逐行扫描的显示方式，因此外围驱动电路的目的是要在行、列扫描有效的同时，为每个像素送入相应的灰度数据。为了减少引线，把行、列扫描驱动电路集成到 AMOLED 矩阵周边，图 4-38 是 AMOLED 显示屏的系统结构示意图。此时驱动电路只要产生行、列驱动移位脉冲，移位起始脉冲即可完成 AMOLED 的行、列扫描驱动。

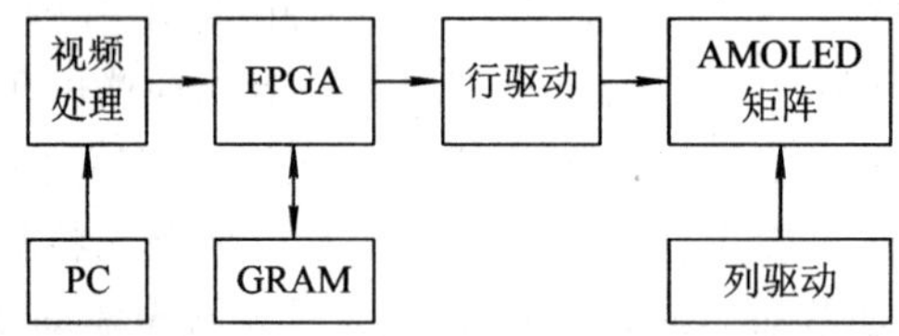

图 4-38 AMOLED 显示屏的系统结构示意图

显示数据来源于 PC 机，通过视频处理将模拟信号转化为数字信号再输入 FPGA。图形存储器 GRAM 的数据线也连接到 FPGA 芯片，进行数据传输。

行驱动电路也称扫描驱动电路，因为行输出大都接到像素电路 MOS 管的栅极，所以也称为栅极驱动电路(Gate Driver，GD)。它的功能是产生扫描信号，使每一行像素依次导通。

列驱动电路也称数据驱动电路，因为列输出大都接到像素电路 MOS 管的源极，所以也称为源极驱动电路(Source Driver，SD)。它的功能是完成图像信号串行-并行的转换和提供适当的数据信号给数据线来实现显示。根据电路内部是否包含数/模转换器(DAC)，可将源驱动电路分为数字驱动电路和模拟驱动电路。数字驱动电路中有 DAC，图像数据在数据锁存器内以数字信号形式存储，然后通过 DAC 转变成模拟信号，经输出缓冲电路送入显示屏，DAC 和输出缓冲电路性能的优劣直接决定输出信号的好坏。在模拟驱动电路中，图像数据以模拟信号形式存储在采样保持电路中，经输出缓冲电路送入显示屏，采样保持电路和输出缓冲电路性能的优劣直接决定输出信号的好坏，即显示图像的质量。

(3) 单片外围驱动电路。为了提高集成度和减少引脚，AMOLED矩阵中集成了栅极驱动电路，简称为带GD的AMOLED矩阵。如LG公司的LH300WQ1、台湾奇晶光电(CHI MEI EL)的P0430WQLC-T等。针对这类带GD的AMOLED矩阵又设计了单片外围驱动电路，原来大量的栅极驱动输出引脚变为少量的栅控制脉冲引脚，解决了外围驱动电路与屏的连接问题，提高了成品率和可靠性。常用的单片外围驱动电路芯片有三星公司的S6E63D6、LG公司的LGDP4251、LGDP4233和LGDP4234、台湾奇景光电(himax)的HX5116A。图4-39是单片外围驱动电路与带GD的AMOLED矩阵的关系示意图。

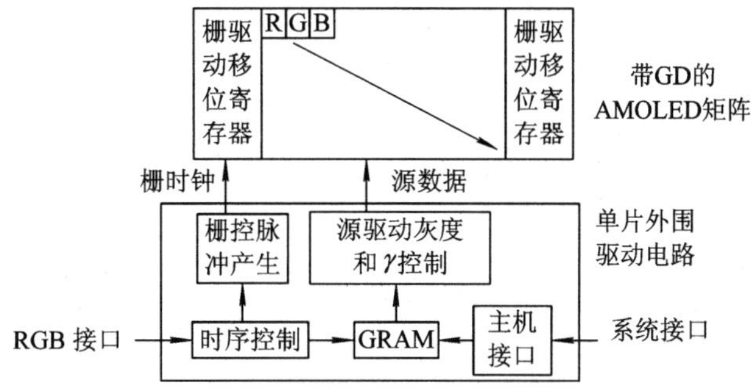

图4-39 外围驱动电路与带GD的AMOLED矩阵的关系

单片外围驱动电路主要包括列驱动器、图形随机存取存储器(GRAM)、RGB接口和系统接口。列驱动器也称为源驱动器或数据驱动器，将GRAM中的显示数据数模转换后输出。GRAM是帧存储器，应有行数乘列数乘18(24)b的存储容量，以便存储一帧图像数据。系统接口由外部CPU发出指令，设置外围驱动电路的状态和功能，写入静止图像显示数据。RGB接口是动态图像显示外部接口，由外同步信号控制GRAM数据写入，图4-2中监视器控制芯片STDP8021的LVDS输出接到RGB接口就构成一台OLED监视器。

4.5.4 索尼PVM-2541型OLED监视器

索尼公司的PVM-2541、PVM-1741和PVM-740监视器，均采用具有Super Top Emission技术的OLED面板，可提供一流的画面质量，包括杰出的黑色性能，几乎无运动模糊效果的快速响应，超宽色域以及诸多液晶屏技术无法实现的能力。索尼的Super Top Emission OLED面板经过专门设计，它从面板后部的TFT层之上发出光线。因此，这种顶部发光结构比典型的TFT层位于面板前部的受发光孔径限制的底部发光结构具有更高的发光效率。这种Super Top Emission技术采用了微腔结构，装有滤色片。这种微腔结构使用了一个光学谐振效果，增强色彩的纯度，提高光发射的效率。此外，每个RGB的滤色片也能够提高发射光的色彩纯度，降低环境光线的反射。索尼的Super Top Emission OLED面板完全被一个玻璃底板密封住，场致发光层被完全与外界空气和水分隔绝开来，这有助于保持设备的稳定性和可靠性。

(1) 精确的黑色还原。索尼OLED的优势之一，是每个像素都可以完全关闭，这是其他任何一种显示技术所无法实现的。液晶屏或者由于固有的背光泄露导致的黑色亮度提升，或者使用虚假的调整背光技术有限地降低黑色亮度。而显像管总是维持一定的偏置电压使电子枪处于适当的工作状态，从而无法显示纯黑。所有这些显示设备在黑色还原精度上会受到一些限制。与他们相比，索尼的 OLED 的每个单独像素都能够还原出精确的黑色，使用户能够精确评估对各种画面的信号质量。

(2) 精确的彩色还原。索尼的 Super Top Emission technology 不仅具有纯三基色的宽色域，还能够在整个亮度范围内保持这种宽色域。其他所有的显示设备在精确还原色彩，特别是在低信号电平时，会受到很大局限，而索尼的 OLED 系统在观看图像方面堪称是理想的显示设备。使用 OLED 用户不仅能够看清楚黑色部分的细节，还可以清晰辨别低亮度画面的各种色彩。

(3) 无模糊效果快速响应。索尼 OLED 灰度到灰度切换的速度(以微秒计算，μs)比液晶屏幕(以毫秒计算，ms)要快很多。这种快速的响应为很多领域和应用带来了益处。例如，在进行体育赛事转播时，如果摄像机摇移，LCD 屏幕会产生模糊效果，而 OLED 屏幕却能维持明锐、清晰的图像。画面中标题和图形快速移动时，如果使用 LCD 屏幕，观众很难看清文字或图形的内容，而使用 OLED 屏幕，不论文字移动的方向或速度如何，均能够清晰地显示出来。

(4) 宽动态范围。使用索尼的 OLED 技术，从绝对的黑色到峰值白色，每个像素都可以单独进行控制。每个像素都可以在画面中整个动态范围内显示出来，不会受到像素调整的干扰。

(5) PVM－2541 和 PVM－1741 监视器具有四种隔行/逐行模式，用户可以为每种应用选择最适合的模式：

① 场间模式。在此模式下，图像被插入场与场之间。在图像质量优先的情况下此功能非常有用(如降低移动画面中的锯齿效果)。

② 场内模式。在此模式下，图像在一场之内进行插值运算，具有自然还原画面和快速图像处理的性能。此模式可适用于 1920×1080 SDI 信号输入。

③ 场合并模式。在此模式下，即使图像发生移动，奇数和偶数的场也会合并在一起。此模式用在 PsF(Progressive segmented frame，逐行片段帧)处理和静止画面监控应用中。

④ 行加倍模式。在此模式下，通过重复每行的方式进行插补。此模式用于进行编辑和监视快速移动的图像，以及检查行闪烁。最低的处理时间低于一场(0.5 帧)。

(6) PVM－2541 和 PVM－1741 OLED 面板具有全高清分辨率(1920×1080)和一个 10 比特 RGB 驱动器。PVM－2541 和 PVM－1741 监视器装有内置标准的输入接口：3G/HD/SD－SDI (×2)，HDMI (HDCP)输入(×1)和复合(×1)。PVM－2541 和 PVM－1741 均采用了重量轻、体积小的金属机身设计。这种设计具有优异的灵活性，可以根据应用方式进行安装：可使用监视器支架安装在桌面上；使用选购的 SU－561 支架或不使用支架；或者直接安装在墙壁上。

思考题和习题

4－1 电视机与监视器设计的原则有什么不同?

4－2 监视器常有哪些特殊功能?

4－3 监视器有哪些主要参数?

4-4 模拟电视信号的常用接口有哪些?

4-5 数字电视信号的常用接口有哪些?

4-6 A/V 端子的红、黄、白 3 个 RCA 插头各应接什么信号?

4-7 与 DVI 接口相比，HDMI 接口有哪些新功能?

4-8 DiiVA 采用什么连接线?

4-9 为什么液晶电视机的视频放大级应有一个 $\gamma=2.2$ 的非线性校正电路?

4-10 ADS 技术是怎样解决 ACPDP 中的灰度显示问题的?

4-11 CLEAR 方式为什么能够消除动态伪轮廓现象? 有什么缺点?

4-12 ALIS 驱动法为什么能够去掉 PDP 屏上的障壁?

4-13 OLED 的发光过程可以分为哪五步?

4-14 常用的 OLED 彩色化技术有哪几种?

4-15 AMOLED 像素电路分为哪几类?

4-16 目前何种 AMOLED 矩阵才有单片外围驱动电路?

第5章 视频信号的分配与切换

5.1 视频信号的分配

在应用电视系统中，一台摄像机输出的视频信号往往要提供给多台监视器或其他视频设备使用，就会有视频信号的分配问题。

视频信号输出采用 BNC－50KY 型插座，输出的标准电平是 1 V(p－p)，正极性，其中图像信号是 0.7 V(p－p)，同步信号是 0.3 V(p－p)。视频信号配接的标准阻抗是 75 Ω，这在视频设备的设计和系统设备配置时要注意，否则会引起信号失真、反射、重影等。在视频信号分配时，尤其要遵守信号幅度相适应和阻抗匹配的原则。

当一路视频信号送到一个监视器时，可直接把输入视频信号接到监视器的视频输入端子，监视器输入阻抗开关应拨到 75 Ω。

当一路视频信号送到相距不远的多个监视器时，可以不用视频分配器。把输入视频信号接到第一个监视器的视频输入，并将监视器的输入阻抗开关拨到高阻；它的视频输出接到第二个监视器的视频输入，监视器的输入阻抗开关也拨到高阻；它的视频输出再接到第三个监视器的视频输入端……如此一直接到最后一个监视器的视频输入，只有最后一个监视器的输入阻抗开关才拨到 75 Ω。但是，用这种桥接方法连接的监视器不能太多，否则会造成图像信号的反射。

当一路视频信号要送到相距较远的多个监视器时，就应该使用视频分配器分配出多路幅度为 1 V(p－p)、配接阻抗是 75 Ω 的视频信号接到多个监视器，各个监视器的输入阻抗开关都拨到 75 Ω。

这里把摄像机、监视器举例作为视频输出设备和视频终端设备来配接；其他视频设备的配接，也应该用同样的方法处理。

5.1.1 晶体管视频分配器

图 5－1 是视频信号二分配器的实用电路图，V_1、V_2 组成复合管负反馈放大器，V_3、V_4 是二级射极跟随器用来降低输出阻抗。

图 5－2 是视频信号四分配器的实用电路。分配器的输出级负载较重，采用中功率晶体管作单端推挽输出。输出级集电极电流变化大，易引起失真，所以用 R_3、R_4、C_1 产生较深的电压负反馈，既能减小失真，又能降低输出阻抗。V_2 是倒相激励管，供给 V_3 和 V_4 不同极性的视频信号。V_1 和 V_2 必须有较大的增益，调整 R_1 和 R_2 可以改变 V_3 和 V_4 的工作点。

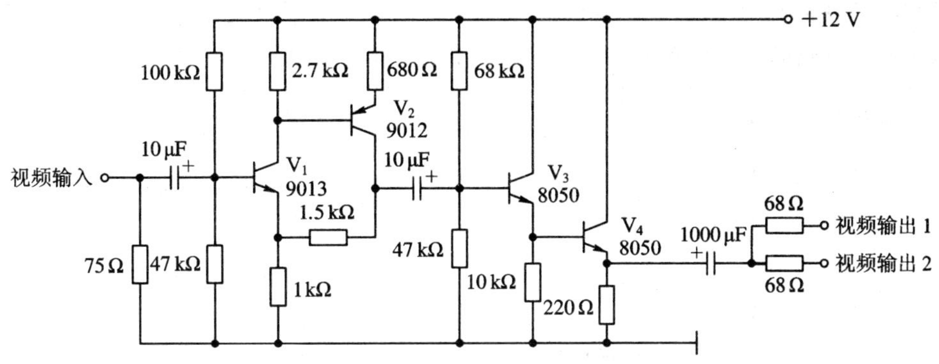

图 5-1 视频信号二分配器电原理图

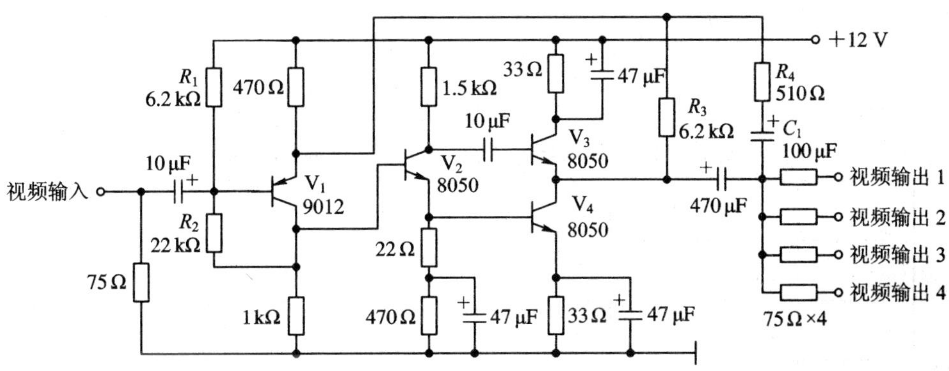

图 5-2 视频信号四分配器电原理图

图 5-3 是对图 5-2 进行简化，且改用+5 V 电源后的视频二分配器。因为电源电压低，该电路的动态范围小，且高频衰减也较大，只能用在对这两方面要求不高的场合。

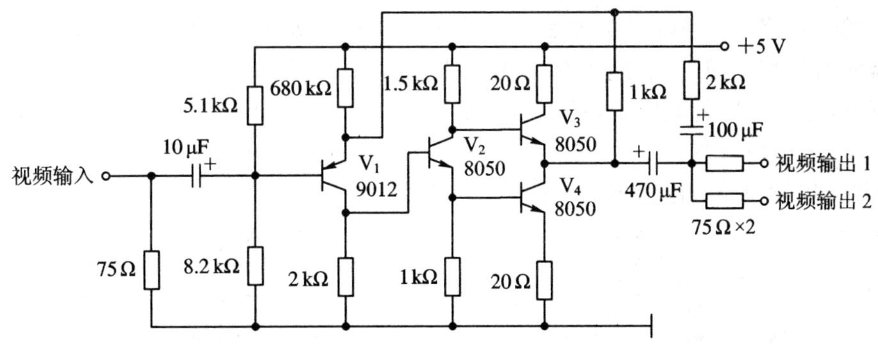

图 5-3 电源电压为 5 V 的视频信号二分配器电原理图

5.1.2 集成电路视频分配器

常用于视频分配器的集成电路有 CMOS 视频放大器 MAX457 和视频缓冲器 MAX467～MAX470。MAX457 是单位增益带宽为 70 MHz 的视频放大器，采用±5 V 电源，不必进行频率补偿，能直接驱动 75 Ω 电缆。图 5-4 是 MAX457 的引脚图和组成二分配器的电路图。MAX457 片内有两个放大器，组成二分配器很方便，除两个负载电阻 R_1 和 R_2 外不需要附加电路。负载电阻的选择与增益、带宽、分配器外负载电阻 R_2 的关系见表 5-1。

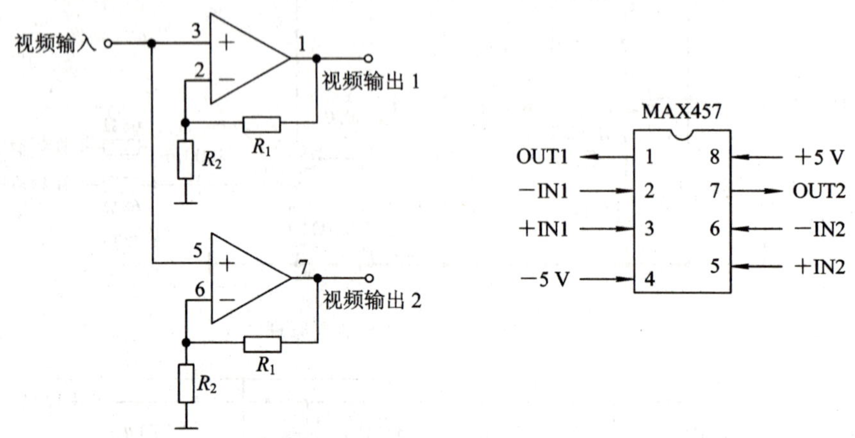

图 5-4 MAX457 引脚图和组成二分配器电路图

表 5-1 MAX457 增益、带宽与电阻的关系

增益	带宽/MHz	R_1/Ω	$R_2/\mathrm{k\Omega}$	R_L/Ω
1	70	39	1	75
2	50	1050	1	150
5	40	4170	1	390
10	25	9420	1	750

MAX467～MAX470 是视频缓冲器，有 100 MHz 的单位增益带宽，能直接驱动 50 Ω 或75 Ω 电缆，用来组成视频分配器更方便。只要将输入视频信号接到各缓冲器的输入端，各缓冲器输出端都可用 75 Ω 电缆接出视频信号。MAX467 和 MAX469 是三视频缓冲器，前者电压增益为 1，后者电压增益为 2。MAX468 和 MAX470 是四视频缓冲器，前者电压增益为 1，后者电压增益为 2。图 5-5 是 MAX467～MAX470 的引脚图。这些芯片都采用 ±5 V 电源，组成视频分配器不需补偿和其他任何附加电路。

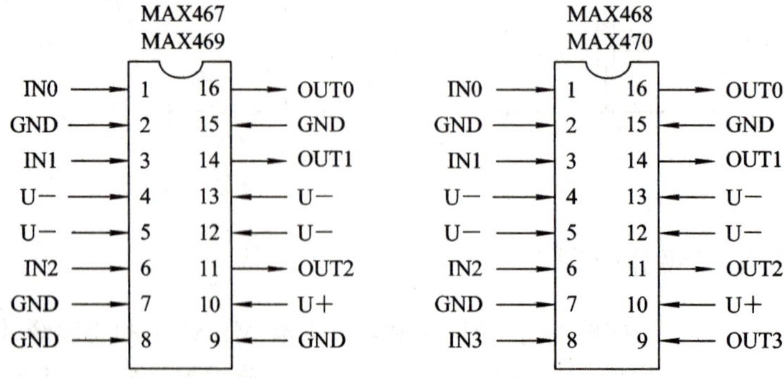

图 5-5 MAX467～MAX470 引脚图

常用于视频分配器的运算放大器还有 AD813、AD8001、LM6181、LF357 等，常用的视频缓冲器还有 MAX405、ICL7641 等。

5.1.3　共模抑制型视频分配器

应用电视系统中的基带传输视频信号易受到中波广播电台干扰和 50 Hz 交流电源干扰。前者使图像上出现网纹，干扰频率越高网纹越细越密；后者使图像出现水平黑色滚道。为消除上述干扰可在图 5－1、图 5－2 所示的分配器前加差分输入级，如图 5－6 所示。差分放大器的正输入端接电缆芯线送来的视频信号与干扰信号，负输入端只有干扰信号，其输出对干扰信号有较好的抑制作用。图 5－7 是晶体管差分放大器的实用电路，可作为图 5－2中四分配器的输入电路，连接时四分配器去掉 75 Ω 输入电阻。

对于 50 Hz 的交流电源干扰，图 5－7 中 C 取值较小可以很好地抑制干扰，但 C 若取值太小会对视频信号的低频段产生较大的衰减。一般 C 取 1 μF 以下。

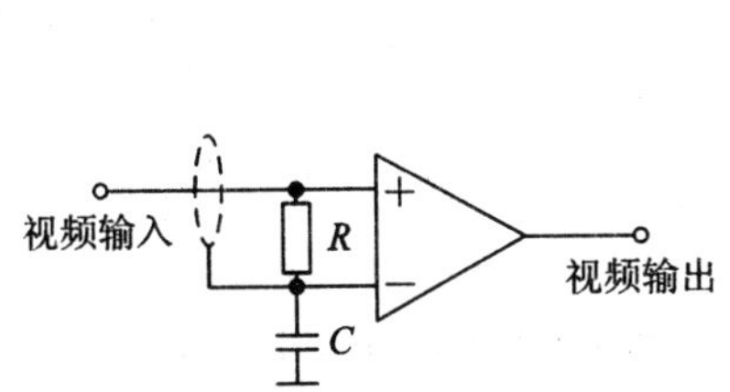

图 5－6　差分放大消除共模干扰

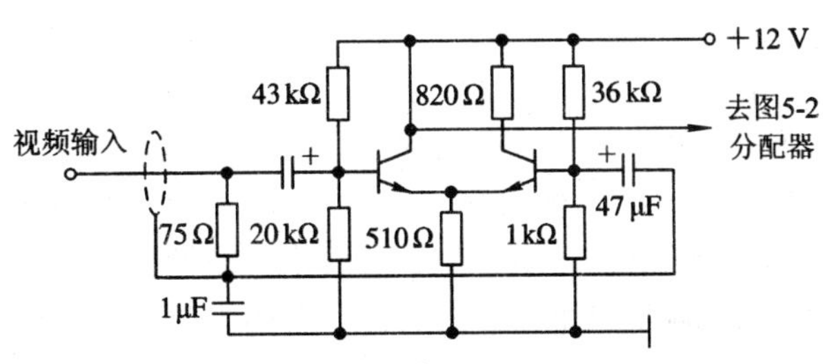

图 5－7　晶体管差分放大器作分配器输入级

差分放大器也可采用集成视频放大器。图5－8是采用集成视频放大器 MC1733 的一种实用电路，该电路也可作为图 5－2 的四分配器的输入级，调整放大器输入端电位器 R_W 可使干扰信号对图像的影响减到最小。增加 R 不影响视频信号的阻抗匹配，而增加了对干扰的输入阻抗，对干扰有一定的抑制作用。图中，MC1733 的电压增益为 10，短路 G1A 和 G1B 可使放大器增益变为 400，短路 G2A 和 G2B 可使放大器增益变为 100。

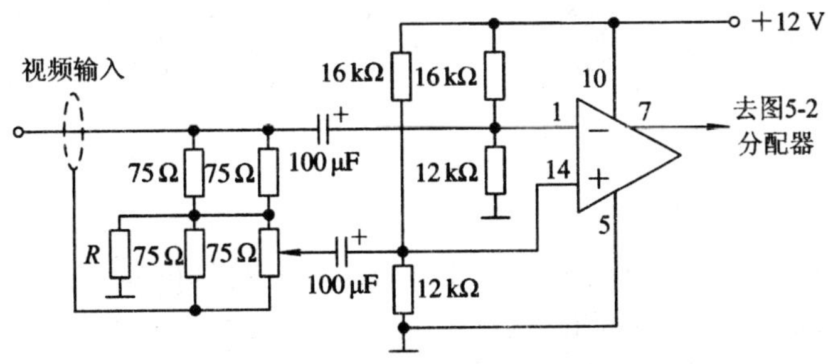

图 5－8　集成视频放大器作分配器输入级

5.2　视频信号的切换

在广播电视中，为了防止视频信号切换时图像的瞬时抖动，要求进行切换的各路视频信号的同步信号同频、同相，即色副载波、行同步、场同步、P 脉冲(PAL 识别脉冲)的频率和相位严格一致，并且在场消隐期间切换。在应用电视系统中，允许视频信号切换时图像的瞬时抖动，为了简化电路，一般不采用同步切换，常常将相互不同步的视频信号在任意时刻切换。

有些场合可用琴键开关来切换视频信号。KZJ2－MXN 型是常用的琴键开关。其中，M 为挡数，N 为刀数，X 可以分别是 H、W、Z，H 代表互锁，W 代表无锁，Z 代表自锁。例如，KZJ2－7H2 型代表七挡互锁开关，每挡有两刀。目前市场还有可由用户自行按需组配的琴键开关出售，但价格较贵。

目前，在多数应用电视系统中，采用单片微机控制，既能手动切换，又能自动定时切换，常用单片机锁存的 TTL 电平输出信号来控制切换电路。

5.2.1 继电器切换电路

继电器的驱动电路比较简单，TTL 电平输出信号经一个晶体管驱动就可控制继电器的吸合和放开。

图 5－9 是三个视频通道的继电器切换电路。当控制输入 $D_2 \sim D_0$ 的电平是 001B 时，J_0 吸合，视频输入 1 被接到视频输出；当控制输入 $D_2 \sim D_0$ 的电平是 010B 时，J_1 吸合，视频输入 2 被接到视频输出；当控制输入 $D_2 \sim D_0$ 的电平是 100B 时，J_2 吸合，视频输入 3 被接到视频输出。图中，在继电器线包两端的反向偏置二极管是继电器线包的反电动势通路，用以减少继电器吸合和放开时的尖脉冲对共同电源其他电路的干扰，同时防止晶体管被反电动势击穿。当晶体管数目较多时可改用集成晶体管阵列 MC1413 驱动，MC1413 在一块集成电路中有 7 个驱动器，输出晶体管的集电极与正电源间已接有反向偏置的二极管，可使电路简化。

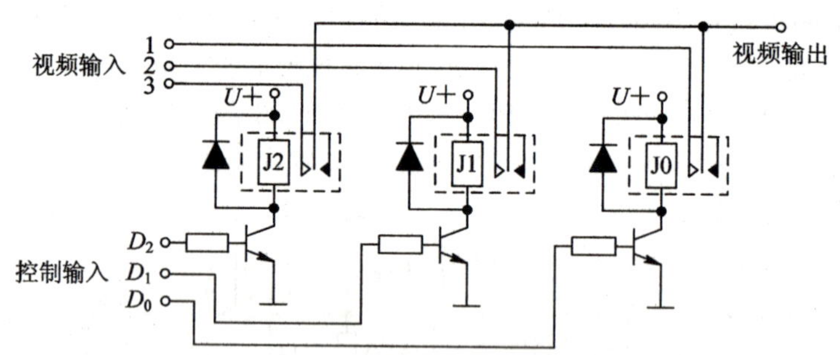

图 5－9 三个视频通道的继电器切换电路

常作视频切换用的继电器有 JRC－5M 型超小型密封继电器。它的工作电压有 3 V、6 V、12 V、24 V 等四种，线圈电阻分别是 50 Ω、200 Ω、750 Ω、3 kΩ。两组触点都能负荷 27 V(DC)、1 A 电流。由于是密封继电器，可靠性较高。

选用驱动器时，要注意晶体管或驱动器的最大负载电流一定要大于继电器线包的吸合电流数倍。

当需要进行切换的视频信号路数较多时，为了节约继电器与驱动器，常将继电器触点接成网络。图 5－10 是八个视频通道的继电器切换电路。当控制输入 $D_2 \sim D_0$ 的电平是 000B 时，三个继电器都不吸合，视频输入 1 被接到视频输出；当控制输入 $D_2 \sim D_0$ 的电平是 001B 时，继电器 J_0 吸合，视频输入 2 被接到视频输出；当控制输入 $D_2 \sim D_0$ 的电平是

010B 时，继电器 J_1 吸合，视频输入 3 被接到视频输出；当控制输入 $D_2 \sim D_0$ 的电平是 011B 时，继电器 J_1 和 J_0 吸合，视频输入 4 被接到视频输出……当控制输入 $D_2 \sim D_0$ 的电平是 111B 时，继电器 J_2、J_1、J_0 都吸合，视频输入 8 被接到视频输出。

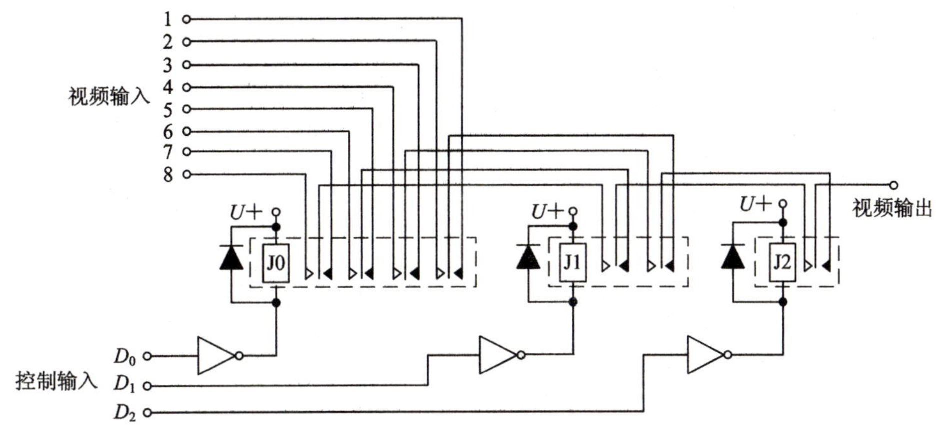

图 5-10 八个视频通道的继电器切换电路

触点接成网络的继电器切换电路的输入控制信号是编码信号。它与单片机连接方便，又能节省继电器与驱动电路；但每一视频通道中有多个触点，上述 8 选 1 切换的情况中每个视频通道有三个触点，使可靠性降低。

继电器的驱动电路简单，使用方便，隔离性能好。但继电器寿命短，一般为 10^5 次；继电器吸合、放开时线包的反电动势易影响同电源的其他电路；继电器触点上电流通、断时易产生飞弧，会影响微机工作。

5.2.2 集成模拟开关切换电路

常用的集成模拟开关有 CD4051、CD4053、CD4067 等。这些集成模拟开关的电气性能都是一样的，只是开关的组合形式不一样。这些集成模拟开关以其寿命长、功耗低、体积小和无抖动等优点，逐渐在视频切换电路中取代继电器。

1. 集成模拟开关的主要参数

集成模拟开关的参数有：最高工作频率 f_{max}、导通电阻 R_{ON}、导通电阻路差 ΔR_{ON}、开关断开时的漏电流 I_{OFF}。

1）最高工作频率 f_{max}

工作频率是指开关接通、断开的频率。在视频切换电路中是指切换的频率，切勿与开关导通时能传输信号的最高频率相混淆。集成模拟开关的最高工作频率是 2 MHz，而开关导通时能传输信号的最高频率在 40 MHz 以上。所以，用集成模拟开关来切换 6 MHz 带宽的视频信号是完全可以的。

2）导通电阻 R_{ON}

集成模拟开关的导通电阻随电源电压和输入电压而变化。图 5-11 是集成模拟开关导通电阻 R_{ON} 与输入电压 U_{IN} 的关系曲线。图中，由上至下分别是 $U_{DD}-U_{SS}=5$ V、10 V、15 V 时的三条曲线。图中为了便于比较这三条曲线，画的是正、负电源的情况。当只用正电源时，三条曲线形状不变，只是三条曲线的横坐标作相应的移动。

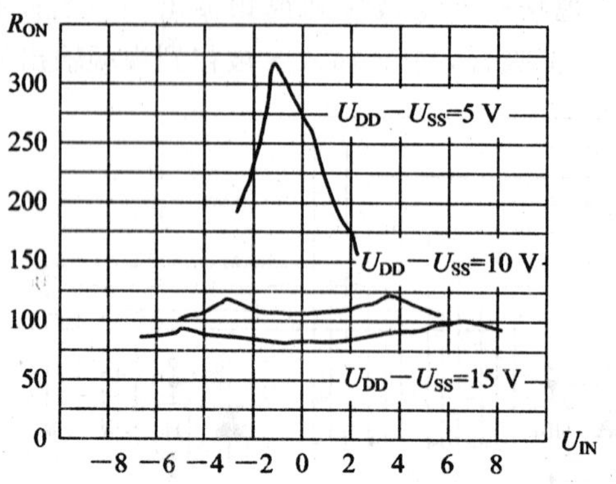

图 5-11 集成模拟开关 R_{ON} 与 U_{IN} 的关系

从图 5-11 可以看出电源电压为 5 V 时，导通电阻较大，且导通电阻随输入电压幅度变化发生突变。当电源电压是 10～15 V 时，导通电阻只有 100 Ω 左右，导通电阻随输入电压幅度变化只产生缓变；当输入电压是电源电压的一半左右(中点电压)时，导通电阻变化最小。所以，在集成模拟开关切换电路中，集成模拟开关的电源电压应取 10 V 以上，应将输入视频信号箝位于电源电压的一半左右。

图 5-12 是模拟开关导通时的等效电路。其中，R_i 是信号源内阻，也就是前级电路的输出阻抗；R_L 是负载电阻，也就是后级电路的输入阻抗；C_L 是负载电容。

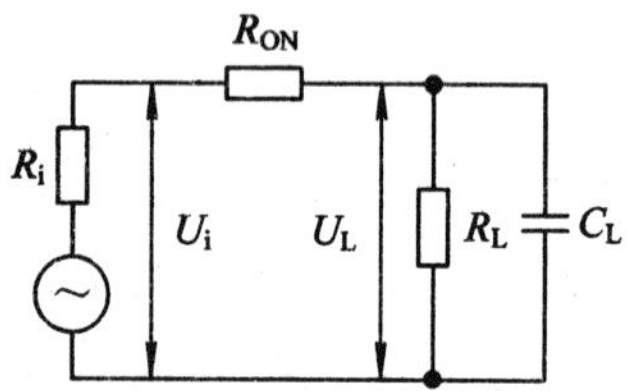

图 5-12 开关导通等效电路

模拟开关的插入损耗为

$$A = 20\lg\frac{R_L}{R_L + R_{ON}} \quad (\text{dB}) \tag{5-1}$$

在 R_{ON} 固定的情况下，增大 R_L 可以减小模拟开关的插入损耗。所以，要求模拟开关的后级电路输入阻抗要高。

3) 模拟开关的导通电阻路差 ΔR_{ON}

模拟开关的导通电阻路差 ΔR_{ON} 是指同一集成电路中各个开关的导通电阻存在的差异。一般情况下，$\Delta R_{ON}<10\ \Omega$。ΔR_{ON} 对切换电路的影响是使各视频通道的插入损耗不同，当 R_L 很大时，ΔR_{ON} 的影响可以忽略，故从减少导通电阻路差对切换电路的影响的角度来考虑，也要求后级电路是高输入阻抗的。

4) 开关断开时的漏电流 I_{OFF}

一般每个开关断开时的漏电流是 10^{-7} A。在多路输入选 1 的视频切换电路中，n 个开关接到一个公共端，只有一个开关导通，$(n-1)$个开关处于断开状态，总的漏电流$(n-1)I_{OFF}$加到公共端。其等效电路如图 5-13 所示。

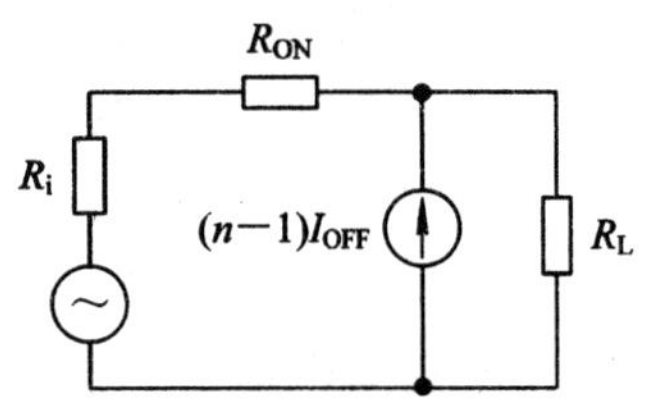

图 5-13　n 选 1 切换等效电路

因为模拟开关的后级电路是高输入阻抗 $R_L \gg R_i + R_{ON}$，可以近似认为所有的漏电流都流经 R_i 和 R_{ON}。这时，在公共端因漏电流而引起的误差电压为

$$U_e = (n-1)(R_i + R_{ON})I_{OFF} \tag{5-2}$$

由此可得 n 选 1 集成模拟开关的隔离度为

$$G = 20\ \lg \frac{U_L}{U_u} \quad (\text{dB}) \tag{5-3}$$

$$G = 20\ \lg \frac{U_i R_L}{(n-1)(R_{ON} + R_i)(R_{ON} + R_L)I_{OFF}} \quad (\text{dB}) \tag{5-4}$$

式中：

U_i 为开关的输入电压，也就是开关前级电路的输出电压；

R_i 为信号源内阻，就是开关前级电路的输出阻抗；

R_L 为集成开关的负载电阻，就是集成开关后级电路的输入阻抗；

R_{ON}为开关导通电阻；

I_{OFF}为开关断开时的漏电流；

n 为开关的个数。

当需要切换很多路视频信号时，可将 $m \times n$ 路视频信号分成 m 组，每组 n 路，进行二级切换。

图 5-14 是 $m \times n$ 路视频信号二级切换接线示意图。图 5-15 是 $m \times n$ 路视频信号的二级切换时的开关等效电路图。可以看出，当 $m \times n$ 路视频信号分 m 组，每组 n 路进行二级切换时，因漏电流引起的误差电压为

$$U'_e = (n-1)(R_i + R_{ON})I_{OFF} + (m-1)(R_i + 2R_{ON})I_{OFF} \tag{5-5}$$

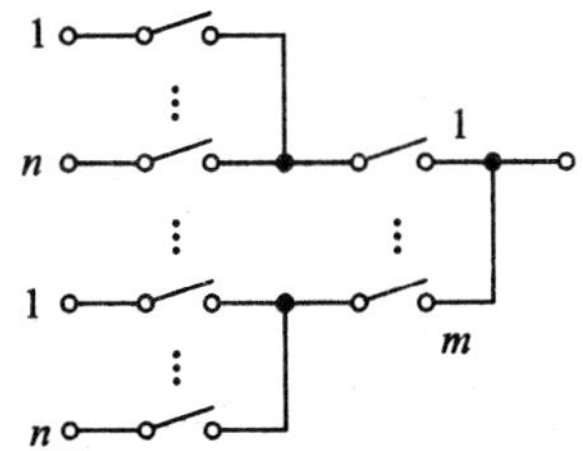

图 5-14　$m \times n$ 路视频信号二级切换接线示意图

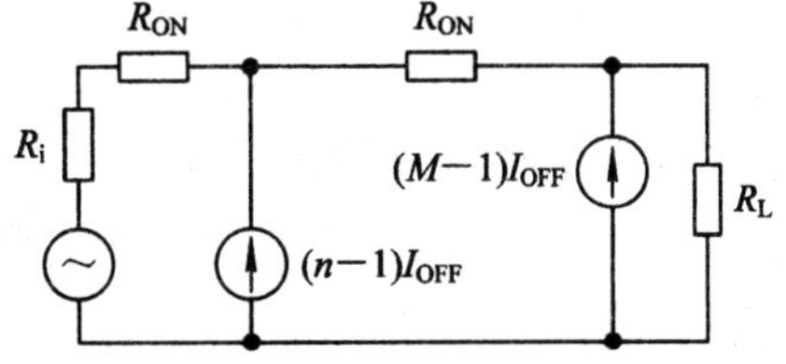

图 5-15　$m \times n$ 路视频信号二级切换开关等效电路图

由此可得 $m \times n$ 路视频信号二级切换时开关的隔离度为

$$G = 20\ \lg \frac{U_i R_L}{[(n-1)(R_i + R_{ON}) + (m-1)(R_i + 2R_{ON})](R_{ON} + R_L)I_{OFF}} \quad (\text{dB}) \tag{5-6}$$

当 $m \times n$ 路视频信号两级切换时，$(m-1) \times n$ 个第一级开关的漏电流被第二级开关所限制，所以能大幅度减少因漏电流而引起的误差电压。

由上述两个隔离度公式可见：当开关的组合形式一定时，集成开关的隔离度决定于R_{ON}、I_{OFF}、R_i和R_L。当选定器件和器件的电源电压后，R_{ON}和I_{OFF}是固定的，为了增加集成开关的隔离度，在切换电路设计时应减小开关前级电路的输出阻抗(R_i)和增大开关后级电路的输入阻抗(R_L)。

2. 集成模拟开关切换电路的特点

综合上面对模拟开关的几个主要参数的分析可知，对模拟开关的切换电路应该有如下要求：模拟开关的电源电压大于10 V(仅对4000系列集成开关而言)，输入信号应箝位于电源电压的一半左右，集成开关的后级电路输入阻抗要高，集成开关的前级电路输出阻抗要低。

图5-16是集成模拟开关切换电路的方框图。进入切换电路的视频信号来自不同的设备，有的直接从摄像机送来，有的从光接收器、幅度均衡器送来，直流电平往往相差较大且可能被低频干扰所调制，所以先用箝位电路将视频信号箝位于电源电压的一半左右。这样，导通电阻随输入电压变化较小。箝位电路要求后级的输入阻抗要高，而模拟开关要求前级电路的输出阻抗要低，所以在箝位电路和模拟开关之间应加入射极跟随器。为了提高输入阻抗，降低输出阻抗，射极跟随器常常采用复合管，特别常采用互补型复合射极跟随器。模拟开关之后是高输入阻抗电路，由于模拟开关的插入损耗，切换后信号电压减小，为了保证输出信号幅度有1 V(p-p)，用深负反馈宽带放大器将信号放大，再经75 Ω输出匹配电路输出。有时为了简化电路，可使用把高输入阻抗电路、负反馈放大器和75 Ω输出匹配电路这三部分合为一体的负反馈放大器。

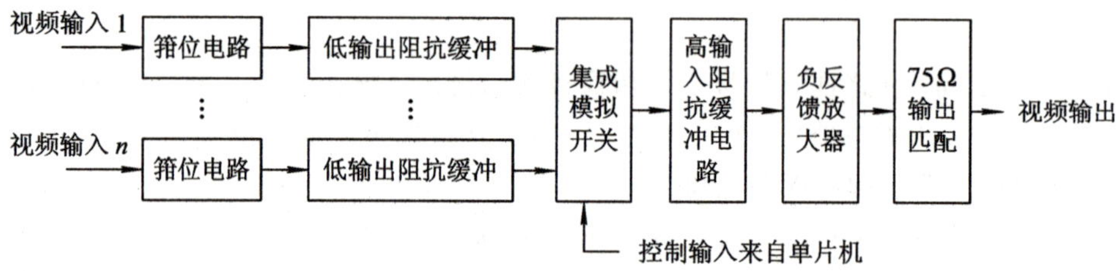

图5-16 集成模拟开关切换电路的方框图

3. 集成模拟开关切换实用电路

在视频切换电路中常用的是8选1模拟开关CD4051。图5-17是CD4051的引脚图。表5-1是CD4051真值表。如图所示IN0～IN7是8个输入脚，COM是公共输出端。相反，也可以将COM看成是公共输入端，IN0～IN7看做8个输出端。C、B、A(LSB)是二进制通道选择控制信号。INH是禁止端，当其为高电平时，8个通道全不导通。这4位控制信号一般由单片机锁存后输出，送到CD4051。图5-18是用CD4051进行视频切换的实用电路。图中，V_1、C_1、R_1组成箝位电路，将输入的视频信号同步电平箝位于固定的直流电位约4.7 V；V_2、V_3组成互补型射极跟随器，具有较低的输出阻抗；R_2、V_4是当整片CD4051都不选通时防止漏电流输出的电路。在这种情况下，-8 V电压通过R_2使V_5截止；V_6、V_7、V_8组成宽带深负反馈放大器，保证输出电压幅度是1 V(p-p)，其输出阻抗较低，可与75 Ω电缆匹配。当然V_6～V_8可用宽带视频运放来代替。

表 5－1　CD4051 真值表

输入状态				接通通道
INH	C	B	A	
0	0	0	0	0
0	0	0	1	1
0	0	1	0	2
0	0	1	1	3
0	1	0	0	4
0	1	0	1	5
0	1	1	0	6
0	1	1	1	7
1	×	×	×	均不通

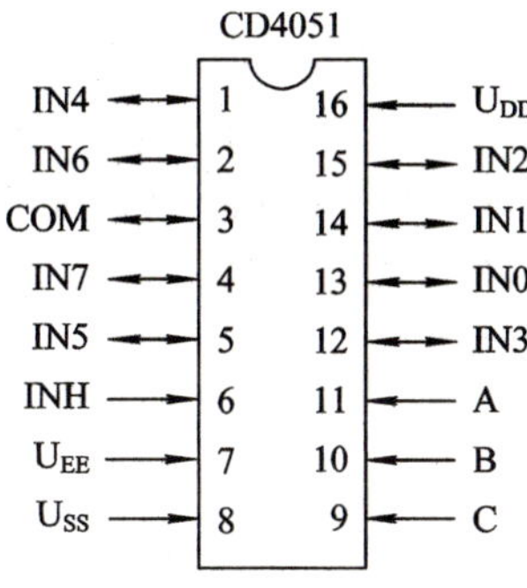

图 5－17　CD4051 的引脚图

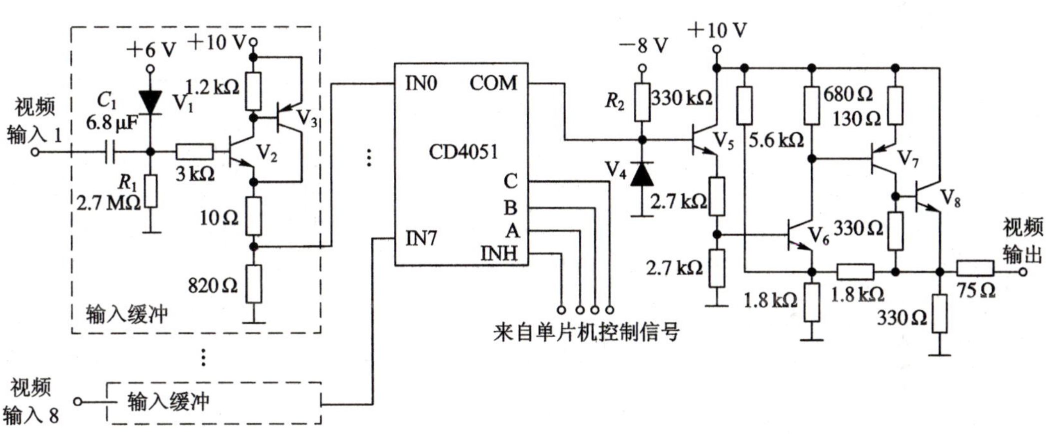

图 5－18　用 CD4051 进行视频切换的实用电路

除了上面介绍的 4000 系列集成模拟开关外，还有一种 74HC 系列集成模拟开关，典型的产品有 74HC4051、74HC4053 等。这些产品的电气性能与 4000 系列集成模拟开关类似，但电源电压可以用得比较低(5 V)，可传输信号的频率更高(100 MHz)，导通电阻更小(5～10 Ω)，但价格较高，当隔离度要求高时可以采用。这些产品从控制信号输入至模拟开关接通/断的延迟时间只有 65 ns 左右，常用作行内切换，如在行图像信号上叠加行同步信号和行消隐信号。

5.2.3　矩阵切换电路

近几年来，商业系统和宾馆等行业都将电视监控作为安全防范的主要手段。电视监控系统的规模不断扩大，少则有 10 来台摄像机，多则达几十台甚至上百台摄像机。为了随意地、灵活地选取所需的图像，视频信号切换器满足以下要求：

(1) 输入、输出的路数多。

(2) 可以进行任意切换，即任意一个输出端可以得到任意一个输入端提供的信号。

一般将具有上述两特点的切换器称为矩阵切换器。

1. 用 CMOS 模拟开关构成矩阵切换器

CD4067 是经常使用的 4000 系列集成模拟开关，除了是 16 选 1 开关外，其他性能与 CD4051 相同。故上述对 CD4051 的讨论也完全适用于 CD4067。图 5－19 是 CD4067 的引脚图，表 5－2 是 CD4067 的真值表。图 5－20 是用 16 片 CD4067 构成的 32×8 矩阵切换电路。

表 5－2 CD4067 真值表

输入状态					接通通道
INH	D	C	B	A	
0	0	0	0	0	0
0	0	0	0	1	1
0	0	0	1	0	2
0	0	0	1	1	3
0	0	1	0	0	4
0	0	1	0	1	5
0	0	1	1	0	6
0	0	1	1	1	7
0	1	0	0	0	8
0	1	0	0	1	9
0	1	0	1	0	10
0	1	0	1	1	11
0	1	1	0	0	12
0	1	1	0	1	13
0	1	1	1	0	14
0	1	1	1	1	15
1	×	×	×	×	不通

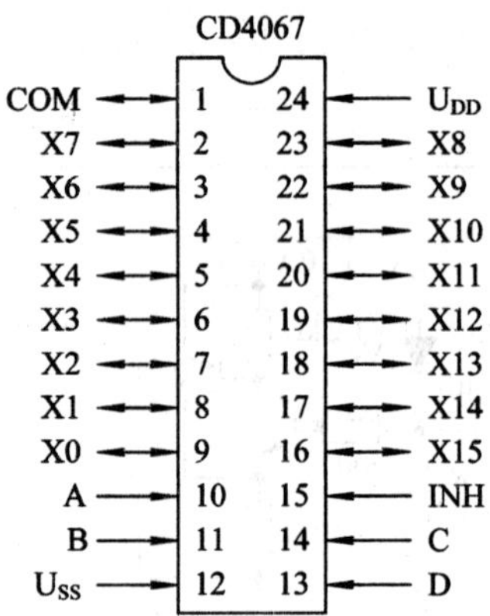

图 5－19 CD4067 的引脚图

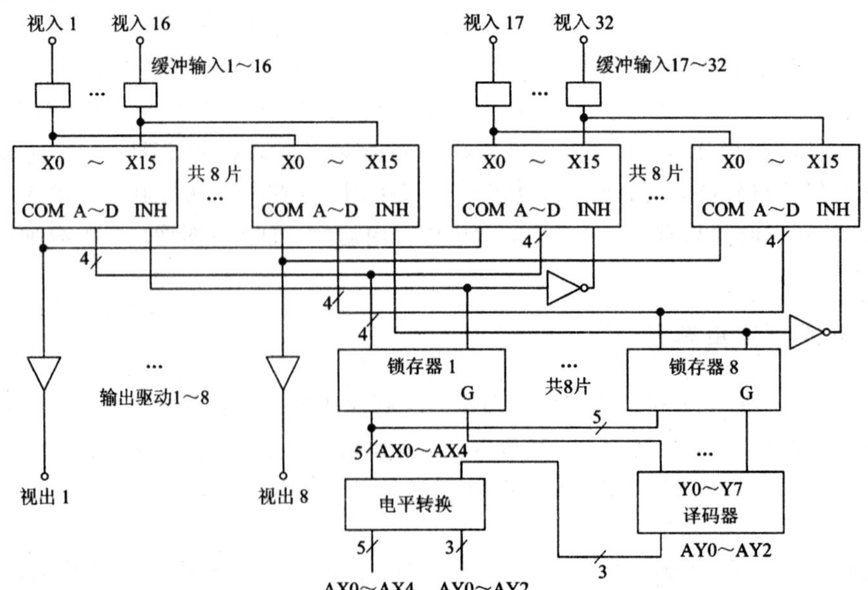

图 5－20 用 16 片 CD4067 构成的 32×8 矩阵切换电路

输入视频信号经过由箝位电路和射极跟随器组成的输入缓冲电路接到 CD4067 的输入端 X0～X15，左边一组 8 片 CD4067 对 1～16 路输入信号进行切换，右边一组 8 片 CD4067 对 17～32 路输入信号进行切换，两组中对应的两片 CD4067 的输出端(COM)并接在一起，经由负反馈放大器组成的 8 个输出驱动器输出以驱动 75 Ω 负载。来自单片机的输入编码 AX0～AX4 和输出编码 AY0～AY2 先进行电平转换以控制 U_{CC} 为 12 V 的 CD4067，AY0～AY2 经 3－8 译码器译码后的输出信号作为 8 个锁存器的锁存允许将 AX0～AX4 锁入锁存器 1～8中的一个。每个锁存器提供对应于某路输出的输出端相连的两片 CD4067 的切换控制信号，AX0～AX3 直接接到两片 CD4067 的 A～D，而 AX4 用作 CD4067 的禁止信号，当输入编码小于等于 16 时，AX4 为“0”，左边一片 CD4067 选通，右边一片被禁止(输出高阻)；当输入编码大于 16 时，AX4 为“1”，右边一片 CD4067 选通，左边一片被禁止。

CD4067 是中规模集成电路。当电视监控系统规模较大时，比如要从 64 路视频信号中切换出 16 路信号，要用 64 片 CD4067，16 片锁存器，加上译码器、反相器，一共要用上百片集成电路，电路过于复杂后易引起干扰、串扰。为了简化线路和降低能耗，规模较大的矩阵切换器可以采用交叉点矩阵开关。

2. 用 MT8816 构成矩阵切换器

MT8816 是加拿大 MITEL 公司的产品，原是为模拟程控交换机进行空分交换而研制的 16×8 交叉点矩阵开关，其导通电阻是 65 Ω，导通时能传输信号的 3 dB 带宽是 45 MHz，路间串话指标 10 MHz 时还有 45 dB，输入输出电容是 20 pF，开关传输延时是 30 ns，交流特性比用 CMOS 模拟开关好，可作视频切换用。

图 5－21 是 MT8816 的方框图。芯片由 7－128 地址译码器、控制锁存器和 16×8 交叉开关组成。CS 是片选信号，高电平有效；ST 是选通脉冲，选通脉冲允许行地址码 AX0～AX3、列地址码 AY0～AY2 经 7－128 译码器译码后的信号1～128 去控制相对应交叉点上的模拟开关导通或断开，从而实现相应行信号(X0～X15)与列信号(Y0～Y7)的接通或断开。DI 为导通或断开控制数据，DI 为高电平时，被选开关导通；DI 为低电平时，被选开关断开。RES 为复位信号，为高电平时将全部开关断开。

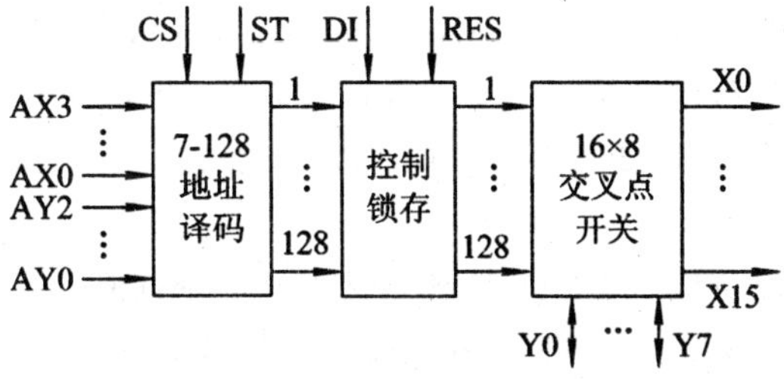

图 5－21　MT8816 方框图

图 5－22 是 MT8816 的引脚图。表 5－3 是 MT8816 的真值表。表的上半部是 0 列(Y0)与各行(X0～X15)接通的真值表，还有 1 列～7 列，若这样写下去，一共有 128 行，表格过于冗长，所以作了简化。表中“同上”表示原应有的与上半部相同的 16 行表格已经略去。

表 5-3 MT8816 真值表

AY2	AY1	AY0	AX3	AX2	AX1	AX0	接 通
0	0	0	0	0	0	0	X0-Y0
0	0	0	0	0	0	1	X1-Y0
0	0	0	0	0	1	0	X2-Y0
0	0	0	0	0	1	1	X3-Y0
0	0	0	0	1	0	0	X4-Y0
0	0	0	0	1	0	1	X5-Y0
0	0	0	0	1	1	0	X6-Y0
0	0	0	0	1	1	1	X7-Y0
0	0	0	1	0	0	0	X8-Y0
0	0	0	1	0	0	1	X9-Y0
0	0	0	1	0	1	0	X10-Y0
0	0	0	1	0	1	1	X11-Y0
0	0	0	1	1	0	0	X12-Y0
0	0	0	1	1	0	1	X13-Y0
0	0	0	1	1	1	0	X14-Y0
0	0	0	1	1	1	1	X15-Y0
0	0	1	同上				X0～X15-Y1
0	1	0	同上				X0～X15-Y2
0	1	1	同上				X0～X15-Y3
1	0	0	同上				X0～X15-Y4
1	0	1	同上				X0～X15-Y5
1	1	0	同上				X0～X15-Y6
1	1	1	同上				X0～X15-Y7

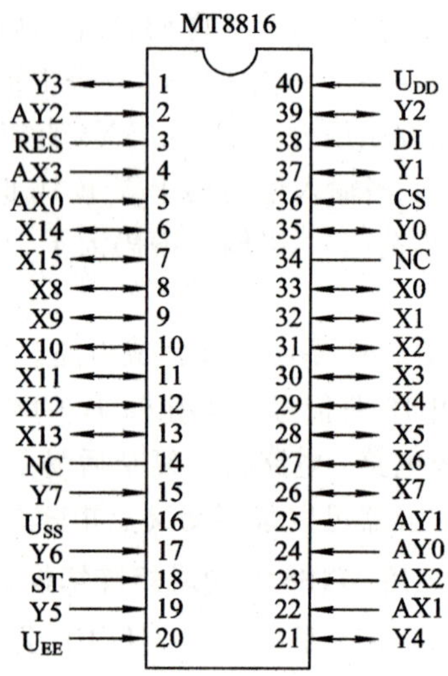

图 5-22 MT8816 的引脚图

图 5-23 是用 8 片 MT8816 构成的 64×16 矩阵切换电路，64 路视频输入分成 4 组，每组 16 路，分别通过输入缓冲电路接到 4 组 MT8816 的行线，每组两片 MT8816 输入端分别并接在一起，各组的左边一片 MT8816 输出端(列线)分别并接在一起成为 1～8 路输出，经驱动器驱动 75 Ω 负载，各组的右边一片 MT8816 列线也分别并接在一起成为 9～16 路输出。来自单片机的输入编码 AX0～AX5、输出编码 AY0～AY3 和控制信号 ST、DT、RES 先进行电平转换，然后将 AX0～AX3、AY0～AY2、ST、DI、RES 共 10 路信号直接接到各片 MT8816 的相应脚，将 AX5、AX4、AY3 经 3－8 译码后作为 8 片 MT8816 的片选。

单片机加电后先送复位信号 RES，使各交叉点开关全部断开，然后逐个接通需要接通的交叉点开关。因为芯片规定：在 ST 上升沿前地址信号必须进入稳定状态，在 ST 下降沿处数据 DI 输入也应该是稳定的，所以每接通一个交叉点开关，单片机应先发出视频输入编码号、视频输出编码号和 DI 数据，再发 ST 信号。

交叉点开关与常用的 *N* 选 1 开关不一样，CD4051、CD4067 等 *N* 选 1 开关的输出端只能接通 *N* 路输入信号中的一路，相当于 *N* 挡的互锁开关，*N* 选 1 开关控制出错时切换出来的图像与要求的不符，还是可看的图像；而交叉点开关的输出端有可能同时接通多个输入端相当于一组自锁开关，交叉点开关控制出错有可能使多路输入信号接通在一起，形成

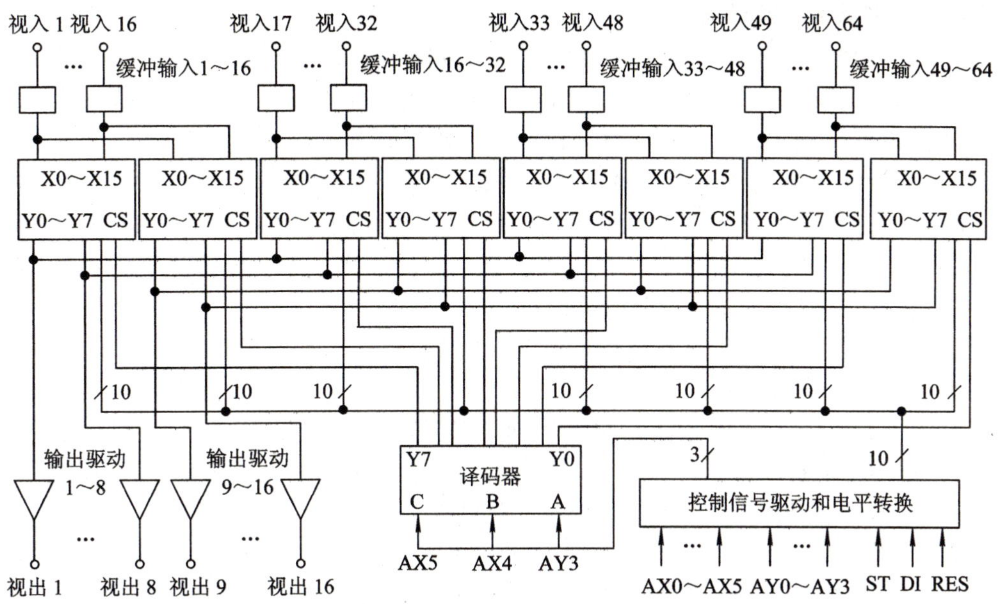

图 5－23 用 8 片 MT8816 构成的 64×16 矩阵切换电路

杂乱无章的使人厌恶的不可看画面。在用单片机控制交叉点矩阵开关时，应在 RAM 中，最好是 E^2PROM 中指定一块区域专门记录每一路输出的接通位置，每次控制切换时，必须首先将该路输出上次接通的交叉点开关断开，才能接通新的交叉点开关。为了可靠起见，断开的信号还应多次反复发送，以确保原接通的交叉点开关断开。

3. 防串扰措施

矩阵切换电路的主要技术指标是减少路间串扰。矩阵切换电路因为有多路视频信号输入，有多路视频信号输出，视频信号线往往拉得较长，还有印制板排列不当或机内走线不当等都会引起各路视频信号之间的串扰。要减少串扰的发生，工艺上必须注意：

(1) 印制板上的输入缓冲电路与输出驱动电路应尽量靠近后面板的 BNC 插座，与 BNC 插座连线短时可采用双绞线，连线长时要采用单芯屏蔽线或 SYV－75－2 电缆。

(2) 各输入缓冲电路之间应有明确的界线，周界应尽可能用地线框起来，每个缓冲电路都要单点接地，防止缓冲电路之间有公共阻抗引起串扰。

(3) 每一个缓冲电路电源上都要接瓷片滤波电容，每几个缓冲电路加 Γ 型去耦滤波，总电源要用较大容量电容进行滤波。

(4) 缓冲电路到 MT8816 的引线应尽量短。若信号线较长且平行走线，则应在信号线之间加起屏蔽作用的地线或直流线。为减短缓冲电路到 MT8816 的引线，可以将 MT8816 的列线(Y0～Y7)作为输入，行线(X0～X15)作为输出。

市场出售的矩阵切换机产品，有的采用 D 型插头座集中输入视频信号，输入线捆扎在一起，各路视频信号间容易产生串扰，引起图像质量下降。有的矩阵切换机产品，如 PELCO 和 AD 等公司的矩阵切换机，输入视频信号由 BNC 插座分别接入，信号间相互串扰小，输出的图像信噪比高，能保证整个系统的图像质量。

4. 其他交叉点矩阵开关

除了MITEL公司的产品，还有MAXIM公司的8×8交叉点矩阵开关MAX456和32×16交叉点矩阵开关MAX4358。MAX456在片内有输出缓冲器，输入/输出脚不能互换，不像MT8816既能行进列出，也可以列进行出，但MAX456输出直接接视频缓冲器MAX470后就能驱动75 Ω负载。MAX456还有串行输入控制信号功能。

MAX456的视频输入线和视频输出线分列在芯片的两边，且视频线引脚都由电源线或数字逻辑线引脚隔开，使视频信号在空间上有一定的隔离，为印制板设计带来很大的方便，可减少因印制板排列不当引起的串扰。

图5-24是MAX456的方框图，图5-25是MAX456的引脚图。SER/$\overline{\text{PAR}}$是串行/并行控制：当SER/$\overline{\text{PAR}}$=“1”时，芯片处于串行方式；当SER/$\overline{\text{PAR}}$=“0”时，芯片处于并行方式。D3～D0受SER/$\overline{\text{PAR}}$控制：当SER/$\overline{\text{PAR}}$=“1”时，D1变为多片级联串行输出，D0变为多片级联串行输入；当SER/$\overline{\text{PAR}}$=“0”时，D3～D0为并行数据位，这时若D3=“0”，D2～D0用于选择视频输入通道，若D3=“1”，D2～D0为控制码。A2～A0用于选择视频输出通道。IN7～IN0是视频输入。OUT7～OUT0是视频输出。LOAD是负载电阻控制脚：LOAD=“0”时，接通内部负载电阻；LOAD=“1”时，视频输出端应外接负载电阻。DGND为数字地，AGND为模拟地。当SER/$\overline{\text{PAR}}$=“1”时，$\overline{\text{WR}}$逐位写入串行数据；当SER/$\overline{\text{PAR}}$=“0”时，$\overline{\text{WR}}$将数据写入第一寄存器且数据在上升沿被锁存。EDGE/$\overline{\text{LEVEL}}$控制LATCH是边沿锁存还是电平锁存：当EDGE/$\overline{\text{LEVEL}}$=“1”时，在LATCH的上升沿数据从第一寄存器转入第二寄存器；当EDGE/$\overline{\text{LEVEL}}$=“0”时，若LATCH=“0”，数据写入第二寄存器。

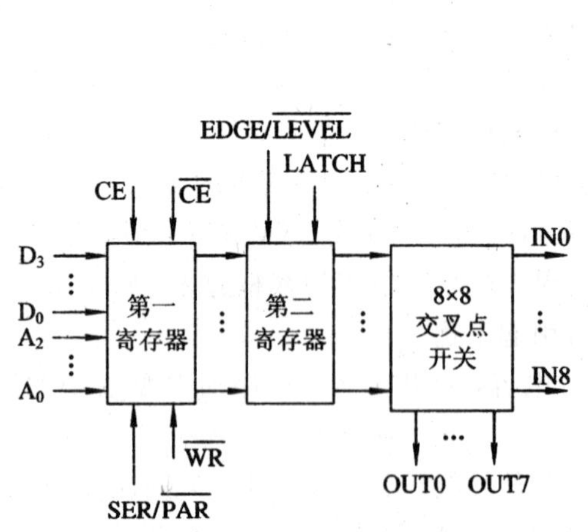

图5-24 MAX456方框图

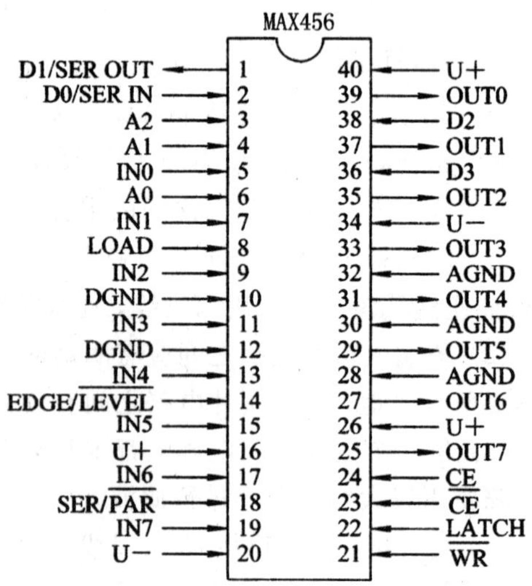

图5-25 MAX456的引脚图

MAXIM公司类似的芯片还有MAX4358，是32(输入)×16(输出)的矩阵开关，带有输入、输出缓冲器，带有16路OSD插入接口。

5. 矩阵切换设备的分类和分级

1）分类

矩阵切换设备按功能分为基本型、增强型、扩展型三类。矩阵切换设备分类应符合表

5－4 的功能要求。

表 5－4 矩阵切换设备功能指标要求

产品功能	基本型	增强型	扩展型
视频手动切换功能	√	√	√
视频群组切换功能	√	√	√
视频巡视切换功能	√	√	√
屏幕字符显示功能	√	√	√
前端设备控制功能	√	√	√
信息自动存储功能	√	√	√
报警联动功能	√	√	√
报警信号检测功能		√	√
报警事件记录功能		√	√
视频丢失报警功能		√	√
音频同步切换功能		√	√
矩阵级联功能		√	√
数字视频输出功能			√
矩阵联网功能			√

2）分级

矩阵切换设备按规模分为三级：一级为输入路数不大于 64 路，输出路数不大于 16 路；二级为输入路数不大于 256 路，输出路数不大于 32 路；三级为输入路数大于 256 路，输出路数大于 32 路。表 5－5 是矩阵切换设备性能参数指标要求。

表 5－5 矩阵切换设备性能参数指标要求

序号	性能项目	单位	指标要求
1	输入信号(75 Ω 正极性)	V_{P-P}	白电平峰值：0.7±0.14 同步脉冲：$-0.3^{+0.05}_{-0.01}$ 色同步峰值：$0.3^{+0.20}_{-0.05}$
2	输出信号(75 Ω 正极性)	V_{P-P}	白电平峰值：0.7±0.14 同步脉冲：$-0.3^{+0.05}_{-0.01}$ 色同步峰值：$0.3^{+0.20}_{-0.05}$
3	输入阻抗	Ω	75±3.75
4	输出阻抗	Ω	75±3.75
5	信号噪声比	dB	≥50
6	视频通道带宽	Hz	≥8M

续表

序号	性能项目	单位	指标要求
7	插入增益	dB	±0.5
8	微分增益(DG)	%	≤2
9	微分相位(DP)	°	≤2
10	相邻通道串扰	dB	≥-55
11	相邻通道隔离度	dB	≥46
12	场时间波形失真 K50	%	≤2
13	切换时间	ms	≤24

5.2.4 同步切换电路

在应用电视系统中，为了减少费用，一般不要求摄像机同步锁相，来自各个摄像机的视频信号是不同步的。当监视器对某一视频信号同步时，突然切换到另一视频信号，监视器会出现短暂的场不同步。这是因为行不同步后恢复到正常的同步状态所需时间很短，不易被察觉，而场不同步后恢复到正常的同步状态所需时间较长。当两视频信号的场同步相隔接近 20 ms 时，图像只是轻微的抖动；当两视频信号的场同步相隔过近或过远时，图像会出现上下翻滚。

在视频切换比较频繁的场合，这种跳动和翻滚会使人感到厌烦和视觉疲劳。这时，需将摄像机进行同步锁相，常用的方法有电源同步和外同步。

1. 电源同步

电源同步也称电源锁相(LINE LOCK)，是以交流电源频率作为场扫描频率。主要优点是经济有效，且串入视频信号的交流电源噪波在图像上不会出现明显的干扰。当摄像机或其传输线靠近电力变压器和电力线时，视频信号易受电源噪波干扰，在这类场合采用电源同步能取得特别良好的效果。

中等以上质量摄像机都有电源同步功能，使用时将同步开关拨向有“LL”标志一端，用双线示波器可观察到视频输出信号的场同步脉冲前沿与交流电源波形上升过零点一致；若不一致，可对调摄像机的两根交流电源线或调整相应的电位器使其一致。

当所有的摄像机都使用同一相交流电源供电，且作好上述调整后，各摄像机就完成了电源锁相，监视器观察电源锁相的摄像机间的图像切换，不应产生跳动或翻滚。若能在场消隐期间进行场逆程切换，则效果更佳。

当摄像机没有电源同步功能而想进行电源锁相时，可采用图 5 - 26 所示的附加电路来控制摄像机内的同步信号发生器，以达到电源锁相的目的。

在图 5 - 26 中，CD4538 是双单稳触发器。其中，第一个单稳 A 接 Q，组成下降沿触发的不可重触发单稳，由 B 输入交流电源信号，在 $\overline{Q}$ 反输出脉冲如图 5 - 27 所示，形成宽度由$(R_1+R_2)C_1$ 决定的负脉冲；第二个单稳 B 接 $\overline{Q}$，组成上升沿触发的不可重触发单稳，以 1Q 脉冲后沿形成一个宽度由 R_3、C_2 决定的正脉冲，调整 R_2 可使该脉冲对准交流电源的上升过零点，该脉冲对 C_3 充电波形见图 5 - 27，由场同步脉冲对该波形进行取样，场同步

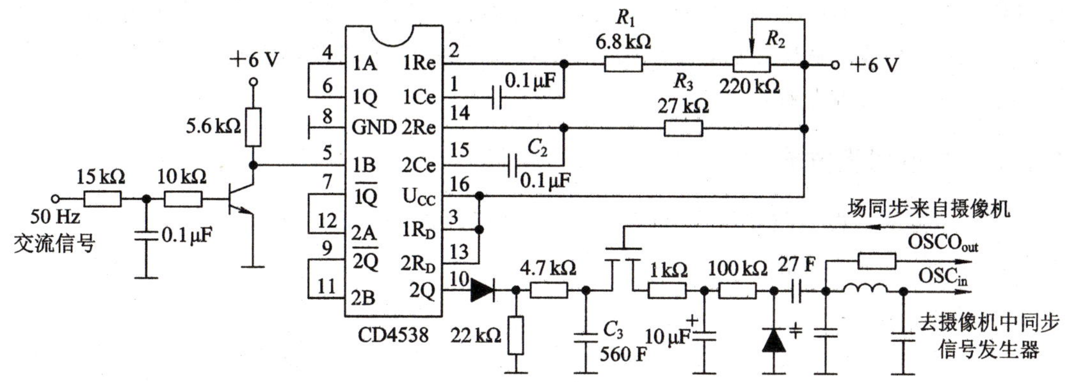

图 5-26 摄像机电源同步的附加电路

脉冲超前电源上升过零点时，取到的电压为负；当场同步脉冲滞后于电源上升过零点时，取到的电压为正，将这个取到的电压加到变容二极管上去控制摄像机同步信号发生器的基准振荡器，以改变基准频率，使同步信号发生器输出的场同步脉冲与电源锁相。

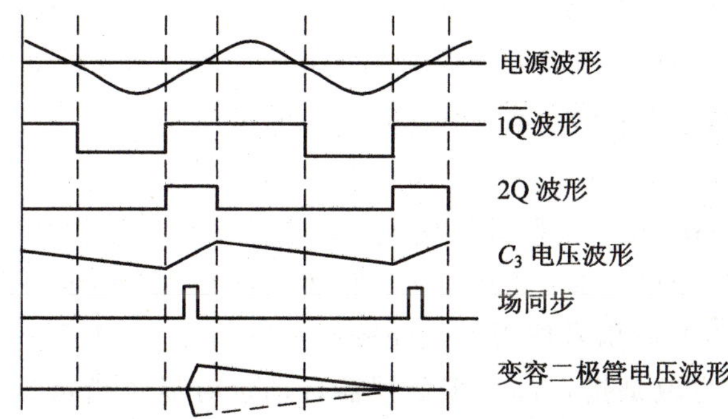

图 5-27 电源同步附加电路有关波形

2. 外同步

外同步是指摄像机中的同步信号发生器受控于外来视频信号的方式，也称为台从锁相(GEN LOCK)。这里外来的视频信号是指摄像机和其他输出标准视频信号的设备。家用录像机的视频输出信号不能用作锁相的基准源，因为在家用录像机的录入过程中，会形成视频信号时间轴的变动，家用录像机只校正色度信号副载波，而未校正视频信号。台从锁相时，先从外来全电视信号中分离出行、场同步信号和副载波信号，然后将此副载波与本地副载波进行相位比较，取得一个控制电平加到基准振荡器(常是4倍副载波频率)的变容二极管上，以改变基准振荡器的频率，先达到副载波锁相。因为摄像机的同步信号发生器使副载频与行频之间有着确定的关系，所以副载波锁相后，行频就一致了，但可能相位不同，外来行同步信号还要与本地行同步进行相位比较后，再进行锁相。同样，摄像机的同步信号发生器也保证行频与场频之间的固定关系，行锁相后，场频也一致了，只可能相位不同，用外来场同步信号对同步信号发生器的场计数器进行强制复位。因为外来的全电视信号副载频、行频、场频之间有固定的关系，所以台从锁相的摄像机输出的全电视信号是标准的隔行扫描的全电视信号。

当多根视频电缆长距离平行走线或印制板布线不当引起视频间串扰时，串入的干扰图像虽然幅度不大，但由于与主图像不同步，可以看出模糊的干扰图像在按差拍滚动，令人讨厌。电源锁相或台从锁相后，视频信号同步，串入的干扰图像幅度还是这样大，但因为图像不滚动，不易被觉察，主观感觉要好得多。

5.2.5 常用切换方式

前面介绍的切换电路在单片机的控制下能进行各种各样的切换。最常用的切换方式是固定切换、巡视切换和群组切换三种。

1. 固定切换

固定切换(switching)也称手动切换，是通过手动操作来实现单点视频切换的功能。它是将某一路输入视频信号固定连接到某一路视频输出端，也就是指定监视器固定显示指定摄像机的图像，直至接到另一键盘命令。

2. 巡视切换

巡视切换(tour switching)也称自动定时切换或顺序切换，是通过一组视频信号按设定的顺序在指定视频输出上实现逐一显示的功能，它是将若干路输入视频信号按指定顺序、指定时间(一般为 1～30 秒)轮流连接到某一路视频输出端，也就是指定监视器自动定时显示指定的一组摄像机的图像，周而复始直至接到另一键盘命令。

3. 群组切换

群组切换(sano switching)也称成组切换，是通过多个选定的视频输入来实现同时切换到多个选定的视频输出的功能，用户可自行设置切换序列中显示的视频图像和保持的时间。即若干($m \times n$)输入视频信号按指定顺序按指定时间(一般为 1～30 秒)轮流连接到若干路(n)视频输出端，也就是指定的一组监视器自动定时显示指定的一组摄像机的图像，经 m 次切换后周而复始，直至接到另一键盘命令，一组监视器显示的画面是同时切换的，让人感觉整齐、有条不紊。

思考题和习题

5-1 用 MAX470 设计视频信号四分配器。

5-2 用三片 MAX467 设计双路视频信号四分配器。

5-3 参照图 5-10，设计 16 选 1 继电器切换电路。

5-4 参照图 5-18，设计用模拟开关 CD4051 的 32 选 1 切换电路(提示：增加一片 2—4 译码器)。

5-5 参照图 5-20，设计用模拟开关 CD4067 的 64 选 4 切换电路。

5-6 参照图 5-23，设计用 MT8816 的 Y0～Y7 作输入端、X0～X15 作输出端的 64 选 16 切换电路。

5-7 要组成 128 选 64 切换电路，需用多少片 MT8816？若改用 CD4067 需用多少片？各需多少译码器、锁存器和电平转换电路？

5-8 用 MAX456 和 MAX470 设计 32 选 16 切换电路。

第 6 章　视频附加信息的产生与叠加

应用电视系统中，如果控制器切换的视频信号较多，操作者很难快速判别某一图像来自何处，这时需要在图像上叠加代表摄像机号的数字或一些字符和图形。在报警时应该录像存档，图像上除了叠加代表地点的信息，还要叠加上日期和时间，以便将来分辨和查找。先进的设备应具有屏幕选单功能，当设置功能或参数时，在屏幕上显示选单和提示，操作者使用起来非常方便。

6.1　字符和图形的显示原理

字符通常是指数字、字母、常用符号等由 ASCII 码（American Standard Code for Information Interchange，美国信息交换标准代码，现被采用为国际标准）表示的符号。字符是图形中的一个特殊部分，汉字也是图形中的一个特殊部分。

6.1.1　字符和图形产生的方法

要显示的字符和图形是由点阵组成的。图 6－1 是字符“5K”的点阵，图形的点阵数据一般放在 ROM 中，而字符的点阵数据有一种专用的 ROM——字符发生器。

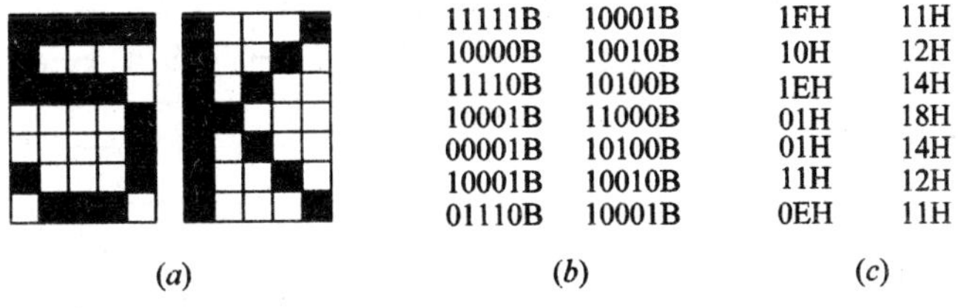

图 6－1　字符“5K”的点阵形式和数据

(*a*) 点阵形式；(*b*) 二进制数据；(*c*) 十六进制数据

1. 字符发生器

字符发生器是一种专用 ROM，里面存放着最常用字符的点阵数据。字符点阵有 5×7、7×9、12×16 等格式。这里以 5×7 点阵为例，垂直方向上 7 点，水平方向上 5 点，如图 6－1(*a*)所示是字符“5K”的点阵。图 6－1(*b*)是字符“5K”的二进制数据，图 6－1(*c*)是字符“5K”的十六进制数据。字符发生器用 10 位地址寻址，其中地址的高七位应输入字符的 ASCII 码，字符地址的低三位输入字符点阵的行数，输入 10 位地址后便能输出五位数据，是指定的 ASCII 字符在指定行的点阵数据。如当字符发生器的高七位地址输入 35H(字符“5”的 ASCII 码)，低三位地址输入 2H，应该输出 1EH，就是字符“5”的第三行数据。又如，当字符发生器高七位地址输入 4BH（字符“K”的 ASCII 码）、低三位地址输入 4H 时，字符发生器应该输出 14H，即字符“K”的第五位行数据(参看图 6-1 (*c*))。

常用的字符发生器有 MK36000、MCM6670P 等。有的字符发生器较特殊，如包含并/串转换电路的 8678(64 个字符，没有小写字母)和 MN1217A(10 个数字)。特殊的字符发生器的字符编码往往是特殊的，不是 ASCII 码。

2. 用 EPROM 存储字符和图形点阵数据

字符发生器是专用 ROM，使用方便，但其数据是固定的 100 来个字符的点阵，在 CRT 终端和国外用得较多。在国内的应用电视系统中，往往不仅要显示数字和字母，还要显示汉字等图形，所以常用 EPROM 存储字符和图形的点阵数据。EPROM 中的图形点阵安排由电路设计者自己决定，因而具有更大的灵活性，在电路设计中能为各种形式的字符和图形叠加器提供字符和图形的点阵数据。

6.1.2 字符和图形在监视器上显示

字符发生器或 EPROM 中的点阵数据告诉我们，一些字符和图形是由怎样的点阵组成的，字符和图形要显示在监视器屏幕上，就必须在全电视信号的恰当位置叠加上这些点阵数据脉冲。能将字符和图形点阵脉冲叠加在全电视信号上，使监视器屏幕上产生附加信息的设备叫字符图形叠加器。字符图形叠加器中总是包含有字符发生器或写有字符、图形点阵数据的 EPROM。

只有当点阵数据脉冲与行同步脉冲相关时，即各行中同一位置的点阵脉冲滞后于该行行同步脉冲一个固定时间时，字符图形显示在监视器上才能稳定。所以字符图形叠加器中常用延迟、调整宽度后的行同步脉冲控制点阵振荡器。例如，要在监视器屏幕右下方产生如图 6-1 所示的字符“5K”，字符叠加器的方框图如图 6-2 所示。

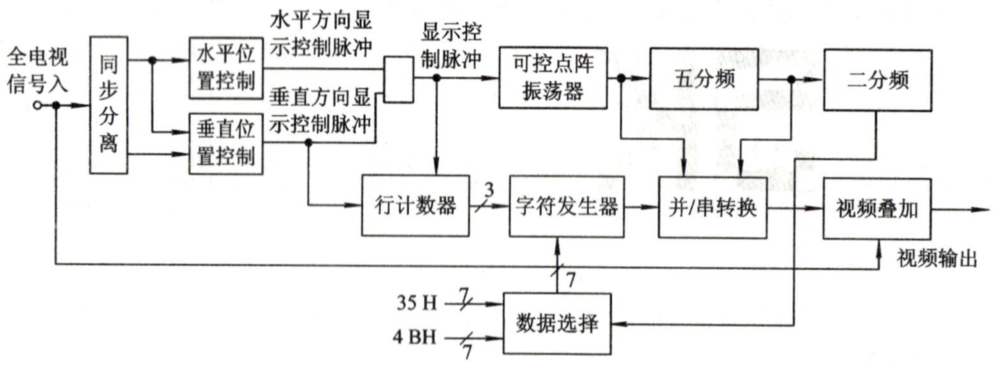

图 6-2 在图像上叠加两个字符的叠加器方框图

字符点阵脉冲要在监视器上稳定显示，必须以场、行同步信号为基准，所以首先用同步分离电路从全电视信号中分离场、行同步信号。

水平位置控制电路决定字符在监视器上的水平位置与宽度。往往是将行同步信号进行延迟、调整宽度，产生水平方向显示控制脉冲，该脉冲的宽度就是字符点阵水平方向的总长度，等于每一个点的时间 t_0 乘以一行内的总点数。该脉冲对行同步脉冲的延迟时间决定字符点阵在监视器屏幕上的水平位置，当把字符点阵调到屏幕最右边时，延迟时间正好是行正程时间 52 μs 减去水平方向显示控制脉冲的宽度，是水平方向显示控制脉冲对行同步脉冲延迟时间的最大值。

垂直位置控制电路决定字符在监视器屏幕上的哪几行出现。这里不能采用把场同步脉冲进行延迟、调整宽度的方法。因为垂直方向延迟时间比较长，延迟电路的误差比较大。比如，要延迟 10 ms，误差是千分之五，则误差会达到 50 μs，相当于一行，这样容易引起字符的"跳行"。所以最好的办法是在每一场内对行进行计数，从 n 行开始到 $n+7$ 行结束，产生一个正脉冲，作为垂直方向显示控制脉冲。

将水平方向显示控制脉冲和垂直方向显示控制脉冲相"与"得到显示控制脉冲。在这显示控制脉冲有效的时间内产生要叠加的字符点阵脉冲。

显示控制脉冲去控制一个可控振荡器，显示控制脉冲有效时，振荡器起振；显示控制脉冲无效时，振荡器停止振荡。振荡器的周期就是点的宽度。

因为字符发生器是并行输出，显示时应将并行信号转换成串行信号，所以用一个并/串转换电路，点阵振荡器的输出作为并/串转换的时钟。如果并/串转换的并行输入全部是高电平时，串行输出也全部是高电平，将该串行输出信号与原全电视信号在叠加电路叠加后输出到监视器，监视器屏幕上显示的将是在原有图像上叠加上一个白色的矩形；假如并/串转换电路的并行输入来自字符发生器时，监视器屏幕上显示的将是在原有图像上叠加指定的字符。

在垂直方向显示控制脉冲有效的时间内，行计数器对显示控制脉冲进行计数，提供字符发生器行地址。五分频器(这里字符点阵规格是 5×7，若字符点阵是 8×16，则应为八分频器)对点阵振荡器的输出，也就是并/串转换电路的时钟计数，每计数到 5，向二分频器(这里一行只显示两个字符，若一行显示 6 个字符，则应为 6 分频器)发一个脉冲，表示进入下一个字符，该脉冲又送到并/串转换的并入控制，表示字符发生器又将输出并行信号。二分频器实际上是每行的字符序数计数。每行中的前 5 个点时，二分频器输出低电平，数据选择电路选取 35H 作为字符发生器的 ASCII 码地址，字符发生器输出字符"5"的数据，每一行中的后 5 个点时，二分频器输出高电平，数据选择电路选取 4BH 作为字符发生器的 ASCII 码地址，字符发生器输出字符"K"的数据。这里 ASCII 码 35H 和 4BH 可由 7 位拨动开关给出，若要显示其他字符，只要重拨开关，使其输出其他字符的 ASCII 码即可。

若要使字符之间具有间隔，上述五分频器可改成六～八分频器(视所需间隔的大小而定)。同时并/串转换的高三位并入信号应接到低电平。

显示的过程是这样的：在第 n 行，开始产生显示脉冲，行计数为 0，前 5 个点阵显示字符"5"的第一行数据 1FH，后 5 个点阵显示字符"K"的第一行数据 11H；再是第 $n+1$ 行，行计数为 1，前 5 个点阵显示字符"5"的第二行数据 10H，后 5 个点阵显示字符"K"的第二行数据 12H……如此类推，显示完七行数据。

上面从原理上介绍了字符叠加器的基本组成，这种字符叠加器只能显示预先指定的字符，在需要根据现场信息显示若干数据的场合，比如日期、时间、车牌号码、温度、一氧化碳的浓度等现场信息的显示，就要求在字符叠加器中引入单片机。图 6 - 3 是一种能叠加现场信息的字符叠加器的方框图。

输入视频信号经同步分离电路分离出场、行同步脉冲，场同步脉冲接到单片机的中断输入，在场消隐期间，单片机取得附加信息，这里以计时电路中的时间信息为例，也可以

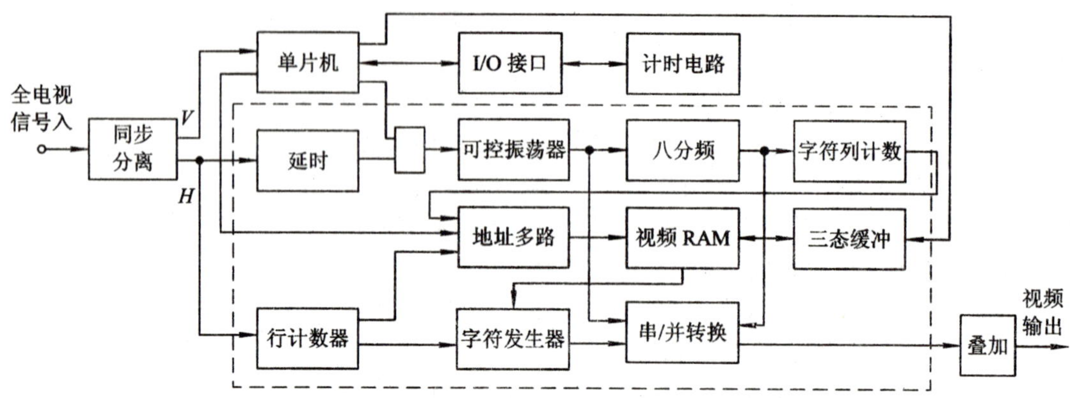

图 6-3 能叠加现场信息的字符叠加器方框图

是通过 A/D 转换器取得的以电压、电流形式出现的其他现场信息，再将应显示的字符编码，通过地址多路选择器、三态缓冲器送入视频 RAM，字符显示的水平位置控制脉冲由行同步脉冲延迟、调整宽度形成，字符显示的垂直位置控制脉冲由单片机对行同步脉冲计数后输出，两者相“与”后去控制可控振荡器输出点阵脉冲，点阵脉冲被八分频后作为字符列的计数(这里假设字符点阵是 8 列)。行同步计数的高位作为字符行的计数。

字符行、字符列的计数值作为地址由地址多路选择器送入视频 RAM。视频 RAM 中相应的数据，即字符编码送到字符发生器，字符发生器根据字符编码和扫描行数(行同步计数的低位)输出并行字符点阵，经过并/串转换后送到叠加电路叠加在视频信号的预定位置。

6.1.3 字符图形叠加器的插入方式

在应用电视系统中，字符图形叠加器有两种插入方式。

一种方式是在摄像机和控制器之间插入字符图形叠加器。这时，要求叠加的地点信息内容是不变的，其电路较简单。如果能将字符图形叠加器做成插卡的形式放在摄像机内部则更好，可以直接利用摄像机内的场、行同步信号，省去同步分离电路。这种插入方式的缺点是每个摄像机需要一个字符叠加器，叠加器的数目很多。

另一种方式是在控制器和监视器之间插入字符图形叠加器。这时，要求控制器把图像切换的切换控制码同时也送到叠加器，叠加器根据切换的情况，给不同的视频信号叠加上相对应的地点信息。这在电路上并不复杂多少，但可使字符图形叠加器的数目减少，只需要每个监视器配一个字符图形叠加器。这种插入方式时叠加器需要控制器的切换码，所以常常将字符图形叠加器置于控制器内部或附近。

例如，10 台摄像机的视频信号，经控制器切换到两台监视器显示。若在摄像机与控制器之间插入字符图形叠加器就需要 10 台叠加器，而在控制器和监视器之间插入仅需 2 台字符图形叠加器。所以，在实际应用中经常是在控制器与监视器之间插入字符图形叠加器。

这里先假定要叠加的是地点信息，如果需要对摄像机处的现场信息进行数据采集和叠加就另作别论。

6.2　简易字符叠加器

6.2.1　简易字符叠加器基本原理

图 6-4 是一种简单实用的全屏幕显示字符的字符叠加器方框图。为了便于显示汉字，这里没有用字符发生器，而用 EPROM 来存储点阵信息，又利用 EPROM 容量大的特点，进行全屏幕显示，省去了水平位置控制和垂直位置控制两部分电路，直接用行同步脉冲控制点阵振荡器。

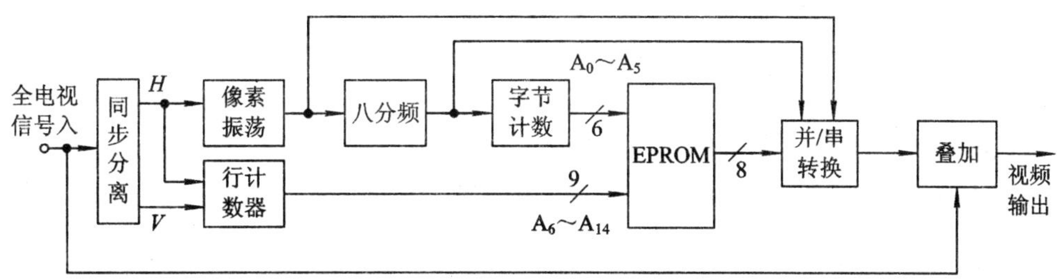

图 6-4　全屏幕显示字符的字符叠加器方框图

场、行同步脉冲是字符显示的基准，所以输入视频信号先经同步分离电路分离出场、行同步脉冲。行同步脉冲控制像素振荡器在行扫描正程时振荡，在行同步脉冲期间停止振荡。振荡器的周期就是像素的宽度。EPROM 中的点阵数据是 8 位并行输出，故输出数据送到并/串转换电路转换成串行信号后与输入视频信号在叠加电路中叠加成带字符的电视信号。像素振荡器的输出作为并/串转换电路的时钟，并由八分频电路对其计数，每当计数满 8，发脉冲给并/串转换电路，指示将有并行信号送入。八分频后的频率是送字节数据的频率，由字节计数器对其计数。像素振荡器的频率一般在 8 MHz 左右，行扫描正程期间的字节计数值小于 64，所以字节计数器是 6 位二进制计数器。行计数器由场同步脉冲复位，对行同步脉冲进行计数，计数值小于 312，所以行计数器是 9 位二进制计数器。字节计数值 6 位，行计数值 9 位作为 EPROM 的地址，可用容量在 32 K 字节以上的 EPROM。EPROM 内的点阵数据对应于全屏幕的显示，所以只要在 EPROM 中的特定位置写入某个字符的点阵，就可以在屏幕上任意位置显示该字符。

6.2.2　简易字符叠加器的实用电路

1. 硬件构成

图 6-5 是这种全屏幕显示字符的字符叠加器实用电路。D0 是同步分离电路 LM1881，只要附加一个电阻一个电容，就可以从输入全电视信号中分离出负极性的行、场同步信号，类似的产品还有 EL4583 等。D1 是与非电路 74LS00，组成像素振荡器。D2 是 CMOS 12 位二进制计数器 CD4040，其工作频率虽较低，但用作行计数器是完全可以的，其输出能带两个 TTL 负载，可以直接接到 EPROM 的地址线，因为行数是 312，所以只用 9 位输出。D3 是可预置数 4 位二进制计数器 74LS161，其预置数端 D～A 的电平接成“1000”，计数器计数到 16 后，得到溢出信号 TC，反相成为$\overline{TC}$后，送到置数端$\overline{LD}$，令计数器从 8 开始

计数，所以 D3 实际上是八分频计数器，点阵脉冲由 D3 进行八分频后，成为字节计数脉冲；$\overline{TC}$还送到 D6 作为并行数据输入指示。D4 是双 4 位二进制计数器 74LS393，作为字节计数用，点阵脉冲频率一般在 8 MHz 以下，字节计数脉冲频率则在 1 MHz 以下，行周期为 64 μs 减去行同步脉冲宽度 4 μs，还有 60 μs 是点阵振荡器的时间，约有字节计数脉冲 60 个左右，二进制编码不会超过 6 位，所以 D4 接成 6 位二进制计数器，其输出作为 EPROM的地址。D5 是 64 K 字节 EPROM 27C512，根据上面分析，行计数 9 位，字节计数 6 位，只需要 32 K 字节的 EPROM 就够了，这里用 27C512 是因为购买这种 EPROM 比较方便。另外，多出一位最高地址 A15 可以由其他电路控制输出两种不同的字符图形，或者可以将 A15 接“0”。D6 是并/串转换电路 74LS166，将 D5 输出的并行数据转换成串行，按点阵脉冲的频率输出串行字符图形点阵数据。至于 EPROM 某一地址字符图形数据在屏幕上的确切位置，还与点阵脉冲振荡器的频率以及行、场同步分离的延迟等多种因素有关。在电路确定后，根据屏幕显示的情况做出调整，同一线路、同一 EPROM 地址的数据总是显示于监视器上固定的位置。

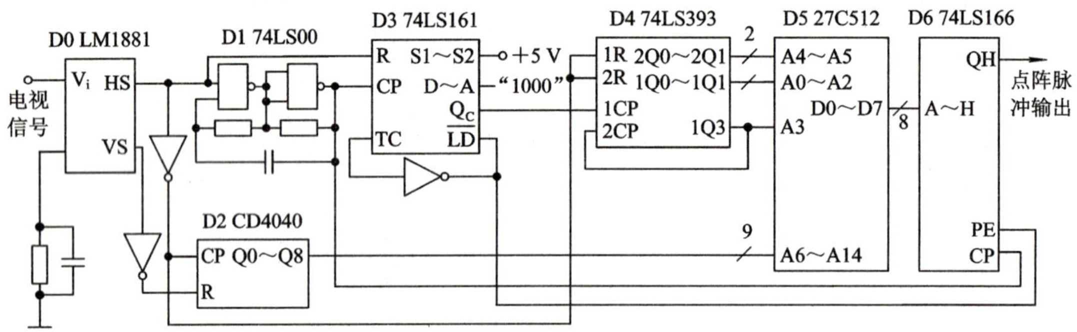

图 6-5 全屏幕显示字符叠加器实用电路

$m \times n$ 点阵的汉字，在对角线尺寸为 d、宽高比为 4∶3 的监视器显示的宽度 W 和高度 H：

$$W = \frac{4kdmT_0}{5T_F} \quad (\text{mm}) \tag{6-1}$$

$$H = \frac{3kdn}{5N} \quad (\text{mm}) \tag{6-2}$$

式中：

k 为修正系数，对于欠扫描的监视器为 0.9，对于过扫描的电视机为 1.1～1.2；

d 为监视器对角线尺寸，如 508 mm(20 英寸)，533 mm(21 英寸)，735 mm(29 英寸)；

T_0 为像素振荡器周期，单位 μs；

T_F 为行扫描正程时间 52 μs；

N 为扫描行数，对于隔行扫描为 312，逐行扫描为 625。

例 像素振荡器频率为 8 MHz，16×16 点阵的汉字在 20″ 彩电上显示的尺寸是：

$$W = \frac{4 \times 1.2 \times 508 \times 16 \times 0.125}{5 \times 52} = 18 \text{ mm}$$

$$H = \frac{3 \times 1.2 \times 508 \times 16}{5 \times 312} = 18.7 \text{ mm}$$

2. 辅助软件

从汉字库中取出要显示的字符的点阵，按其在屏幕上位置排列好后写入EPROM是一项很繁琐的工作，必须编写辅助软件用来将字符点阵写入EPROM。程序的关键是取到第 n 个汉字的点阵数据后映射到EPROM点阵文件的何处。假如取到的汉字点阵数据是按先列后行的顺序排列的，则第 n 个汉字的第 i 个字节的数据应按下式送到EPROM点阵文件的第 j 个字节。

$$j = i\%m + 64\left(\frac{i}{m}\right) + mn \qquad (6-3)$$

式中：

m 是汉字点阵每行字节数，

当选定 16×16 点阵格式时，$m=2$；

当选定 24×24 点阵格式时，$m=3$；

当选定 32×32 点阵格式时，$m=4$。

%代表模除，$i\%m$ 是 m 除 i 后的余数。

/代表整除，i/m 代表是字符的第几(0～$8m-1$)行。

64 是每行字节数。

图 6－6 是辅助软件流程图。

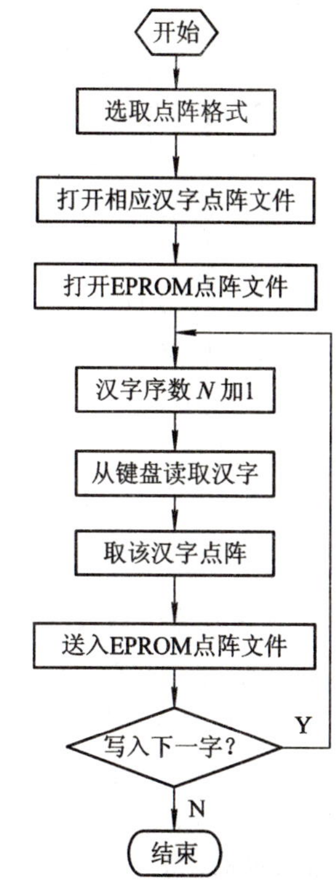

图 6－6　辅助软件流程图

6.2.3　简易字符叠加器的其他形式

1. 由切换控制码改变字符的字符叠加器

上述字符叠加器在摄像机与控制器之间插入，每个摄像机配一个字符叠加器，当摄像机数目较多时需要很多字符叠加器。另一种办法是在控制器与监视器之间插入字符叠加器，这时要求控制器把切换控制码送到字符叠加器，叠加器根据切换控制码，给不同的视频信号叠加上与其相对应的地点信息。这样使字符叠加器的数目减少，只需切换后的每路视频输出，即每个监视器配一个字符叠加器。

选用较大容量的 EPROM，将切换控制码也作为其地址就能达到这个目的。比如，16 选 1 的切换器所配的字符叠加器，只要选 32 K×16＝512 K 的 EPROM ，27C040 就可以了，它比 32 K 的 EPROM 多出 4 根地址线，控制器送来的 4 位切换码直接接到这 4 根地址线上。

前面所述的字符叠加器都是全屏幕显示字符，所需的 EPROM 容量较大。多数情况下只在屏幕的下部显示字符，这时可采用容量较小的 EPROM，从而降低叠加器的成本。

图 6－7 是只在屏幕下部显示字符的字符叠加器的方框图。它只在 256～312 行显示字符。行计数器 CD4040 计数到 256 后 Q8 为“1”，所以就用 Q8 信号反相后接到 EPROM 的输出允许端 $\overline{OE}$，小于 256 行时不允许 EPROM 输出。312 行－256 行＝56 行，行计数值小于 6 位，EPROM 只需 6 根地址线 A6～A11 接行计数器的 Q0～Q5。这种字符叠加器采用 27C512 就能与 16 选 1 的控制器配合显示字符，采用 27C040 能与 128 选 1 的控制器配合显示字符。

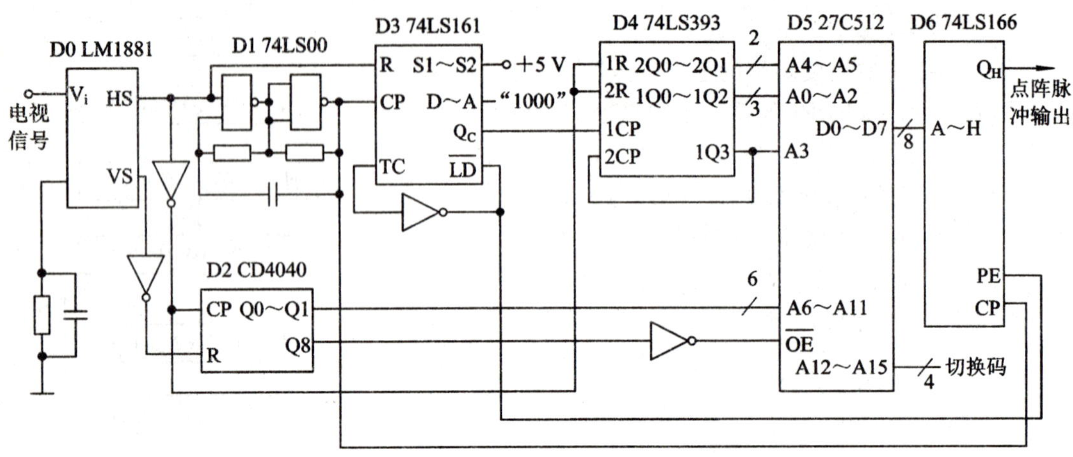

图 6-7 由切换码改变字符的字符叠加器实用电路

2. 用拨动开关改变字符的字符叠加器

用辅助软件对 EPROM 写入汉字点阵虽然很方便，但还是要用计算机和编程器。在工程中，常常要求在现场不用任何工具就改变显示的汉字，且需要显示的汉字种类并不多。一般用小型拨动开关来改变显示的汉字。图 6-8 是这种字符叠加器的方框图。这种叠加器在屏幕上显示 4 个 16×16 点阵汉字，显示位置有上左、上右、下左、下右四种，可以任选。如图所示，字节计数器输出一共 6 位，取其中高 3 位译码成 $\overline{Y0}$～$\overline{Y7}$信号，用 $\overline{Y0}$～$\overline{Y7}$中的一个，比如 $\overline{Y2}$，去控制第二字节计数器的复位端，只有 $\overline{Y2}$有效时第二字节计数器才计数，计数值才输出到 EPROM 作为地址，才能显示字符。这样等于把屏幕水平方向分成 8 个等份，每个等份 8 个字节，选接 $\overline{Y0}$～$\overline{Y7}$就选择了水平方向显示字符的位置。一般不选接 $\overline{Y0}$和 $\overline{Y7}$，因 $\overline{Y0}$和 $\overline{Y7}$进入了消隐期。

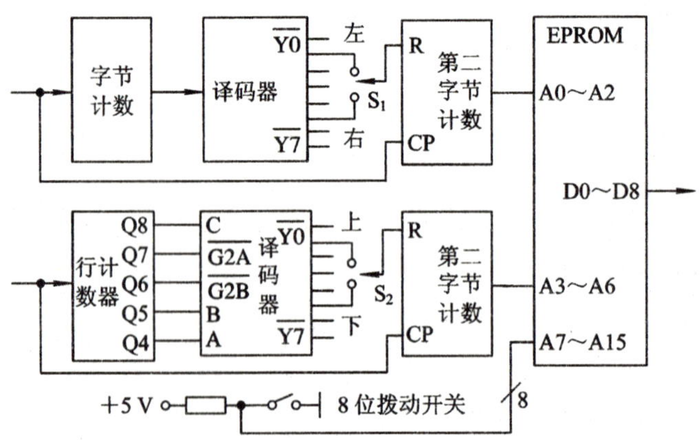

图 6-8 用拨动开关改变字符的字符叠加器方框图

行计数器输出共 9 位。其中，Q6 和 Q7 接译码器的 $\overline{G2A}$和 $\overline{G2B}$，即 Q6 和 Q7 为"0"时才译码；Q8，Q5 和 Q4 分别接译码器的 C～A，译码器输出信号 $\overline{Y0}$～$\overline{Y7}$，选其中的一个 $\overline{Yi}$去控制第二行计数器的复位端，只有在 $\overline{Yi}$有效的 16 行内第二行计数器才计数，计数值才送到 EPROM 作为地址，才能显示字符。这样等于把屏幕垂直方向分成若干等份，每份 16 行，$\overline{Y0}$～$\overline{Y7}$分别对应于第 1～16 行、第 17～32 行、第 33～48 行、第 49～64 行、第

257～272行、第273～288行、第289～304行。表6-1说明译码器输入、输出信号与行区间的关系。

表6-1 译码器输入、输出信号与行区间

Q8	Q7	Q6	Q5	Q4	Q3～Q0	输出	行区间
0	0	0	0	0	×	Y0	1～16
0	0	0	0	1	×	Y1	17～32
0	0	0	1	0	×	Y2	33～48
0	0	0	1	1	×	Y3	49～64
1	0	0	0	0	×	Y4	257～272
1	0	0	0	1	×	Y5	273～288
1	0	0	1	0	×	Y6	289～304
1	0	0	1	1	×	Y7	305～312

注：×表示可以是任意值。

S_1是左右选择开关，用来选择已经选定了的两种水平方向位置。S_2是上下选择开关，用来选择已经选定了的两种垂直方向位置。

这里每组汉字只有8×16＝128字节。用64 K字节的EPROM 27C512与7位拨动开关配合能显示128组汉字中的一组；如果用512 K字节的EPROM 27C040与10位拨动开关配合能显示1024组汉字中的一组。

6.3 屏幕显示字符集成电路及其应用

如前所述，设计一个简单的显示固定点阵的字符图形叠加器要用6～8块集成电路。设计一个能显示现场信息的字符图形叠加器要12～16块集成电路。这些字符叠加器电路复杂，影响可靠性与稳定性，于是在20世纪90年代出现了屏幕显示字符专用集成电路，其功能包括图6-3虚线框的所有电路。也就是说，只要有一块这种集成电路加上单片机以及同步分离集成电路，就可以组成一个字符图形叠加器。

6.3.1 NEC公司的μPD6450系列

屏幕显示字符专用集成电路，简称屏幕显示OSD(On Screen Display)专用集成电路。这种电路与电视机专用的具有OSD功能的单片机不同，它不含单片机与其他种种功能，是专门为在屏幕上显示字符设计的，容易与各种单片机接口，使用方便，特别适用于各种字符叠加器。其中，视频输出型的OSD芯片适用于黑白字符叠加器，RGB输出型的OSD芯片适用于彩色字符叠加器。常用的OSD芯片有OKI公司的MSM6237、富士通公司的MB90092、MAXIM公司的MAX4455和NEC公司的μPD6450系列。MSM6237只能显示英文大写字母和数字等58种字符，字符点阵是7行5列，显示字符9行20列，编程比较简单。NEC公司有一系列屏幕显示字符专用集成电路，表6-2所列是视频输出型屏幕显示字符集成电路的主要性能。表6-3是RGB输出型屏幕显示字符集成电路的主要性能。

其中，视频输出型内部具有叠加电路和内部视频信号，不需外部视频信号就能观察字符叠加的情况：μPD6454、μPD6458 内部有同步处理电路，μPD6453 有 256 种字符点阵，其中有 16 种是 RAM 形式，可用命令将数据写入 RAM，可以用来显示汉字或特殊图形。

表 6－2　视频输出型 OSD 芯片主要性能

性　　能	μPD6450	μPD6454	μPD6458	μPD6464	μPD6465
字符种类数	128(ROM)	256(ROM)	128(ROM)	128(ROM)	256(ROM)
显示字符数	288(12×14)				
字符点阵	12×18				
字符颜色	单色(白)	9 级灰度		单色(白)	
字符大小	1 点/1～4 H			1 点/1～2 H	
视频信号颜色	白黑红绿蓝	8 色		白黑绿蓝	
背景	无/镶边/矩形/全部				
视频制式	N/P			N/P/S	
电源	4.5～5.5 V				
封装	18 脚 DIP	24 脚 SDIP 或 SOP			

表 6－3　RGB 输出型 OSD 芯片主要性能

性　　能	μPD6453	μPD6456	μPD6461	μPD6462
字符种类数	240(ROM)16(RAM)	128(ROM)	256(ROM)	128(ROM)
显示字符数	288(12×14)			
字符点阵	12×18			
字符颜色	8 色	单色(白)	8 色	
字符大小	1 点/1～4 H	1 点/1～2 H		
字符转阴	无		黑字符/无边缘	
背景	无/方形(8 色)/全部(8 色)	无/方形(黑)/全部(黑)	无/方形(8 色)/全部(8 色)	
边缘	2 色(黑、白)	单色(黑)	2 色(黑、白)	
电源	4.5～5.5 V	3.0～5.5 V	2.7～5.5 V	
封装	20 脚 DIP(400 mil) 20 脚 SOP(375 mil)	16 脚 SOP(300 mil) 16 脚 SOP(375 mil)	20 脚 SSOP(300 mil) 24 脚 SOP(375 mil)	20 脚 SSOP(300 mil)

6.3.2　μPD6450 简介

最典型的视频输出型 OSD 芯片是 μPD6450，图 6－9 是 μPD6450 的引脚图。电源电压

U_{DD}是+5 V，CLK 是串行命令时钟输入端，在其上升沿读入数据端 DATA 的数据。STB 是触发输入端，在 8 位串行命令输入后，在 STB 信号的上升沿 8 位数据存入；如果是字符编码输入命令，在 STB 的下降沿，地址自动加 1。BUSY 是准备就绪端，高电平指示可以输入 STB 信号。$\overline{\mathrm{HSYNC}}$是行同步信号输入端。$\overline{\mathrm{VSYNC}}$是场同步信号输入端。$\mathrm{LOSC_{IN}}$、$\mathrm{LOSC_{OUT}}$之间接点阵脉冲振荡器的反馈电感和电容，$\mathrm{X_{OSCIN}}$、$\mathrm{X_{OSCOUT}}$之间接晶体以产生内部视频信号。$\mathrm{VIDEO_{IN}}$是全电视信号输入端。$\mathrm{VIDEO_{OUT}}$是叠加字符后的全电视信号输出端。$\mathrm{U_{CL}}$是字符电平调整端，输入用来调整字符亮度的信号电平。$\mathrm{U_{BL}}$是黑电平调整端，输入用来调整背景亮度的信号电平。$\mathrm{U_{VL}}$是内部视频信号电平调整端，输入用来调整内部视频信号同步头幅度的信号电平。$\overline{\mathrm{CK_{OUT}}}$端是 $\mathrm{OSC_{OUT}}$端的反相信号，用来测试点阵振荡器的频率。

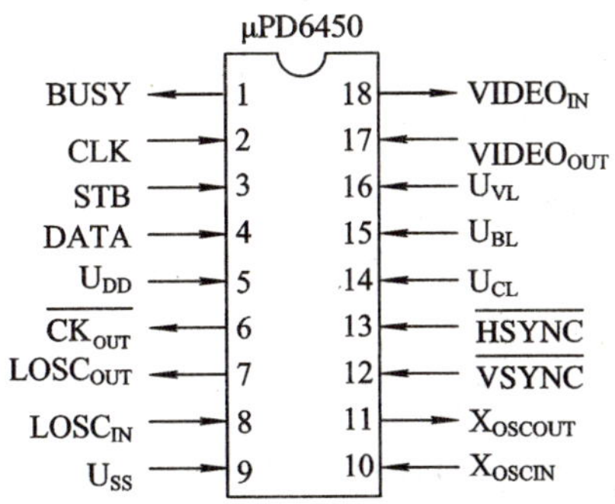

图 6-9 μPD6450 的引脚图

表 6-4 μPD6450 的编程命令

命　　令	F0	D7	D6	D5	D4	D3	D2	D1	D0
格式预置	×	1	1	1	1	1	1	F0	fR
字符显示行地址	0	1	0	0	1	AR3	AR2	AR1	AR0
字符显示列地址	0	1	0	1	AC4	AC3	AC2	AC1	AC0
显示字符数据	0	0	C6	C5	C4	C3	C2	C1	C0
每个字符闪烁	0	1	0	0	0	Blink	0	0	0
内部视频信号颜色、背景预置	0	1	1	0	BS4	BS3	Rv	Gv	Bv
显示开关、闪烁、振荡器控制	0	1	1	1	0	D0	BL2	BL1	Losc
N/P 开关、内/外视频开关、晶振控制	0	1	1	1	1	0	N/P	EX/IN	Xosc
每场显示初始行	1	0	1	0	V4	V3	V2	V1	V0
每行显示初始时间	1	1	1	0	H4	H3	H2	H1	H0
字符大小预置	1	1	0	S5	S4	AR3	AR2	AR1	AR0
测试方式	1	1	1	1	0	T3	T2	T1	T0

μPD6450 的编程命令如表 6-4 所示。8 位命令是 D7～D0；其中 F0 这一列由格式预置命令决定，如表 6-4 第二行，当 D7～D2 为全 1 时，D1 预置了格式 F0。表中各项 0 与 1 是该命令的特征位，芯片内部根据这些特征位来判断是何种命令，其他各项字母串的意义

如下：

AR3～AR0 是字符行地址，取值 00H～0BH。AC4～AC0 是字符列地址，取值 00H～17H。C6～C0 是字符数据(编码)，取值 00H～7FH，共 128 种字符，其中：0～9 的编码是 00H～09H，A～Z 的编码是 11H～2AH，a～z 的编码是 51H～6AH。Blink 是字符闪烁设定，“1”表示闪烁。BS4、BS3 为全部视频信号背景设定，当 BS4、BS3 为 00、01、10、11B 时，分别是无背景、黑镶边、黑色方形背景和全部黑背景。Rv、Gv、Bv 是内部视频信号颜色设定，当 Rv、Gv、Bv 为 000、001、010、100、111B 时，颜色分别为黑、蓝、绿、红、白。D0 是显示开关，为“1”时显示。BL2、BL1 为闪烁设定：当 BL2、BL1 为 00B 时，不闪烁；当 BL2、BL1 为 01、10、11B 时，分别设定为闪烁率 1∶3、闪烁率 3∶1 和闪烁率 1∶1。Losc 为点阵振荡器开关，为“1”时振荡。N/P 是彩色制式设定，为“1”时是 PAL 制。EX/IN 是视频信号方式设置，为“1”时是内部视频信号方式。X_{OSC} 是外部振荡开关，为“1”时开外部振荡器。V4～V0 用来设置每场的初始显示行，初始显示行是第 $9(2^4V4+2^3V3+2^2V2+2^1V1+2^0V0)$行；H4～H0 用来设置每行的初始显示时间，初始显示时间是 $12[(2^4H4+2^3H3+2^2H2+2^1H1+2^0H0)/f_{OSC}(\text{MHz})]\,\mu s$。S5、S4、AR2、AR1、AR0 为字符大小预置，其中，AR3～AR0 指示字符行，S5、S4 代表该行的大小是 1～4 倍。

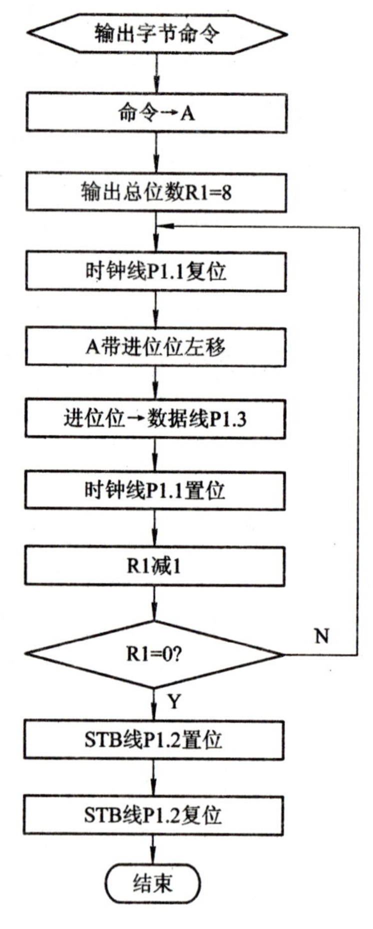

图 6-10　用并行口写入串行命令流程图

写字符数据的过程如下：先写字符行地址和列地址，再写闪烁数据，然后再写字符数据。在显示字符数据命令的最后，在 STB 信号上升沿将数据(字符编码)送入视频 RAM。在 STB 信号下降沿，字符列地址增 1，若列地址是 17H，增 1 后变为 0H，同时字符行地址增 1；如果要接着显示闪烁特性不变的字符，可以连用显示字符数据命令。

8 位串行命令先送入高位，后送入低位，数据在 STB 的上升沿送入。若采用 MCS-51 单片机，可设定串行口为方式 0。这时串行数据由 RXD 输出，串行时钟脉冲由 TXD 输出。但其时钟上升沿靠近数据转变的边缘，而下降沿在数据稳定的中部，故可将时钟脉冲反相后送到 μPD6450。应注意在命令输出前，先用软件将命令 D7～D0 颠倒为 D0～D7，因为 MCS-51 单片机串行输出 LSB 在前面，而 μPD6450 的串行输入应该 MSB 在前面；如果觉得上述做法麻烦，也可将 μPD6450 的 DATA 和 CLK 直接接到单片机的输出锁存器上，由软件控制逐位写入串行命令，但速度比串行口慢得多。图 6-10 是用并行口写入串行命令的软件流程图。

图 6-11 是一种采用 μPD6450 的字符叠加器，电路相当简单。

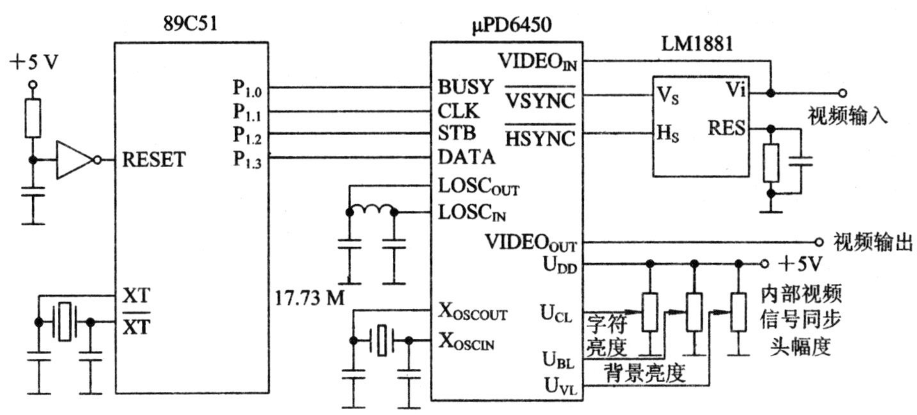

图 6-11 用 μPD6450 的字符叠加器

6.4 日期时间叠加器

在应用电视系统中，经常需要录像，录像后为了便于查找，要在图像上叠加上日期时间信息，这可由日期时间叠加器来完成。在能叠加现场信息的字符叠加器(如图 6-11 所示的字符叠加器)的基础上，加上计时电路就组成了日期时间叠加器。

6.4.1 计时电路

计时电路的种类很多，选择时要注意电路的输出方式。输出数码管七段码或电机脉冲的计时电路均不能采用。输出 BCD 码的计时电路比较合适，且应采用集成度高，功能强的电路。

DALLAS 公司的 DS12887 是常用的计时电路。它与 MC146818 兼容，内嵌锂电池和晶体振荡器，其内部寄存器存取速度快，单片机的数据线与其地址数据线可直接相连。DS12887 带有 14 个寄存器和 50 字节供用户使用的 RAM，在主机掉电时可用来保存重要数据。时钟可选三种频率之一，有可编程方波输出，还有三种独立的可编程中断，其中报警中断可作时间 1 秒至 1 天的备忘提示。

DS12887 是 24 脚双列直插芯片。图 6-12 是其引脚图。其中：CK_{OUT}为时钟输出端，由时钟输出控制端 CKFS 控制：当 CKFS="1"时，CK_{OUT}输出频率等于时钟输入端频率；当 CKFS="0"时，CK_{OUT}输出频率等于 1/4 时钟输入端频率。SQW 是可编程方波输出端。AD0～AD7 是地址数据总线。AS 是地址选通线。DS 是数据选通线。$\overline{R}$/W 是读写使能端。$\overline{CE}$是片选端。$\overline{IRQ}$是中断请求端。$\overline{RESET}$是复位端。PS 是电源电位检测端。

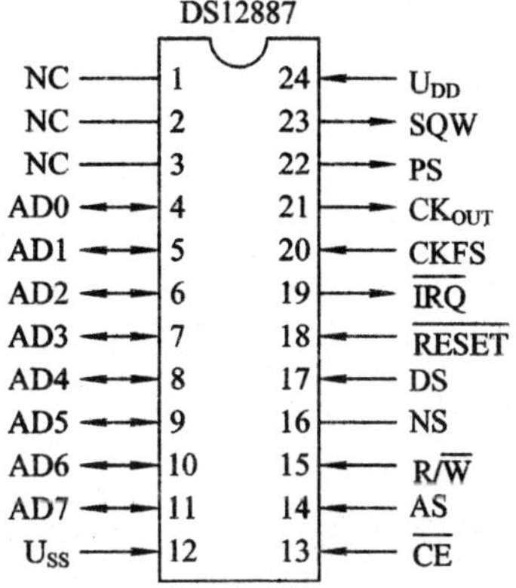

图 6-12 DS12887 引脚图

1. 时标寄存器

单片机可以通过写 10 个时标寄存器和 4 个状态寄存器来初始化芯片的内容，也可以读 10 个时标寄存器得到日期和时间。10 个时标寄存器的地址为 00H～09H，分别是秒寄存器、秒报警寄存器、分寄存器、分报警寄存器、时寄存器、时报警寄存器、星期寄存器、日寄存器、月寄存器和年寄存器。

芯片的 4 个状态寄存器用来控制和指出芯片的工作状态，程序可随时读写这 4 个寄存器，寄存器 A、B、C、D 的地址分别是 0AH，0BH、0CH 和 0DH。

2. 寄存器 A

寄存器 A 中的位 7 是更新周期标志 UIP。该位为“1”时，表示芯片正处于或即将开始更新周期，此时程序不准读写时标寄存器；该位为“0”时，表示至少在 244 μs 以后才开始更新周期，此时程序可读取芯片内时标寄存器的内容，该位是只读位。

位 6～位 4 是除法器状态 DV2～DV0。当除法器解除复位状态时，另一个更新周期将在半秒后开始，故在程序初始化时可用这三位精确地使芯片在设定的时间开始工作。当 DV2～DV0＝000B 时，时钟为 4.19 MHz；当 DV2～DV0＝001B 时，时钟为 1.04 MHz；当 DV2～DV0＝010B 时，时钟为 32.768 kHz；DV2～DV0 赋予上述三种值后，除法解除复位；当 DV2～DV0 赋值为 111 后，除法器复位。

位 3～位 0 是 RS3～RS0。选择不同的组合可以产生 15 种 30～0.5 s 的周期中断和相应的 15 种 2 Hz～32 kHz 的方波输出。(详见 DS12887 器件手册。)

3. 寄存器 B

寄存器 B 中的位 7 是 SET 位。该位为“0”时，芯片正常工作，每秒产生一个更新周期来更新时标寄存器；该位为“1”时，芯片停止工作，在此期间程序可以初始化芯片的时标寄存器。

位 6～位 4 是 PIE、AIE、UIE，分别是周期中断、报警中断、更新周期结束中断允许位。各位为“1”时，允许芯片发生相应的中断。

位 3 是方波输出允许位 SQWE。该位为“1”时，允许方波输出。

位 2 是时标码制选择位 DM。该位为“1”时，选择二进制码；该位为“0”时，选择 BCD 码。

位 1 是 24/12 小时模式设置。该位为“1”时，选择 24 小时模式；该位为“0”时，选择 12 小时模式。

位 0 是夏令时间服务位 DSE。该位为“1”时，选择夏令时间；该位为“0”时，选择标准时间。

4. 寄存器 C

寄存器 C 标志芯片的状态，程序读该寄存器后，该寄存器将自动清零。

位 7 是中断申请标志位 IRQF，IRQF＝PF·PIE＋AF·AIE＋UF·UIE，当 IRQF 变“1”时，IRQ 脚将变低电位。

位 6～位 4 是 PF、AF、UF，这三位分别为周期中断标志位、报警中断标志位和更新周期结束中断标志位。若要满足各中断条件，相应的中断标志位应置“1”。

位 3～位 0 是保留位，读出值始终为 0。

5. 寄存器 D

寄存器 D 中的位 7 是 RAM 内容有效标志位 VRT。该位为“1”，指示 RAM 内容有效；读该寄存器后，该位将自动置“1”。

位 6～位 0 是保留位，读出值为 0。

芯片正常工作时，每秒产生一个更新周期，秒寄存器加 1，如有溢出则作相应的进位，能自动辨认月和年的结束，同时检查秒和秒报警、分和分报警、时和时报警三对寄存器的内容是否一致。若一致，则 AF 位置 1；若秒报警、分报警、时报警内容为 0COH～0FEH，则任何情况下都不会产生报警中断。

在更新周期中，时标寄存器数据不稳，不能读取，必须等更新周期结束中断申请后 998 ms 时间内去读取。另一种读取方法是查询 A 寄存器的 UIP 位，该位为低，有 244 μs 时间供读取数据用。

DALLAS 公司还生产各种可背插 RAM 的计时电路，虽价格较高，但使用很方便。可背插 RAM 的计时电路是一个具有计时功能，非易失存储器控制电路和嵌入式锂电池的 CMOS 集成电路。它封装在 28 脚 0.6 英寸宽的双列直插式外壳中，它上面还带有一个 28 脚插座，可以插入一片 8 K×8 或 32 K×8 的 CMOS 静态 RAM，除较厚外，其余尺寸与一块 RAM 相似。其内部包含有一个切换开关，它使芯片分别从外部电源或内部电池获得供电，该开关的导通电压小于 0.2V。它内部的失压控制电路能监视外部电源的变化，当外部电源电压下降到 4.25 V 以下时，控制切换开关动作，将芯片转换成由内部电池供电，同时禁止对 RAM 芯片的任何写操作，从而保证背插 RAM 的数据不会丢失。

DS1216C 能背插 8 K×8～32 K×8 静态 RAM，DS1216D 能背插 8 K×8～512 K×8 静态 RAM，其读写方法请参阅 DALLAS 公司器件手册。

计时电路也有 I^2C 总线的芯片，如 DS1302、PCF8583 等。它们采用二线传送方式与 89C2051 之类的单片机连接，虽然读、写数据要稍微复杂一些，但可以使做成的产品体积和能耗更小。

6.4.2 日期时间叠加器电路

采用屏幕显示字符集成电路后，日期时间叠加器的设计就变得简单了。图 6 - 13 是一种日期时间叠加器的简化电路图。其中，计时电路采用 DS122887，单片机 89C51 的 8 位数据地址线直接与 DS12887 地址数据总线连接。DS12887 在叠加器开机时由叠加器的＋5 V 电源供电，在叠加器关机后由芯片内的镍镉电池供电，所以日期、时间一经设定，不必经常改动。

单片机在初始化 DS12887 时，首先将 DS12887 状态寄存器 B 中的 SET 位置“1”，使芯片停止工作，再设定 10 个时标寄存器和状态寄存器 A，然后通过读状态寄存器 C 将其中断标志位自动清零，通过读寄存器 D 将其 VTR 位自动置“1”，最后将状态寄存器 B 中的 SET 位清零，让芯片开始工作。

DS12887 的中断请求 $\overline{\text{IRQ}}$接到 89C51 的 $\overline{\text{INT0}}$，当更新周期结束后发出中断申请，89C51 先将时标数据读入内部 RAM 中。

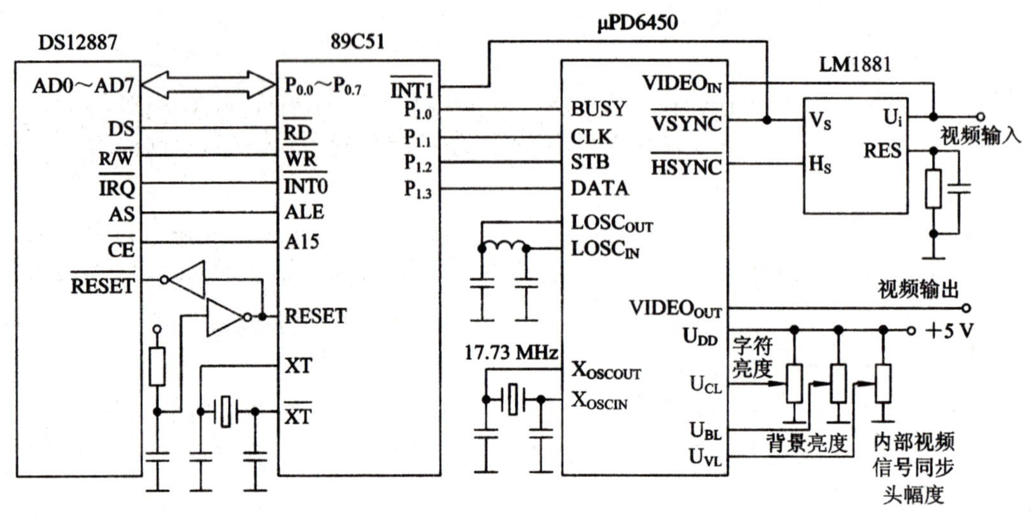

图 6-13 时间日期叠加器电路图

由同步分离电路送来的负极性场同步脉冲接到 89C51 的 $\overline{\text{INT1}}$，产生中断后，89C51 将内部 RAM 中的时标数据转化成 μPD6450 的字符编码送 μPD6450 的视频 RAM 预定位置中。

当按下“时间设置”键，应先将 DS12887 停止工作，然后闪烁代表年的数字，按“增加”键，每 0.5 s 后 89C51 内部 RAM 的年数据加 1，并送到 μPD6450 的视频 RAM 中；按“NEXT”键后，代表年的数字停止闪烁，代表月的数字开始闪烁，表示开始设置月份……如此操作一直到日期时间都修改完毕，再按“时间设置”键，89C51 将内部 RAM 中的时标数据送到 DS12887 的时标寄存器中，然后将中断标志清零，VTR 位置“1”，最后将 SET 位清零，DS12887 重新开始工作。

因为 89C51 只有芯片 DS12887 芯片作为外部 RAM，DS12887 的片选 $\overline{\text{CE}}$可以直接接地，也可以接 89C51 的 A15 进行线选。

6.5 彩色字符叠加器

在应用电视系统中，因切换的视频信号较多，操作者很难快速判别某一图像来自何处，故需要在图像上叠加地点信息，如摄像机号或汉字地名。要录像存档的图像还要叠加上日期、时间，常常以年、月、日、时、分、秒显示，有时也可能需要对某事件进行计时或倒计时。在报警系统中，更要叠加上报警信息，包括报警的类型、开始时间和地点。有的工矿企业的现场监控要求叠加诸如温度、湿度、有害气体浓度等各种各样的信息。

为了能对图像上显示的多种信息作出快速反应，最好各种信息用不同颜色显示。比如，报警信息用红色显示，地点信息用绿色显示，时间用白色显示，温度用黄色显示，湿度用棕色显示，有害气体浓度用紫色显示，使人一目了然。这时就需要用彩色字符叠加器。彩色字符叠加器必须要用 RCB 输出型的 OSD 专用集成电路，常用的有 NEC 公司 μPD6453 和富士通公司的 MB90092。μPD6453 具有 16 个 RAM 字符发生器，可用作汉字点阵的暂存，显示汉字方便。下面作具体的介绍。

6.5.1　μPD6453 简介

1. μPD6453 的特点

(1) 字符点阵：12×18(字符间无间隙)。

(2) 字符种类：256 种(ROM 240 种，RAM 16 种)。

(3) 显示字符：12 行 24 列共 288 个。

(4) 字符大小：1～4 倍可选，加倍时有平滑功能。

(5) 字符颜色：黑、蓝、绿、青、红、棕、黄、白共 8 种。

(6) 背景颜色：同上，共 8 种。

(7) 闪烁频率：2 Hz、1 Hz、0.5 Hz 任选，闪烁率 1∶1。

(8) 编程命令：串行输入。

(9) 电源：+5 V。

2. μPD6453 的引脚说明

图 6-14 是芯片 μPD6453 的引脚图。BUSY 是数据输入使能端，为“0”时可输入数据。DATA 是串行数据输入端。CLK 是时钟输入端，其上升沿读取 DATA 端输入数据。$\overline{CS}$是片选端，在输入编程命令时应为“0”，信号上升沿指示命令结束。PCL 是上电复位端。$\overline{CK_{OUT}}$是时钟输出端。$\overline{H_S}$、$\overline{V_S}$是行、场同步脉冲输入端。U_R、U_G、U_B 是字符信号三基色输出端。R_B、G_B、B_B 是与 U_R、U_G、U_B 相应的字符消隐信号输出端。U_M 是 U_R、U_G、U_B 三信号的“或”输出。U_{CBL}是相应于 U_M 的消隐信号。芯片有双列直插式封装(DIP)(宽度为10 mm，脚距为 2.54 mm)和扁平封装(SOP)(脚距为 1.27 mm)两种封装。

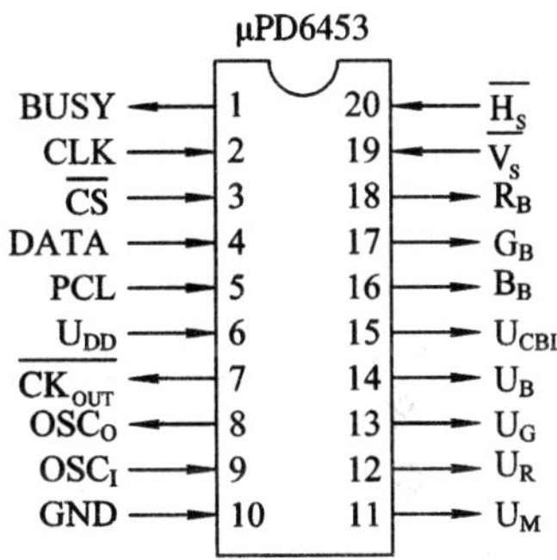

图 6-14　μPD6453 的引脚图

3. μPD6453 的内部结构

图 6-15 是 μPD6453 的内部结构方框图。

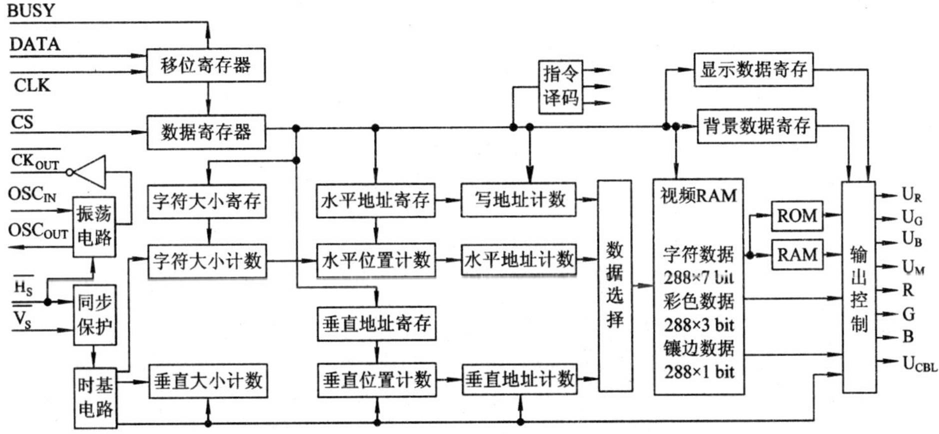

图 6-15　μPD6453 的内部结构方框图

4. μPD6453 的编程命令

μPD6453 的编程命令有一字节命令和二字节命令。命令总是先送 MSB，后送 LSB，这与一般单片机的串行输出情况相反，应予注意。

表 6－5 所示是 μPD6453 的一字节编程命令。表中的"0"和"1"是命令特征位，芯片内部依此判定是什么命令。其余各位解释如下：D0 是显示控制位，为"1"时显示。LOSC 是振荡控制位，为"1"时振荡。B_{L1}，B_{L0} 是闪烁控制位，为"00"，不闪烁；为"01"，"10"、"11"时，闪烁频率分别为 2 Hz、1 Hz、0.5 Hz，闪烁率为 1∶1。BS1，BS0 是背景选择位，为"00"时无背景；为"01"、"11"时分别为方形背景与全部背景。BF 是镶边控制位，为"1"时字符镶边。Rb、Gb、Bb 是背景颜色控制位，为"000"～"111"时，背景分别是黑、蓝、绿、青、红、棕、黄、白色。BFC 是镶边颜色控制位，为"1"时，白镶边；为"0"时，黑镶边。VC，HC 是放大扫描控制位，为"00"时，正常扫描；为"01"时，水平方向加宽一倍；为"10"时，垂直方向加长一倍；为"11"时，水平方向、垂直方向均增加一倍。

表 6－5 μPD6453 的一字节编程命令

一字节命令	D7	D6	D5	D4	D3	D2	D1	D0
显示控制	0	0	0	0	D0	LOSC	BL1	BL0
背景控制	0	1	0	0	0	BS1	BS0	BF
背景颜色控制	0	0	0	1	Rb	Gb	Bb	BFC
递增扫描控制	0	0	1	1	0	0	VC	HC
视频 RAM 总复位	0	0	1	1	0	1	0	0

μPD6453 的二字节编程命令如表 6－6 所示。二字节命令送入过程中，$\overline{CS}$为"0"，送完后才变为"1"。表中 V4～V0 是字符显示初始行指定位，字符显示的初始行为第 $9(2^4V4+2^3V3+2^2V2+2^1V1+2^0V0)$行。H4～H0 是字符显示初始时间指定位，字符显示的初始时间滞后行同步信号 $12/f_{OSC}(MHz)(2^4H4+2^3H3+2^2H2+2^1H1+2^0H0+1)$。RW3～RW0 是 RAM 单元指定位，为"0000"～"1111"时指定编码为 0F0H～0FFH 的 RAM。RL4～RL0 是 RAM 行指定位，为"00000"～"10001"时，指定 RAM 的第 1～18 行。CR11～CR0 是指定 RAM 单元的指定行的数据，执行完 RAM 写数据命令后，RAM 行数自动加 1，若为"10010"则变为"00000"，而 RAM 单元地址加 1。S1，S0 是字符放大控制位，为"00"时，字符正常大小；为"01"、"10"、"11"时，字符放大 2、3、4 倍。SM1、SM0 是平滑控制位，为"00"或"01"时，不平滑；为"10"时，一级平滑；为"11"时，二级平滑。A3～A0 是字符放大、平滑控制的字符行，为"0000"～"1011"时，指定放大和平滑的是第 1～12 字符行。AR3～AR0 是字符行指定位，为"0000"～"1011"时，指定为第 1～12 行字符。AC4～AC0 是字符列指定位，为"00000"～"10111"时，指定为第 1～24 列字符。R、G、B 是字符颜色选择位，为"000"～"111"时，分别选择字符颜色为黑、蓝、绿、青、红、棕、黄、白色。Bli 是闪烁控制位，为"1"时闪烁。C7～C0 是字符编码，指定 256 种字符，其中 00H～09H 是数字 0～9，0AH～23H 是英文大写字母，0FOH～0FFH 是 RAM 指定位。字符写数据命令执行完后，字符写列地址自动加 1，若为"11000"，则变为"00000"，且字符行地址加 1，如果后续若干字符的彩色和闪烁不变，可全部只写命令的后面一个字节（C7～C0），但 $\overline{CS}$ 脚应一直保持为"0"。

表 6-6　μPD6453 的二字节编程命令

二字节命令	D15	D14	D13	D12	D11	D10	D9	D8	D7	D6	D5	D4	D3	D2	D1	D0
显示起始位置控制	1	0	0	0	0	0	V4	V3	V2	V1	V0	H4	H3	H2	H1	H0
RAM 写地址控制	1	0	0	0	0	1	1	RW3	RW2	RW1	RW0	RL4	RL3	RL2	RL1	RL0
RAM 写数据控制	1	0	0	1	CR11	CR10	CR9	CR8	CR7	CR6	CR5	CR4	CR3	CR2	CR1	CR0
字符放大平滑控制	1	0	0	0	1	0	S1	S0	0	0	SM1	SM0	A3	A2	A1	A0
字符写地址控制	1	0	0	0	0	1	0	AR3	AR2	AR1	AR0	AC4	AC3	AC2	AC1	AC0
字符写数据控制	1	1	0	0	R	G	B	Bli	C7	C6	C5	C4	C3	C2	C1	C0

6.5.2　彩色字符叠加器的构成

1. 彩色字符叠加器方框图

由于使用 OSD 专用芯片，彩色字符叠加器的结构变得简单。图 6-16 是彩色字符叠加器的方框图。输入视频信号先进行同步分离，分离出行、场同步信号作为 OSD 芯片的基准信号，所以 OSD 芯片输出的 U_R、U_G、U_B 信号进行编码后产生的视频信号与输入视频信号完全同步。两路视频信号进行高速切换，切换的键控脉冲是字符信号 U_M，即只要有字符信号，就切换到由字符信号编码成的视频信号上去。其结果是在输入视频信号的图像上抠像，抠去的部分图像由字符信号取代。黑白字符叠加器与彩色字符叠加器在叠加电路上是完全不同的，黑白字符叠加只要将字符信号与输入视频信号相加就可以了，因为亮度信号大了以后，字符就很明显，输入视频信号在字符位置上的彩色信号可以忽略。彩色字符叠加器要在字符位置显示固定的彩色，必须在输入视频信号与字符视频信号之间进行高速切换。单片机根据输入的现场信息对 OSD 进行编程，决定字符的内容、彩色、位置和闪烁等等。

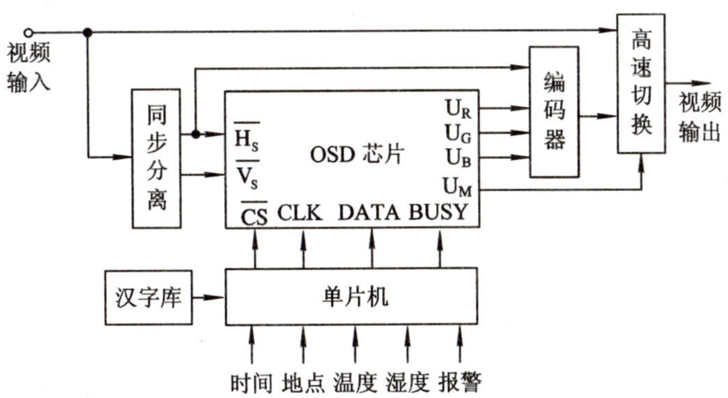

图 6-16　彩色字符叠加器方框图

2. 实用电路

图 6-17 是彩色字符叠加器的实用电路。MC1378 完成同步分离、编码和切换等三项功能。MC1378 的 L/R 脚接高电平，芯片处于远程工作方式。输入视频信号由电容耦合到 MC1378 的 V_{IN}脚，从 MC1378 的 V_S、H_S 脚得到 TTL 电平场同步信号与复合同步信号直接接到 μPD6453 的 $\overline{V}_S$ 和 $\overline{H}_S$ 作为基准信号。μPD6453 的 U_R、U_G、U_B 输出信号幅度为 TTL 电平，而 MC1378 的 R、G、B 脚输入阻抗是 10 kΩ，要求的输入电平是 1 V(p-p)，所以 μPD6453 的 U_R、U_G、U_B 信号经电阻分压后耦合到 MC1378 的 R、G、B 端。MC1378

的水平压控振荡器输入、输出脚 H_{CI} 和 H_{CO} 之间接 4 MHz 晶体，4 倍彩色副载波压控振荡器输入、输出脚 CC_{OI}，CC_{OO} 之间接 17.73 MHz 晶体；其 PAL/NTSC 方式选择脚悬空以选择 PAL 方式；其 Y_{OUT} 输出的亮度信号经 400 ns 的亮度延迟线送到 Y_{IN} 脚，用来补偿色度通道的时延；其 C_{OUT} 脚输入色度信号经带通滤波器后接到脚 C_{IN}。μPD6453 的 U_M 信号是 U_R、U_G、U_B 三个信号的“或”信号，接到 MC1378 的覆盖允许脚 OE(Overlay Enable)，只要有字符输出时就切换到字符编码信号，形成字符抠像。最后的输出视频信号由 U_{OUT} 脚经 75 Ω 电阻输出，直接驱动 75 Ω 负载。27C020 作为汉字库与程序存储器。DS12887 提供时间信息，其他信息由 89C51 的 RXD 串行输入。由于 MC1378 是低档的编码器，图像质量中等，只能用于应用电视系统，不宜在广播电视中使用。

图 6 - 17 是一种能叠加汉字和日期时间的彩色字符叠加器。为了进行汉字的现场设定，需有二级汉字库，需要 200 K 字节以上的存储器，所以选用 256 K 字节的 EPROM 27C020，采用 89C51 单片机。其地址线 16 位，只能寻地址 64 K 字节的 EPROM。这里，将 27C020 的最高两位地址接到 89C51 的输出端 P1.6 和 P1.7 上。实际上是将 256 K 字节的 27C020 分成四部分，每部分 64 K 字节，每部分的地址最低的 4 K 字节存放程序，其余 60 K 字节作为汉字库，这四部分 4 K 字节的程序是完全相同的。无论 27C020 的最高两位地址如何变化，不会影响到程序的执行。在取汉字点阵时，已有了区位码，随所取汉字区位码不同而让 89C51 的 P1.6 和 P1.7 作相应的变化，以选择四部分汉字库中的一个。

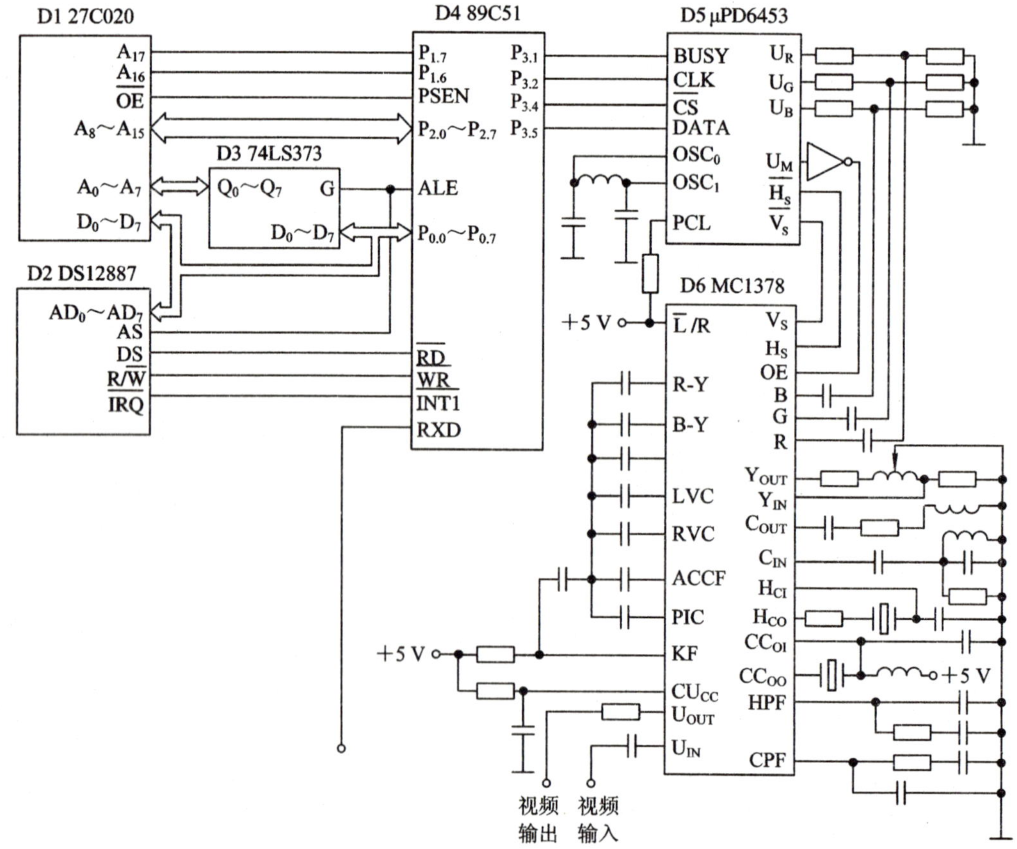

图 6 - 17　彩色字符叠加器实用电路

μPD6453 的字符发生器 RAM 共有 16 个 12×18 点阵，而汉字库是 16×16 点阵，所以将 μPD6453 的字符发生器 RAM 的开始两行清 0，只用下面的 16 行。为了解决列数的差异汉字点阵分开存放，3 个 16×16 点阵汉字放在 4 个 12×18 点阵中，因为 μPD6453 的字符间没有间隙，点阵分开存放并不影响汉字的显示。

本机要输入汉字区位码，需要“0～9”共 10 个数字键，加上“汉字设置”、“时间设置”、“增值”、“NEXT”等共计 16 个键，由 89C51 的 P1 口来组成行列式键盘。这里 P1.6 和P1.7 与 27C020 的存储体选择共用，而取汉字点阵与查键在时间上是分开的，各自进行之前总要先预置这两个输出脚，互相不会产生影响，而 89C51 的 I/O 口已经全部用上，共用 P1.6 和 P1.7 后可以不再增加一个输出锁存器。

6.6　画中画电视机

画中画 PIP(Picture In Picture)电视机是利用数字技术将另一路电视信号经抽样、量化、存储压缩成一个子画面，插入到电视屏幕一角去显示的电视机。画中画电视机一般接收两套射频电视广播信号，有两套高频调谐器、图像中放和视频信号处理电路。画中画的电视机方框图如图 6-18 所示。子画面的“放大”“缩小”或“冻结”，子画面的位置的移动，主画面和子画面交换显示，子画面显示与否都可以由微处理器根据红外遥控命令来控制。利用这些功能人们在观看某一频道电视节目的同时，能在屏幕的一角监视其他频道的节目或者配小型摄像机监视室外的安全。

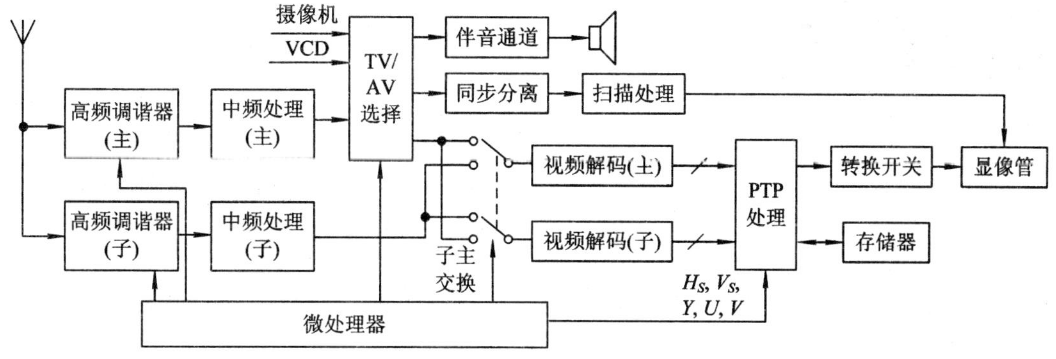

图 6-18　画中画电视机方框图

常用的画中画处理器有 ITT 公司的 PIP2250 和 PHILIPS 公司的 SAB9077H。SAB9077H 内含模/数转换器 ADCS、采样抽选电路(reduction circuit)、视频动态 RAM 控制接口 VDRAM、显示控制接口和数/模转换电路 DACS。SAB9077H 具有完善的画中画功能，两种双画面显示模式、三种多画面显示模式和九种主、子画面显示模式，如图 6-19 所示。

模/数转换器 ADCS 包含带箝位电路的 4 路 8 比特分辨率的 A/D 转换器，子、主通道各两路 A/D(各通道的 U，V 分量时分复用一路 A/D)；采样时，内部的 $Y:U:V$ 的数据格式为 4∶1∶1；针对不同的画中画模式，采样数据抽选的比例有 1∶1、1∶2、1∶3 和 1∶4 四种；水平和垂直方向是独立设置的，若在水平和垂直方向的抽选比例都为 1∶1，则画中画的大小为 672 像素/行，276 行/场。数/模转换电路 DACS 包含 3 个 8 比特的 D/A

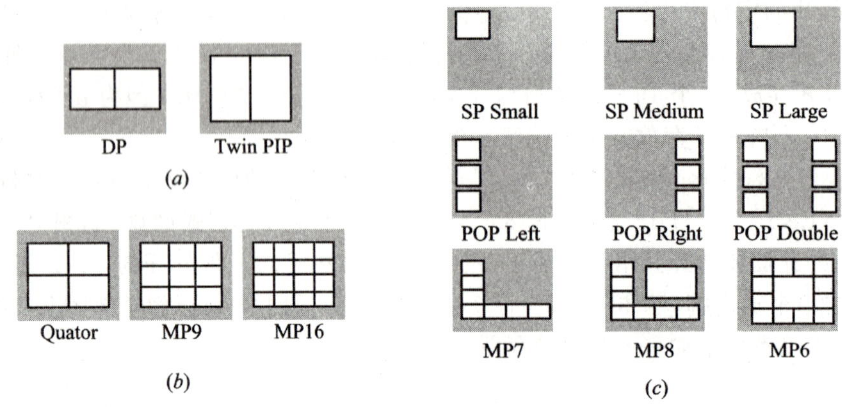

图 6-19 SAB9077H 的画中画功能

(*a*) 双画面显示模式；(*b*) 多画面显示模式；(*c*) 子主画面显示模式

转换器，输出信号的 Y，U，V 分量各用一个。

SAB9077H 有两个采样锁相环电路来保证在采样时精确的行锁相时钟，一个显示锁相环电路则确保显示时的行锁相时钟。

利用 I^2C 总线接口，可以设置 SAB9077H 的各种状态和工作模式。例如，可设置 SP Small 显示模式；可设置满场静止模式(full-field-mode)；可自由设置数据抽选比例；可设垂直滤波器形式；可设置活动图像冻结功能(frozen of live picture)；子画面的显示位置可精确定位，垂直和水平方向各自有独立的 8 比特调整分辨率；采样区域可细调，垂直和水平方向的分辨率分别是 8 比特和 4 比特；主框、子框和背景的可设置颜色有 8 种；边框、背景的亮度调整范围可设置为 30%，50%，70%和 100%。

内部亮色信号格式为 4∶1∶1，输入的 Y、U、V 的信号带宽分别为 4.5 MHz 和 1.125 MHz，Y 分量信号的输入被系统时钟(1728×15 625=27 MHz)采样和滤波后，被 2∶1抽选(864×15 625=13.5 MHz)；U、V 分量信号的输入采用一个 A/D 通过分时复用实现，13.5 MHz 的复用采样率对每个分量而言为 6.7 MHz(432×15 625)，在内部被 2∶1 抽选(216×15 625=3.375 MHz)。

采样时的同步以输入信号的 H_S 和 V_S 做参考，通过设置寄存器，可以精确地确定采样的开始时间(也即相对于视频信号同步脉冲前沿的延时)。主信道和子信道的信号采集区(acquisition area)都是水平方向为 672 像素/行，垂直方向为 276 行/场。显示时的同步由外接的行、场同步信号 DPH_S 和 DPV_S 提供，由内部的 PLL 电路锁相，器件内部的显示像素率为 864×15 625=13.5 MHz，这个像素率在输出前通过内插，以 1728×15 625=27 MHz的频率送到 DAC。

显示背景区域为水平 696 个像素/行、286 行/场；可通过设置 BGon 位来设置或取消；可以通过设置 BGHFP 和 BGVFP 寄存器精确地移动背景区域；可以通过设置 BGcol 和 BGbrt 位决定背景颜色；可以通过设置 PIP MODE 寄存器定义画中画的格式、内容、位置等；由显示抽选因子 OKI 决定画中画的尺寸(从 1∶1 到 1∶4)，由 DPAL 位决定制式。

画中画相对于背景的位置可以精确地调整定位，对主画面和子画面的位置及画面大小的控制是相互独立的。两个独立的采样通道在显示时也同样可以被独立地控制。有七种常用的画中画模式被预定义。

Y 信号的存储容量为 672×276＝185 472 字节/场，U、V 信号的存储容量为 0.25×672×276＝46 368 字节/场，总的存储容量为 278 208 字节/场，场存储器可用 256 K 字节的 DRAM。

由于 SAB9077H 的多功能和灵活的可设置特性，被广泛应用于多制式画中画电视机、电视监控系统、可视电话和会议电视。

6.7 图文电视

图文电视(Teletext)是一种电视广播的附属业务。在普通电视信号的场消隐期间传送文字和简单图案，利用数字编码的方法把多种信息按照一定的格式编辑成“页(Page)”和“杂志(Magazine)”，周期性地进行重复播送。用户利用一种叫图文电视译码器的附加装置就能在普通电视机屏幕上收看这些信息。用户如想知道当天的新闻，只要按一下装置的键盘，选择感兴趣的杂志和页，各种报刊上的最新消息就会出现在电视机屏幕上。

目前的报纸，刊物印在纸上，通过邮局发行。由于印刷、发行、投递等环节缓慢费时，新闻难以及时传播。图文电视作为一种无需投递的报纸有“电子报纸”的美称。图文电视使用方便、价格低廉、易于普及，世界各国都在发展。我国已在中央电视台的节目中播出，有的地方电视台也相继播出。

平时在收看电视节目时，电视屏幕上出现一些文字与图文电视广播完全是两回事，这些文字是由与本章前面介绍的字符叠加器类似的装置叠加在图像信号上的，传送速率很低。在图文电视中，将文字和图案编成数字信号代码，利用电视信号消隐期间的某几行来传送这种编码信号，传送速率要高得多。

图文电视在传送正常电视节目的同时，利用电视信道场隐间来传送编码信号，不影响正常的电视节目，不必添置发送设备。由于采用编码数据代替文字和图像信息，传送速度快。由于接收端利用存储设备和控制器，用户在收看图文电视广播时，可选取全部节目中的任意一页。或依据自己的阅读速度进行“翻阅”。

国际无线电通信咨询委员会 CCIR 推荐的四种图文电视系统是英国的 WST、法国的 Antiope、加拿大和北美的 NABTS 和日本的代码传送方式。

WST 系统采用固定传送格式，数据行与显示位置一一对应。我国的图文电视广播方式参考了 WST 系统，扩充了汉字功能，符合我国彩色电视广播和汉字信息处理的有关标准。

数据行是指用于传送图文电视信息数据的电视行，我国规定是奇数场的第 17、18 行和偶数场的第 330、331 行。数据采用二进制不归零码(NRZ)码型，黑电平为“0”，白电平的 66％为“1”，数据率为 6.937 500 Mb/s($444f_H$)。每一数据行由 45 字节(360 bit)组成。前两字节为“1”、“0”交替的时钟同步码(CS 和 CR)，为接收端恢复时钟提供频率、相位基准。第 3 字节是字节同步码(BS 或 FC)，供接收端正确划分字节，其余 42B(字节)构成数据包(DP)。

数据包的前两字节(MP)用来标识杂志号和包地址。杂志号有 3 bit 信息，标识 8 本杂志。包地址有 5 bit 信息。取值为 0、1～24 的数据包，分别对应屏幕上相应的显示行。包地址为 25～31 的数据包为扩展数据包，用于传辅助数据或用于功能扩充。数据包的 3～42 字节为数据，其格式和含义与数据包类型有关。传送时，各字节的 LSB 在前。一页数据总是从 0 号数据包(页头)开始，至同一杂志号的下页页头之前结束。不同杂志的页数据，可间置传送。接收端依页头中的杂志号、页号、分页号选收。

屏幕像素数为 480(水平)×250(垂直)。24×24 点阵汉字像素数为 24×30，西文字符像素数为 12×10，这样页头排可显示 40 个西文字符(页号、台标、时间、滚动页号)，正文可显示 20×8＝160 个汉字或 40×24＝960 个西文字符。字符显示颜色有字符前景色和背景色(白、黄、青、绿、品、红、蓝、黑)。字符显示状态有闪烁、隐匿、固定、下划线、反转(前景色与背景色互换)、倍高、倍宽、倍体(向右、下各扩一倍)、正常(标准字符)、加框和开窗。

在发送图文电视信号之前，先把图文信息按码表编辑成页，再以页编辑成杂志。最后，把编辑的页和杂志的数据插入到电视图像信号场消隐期的第 17、18、330、331 行中，再由发射机发射出去。在电视信号的覆盖范围之内，只要配有图文电视接收机的用户都可以收到这种信号。普通家用电视机不能接收图文电视信号内容，必须配上一个键盘和译码器。键盘供用户选择信息内容，译码器的作用是把从天线接收到的数据信号，转换成文字和图形信息显示在荧光屏上。译码器可以装在机内，也可做成单独的附件装于机外。图 6 - 20 是图文电视广播系统示意图。

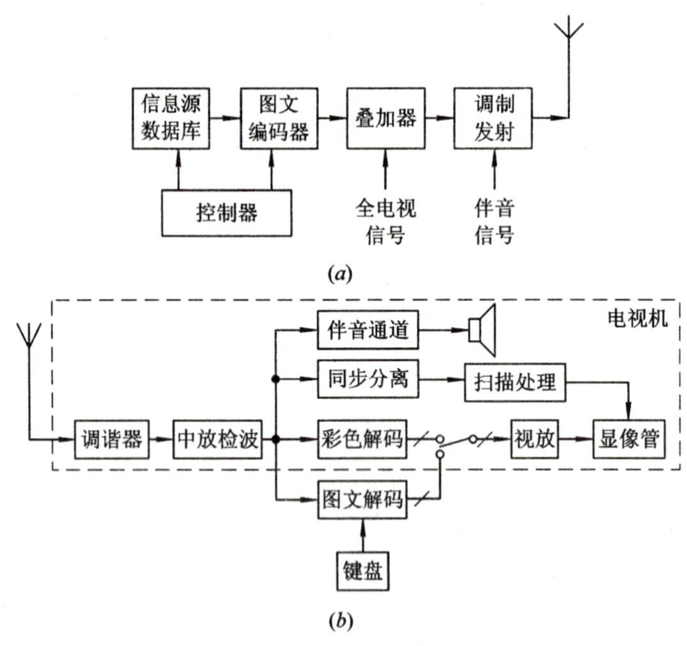

图 6 - 20　图文电视广播系统示意图

(a) 发送；(b) 接收

思考题和习题

6 - 1　为什么所有的字符叠加器都有同步分离电路？

6 - 2　设计一个简易字符叠加器能在屏幕的右半部显示汉字(提示：采用与图 6 - 7 类

似的方法)。

6－3　设计一个简易字符叠加器能在屏幕的右下角显示汉字。

6－4　简易字符叠加器的像素振荡器频率为 12.5 MHz，24×24 点阵的汉字在 73 cm (29 英寸)监视器上显示的尺寸是多少?

6－5　在图 6－8 用拨动开关改变字符的字符叠加器方框图中，位于中部的两个译码器和两个第二计数器能否省去?

6－6　设计一个能叠加汉字的时间日期叠加器。

6－7　黑白字符叠加器和彩色字符叠加器在叠加电路上有什么区别?

6－8　编写程序从计算机中取出“叠加器”三个汉字的点阵。

第7章 电动云台和变焦镜头控制

在控制室，除了要对视频信号进行切换，在视频信号上叠加地点、日期、时间等附加信息外，还要对摄像机的电动云台和变焦镜头进行控制。

电动云台通常有水平旋转和俯仰旋转两个电机可以进行正、反向旋转，四个动作分别称为上、下、左、右。电动云台的电机大部分是交流电机，这种电机有两个绕组，两个绕组有一个公共端，当一个绕组接交流电压时，另一绕组经移相电容接入交流电压，当交流电压分别从两个绕组接入时，可使电机作正向或反向旋转。两个电机的公共端接在一起，一共有五根控制线。

变焦镜头通常连接有光圈、聚焦和变倍三个控制电机，可以正、反向旋转。六个动作分别称为光圈大、光圈小、聚焦远、聚焦近、变倍进、变倍出。变焦镜头的电机大部分是直流电机，直流电机加正向电压后正转，加反向电压后就会倒转。三个电机共用一个接地端，共有四根控制线。

在摄像机离控制室比较近的情况下，可用多芯电缆将10个动作的控制电压从控制室传到摄像机处。图7-1是用多芯电缆传送电动云台和变焦镜头控制电压的电路图。在控制室利用琴键开关将交直流电压加到电机的控制线上。电动云台虚线框内的线路中4个常闭触点是4个限位开关，当云台旋转到压住限位开关后，常闭触点断开，云台不再往该方向旋转。

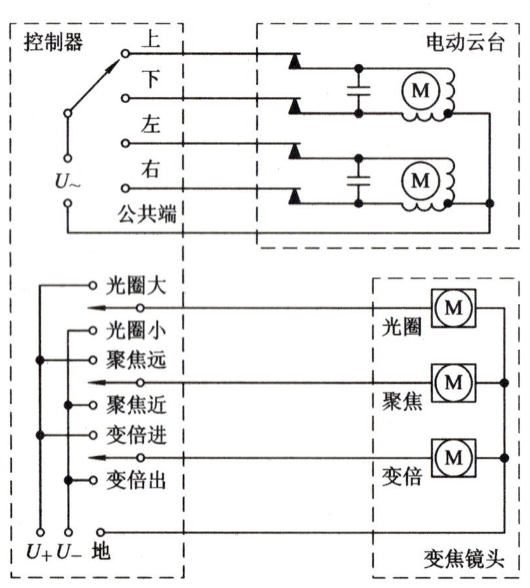

图7-1 用多芯电缆传送电动云台和变焦镜头控制电压电路图

这种电路使用很多机械开关，因电机启动时的大电流和电机断开时的高反压，开关容易损坏，目前已很少采用这种电路。在控制器大都采用单片机的情况下，要用锁存的 TTL 电平去控制云台和镜头。

7.1　基本驱动电路

7.1.1　电动云台的驱动

单片机用锁存器输出的 TTL 电平来控制电动云台。通常有继电器驱动和双向可控硅驱动两种方法。

1. 继电器驱动

用继电器驱动云台的电路如图 7 - 2 所示。当输入控制信号 $D_3 \sim D_0$ 的电平是 0001B 时，继电器 J_0 吸合，云台向右旋转；当 $D_3 \sim D_0$ 的电平是 0010B 时，继电器 J_1 吸合，云台向左旋转；当 $D_3 \sim D_0$ 的电平是 0100B 时，继电器 J_2 吸合，云台向下旋转；当 $D_3 \sim D_0$ 的电平是 1000B 时，继电器 J_3 吸合，云台向上旋转。

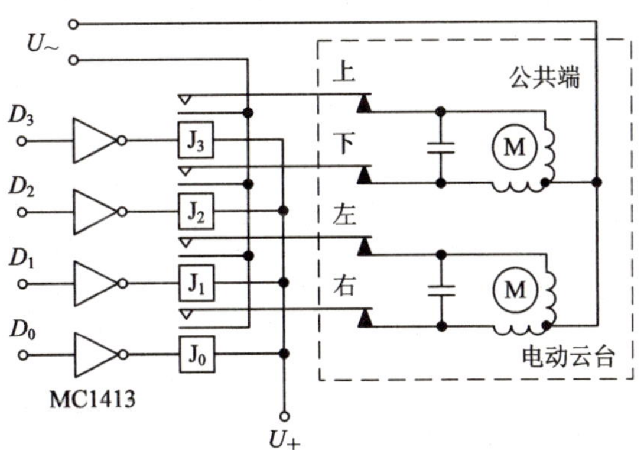

图 7 - 2　继电器电动云台驱动电路

常用来驱动云台的继电器有 JZC - 22FA 型。其体积为 22.5 mm×16.5 mm×16.5 mm，触点负荷为 220 V(AC)、3 A 或 28 V(DC)、10 A，JZC - 22FA 有 005、006、009、012、024 等五种规格，其额定电压分别是 5 V、6 V、9 V、12 V、24 V(DC)；线圈电阻分别是 70 Ω、100 Ω、220 Ω、400 Ω、1600 Ω；吸合电压分别为 4 V、4.8 V、7.2 V、9.6 V、19.2 V；释放电压分别为0.5 V、0.6 V、0.9 V、1.2 V、2.4 V。

2. 双向可控硅驱动

与继电器相比，可控硅驱动有体积小、重量轻、寿命长、价格低廉等优点。所以，目前较多的产品是用双向可控硅来控制电动云台的。

图 7 - 3 是双向可控硅和电路符号。面对双向可控硅正面，左边的引脚是主电极 MT1 或称 A_1，中间的引脚是主电极 MT2 或称 A_2，右边的引脚是控制极 G 或称门极。触发信号加在 MT2 和 G 两极之间。

图 7 - 3(*a*)是双向可控硅的常用引脚排列。比如，BTA06C 就是这种排列，也可能会有与此图不同的排列。初次使用时最好用多用表判别，方法如下：先找 MT2 极，多用表置

于 R×100 挡，将黑表笔接任意一个电极，用红表笔碰另外两个电极，如果表针都不动，说明黑表笔接的是 MT2 极。剩下两电极间有 2～10 Ω 的正反向电阻差，可用多用表 R×10 挡或 R×1 挡来量，电阻小时，接黑表笔的是 MT1 极，红表笔接的是 G 极。因为电阻差很小，要仔细观察才能判别出来。

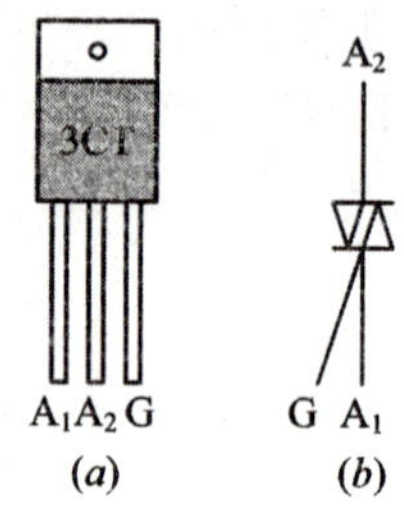

图 7-3　双向可控硅和电路符号
(a) 引脚排列；(b) 电路符号

图 7-4 是双向可控硅触发电路。其中，光电耦合器 MOC3021 是一种双向可控硅输出结构的光电耦合器，用来触发双向可控硅时电路最简单，而且能将单片机系统与可控硅、电机、市电隔离开来，以免电机启动时的感应电动势和火花影响单片机工作。表 7-1 是MOTOROLA 公司MOC3000 系列光电耦合器的主要参数。

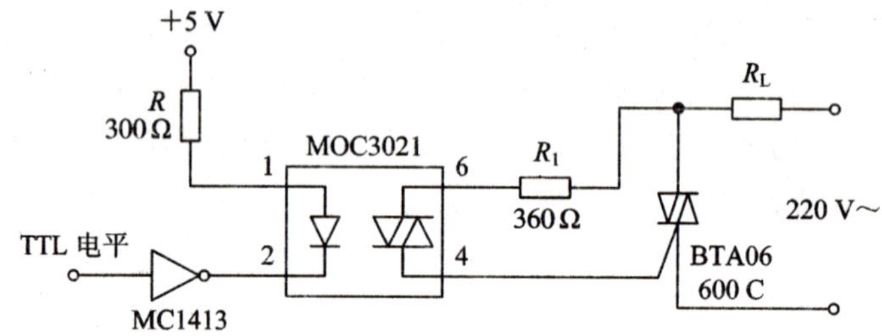

图 7-4　双向可控硅触发电路

表 7-1　MOC3000 系列光电耦合器主要参数

型　号	输出结构	峰值阻断电压/V	LED 最大触发电流/mA	最小冲击隔离电压/V	dU/dt	过零禁止电压/V
MOC3011	双向可控硅	250	10	7500	10	
MOC3021	双向可控硅	400	15	7500	10	
MOC3031	过零双向可控硅	250	15	7500	2000	20
MOC3041	过零双向可控硅	400	15	7500	2000	20
MOC3061	过零双向可控硅	600	15	7500	1500	20
MOC3081	过零双向可控硅	800	15	7500	1500	20

对 MOC3021，有下列典型值：

· 输入端电流 I_I=10～15 mA。
· 发光管上的电压降 U_{12}=1.2～1.5 V。
· 最大输出电流 I_p=1 A。
· MOC3021 的输入端限流电阻 R

$$R=\frac{5\ \mathrm{V}-U_{12}-U_2}{I_I} \tag{7-1}$$

当 MC1413 输出 V_2 为低电平 0.4 V 时，要求 MOC3021 导通，这时

$$R=\frac{5\ \mathrm{V}-1.5\ \mathrm{V}-0.4\ \mathrm{V}}{10\ \mathrm{mA}}=300\ \Omega$$

· 限流电阻 R_1 用来限制 MOC3021 的输出电流 I_p 不要超过极限值 1 A。

$$R_1 = \frac{U_p}{I_p} \tag{7-2}$$

式中，U_p 为交流电压峰值，交流电压为 220 V，波动 10%，最高电压有效值为 242 V，峰值电压为 $242\sqrt{2}$ V。因而有

$$R_1 = \frac{242\sqrt{2}}{1} \approx 342\ \Omega$$

可取 $R_1 = 360\ \Omega$。

· 最小触发电压 U_T：由于串入电阻 R_1，使触发电路有一个最小触发电压，低于这个电压时，双向可控硅不导通。U_T 按下式计算：

$$U_T = R_1 \times I_{GT} + U_{GT} + U_{TM}$$

式中：I_{GT} 为双向可控硅最小触发电流；U_{GT} 为双向可控硅最小触发电压；U_{TM} 为 MOC3021 输出端压降，典型值 1.8 V，最大值 3 V。

对常用的双向可控硅 BTA06C，在第 1～3 象限触发时，I_{GT} 为 25 mA；在第 4 象限触发时（A_2 电压为负，G 触发电流为正），I_{GT} 为 50 mA，而 U_{GT} 为 1.5 V。这时

$$U_T = 360 \times 0.025 + 1.5 + 3 = 13.5\ \text{V}$$

· 最小控制角 α

$$\alpha = \arcsin\frac{U_T}{U_P} = \arcsin\frac{13.5}{342} = 2.26° \tag{7-3}$$

对于电动云台，控制角在 2.26°以下时，双向可控硅不导通不会影响云台的转动。

当双向可控硅所带的负载是较大的电感时，电感在接通与断开瞬间的感应电动势容易引起光耦与双向可控硅的误触发。图 7－5 是防止误导通的双向可控硅保护电路。

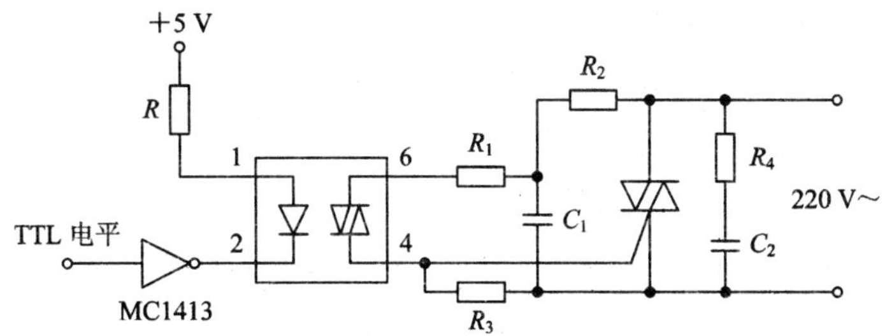

图 7－5　防止误导通的双向可控硅保护电路

双向可控硅一旦导通，控制极对双向可控硅就不起控制作用。要关断双向可控硅，必须使流过可控硅中的电流小于保持可控硅导通所需的电流，即维持电流。导通的可控硅从一个方向过零进入反向阻断状态只是一个十分短暂的时间，由于电机是感性负载，电流滞后于电压，有可能会使得电压在过零时电流仍然存在而导致双向可控硅失控。在这种情况下，可在双向可控硅主电极 MT1 和 MT2 之间并联 RC 串联回路以减小电压上升率 dU/dt，常常 R 取 51 Ω，C 取 0.1 μF。

在阻断状态下，双向可控硅的 PN 结相当于一个电容，如果突然受到正向电压，充电电流流过控制极 PN 结时，起了触发电流的作用，易造成 MOC3021 输出可控硅的误导通，在 MOC3021 的输出回路中加 R_2 和 C_1，组成的 RC 回路，可降低电压上升率 dU/dt。一般

情况下，R_2 为 470 Ω～1 kΩ，C_1 为 0.05～0.15 μF。

MOC3021 在输出关断状态下，也有小于或等于 400 μA 的电流，R_3 可以消除这个电流对外部双向可控硅的影响，防止双向可控硅误触发，提高可靠性。R_3 一般取 300 Ω～1 kΩ。

图 7－6 是双向可控硅云台控制电路。这里没有画出防止误触发误导通的保护电路，因为在一般情况下没有这些保护电路也能正常工作。在印制板设计时，应留有安装这些保护电路中电阻、电容的位置，当出现误导通现象时再加上这些器件。

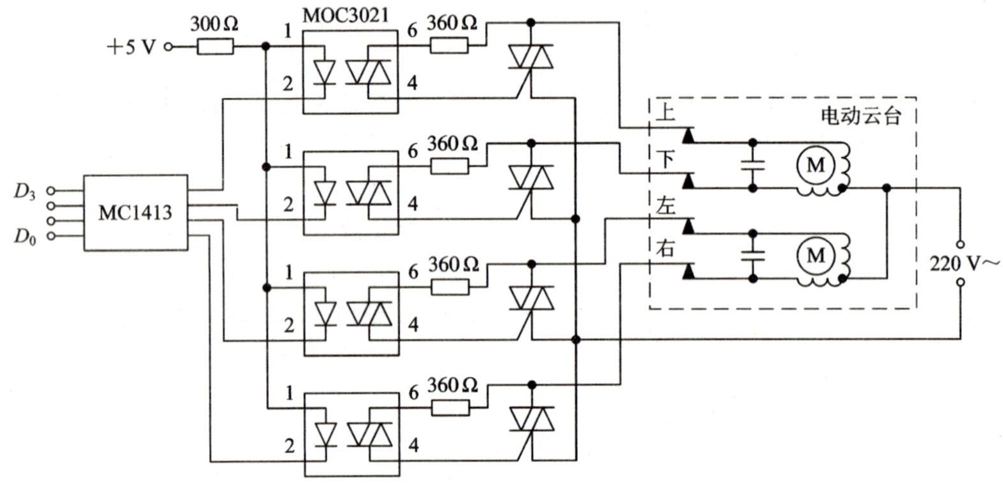

图 7－6　双向可控硅云台控制电路

在选取双向可控硅的电流、电压极限值时，应留有较大的余量。云台的电压是 220 V～，电流不超过 200 mA。一般取双向可控硅的电流为 3～6 A，耐压为 600～800 V。

固态继电器是对双向可控硅及其光电隔离电路和附加电路进行了一体化封装的产品，使用起来比分立元件方便。GJH1－L 和 GJH3－L 是常用于云台控制的固态继电器，它们的输入控制电压是 3～12 V(DC)，15 mA，输出负载电压是 380 V(AC)。GJH1－L 的负载电流为 1 A，适用于小型电动云台；GJH3－L 的负载电流为 3 A，适用于室外云台和防爆云台。

7.1.2　变焦镜头的驱动

单片机用锁存器输出的 TTL 电平来控制变焦镜头。常有继电器驱动和运算放大器与晶体管驱动两种方法。

1. 继电器驱动

图 7－7 是用继电器的变焦镜头驱动电路。当输入控制信号 D_5～D_0 的电平是 100000B 时，J_5 吸合，U_+ 加到光圈电机正端，光圈变大；当 D_5～D_0 的电平是 010000B 时，J_4 吸合，U_- 加到光圈电机正端，光圈变小。当 D_5～D_0 的电平是 001000B 时，J_3 吸合，U_+ 加到聚焦电机的正端，聚焦变远；当 D_5～D_0 的电平是 000100 时，J_2 吸合，U_- 加到聚焦电机的正端，聚焦变近。当 D_5～D_0 的电平是 000010B 时，J_1 吸合，U_+ 加到变倍电机的正端，变倍变进；当 D_5～D_0 的电平是 000001B 时，J_0 吸合，U_- 加到变倍电机正端，变倍变出。变焦镜头控制常用 JRC－5M 型超小型密封继电器。

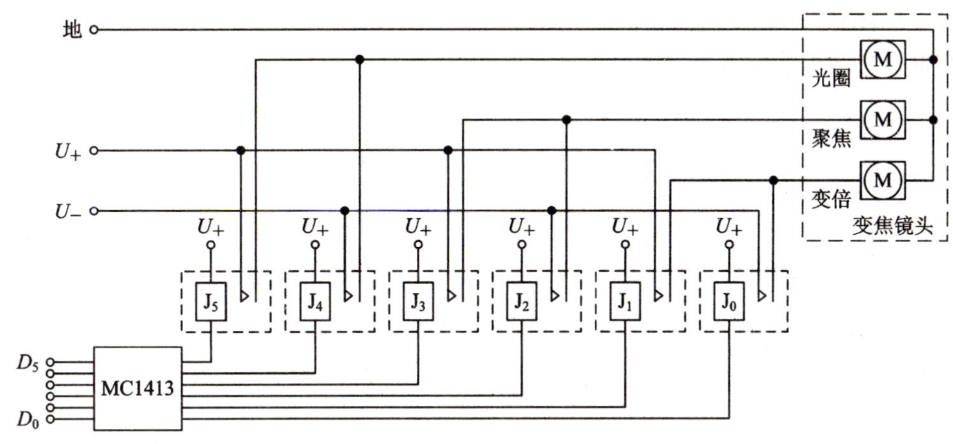

图 7－7　用继电器的变焦镜头驱动电路

2. 运算放大器与晶体管驱动

运算放大器与晶体管驱动与继电器驱动相比，有寿命长，可靠性高和价格便宜等优点。

图 7－8 是用运算放大器与晶体管驱动变焦镜头的实用电路。图中当输入控制信号 $D_5 \sim D_0$ 的电平是 100000B 时，运算放大器 N_1 输出正电压，晶体管 V_1 导通，电压 U_+ 加到光圈电机正端，电机正转，光圈变大；当 $D_5 \sim D_0$ 的电平是 010000B 时，运算放大器 N_1 输出负电压，晶体管 V_2 导通，电压 U_- 加到光圈电机正端，电机反转，光圈变小；当 $D_5 \sim D_0$ 的电平是 001000B 时，运算放大器 N_2 输出正电压，晶体管 V_3 导通，电压 U_+ 加到聚焦电机正端，电机正转，聚焦变远；当 $D_5 \sim D_0$ 的电平是 000100B 时，运算放大器 N_2 输出负电压，晶体管 V_4 导通，电压 U_- 加到聚焦电机正端，电机反转，聚焦变近；当 $D_5 \sim D_0$ 的电平是 000010B 时，运算放大器 N_3 输出正电压，晶体管 V_5 导通，电压 U_+ 加到变倍电机正端，电机正转，变倍变进；当 $D_5 \sim D_0$ 的电平是 000001B 时，运算放大器 N_3 输出负电压，晶体管 V_6 导通，电压 U_- 加到变倍电机正端，电机反转，变倍变出。

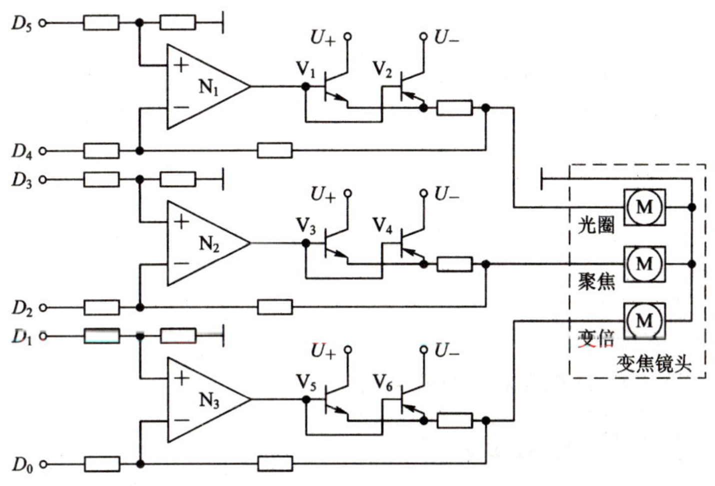

图 7－8　用运算放大器的变焦镜头驱动电路

当电机旋转太快，不易对镜头进行精细调节时，可以降低 U_+、U_- 的幅度，或在输出电压与电机之间串接电阻来使电机转速降低。

7.2 串行传送控制信号

前面介绍的驱动电路中，变焦镜头的驱动电压有 4 根控制线，电动云台的驱动电压有 5 根控制线，再加上摄像机电源控制，雨刷控制等，控制线较多。当控制器与摄像机距离较远时，浪费大量线材，很多能量也消耗在传输线上，所以常常采用发串行控制信号的办法来节省线材和能量损失。具体做法是在控制器部分由单片机发出串行的控制信号，在摄像机附近配置一个接收解码器，对接收到的串行命令进行解码，形成云台和变焦镜头的驱动电压。这样控制线改为二芯，可以节约线材，电机的驱动电压就地供给，避免了驱动电压长距离传送时的能量损失。

下面介绍串行通信中的一些基本概念和标准通信接口。

7.2.1 异步通信和同步通信

设备之间的通信有并行通信和串行通信两种基本方式。若有多位数据，比如 8 位、16 位数据同时传送称为并行通信；若数据一位一位地顺序传送，则称为串行通信。显然，串行通信的速度比并行通信慢，但在应用电视系统中设备之间要传送的数据量很少，所以常采用串行通信。

串行通信分异步通信和同步通信。

1. 异步通信

异步通信规定了数据的传送格式，即数据以相同的帧格式传送。8031 的串行通信口，在方式 1 时规定为 8 位异步通信口，传送格式是起始位(0)、8 位数据、停止位(1)。在方式 2 和方式 3 时规定为 9 位异步通信口，传送格式是起始位(0)、8 位数据、第 9 数据位、停止位(1)。

由此可见，异步串行通信的帧格式总是由起始位、数据位和停止位组成。在通信线上没有数据传送时处于 1 状态，要发送数据时先送一位 0，作为起始位；接收设备在接收到 0 状态后就开始准备接收数据，发送完规定的数据以后是停止位，在发送的间隙中，通信线路总是处于 1 状态。

2. 同步通信

与异步通信不同，同步通信不是靠起始位在每帧数据开始时使发送和接收同步，而是通过同步码在每个数据块传送开始时使收发双方同步的。后面将要介绍的编解码电路 VD5026 与 VD5027 之间的通信采用的就是同步通信方式。

7.2.2 单工、半双工、全双工通信

串行通信中，要把数据从一台设备传送到另一台设备，要使用通信线路，数据在通信线路的两端的设备之间传送。按照通信方式可以有三种通信线路。

1. 单工(Simplex)方式

单工方式时，通信线路一端连接发送设备，另一端连接接收设备。

2. 半双工(Half Duplex)方式

半双工方式时，通信线路两端的设备都有一个发送器和一个接收器，通过由单片机控制的电子开关接到通信线路上。数据能从这一端传送到那一端，也能从那一端传送到这一端，但是不能同时在两个方向上传送，即每次只能一端发，另一端收。

3. 全双工(Full-Duplex)方式

全双工方式不但两端的设备都有一个发送器和一个接收器，而且还增加了通信线路，不是交替发送和接收，而是可以同时发送和接收，数据可同时在两个方向上传送。

在应用电视系统中，因为数据量少，常采用单工方式和半双工方式通信。

7.2.3 串行通信标准接口

应用电视系统中常用的异步串行通信接口有三类：RS－232C、RS－449 和 20 mA 电流环。

1. RS－232C 标准接口

RS－232C 是由美国电子工业协会(EIA)正式公布的在异步串行通信中应用最广的标准总线。它包括按位串行传输的电气和机械方面的规定，适合于短距离和带调制解调器的通信场合。

RS－232C 接口有 22 根线，采用标准的 25 芯插头座，后改为 9 芯插头座，每个引脚有定义。RS－232C 接口采用负逻辑，即逻辑 1，－5～－15 V；逻辑 0，＋5～＋15 V。RS－232C电平与 TTL 电平接口时，必须进行电平转换，常用的芯片是传输线驱动器 MC1488 和传输线接收器 MC1489。图 7－9 是 RS－232C 电平转换芯片 MC1488 和 MC1489 的引脚图。

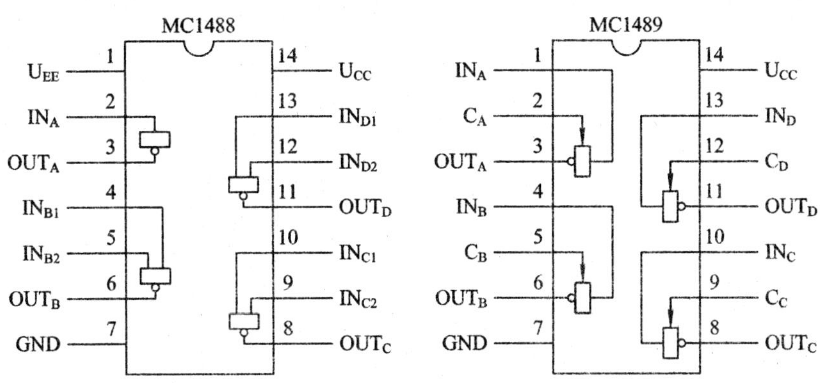

图 7－9 MC1488 和 MC1489 的引脚图

MC1488 内部有三个与非门和一个反相器，供电电压为±12 V，输入为 TTL 电平，输出为 RS－232C 电平。MC1489 内部有四个反相器，输入为 RS－232C 电平，输出为 TTL 电平，供电电压为＋5 V。MC1489 中每个反相器都有一个响应控制端，高电平有效。

图 7 - 10 是 RS - 232C 接口电平转换电路。

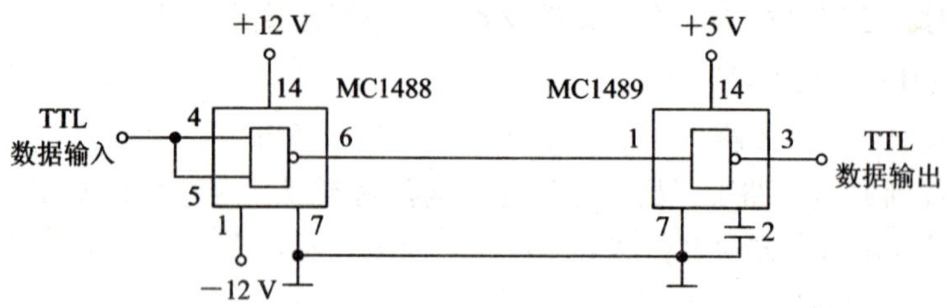

图 7 - 10 RS - 232C 接口电平转换电路

RS - 232C 接口设备之间通信距离不大于 15 m，传输速率为 20 kb/s。在实际使用中，距离远大于这个标准，当传输速率为 1.2 kb/s 时，传输距离达 1 km 以上。

2. RS - 449、RS - 422A、RS - 432A 和 RS - 485 标准接口

RS - 232C 是早期标准。它有数据传输速度慢，通信距离短，接口处各位信号间易产生串扰等缺点。为了提高数据传输率和通信距离，EIA 制定了新标准——RS - 449 标准。

1）RS - 449 标准接口

RS - 449 接口与 RS - 232C 接口的主要差别是信号在导线上的传输方法不同。RS - 232C 接口是利用传输信号线与公共地之间的电压差，RS - 449 接口是利用信号导线之间的信号电压差。

RS - 449 规定了两种标准接口连接器：一种为 37 脚，一种为 9 脚。

在应用电视系统中，进行单工、半双工通信，只有 2 根信号线，常采用三芯插座，因为电视监控报警系统中设备基本上是自成系统，所以没有必要采用标准的 25 芯、37 芯和 9 芯插头座。

RS - 449 接口不使用调制解调器，传输速率为 90 kb/s 时，在 24 - AMG 双绞线上能传送 1200 m 以上。因为用平衡信号差分电路传送高速信号，所以噪波低，可以多点并联接收。

2）RS - 422A 标准接口

RS - 422A 文本给出了 RS - 449 应用中对电缆、驱动器和接收器的要求，规定了双端电气接口型式，其标准是双端线传送信号。它通过传输驱动器，把逻辑电平变成电位差，完成始端的信息传送；通过传输线接收器，把电位差转变成逻辑电平，实现终端的信息接收。

RS - 422A 接口在最大传输速率 10 Mb/s 时；最大传送距离为 300 m；当传输速率为 90 kb/s 时，最大传送距离达 1200 m。RS - 422A 接口每个通道要用两条信号线，一条信号线的信号是另一条线信号的反相信号。RS - 422A 接口规定驱动器的输出电压为 ±2～±6 V，接收器可以检测到的输入信号电平可低到 0.2 V。RS - 422A 接口规定每个通道只许有一个发送器，可以有多个接收器。

AM26LS31 是符合 RS - 422A 标准的有三态输出的四驱动器。四个驱动器共有一个三态输出控制，三态输出允许有两个：一个高电平有效，另一个低电平有效。AM26LS32 是符合 RS - 422A 标准的，有三态输出的四接收器。四个接收器共用一个三态输出控制，三态输出允许有两个：一个高电平有效，另一个低电平有效。

MC3487 是符合 RS－422A 标准的四驱动器。每两个驱动器共用一个三态输出允许端，该端为低电平时允许三态输出。MC3486 是符合 RS－422A 标准的四接收器，每两个接收器共用一个三态输出允许端，该端为低电平时允许三态输出。MC34050 是符合 RS－422A 标准的双驱动器和双接收器，两个驱动器共用一个驱动使能端，两个接收器共用一个接收使能端，使能端都是低电平有效。MC34051 是符合 RS－422A 标准的双驱动器和双接收器，每个驱动器各有一个驱动使能端，都是低电平有效，而接收器没有接收使能端。

3）RS－423A 标准接口

RS－422A 和 RS－423A 文本中，分别给出 RS－449 应用中对电缆、驱动器和接收器的要求。RS－422A 给出平衡信号差的规定，RS－423A 给出不平衡信号差的规定。

RS－423A 规定为单端线，而且与 RS－232C 兼容，参考电平为地，规定正信号逻辑电平为 0.2～6 V，负信号逻辑电平为－0.2～－6 V。

RS－423A 驱动器在 90 m 长电缆上传送数据最大速率为 100 kb/s，若传输速率降为 1 kb/s，则允许电缆长度为 1 km。RS－423A 允许在传送线上接多个接收器，接收器为平衡传输接收器，因此允许驱动器和接收器之间有个地电位差。这时逻辑“1”状态必须是 4～6 V，逻辑“0” 状态必须是－6～－4 V。

常用的符合 RS－423A 标准的驱动器有 MC3488 双驱动器和 DS3691 四驱动器。RS－423A 的接收器与 RS－422A 通用，前面介绍的符合 RS－422A 标准的接收器全部可用于 RS－423A 接口。

4）RS－485 标准接口

RS－485 是一种多发送器的电路标准，是 RS－422A 性能的扩展。它允许在双绞线上，一个发送器驱动 32 个负载设备。负载设备可以是被动发送器、接收器或收发器。RS－485 允许共同电话线通信。电路结构是在平衡连接电缆两端有终端电阻，在平衡电缆上挂发送器、接收器和组合收发器。

RS－485 标准没有规定在何时控制发送器发送或接收器接收数据的规则，但对电缆的选择要求很严格。

因为 RS－485 标准与 RS－422A 兼容，所以所有符合 RS－485 标准的驱动器和接收器都适用于 RS－422A 标准；反之，则不然。

75172、75174 是符合 RS－485 标准的四驱动器。在 75172 中，四个驱动器共用一个三态输出控制。三态输出允许有两个，一个高电平有效，另一个低电平有效。75174 每两个驱动器共用一个三态输出控制，低电平有效。

75173、75175 是符合 RS－485 标准的四接收器。75173 中四个接收器共用一个三态输出控制。三态输出允许有两个，一个高电平有效，另一个低电平有效。75175 每两个接收器共用一个三态输出控制，低电平有效。

图 7－11 是 RS－485 电平转换芯片 75172～75175 的引脚图。

图 7－12 是 RS－485 接口电平转换电路。图中用虚线隔开三台设备，三台设备都用了光电隔离。光电隔离前后的电压要独立，否则起不了光电隔离的效果。在设备之间距离不远，现场电磁干扰较少的情况下，也可省去光电隔离。

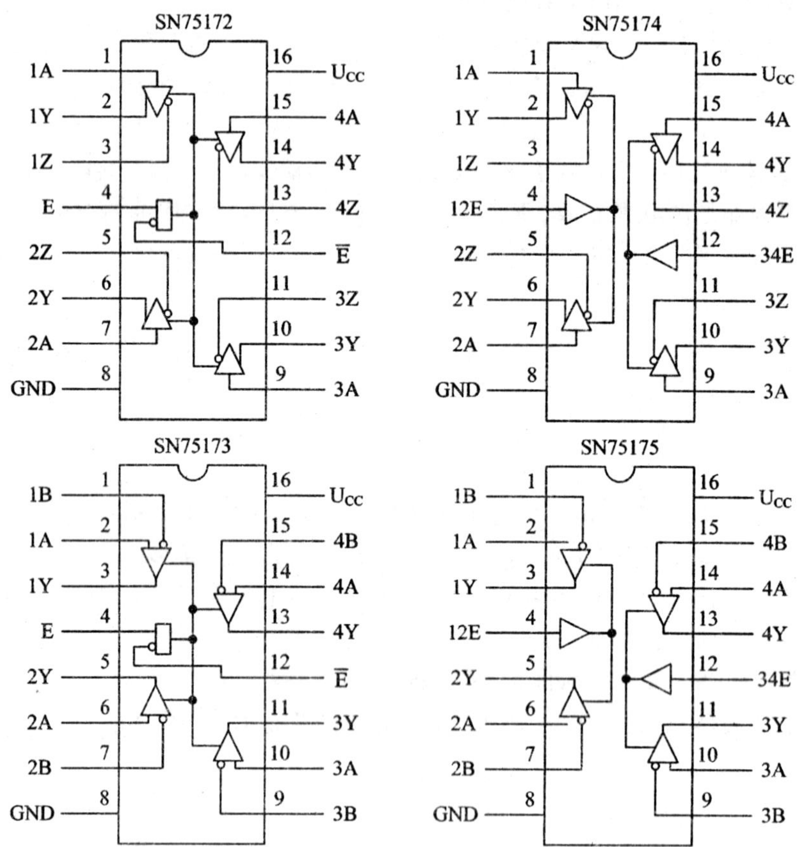

图 7-11 RS-485 电平转换芯片 75172～75175 的引脚图

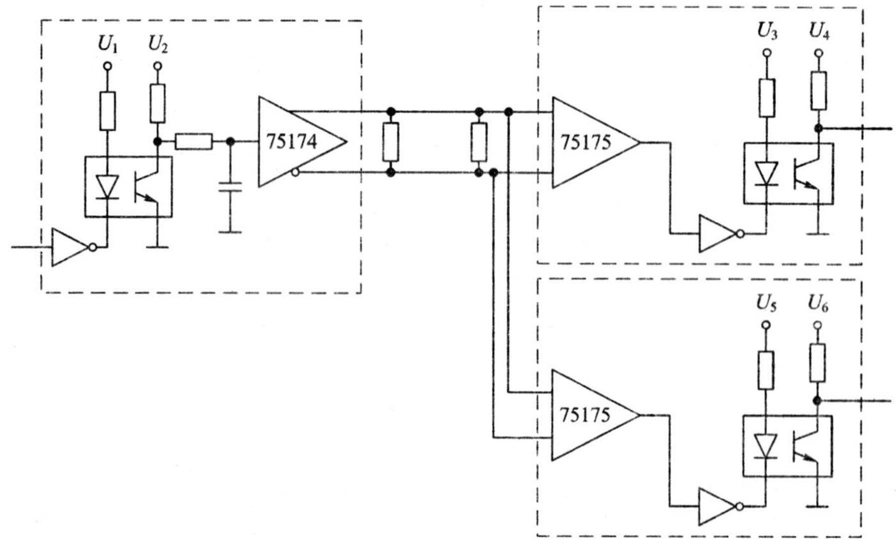

图 7-12 RS-485 接口电平转换电路

75176 是一种符合 RS－485 标准的驱动器和接收器。图 7－13 是其引脚图与真值表。利用 75176 可以进行半双工通信，即在同一对线上分时完成双向通信，只要控制芯片的 DE、$\overline{RE}$两个引脚的电平，75176 便可以处于发送数据状态或者处于接收数据状态。当只有一个 RS－485 通道时，两端可以都用 75176。在应用电视系统中，控制器要多路输出，常用四驱动器 75172 或 75174。而在解码器端只需一个接收器，常采用 75176。利用 75176 可以组成总线型结构的串行通信，如图7－14所示。长线两端都可以带 32 组收发器，图7－14 中一端只带了三组。

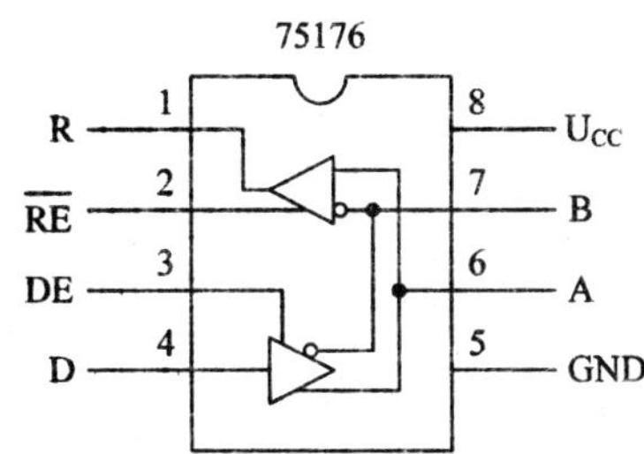

驱动真值表

D	DE	A	B
H	H	H	L
L	H	L	H
×	L	Z	Z

接收真值表

A－B	$\overline{RE}$	R
$U_{A-B}\geq 0.2$ V	L	H
$-0.2\text{ V}<U_{A-B}<0.2$ V	L	不定
$U_{A-B}\leq -0.2$ V	L	L
×	H	Z

注：H—高电平；L—低电平；Z—输出高阻；×—任意值。

图 7－13　75176 的引脚图和真值表

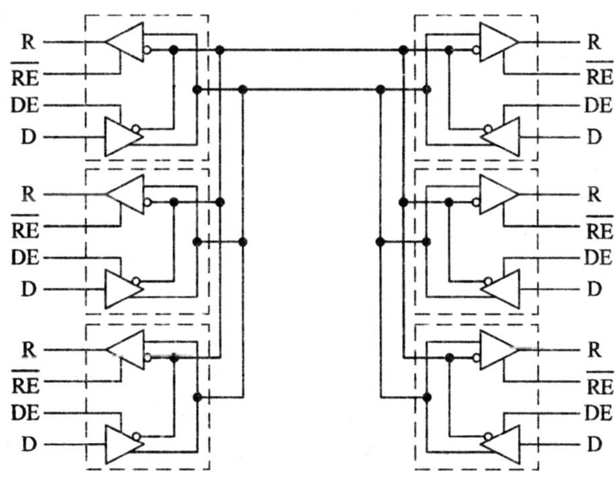

图 7－14　利用 75176 可以组成总线型结构的串行通信

在应用电视系统中，可构成符合 RS－485 标准的总线型多键盘系统，或构成控制器与多台解码器之间的总线型结构。但必须注意控制在每一时段，总线上只有一个 75176 处于发送状态，其余的 75176 处于接收状态。

3. 20 mA 电流环

20 mA 电流环是一种非标准的串行接口电路，但由于它有线路简单，对电气噪波不敏感的特点，在环境电磁干扰较多的场合被广泛采用。20 mA 电流环是一种异步串行接口电路。在每次发送数据时，必须以无电流的起始位作为一帧数据的开始，接收端检测到起始位后接收一帧数据。

图 7－15 是一个 20 mA 电流环线路图。在发送端，将 TTL 电平转换成环路电流信号，在接收端又将环路电流转换成 TTL 电平。其最大的优点是低阻传输线对电气噪声不敏感，即使传输线上感应有较高电压也不会损坏器件。解码器接收端光电耦合器件的发光二极管

正向工作电流典型值为 15 mA，最大连续正向电流极限值在 60 mA 以上，至于不连续的脉冲正向电流可达数百毫安。瞬时性的感应电流一般不会损坏光耦，所以用 20 mA 电流环接口，其平均故障间隔时间 MTBF① 较长。表 7 - 2 是常用光电耦合器的参数表，供选用时参考。

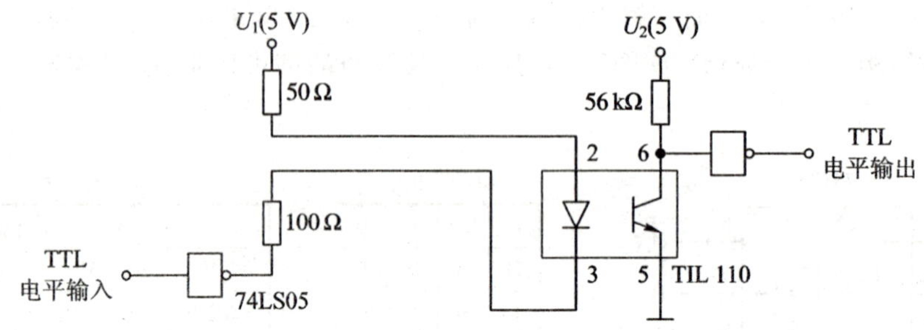

图 7 - 15　20 mA 电流环线路图

表 7 - 2　常用光电耦合器的参数表

型　号	输出结构	最大正向电压	最大 U_{CE}	最小电流传送率/%	最小直流冲击电压/V	$tr/\mu s$
4N25	晶体管	1.5 V　10 mA	0.5 V　2 mA	20	2500	1.2
4N29	达林顿	1.5 V　10 mA	1 V　2 mA	100	2500	0.6
4N35	晶体管	1.5 V　10 mA	0.3 V　0.5 mA	100	3500	3.2
TIL111	晶体管	1.4 V　16 mA	0.4 V　2 mA	8	1500	5
TIL113	达林顿	1.5 V　10 mA	1 V　125 mA	300	1500	300

7.3　单片机解码器

控制器发出串行的控制信号由解码器接收。解码器对接收到的串行命令进行解码、形成云台和变焦镜头的驱动电压，控制云台和变焦镜头的电机动作。

解码器可以以单片机为主加上附加电路构成，一般用与控制器相同型号的单片机比较方便。也可以利用专门的编码、解码电路来发送、接收信号，那么在控制器里就应该用专门的编码电路发送信号，在解码器中要用与之配套的解码电路接收信号。下面详细介绍这两种解码器。

7.3.1　单片机解码器的构成

单片机解码器通常由隔离器、单片机、自动复位电路、电动云台驱动电路和变焦镜头驱动电路组成，如图 7 - 16 所示。

① MTBF：Mean Time Between Failures，平均故障间隔时间。

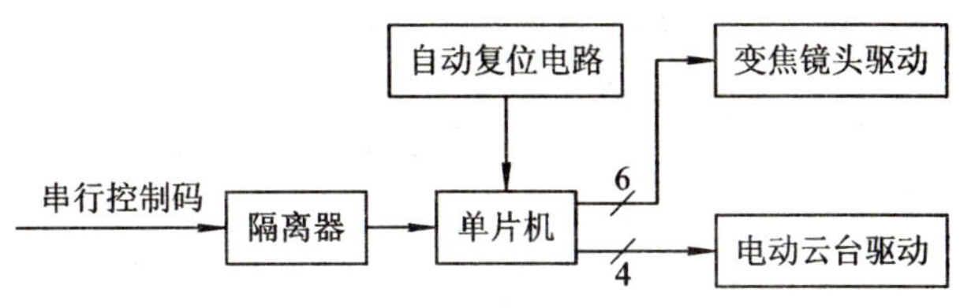

图 7-16　单片机解码器方框图

1. 隔离器

为了防止解码器中的开关元件影响控制器，在电气上完全隔离控制器和解码器，解码器的输入端要用隔离器。为了使基带信号能进行较长距离的传送，串行控制码的波特率取得很低，经常取 1200～9600 Bd(波特)，所以隔离器可采用频率较低的光电耦合器，或者用变压器进行耦合。

2. 串行控制码的接收与解码

当控制器和解码器都用 8031 单片机串行口发送、接收数据时，发送、接收端的 8031 都置成多机通信方式。发送端的 8031 先发 8 位地址码，其第 9 位数据为 1，再发 8 位操作码，第四位数据为 9。接收端 8031 置多机通信方式时，SM2=1，接收数据的第 9 位进入 RB8，地址字节会中断所有解码器的单片机，解码器单片机查看地址码是否与本机地址相符，相符时单片机清 SM2，准备接收后面发来的操作码；当地址码与本机地址不符时，单片机将保持 SM2 不变，那么后面发来的操作码不会引起中断。在这种情况下可取消校验码，也可以用地址码和操作码的某一位作校验码分别进行校验，因为地址码和操作码都不需要用 8 位。

3. 解码器的抗干扰措施

解码器中的继电器、可控硅等开关元件在闭合、断开时，容易对解码器的单片机产生干扰，解码器附近大型设备的启动和关断也易引起对单片机的干扰，结果是解码器的硬件虽然没有损坏，但程序执行出错，且进入死循环，不经复位，回不到正常状态，产生软件故障，俗称程序跑飞。为了防止干扰，常常采取下列预防措施：

(1) 交流电源滤波：滤波电路如图 7-17 所示。

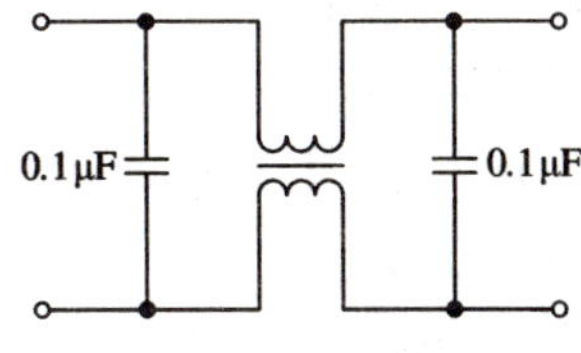

图 7-17　交流电源滤波

(2) 直流电源去耦滤波：滤波电路如图 7-18 所示，C_1 和 C_3 是容量为 0.01～0.1 μF 的瓷片电容，C_2 和 C_4 是容量为 1000～4700 μF 的电解电容。

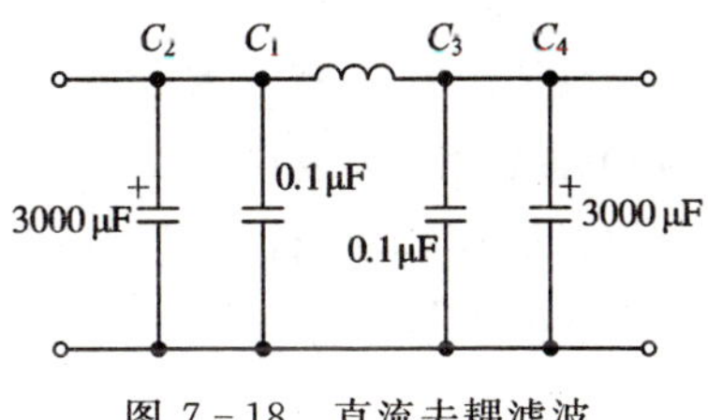

图 7-18　直流去耦滤波

(3) 单片机及其附加电路的电源线和地线直接接到电源滤波电容，不要与开关元件驱动电路的电源线和地线交叠，见图 7 - 19。

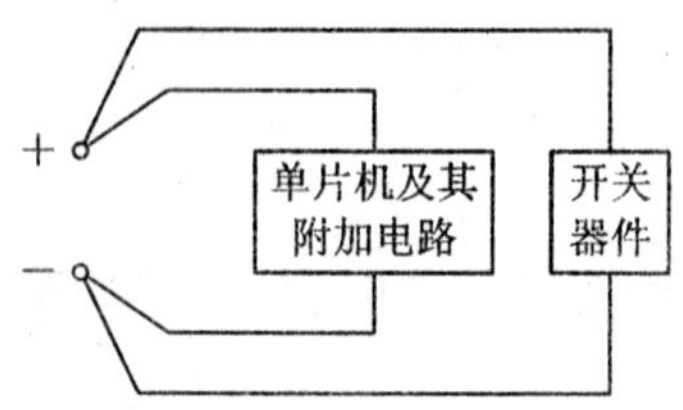

图 7 - 19 直流电源线与地线不交叠

(4) 继电器线包上接反向偏置二极管防止继电器线包的反电动势。继电器触点两端接 0.068～0.1 μF 电容器，防止继电器触点接通和断开时产生电弧放电影响单片机工作。这里要注意电容器耐压值要大于触点断开时两点电压值的数倍。

(5) 用压敏电阻抑制尖峰电压。当加于压敏电阻两端电压超过压敏电压 U_{IMA} 时，压敏电阻上的电流迅速增大，呈短路状态，非常适于吸收瞬间尖峰电压。可以在电源变压器的初、次级加压敏电阻，选取压敏电压 $U_{IMA}=1.56\sqrt{2}$ V。压敏电阻并联在感性负载两端，可以吸收电感负载接通或断开时产生的自感电动势。

4. 解码器的自动复位

无论采取何种抗干扰措施，只能减少软件故障产生的次数，要完全消除软件故障是不可能的。

解码器在摄像机附近，离控制器很远，无法进行按钮复位，采用关断解码器总电源的方法又往往不易奏效，给使用者带来不便，所以应该设置自动复位电路，万一出现软件故障能进行补救，不致引起不良的后果。自动复位电路通常有硬件自动复位和软件故障诊断自动复位两种。

1) 硬件自动复位

硬件自动复位有硬件定时自动复位和利用串行控制信号产生复位信号两种方法。前者是利用定时器每隔一段固定时间对 CPU 复位一次，这种方法比较简单，缺点是复位可能会发生在接收串行信号的过程中，使得该次接收失败。后者是利用串行控制信号来产生复位信号，要求两次串行控制信号之间要有一定的时间间隔。

图 7 - 20 是利用串行控制信号产生复位脉冲的实用电路。图中第 1 个单稳触发器 D_1 是不可重触发单稳 74LS221。它的外接电阻 R_1 电容 C_1 要保证 $0.7R_1C_1$ 大于串行控制信号周期，这样在 D_1 的 A 端接串行控制信号，在 D_1 的 Q 端输出一个宽度大于串行控制信号周期的负脉冲，见图 7 - 20 下部波形图①②。这样保证只有起始位的下降沿产生复位脉冲，而串行数据中的下降沿不产生复位脉冲。第 2 个单稳触发器 D_2 是 74LS221 的另一半，它的外接电阻 R_2、外接电容 C_2 要使 $0.7R_2C_2$ 等于复位脉冲要求的宽度，这样将 D_1 的 $\overline{Q}$ 端的宽脉冲变成窄脉冲在 D_2 的 Q 端输出，去复位 CPU。复位脉冲宽度要尽量窄，不要影响 CPU 接收串行信号。这种方法在每次接收串行控制信号之前复位 CPU，实际效果很好。它适用于解码器 CPU 只有接收串行控制信号并解码、驱动这一任务没有其他附加工作的场合。

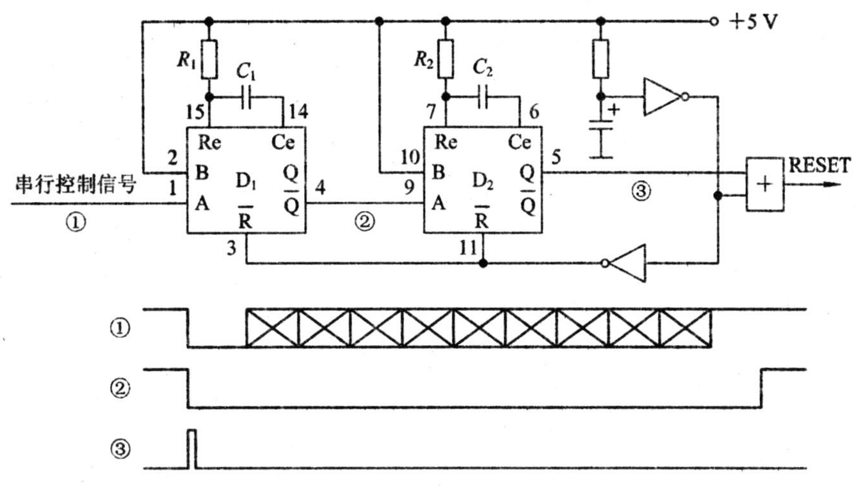

图 7-20 利用串行控制信号产生复位脉冲的电路

2) 软件故障诊断自动复位

当解码器 CPU 还有检测、计算等多种任务时，上述利用串行控制信号产生复位脉冲的方法会使检测、计算工作突然打断而出错，所以要采用软件故障诊断复位。

软件故障诊断要求在程序的各个可能的支路，都要安排两条能使某输出口的某一位输出一个正(或负)脉冲的指令。在程序正常执行时，每隔一定的时间总会执行这条指令，使该位不断地输出正脉冲。当程序执行进入异常状态时，该位没有正脉冲输出，超过一定时间，判别电路就会输出一个复位信号使 CPU 复位，程序执行又恢复正常。

图 7-21 是一种故障诊断复位电路。程序正常执行时输出的正脉冲加到可重触发单稳 D_1(74LS123)的输入端 B，D_1 接成上升沿触发，Q 端产生的正脉冲宽度由外接电阻 R_1 和外接电容 C_1 决定。当程序正常执行时，两正脉冲之间的间隔小于 $0.7R_1C_1$，也就是不断地对 D_1 触发，所以 Q 端不会输出下降沿。当有软件故障时，电路不再输入正脉冲，D_1 的 Q 端出现下降沿。而单稳 D_2 接成下降沿触发，其外接电阻 R_2 和外接电容 C_2 的取值使 $0.7R_2C_2$ 等于复位脉冲要求的宽度。当 D_1 的 Q 端出现下降沿，D_2 的 $\overline{Q}$ 端会输出正脉冲使 CPU 复位，从而使程序执行恢复正常。

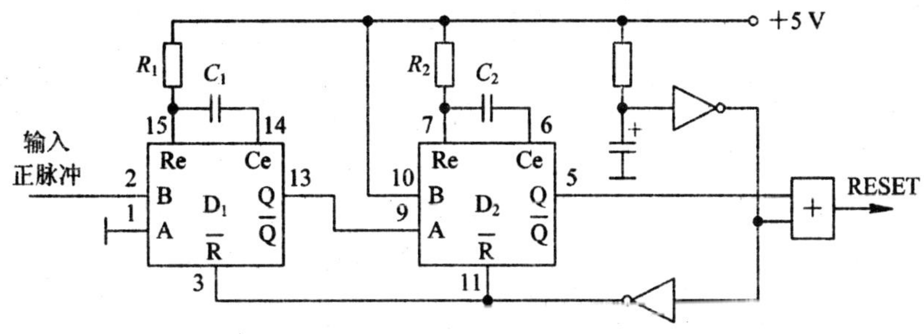

图 7-21 故障诊断复位电路

有些单片机如增强型的 51 系列单片机 83C51FA，具有监视跟踪定时器(WATCH DOG，俗称看门狗)，就是把软件故障诊断复位电路集成在单片机内。也可以采用单片看门狗电路，如 MAX813 等。

7.3.2 单片机解码器的实用电路

图 7－22 是用 89C51 单片机组成的解码器实用电路。由拨动开关决定的本机地址经 P0.0～P0.7 读入。串行接口采用 20 mA 电流环，串行控制信号经光电耦合器 4N25 隔离并送到 89C51 的 RXD 端。“看门狗”电路由一片 74LS123 组成，价格比专用“看门狗”电路要便宜。编程序时要求每一可能支路安排能使 P1.7 输出一个正脉冲的指令，在程序正常运行时，P1.7 每隔一定时间总会输出正脉冲，该脉冲的输入使 D_1 不断地被重触发；当程序跑飞，电路不再输入正脉冲，Q_2 端输出正脉冲经或门送 CPU 的复位端，复位 CPU 使程序执行恢复正常。

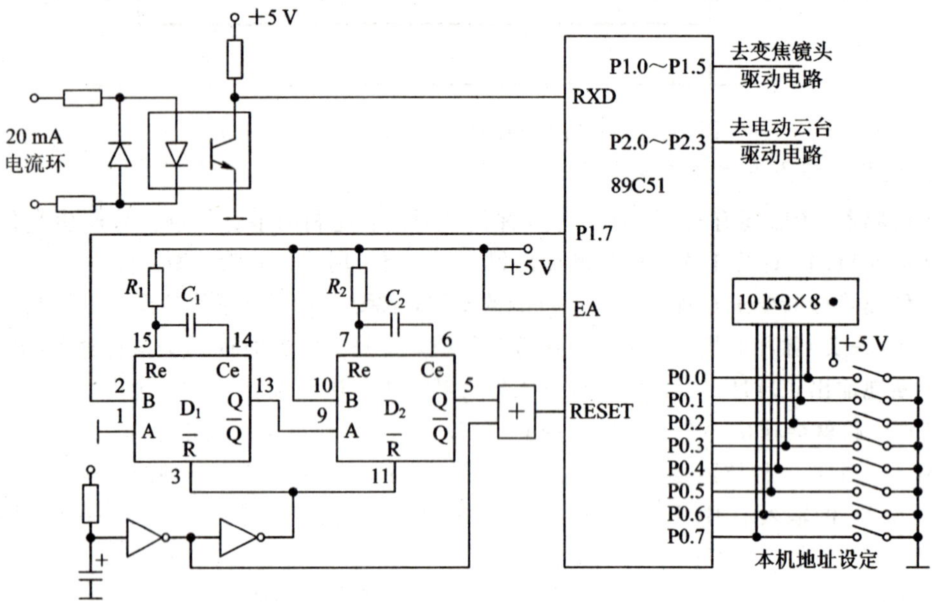

图 7－22 单片机解码器实用电路

串行控制信号被单片机 89C51 接收、解码后，经 P1.0～P1.5 输出变焦镜头控制信号，经如图 7－8 所示的变焦镜头驱动电路去控制变焦镜头。89C51 的 P2.0～P2.3 输出电动云台控制信号，经如图 7－6 所示的电动云台驱动电路去控制电动云台。

7.4 硬件解码器

用单片机的解码器必须采取种种抗干扰措施，增加自动复位电路。在电视系统中，解码器是用得较多的设备，当然是越简单越好。下面介绍几种专用的编码解码电路，使用这些芯片组成的解码器线路简单，抗干扰性能好。

7.4.1 编码、解码芯片

1. MC145026、MC145027 编解码电路

MC145026、MC145027 是 MOTOROLA 公司生产的一对编解码电路，它们的工作电压是 4.5～18 V，振荡器可用误差为 5%的外接电阻、电容。解码芯片 MC145027 内部有上电复位电路，上电后，锁存的数据输出全为 0。MC145026 和 MC145027 都是 16 脚双列直插电路，图 7 - 23 是它们的引脚图。

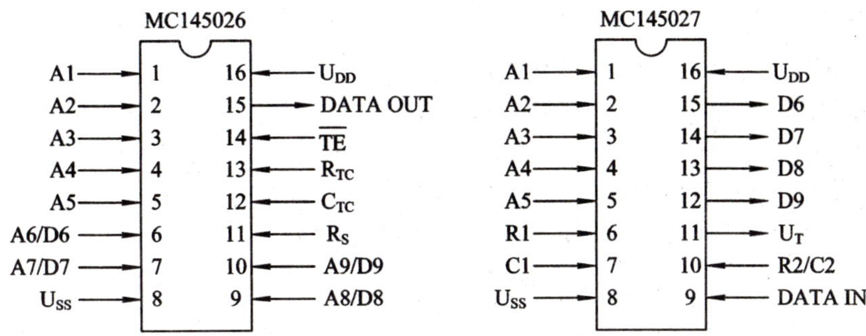

图 7 - 23　MC145026 和 MC145027 引脚图

编码芯片 MC145026 的 A1～A5 是地址输入，A6/D6～A9/D9 与 MC145028 相配合时作地址 A6～A9。当与 MC145027 相配合时，作数据输入。

A1～A5 可接成高电平(1)、低电平(0)和开路(高阻)三种状态。当利用这三种状态来决定地址时，最多可以有 $3^5=243$ 种地址。

串行数据从 DATA OUT 端输出，每位数据用两个脉冲来表示，两个连续的宽脉冲表示"1"，两个连续的窄脉冲表示"0"，一个宽脉冲一个窄脉冲表示开路，波形如图 7 - 24 所示。

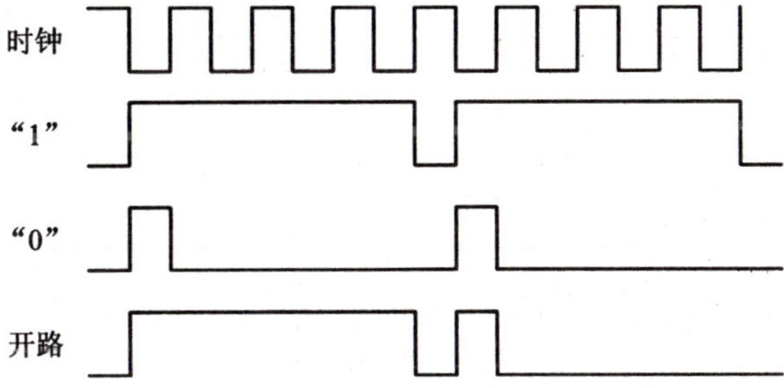

图 7 - 24　MC145026 编码数据波形

R_{TC}、C_{TC}、R_S 三个脚外接阻容元件决定内部时钟振荡频率，其芯片内部结构如图 7 - 25 所示。所以，当外部时钟接入时应接到 R_S，而将 R_{TC}、C_{TC} 两脚开路。其内部振荡频率可以为 1 kHz～2 MHz。在 1 kHz$<f<$400 kHz 时，$f=1/(2.3R_{TC}\times C_{TC})$(Hz)，这里只有满足 $R_S=2R_{TC}$，$R_S\geqslant 20$ kΩ，$R_{TC}\geqslant 10$ kΩ，100 pF$<C_{TC}<$15 μF 四个条件时，公式才有效。

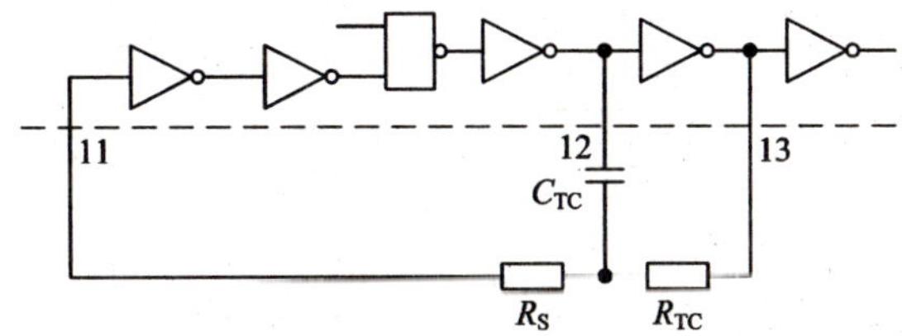

图 7 - 25　MC145026 振荡器部分

$\overline{TE}$是发送允许端。此端开路时，芯片内部的上拉电阻使其输入为高电平，编码器被禁止发送，时钟振荡器停止振荡，芯片功耗降至最低，只有 0.1 μA。当$\overline{TE}$端输入宽度大于 65 ns 的低电平时，振荡器开始振荡，DATA OUT 端发出数据，每位数据的周期是 8 个时钟周期，每个字有 9 位数据即 A1～A5、D6～D9，每个字发送两次，两次之间的间隔是 3 个位(数据位)周期。$\overline{TE}$如果保持低电平，数据将不断地发送。MC145026 的动态功耗约为 200 μA。

解码芯片 MC145027 接收 MC145026 发出的串行数据，当接收到的两个字中，5 位地址与本芯片的地址输入 A1～A5 完全符合，且接收到的两个字中的4 位数据完全相同时，4 位数据被锁存在 D6～D9 输出，直到接收到新的数据来代替它。数据被锁存的同时，U_T 脚变高，直到 4 个数据位周期没有输入信号或接收到错误信号。

R_1C_1 的时间常数应是 1.72 个编码时钟周期，$R_1C_1=3.95R_{TC}\times C_{TC}$ ($R_1\geqslant 10$ kΩ，$C_1\geqslant 400$ pF)。因而 R_1C_1 的值可用来判断接收到的是宽脉冲还是窄脉冲。R_2C_2 的时间常数是 33.5 个编码时钟周期，$R_2C_2=77R_{TC}\times C_{TC}$ ($R_2>100$ kΩ，$C_2>700$ pF)。因而 R_2C_2 的值应是用来判断接收字的结束和发送的结束。

表 7－3 是编解码电路 MC145026，MC145027 中的电阻电容选择参考。MC145027 的静态工作电流约为 50 μA，动态工作电流约为 400 μA。

表 7－3 MC145026，MC145027 振荡频率和 *RC* 的关系

f_{osc}/kHz	R_{TC}/kΩ	C_{TC}/pF	R_S/kΩ	R_1/kΩ	C_1/pF	R_2/kΩ	C_2
362	10	100	20	10	470	100	910 pF
181	10	220	20	10	910	100	1800 pF
88.7	10	470	20	10	2000	100	3900 pF
42.6	10	1000	20	10	3900	100	7500 pF
21.5	10	2000	20	10	8200	100	0.015 μF
8.53	10	5100	20	10	0.02	200	0.02 μF
1.71	50	5100	100	50	0.02	200	0.1 μF

图 7－26 是 MC145026 与多个 MC145027 通信的示意图。这里 89C51 的 P0 口和 P1 口完全作锁存器用，右下部的两个 MC145027 与上部的一个线路完全相同，只是本机地址设得各不相同。

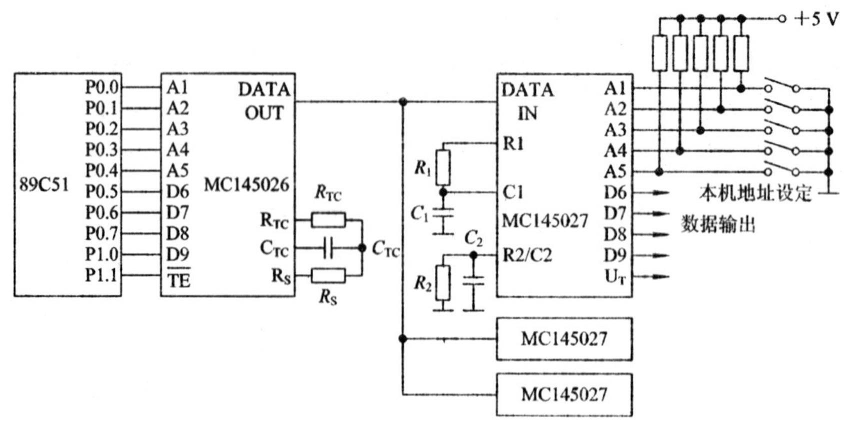

图 7－26 MC145026 与多个 MC145027 通信的示意图

2. VD5026、VD5027 编解码电路

VD5026、VD5027 是一对编码解码芯片，它们的工作电压是 2～6 V，静态工作电流只有 1 μA，使用的外接元件少，编码、解码芯片各接一个相同的电阻。

VD5026、VD5027 是 18 脚双列直插电路，图 7－27 是它们的引脚图。其中，地址 A0～A7 可以是高电平(1)、低电平(0)、开路(高阻)和第 4 种状态。第 4 种状态时，A0 不使用，A1～A7 若与 A0 短路即为第 4 种状态。当利用这 4 种状态来决定地址时，最多可以有 $4^7=2^{14}=16\ K=16\times1024$ 种地址。

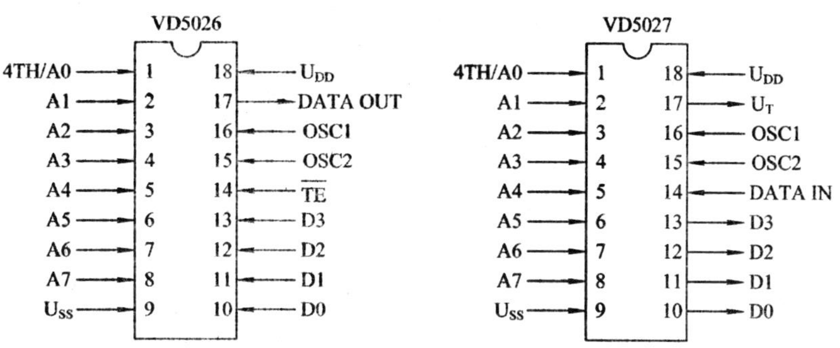

图 7－27　VD5026 和 VD5027 引脚图

VD5026、VD5027 的 OSC1、OSC2 接电阻 R 后，芯片的振荡器频率 $f=1600/R$(kHz)(R 为 kΩ)。典型值 $R=80$ kΩ，$f=200$ kHz。

每个数据位是 128 个时钟周期，每个字是 13 位数据，包括 8 位地址、4 位数据、1 位校验，一个字的时间是 13×128×5 μs＝8.32 ms，每个字发出之前有一组同步信号的时间相当于 3 个数据位，是 3×128×5 μs＝1.92 ms。每一次发送将包括同步信号的字连续发 4 次，所以总的一次发送的时间是 4×(8.32＋1.92)＝40.96 ms。

与 MC145026、MC145027 相比，VD5026、VD5027 的优点是外接元件少，地址位多，可以连接更多的解码器。缺点是通信速度慢，所需时间大约是 MC145026 的 40 倍。

图 7－28 是 VD5026 与多个 VD5027 通信的示意图。这里 89C51 的 P0 口和 P1 口完全作锁存器用，右下部两个 VD5027 的线路与上面的一个 VD5027 的线路完全一样，只是本机地址设置得不一样。

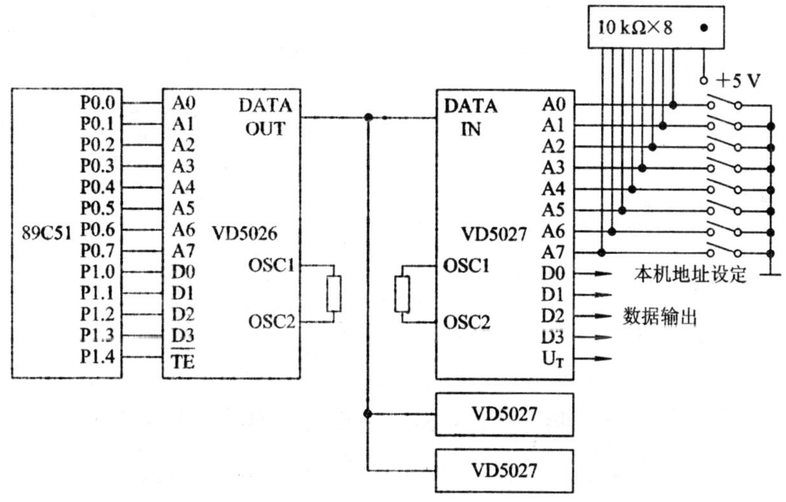

图 7－28　VD5026 与多个 VD5027 通信的示意图

3. UM3758－108A 单片编解码电路

UM3758－108A 的特点是由输入电平决定芯片是编码还是解码功能。收发两端用的是同一型号芯片，其数据线有 8 位，一次发码能传送更多的信息。

UM3758－108A 的工作电压是 3～12 V，接收输入高电平最小值 4 V，低电平最大值 2 V，其他输入电平 $U_{IH}=(U_{DD}-0.5)\sim U_{DD}$，$U_{IL}=0.5$ V。数据输出电流为±10 mA，TX/$\overline{RX}$脚输出电流为－40 mA 或 20 mA，工作时钟振荡频率 $f=160$ kHz。

UM3758－108A 是 24 脚双列直插电路，图 7－29 是其引脚图。A1～A10 是地址输入，D1～D8 是数据输入或输出，OSC 脚外接 RC 构成系统时钟。T/$\overline{R}$ 是发送、接收选择端，T/$\overline{R}$=1，发送；T/$\overline{R}$=0，接收。TX/$\overline{RX}$是编码信号发送输出或是解码接收正确指示。

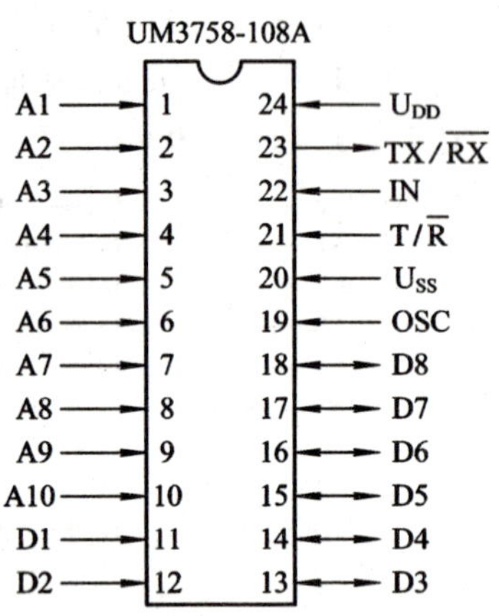

图 7－29 UM3758－108A 引脚图

图 7－30 是用多块 UM3758－108A 进行一发多收串行通信。这里的 89C51 只是用其输出口，发送时先将地址和数据锁存，再通过一位锁存输出供给 UM3758－108A 的 T/$\overline{R}$ 脚高电平。在发送另外一组地址、数据之前，应先将 UM3758－108A 的 T/$\overline{R}$ 脚变为低电平，停止发送，以免变动地址数据时产生误发。右下部的两个接收 UM3758－108A 与上面的一个线路完全一样，只是设定的本机地址各不相同。

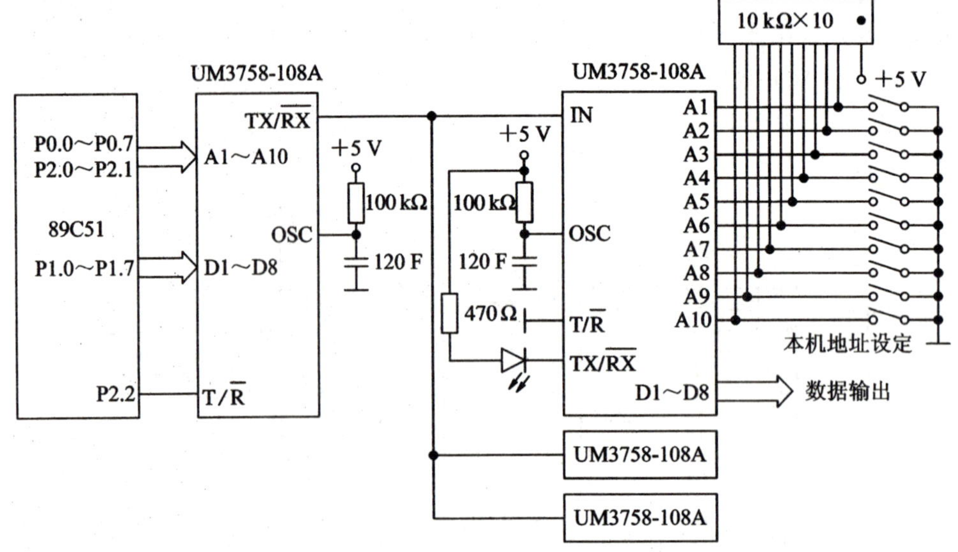

图 7－30 用多块 UM3758－108A 进行一发多收串行通信

为便于比较，常用的编码、解码芯片的主要性能列于表 7－4 中。

表7-4 常用的编码、解码芯片

芯片	MC145026	MC145027	VD5026	VD5027	UM3758-108A
功能	编码	解码	编码	解码	编码、解码
地址位数	5	5	8	8	10
数据位数	4	4	4	4	8
外接元件	R_S、R_{TC}、C_{TC}	R_1、R_2、C_1、C_2	R	R	R、C
工作电压/V	4.5～18	4.5～18	2～6	2～6	3～12
静态电流/μA	0.1	50	1	1	
封装	18DIP①	18DIP	18DIP	18DIP	24DIP

① DIP：Dual Inline Package，双列直插式封装。

7.4.2 硬件解码器的实用电路

图7-31是一个硬件解码器的实用电路。这里用2块VD5027，它们的A1～A7由拨动开关来决定本机地址，最多可以有2^7个地址，有128台解码器。一块VD5027的A0接高电平，另一块VD5027的A0接低电平，所以地址的最低位决定数据送两块芯片中的哪一块。第一块VD5027的4位数据供变焦镜头与云台控制用，因为经常规定云台和变焦镜头的10个动作不在同一时刻执行，每次只能一个动作有效，所以在发送端将10个动作编码为4位数据，在接收端又把4位数据由4—16译码器CD4514译码后去控制变焦镜头和电动云台。另一块VD5027的4位数据去控制摄像机电源、雨刷等能同时进行的动作，这里用ULN2803去驱动光耦双向可控硅电路，ULN2803是与MC1413(ULN2003)类似的驱动电路。

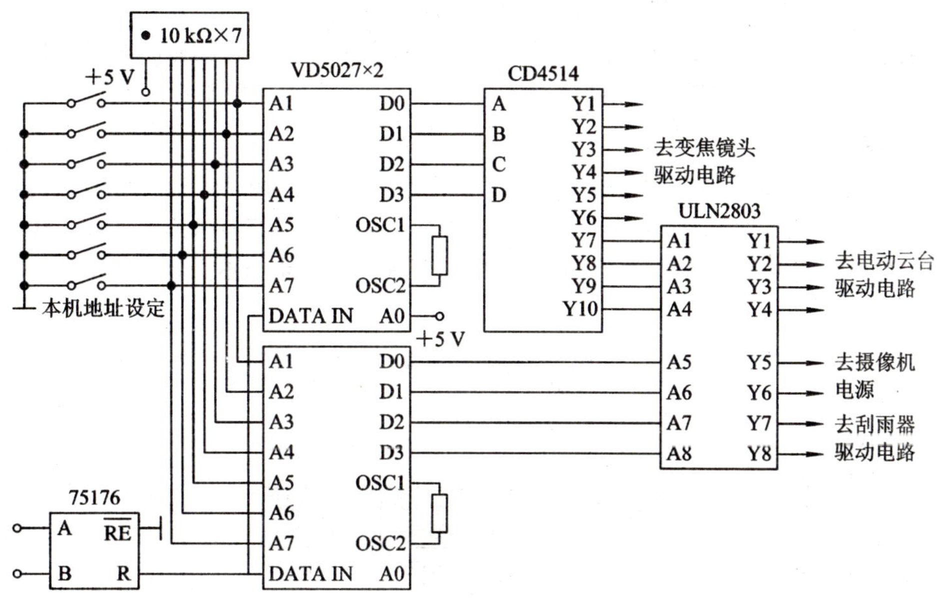

图7-31 硬件解码器的实用电路

输入部分采用 RS-485 接口芯片 75176，所以在控制器发信号的部分，单片机经锁存器给 VD5026 送地址、数据，VD5026 的输出信号通过 RS-485 接口芯片 75172 或 75174 输出。

硬件解码器线路简单，抗干扰性能好，实际的使用效果也证明了这一点。在解码器没有其他诸如数据采集、计算等附加功能时，用硬件解码器比单片机解码器效果好。

7.5 控制器和解码器的连接

7.5.1 两种连接方式

控制器与解码器的连接方式通常有星型和总线型两种方式。

1. 星型连接

星型连接要求在控制信号的发送端有一个多路输出的串行信号分配驱动装置，它的每一路输出接到一个解码器，如图 7-32 所示。

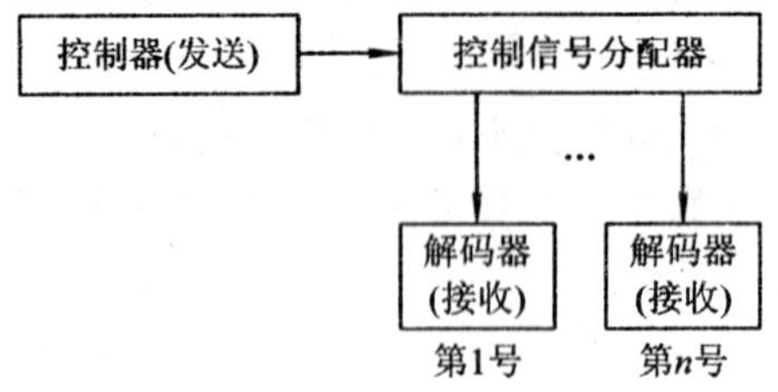

图 7-32 控制器和解码器的星型连接

信号分配可以是控制器的一部分，比如用 RS-485 接口电路。一片 75174 有 4 路输出，用 4 片 75174 共有 16 路输出，没有必要做成一个专门的设备。

一般情况下，星型连接控制电缆与视频电缆可以一起敷设，便于施工，所以用得较多。有的电缆厂还生产视频电缆附带两根控制线的一体化电缆，使用起来更加方便。

2. 总线型连接

总线型连接是一个控制信号发送端连接到多个解码器，如图 7-33 所示。这时，最好选用较低的串行信号波特率。最远的一个解码器输入阻抗与线路特性阻抗匹配，其余的各个解码器输入设为高阻。因为这样连接控制电缆与视频电缆路径不同，给敷设线缆带来不便，所以较少采用。

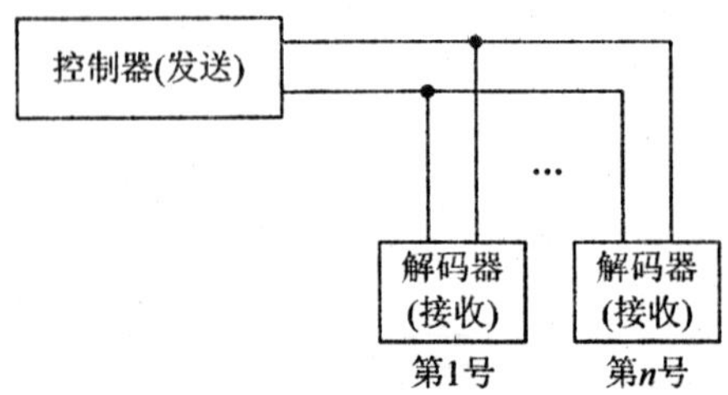

图 7-33 控制器和解码器的总线型连接

在实际使用中，常采用星型连接与总线型连接相结合的方法。在控制器一端，将串行控制信号分配后多路输出。可以各个解码器各接一路输出，对相距不远的解码器也可以并联后接到一路输出上。

当采用光纤传送视频信号时，应在光缆中加做两根控制线，这样可使施工方便。

视频信号在场消隐期间不传送有用信息，可以在场消隐期间利用视频电缆传送控制信号，但需要在视频电缆两端附加特殊的叠加与分离装置。这种方法在国内很多厂家获得成功，但终因不方便，未被推广使用。

7.5.2　接口电路的保护

当解码器与控制器相距较远，且现场电磁干扰较严重时，往往会使接口电路突然损坏。一般可接两个稳压二极管进行保护，另一种更有效的保护器件是 TVP。

TVP(Transient Voltage Supperssor)也称 TVS，是瞬变电压抑制器，外型与普通二极管无异，电路符号与稳压二极管相同，但却能吸收高达数千瓦的浪涌功率，当 TVP 管两端经受瞬间的高能量冲击时，它能以极高的速度变为低阻抗，吸收一个大电流，从而把它两端的电压钳制在一个预定的电压值，保护后面的电路元件不因瞬态高电压的冲击而损坏。TVP 的特性由三组电压、电流值决定。

1. 最大转折电压 U_R

U_R 反映 TVP 管在反向击穿前的临界状态，即 TVP 能承受的最大电压。TVP 管加上 U_R 后的反向漏电流应小于或等于最大反向漏电流 I_R。

2. 击穿电压 U_B

U_B 是 TVP 管中流过测试电流 I_T 时(一般为 1 mA)，TVP 管两端的电压。

3. 最大钳位电压 U_C

U_C 是当 TVP 管中流过瞬时峰值脉冲电流 I_{PP}时，TVP 管两端电压升到 U_C 后不再上升，从而实现保护，所以 U_C 是最重要的参数。

箝位因子　$C_f=\dfrac{U_C}{U_B}$

瞬时脉冲功率　$P_M=U_C I_{PP}$

TVP 管所能承受的瞬时脉冲指的是不重复的脉冲，脉冲重复率为 0.01%，如不符合这一条件，脉冲功率的积累有可能损坏 TVP 管。

选用 TVP 管要注意：

(1) U_C 应低于被保护元件的极限电压。75173 和 75175 的输入共模电压最大值、输入差动电压最大值分别是±25 V、±25 V。MC3486 的输入共模电压最大值、输入差动电压最大值分别是±15 V、±25 V。

(2) U_R 应高于被保护元件的工作电压。75173 和 75175 的输入共模电压推荐操作值、输入差动电压推荐操作值分别是±12 V、±12 V。MC3486 的输入共模电压推荐操作值、输入差动电压推荐操作值分别是±7 V、±6 V。

(3) 瞬时冲击电压是双极性时用双极性管 TVPC，或用两个单极性管对接。

图 7－34 是用 TVP 管保护 RS－485 接口电路免受大功率瞬时冲击的接法。因为一般

大功率瞬时冲击电压加在传输线与大地之间，所以 TVP 管也应接在传输线与大地之间，两端的电阻是线路阻抗匹配电阻。

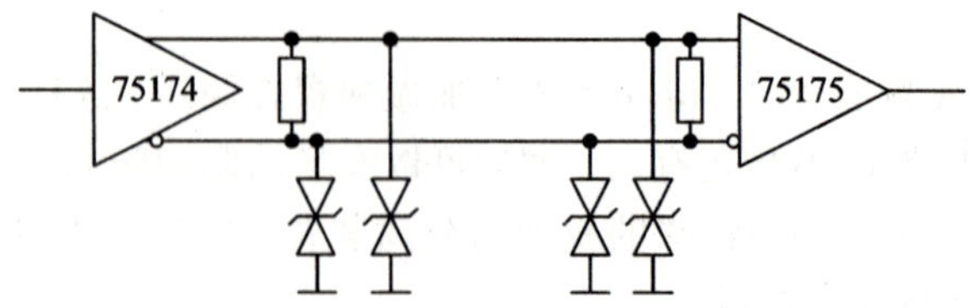

图 7-34　用 TVP 管保护 RS-485 接口电路免受大功率瞬时冲击

几种标准接口的差分输入接收器不加保护容易受电磁干扰而被损坏，在这方面采用 20 mA电流环有它的优点，可以不加以上保护又不出故障。

思考题和习题

7-1　参照图 7-4，当直流电源为 9 V 时估算限流电阻 R 的值。

7-2　参照图 7-4，当交流电源为 110 V 时估算限流电阻 R_1 的值。

7-3　几种串行标准接口各有什么特点？

7-4　硬件自动复位电路是根据什么原理组成的？

7-5　软件故障诊断自动复位是根据什么原理组成的？

7-6　VD5026 的地址线接 2、3、4 种状态时，分别能有多少种地址？

7-7　控制器和解码器的两种连接方式各有什么优点？

7-8　TVP 管的 U_C、U_R 应如何选择？

第8章　系统控制

将前面介绍的视频切换电路、信息叠加电路、串行通信电路进行组合，加上单片机灵活的控制可以组成各种形式的控制器。一般在一个单位的区域内组成电视监控系统，常称为区域电视监控系统。这里不准备介绍具体的那一种型号的控制器，而是对区域控制器的三种基本型式作一介绍。

8.1　区域控制器

8.1.1　树叉型控制器

1. 树叉型控制系统结构

图 8-1 是多级树叉型控制系统结构示意图。在层次型管理的单位，摄像机数目较多时应采用树叉型系统控制。国内的很多大中型企业，是分等级的层次型管理单位，往往占地面积很大，总厂有几个分厂，分厂下属又各有几个车间，每个车间又有若干个监控点。车间调度要观察本车间的各个监控点，控制各个摄像机的电动云台和变焦镜头；分厂调度要观察本分厂所属车间的所有监控点，也要能控制各车间的所有摄像机的电动云台和变焦镜头；总厂调度则要观察各个分厂全部车间的所有的监控点，也要控制各个分厂全部车间所有摄像机的电动云台和变焦镜头，这时采用树叉型控制系统最合适。树叉型控制系统的级数随单位的管理层次而定，一般也不宜级数太多。

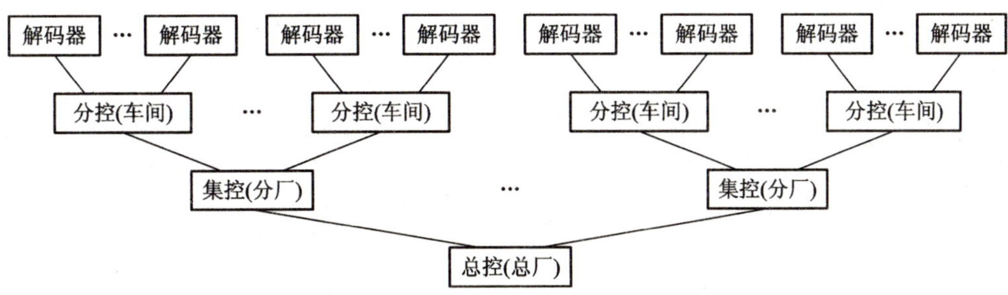

图 8-1　多级树叉型控制系统结构示意图

图 8-2 是两级树叉型控制系统。图中，主机通过 8 个分机进行 128 选 1 手动视频切换和对 128 路视频信号按指定顺序的定时自动切换；主机通过分机和解码器对任一台摄像机的电动云台和变焦镜头进行控制；主机发出的串行控制码中，共有 7 位地址码，其中高 3 位是分机号，低 4 位是摄像机号。主机的数码管显示手动和自动切换选中的分机号和摄像机号。

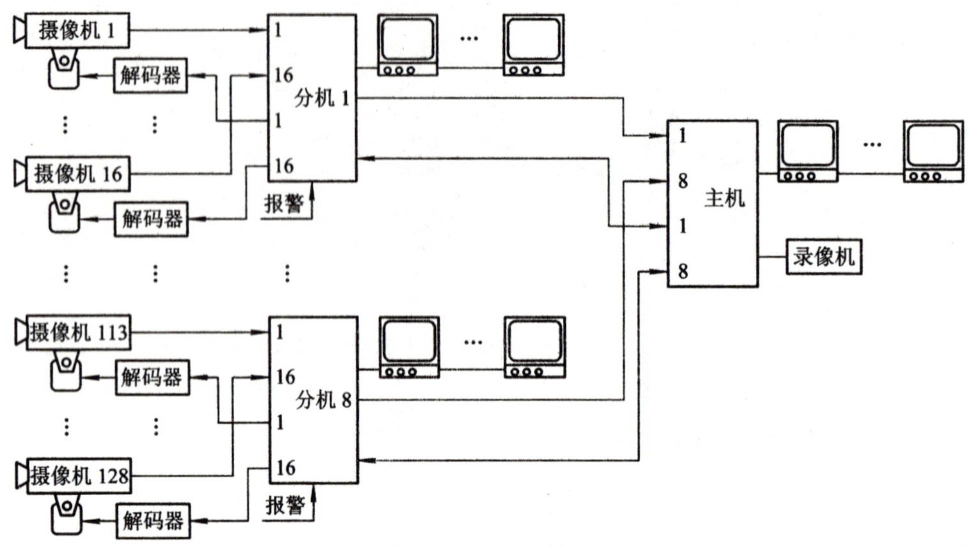

图 8-2 两级树叉型控制系统

分机可以对本机管理的 16 个摄像机的视频信号进行手动切换或自动定时切换，能对主机当时没有在控制的本区摄像机的电动云台和变焦镜头进行控制，分机的数码管显示手动和自动切换选中的摄像机号。当某摄像机已由主机控制时，分机控制不起作用，且当手动切换到该路视频信号时，数码管的显示闪烁提示该路摄像机正受主机控制。分机一方面接收主机发来的串行控制命令，另一方面又向解码器发出串行控制命令。

报警检测器或报警按钮由分机控制管理，由分机将报警信息传到主机。8 台分机的报警信息使主机难于应付，一般采用编解码芯片。每台分机用一块编码芯片发出报警信息，主机有 8 块解码芯片接收、解码、锁存报警信息，再由 CPU 来处理就方便了。因为不报警也是一种状态，所以能传送 4 位数据的编解码芯片只能传送 15 个报警通道的信息。

一般情况下，树叉型控制系统主机的优先权比分机高，如果需要也可以规定某个分机的优先权高于主机，这时需要将该分机的程序略加改动。在分机优先权高的情况下，主机就只能控制该分机当时不再控制的该区摄像机的云台和变焦镜头。

2. 树叉型控制器的优点

树叉型控制系统有如下优点：

(1) 特别适合于层次型管理的单位。在我国的工矿企业中，这种层次型管理的单位很多。

(2) 节省视频电缆和控制电缆。各摄像机的视频电缆和控制电缆都在分机集中，一般是企业中的车间，主机与分机之间的连线较少。

(3) 扩充容易。一般可先买一台分机和一些摄像机进行试用，满意后再向全单位推广，资金可以逐步投入。

(4) 价格低。因为分区管理，分机和主机结构都较简单，价格不高。

(5) 易于分析故障。分机之间相互独立，如果一台分机有故障，不会影响其他部门的管理，主机有故障也不会影响分机的使用。

树叉型控制系统不适于集中管理、控制的场合，集中管理的单位最好采用星型控制系统。

8.1.2　星型控制器

1. 星型控制系统的结构

在集中型管理的单位应采用星型控制系统。星型控制系统的主要设备集中于控制室，常常是一个标准控制柜，插有几个标准机箱，每个标准机箱的母板上插有若干插板，所有的视频信号都送到柜中进行视频分配和切换，所有的串行控制信号都从控制柜送出去。

图 8-3 是多键盘星型控制系统。它主要由视频输入模块、视频输出模块、中央处理模块、电源模块、键盘和接收解码器组成。

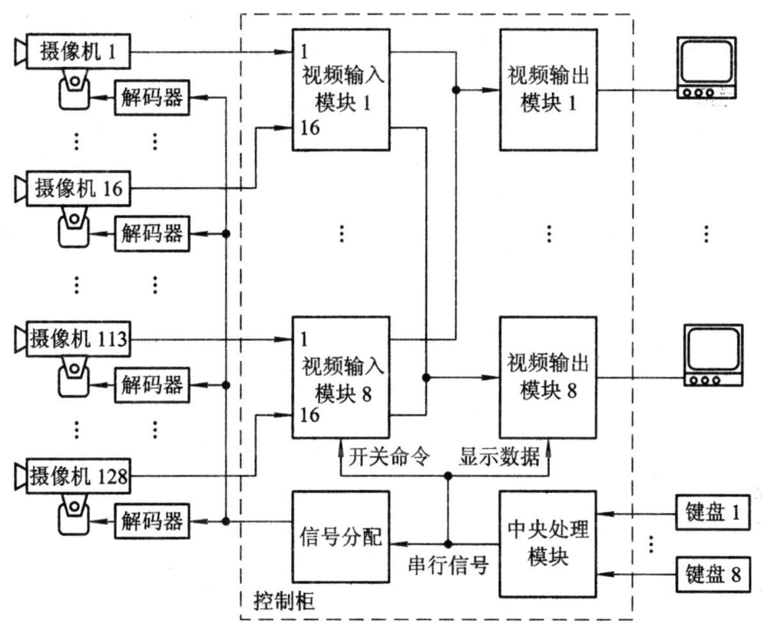

图 8-3　多键盘星型控制系统

1）视频输入模块

一个系统可以在系统母板上插 1～8(视机型而定，也可能是 1～16)块视频输入模块，每个视频输入模块处理 16 台(视机型而定，也可能是 32)摄像机输入的视频信号。模块中的串/并转换电路接收中央处理模块发来的串行切换信号，将串行切换信号中的地址码与模块上由拨动开关决定的模块号码进行比较，如果一致，就将串行切换信号中的操作码经解码后送到矩阵开关的控制脚。

视频输入模块的主要部分是一个 16 选 8(视机型而定，也可能是 32 选 4)矩阵开关，它的输入缓冲部分有钳位电路和高输入阻抗低输出阻抗的互补型射极跟随器。而模拟开关之后只有一个能三态输出的射极跟随器，为的是要便于将几个视频输入模块的输出信号同时接到一个视频输出模块的输入端。

2）视频输出模块

视频输出模块的主要功能是将视频输入模块送来的视频信号进行放大，并根据中央处理模块送来的命令在视频信号上叠加上机号、日期、时间、报警等信息，将处理后的视频信号输出到监视器，每一台监视器配置一个视频输出模块。在接收串行命令时也有模块号与地址码的核对等过程，与视频输入模块的情况相同。

3）中央处理模块

中央处理模块中 CPU、RAM 和一些重要的芯片由一组专用电源供电，这组电源带有可充电电池。当有交流电源时，电源对可充电电池充电，当掉电检测电路检测到交流断电时，由电池对 CPU 和 RAM 等供电。

中央处理模块一个重要功能是同时读取 8 个键盘来的串行键盘请求信号。键盘与中央处理模块间的连接是单芯屏蔽线，该线一方面从中央处理模块传送键盘用的直流电源到键盘，另一方面传送键盘发出的串行键盘请求信号到中央处理模块。

同步信号发生电路产生固定频率、固定宽度的同步脉冲将键盘直流电源拉到低电平。键盘发出的串行键盘请求信号起始位就以同步脉冲后沿为基准，同步脉冲同时经锁存器与三态缓冲器送 CPU、作为 CPU 通过三态缓冲器读取锁存器上键盘串行请求信号的时间基准。

利用编解码芯片做多键盘管理也是一种可行的方法。键盘状态可以编码为 6 位信息，由编码芯片将这 6 位信息发出，中央处理模块用 8 块解码芯片分别接收 8 个键盘来的信号，并将数据锁存。CPU 只要读取这 8 个 6 位信息就知道 8 个键盘所处的状态，就能进行出相应的控制与处理。

8 个键盘的优先权有两种处理方式：一种是键盘号优先，1 号键盘优先权最高，8 号键盘优先权最低；另一种是时间优先，哪一个键盘的命令先到达优先权最高。

CPU 根据键盘的串行键盘请求信号发出串行切换命令、字符叠加命令和电动云台、镜头的遥控命令。其中，电动云台和镜头的遥控命令经信号分配单元将信号分配与驱动后送到各个解码器。

如有必要，可在摄像机附近安装手动报警按钮和入侵检测器。报警信号由控制线送到中央处理模块，报警时中央处理模块自动控制显示报警地点的有关图像，并进行声、光报警，进行录像、统计，打印机打印出报警日期、时间和地点。

2. 星型控制器的优点

这种星型控制系统的优点是：

(1) 适用于集中管理的单位，如高层建筑安全警卫、商场宾馆的监控、交通管理等。

(2) 系统模块化，扩充容易，维修方便。

(3) 主要设备集中在一个控制柜中，管理方便。

上面只是简略地介绍了星型控制系统的主要模块及功能。目前星型控制系统向大规模、多功能方向发展。以 AD 公司的 2050 型控制系统为例，由于采用交叉点矩阵开关，能对 448 路视频输入，48 路视频输出进行任意切换的电路可安装在 6 个标准机箱内，据称还能扩展到对 4096 台摄像机和 384 台监视器进行任意切换。多功能则包括顺序显示、成组显示、屏幕菜单显示操作、图形化用户界面(图形显示现场平面图操作)、多种报警显示方式和可变速云台控制等。

8.1.3 总线型控制器

图 8-4 是总线型控制系统结构示意图，所有的键盘和控制机都挂到总线上，分时利用总线进行串行通信。

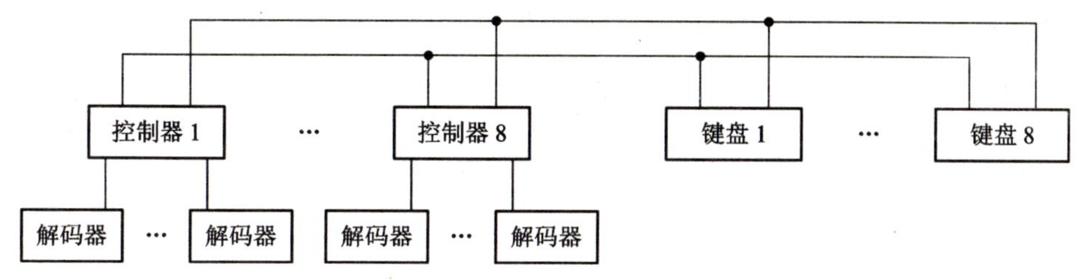

图 8-4　总线型控制系统结构示意图

1. 总线型控制器的硬件基础

单片机的串行口一般有串行发送和串行接收两个端口，如 51 系列单片机的 TXD 和 RXD。多个单片机的通信必须有一台主机的 TXD 连到所有从机的 RXD，主机的 RXD 连到所有从机的 TXD。这样，主机发送的信息可以被各从机接收，而各从机发送的信息只能被主机接收，各从机之间交换信息必须通过主机。这样通信很不方便，而且也不能称为总线型控制。

单片机组成总线型控制系统必须利用收发两用的芯片，如 75176。如图 8-5 所示，单片机的 TXD 接到 75176 的 D 端，单片机的 RXD 接到 75176 的 R 端，而 75176 的 A、B 两端挂到总线上。75176 的 DE(数据发送允许)和 $\overline{\text{RE}}$(接收允许)由单片机控制，任何时刻只有一台设备的单片机和 75176 处于发送状态，而其他设备的单片机和 75176 处于接收状态。

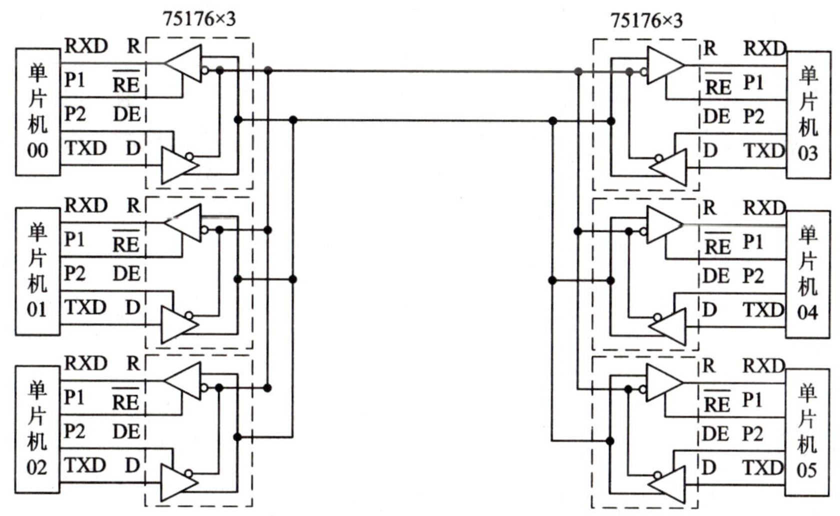

图 8-5　利用 75176 可以组成总线型结构的串行通信

2. 总线型控制器的通信协议

应用电视系统是自成系统，通信协议可参照标准通信协议自行制定。实际上也就是简化，使协议简单有效，执行方便。下面三点是协议的最简单的例子：

(1) 设备地址为 00H 的有发送控制权，上电后将本机置为发送设备。若将发送权赋予其他设备，则必须同时把本机置为接收设备。其他设备地址为 01H～FEH 的设备上电后，置本机为接收设备。

(2) 发送设备首先发送地址帧，接收设备各自将接收到的地址与本机地址相比较，相符时，准备接收数据。发送设备接着发送数据块长度，长度若为 00H，则是交来发送权，被寻址设备可以将本机置为发送设备。若数据长度为01H～FFH，则长度有效，被寻址设备接收该长度字节的数据。

(3) 接到发送权的设备将本机置为发送设备后，按2发送数据，发送完毕后将发送权交还给00H号设备；再由00H号设备将发送权分配给下一个设备。

3. 总线型控制器的特点

总线型控制器的特点如下：

(1) 总线型控制系统的串行通信硬件比较简单，控制线的接线也比较方便。

(2) 每个区域一台控制机，使视频电缆区域集中，能节省线材。

(3) 两条总线上挂很多设备，万一其中一台设备有故障易影响全局。有的总线型控制系统将解码器也挂在总线上，更使总线上挂的设备增多，容易出错。所以在图8-4中，解码器由控制机输出的串行控制信号控制。

8.2 城市监控报警联网系统

经过多年的努力，我国电视监控应用取得了长足的进步，区域监控报警系统已遍布全国各地。但是，这些已建成的报警监控系统大都相互独立，自成体系，彼此间缺少统一的规划和技术协调，不能在更大范围内有效实现网络的互联、互通和信息共享。

国标GA/T 669规定了城市监控报警联网系统(简称联网系统)的设计原则、系统结构、系统功能及性能要求、系统设备要求、信息传输要求、安全性要求、电磁兼容性要求、电源要求、环境与环境适应性要求、可靠性要求、运行和维护要求等通用性技术要求，是进行城市监控报警联网系统建设规划、方案设计、工程实施、系统检测、竣工验收以及与之相关的系统设备研发、生产的依据。这里只对联网系统作简单的介绍。

8.2.1 联网系统的应用结构

图8-6是联网系统应用结构示意图。联网系统的构成主体可分为监控资源、传输网络、监控中心和用户终端四个部分。

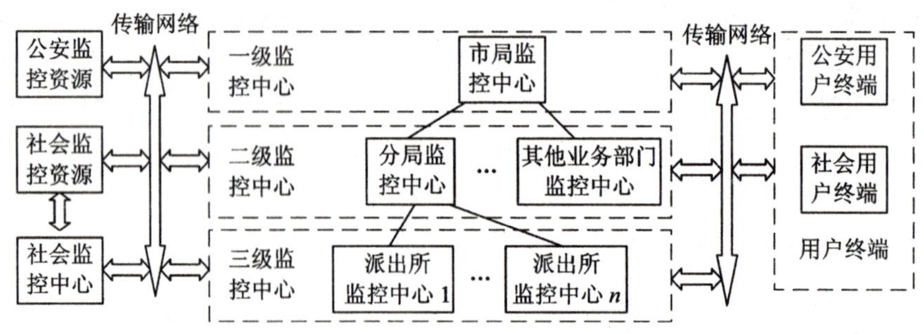

图8-6 联网系统应用结构示意图

1. 监控资源

监控资源指为联网系统提供监控信息的各种设备和系统，主要包括前端设备和区域监控报警系统。监控信息包括图像、声音、报警信号、业务数据等。监控资源分为公安监控资源和社会监控资源。社会监控资源可直接接入公安监控中心，也可先汇入社会监控中心后再接入公安监控中心。

区域监控报警系统通常是一个相对独立的系统，实际应用中可由入侵报警、视频安防监控、出入口控制、电子巡查、停车场安全管理等子系统根据需要进行组合或集成。

2. 传输网络

传输网络可分为公安专网、公共通信网络和专为联网系统建设的独立网络等。其网络结构分为IP网络和非IP网络，传输方式由有线传输和无线传输构成。无论采用何种网络、何种传输方式，均应保证接入公安专网的安全。当公安专网资源满足需求时，应优先选择公安专网。

3. 监控中心

市局设置一级监控中心，分局、交警和消防等业务部门设置二级监控中心，派出所设置三级监控中心。监控中心的建设重点在派出所一级。

社会监控中心应提供相应接口，根据公安业务和社会公共安全管理的相关规定向公安监控中心提供本区域的特定的图像、报警及相关信息。

4. 用户终端

用户终端包括公安用户终端和社会用户终端，可分为固定终端和移动终端。用户通过用户终端实现对监控资源的访问和控制，用户终端的行为受到监控中心的管理和授权。

8.2.2 联网系统互联结构参考实例

图8-7是联网系统的互联结构参考实例示意图。

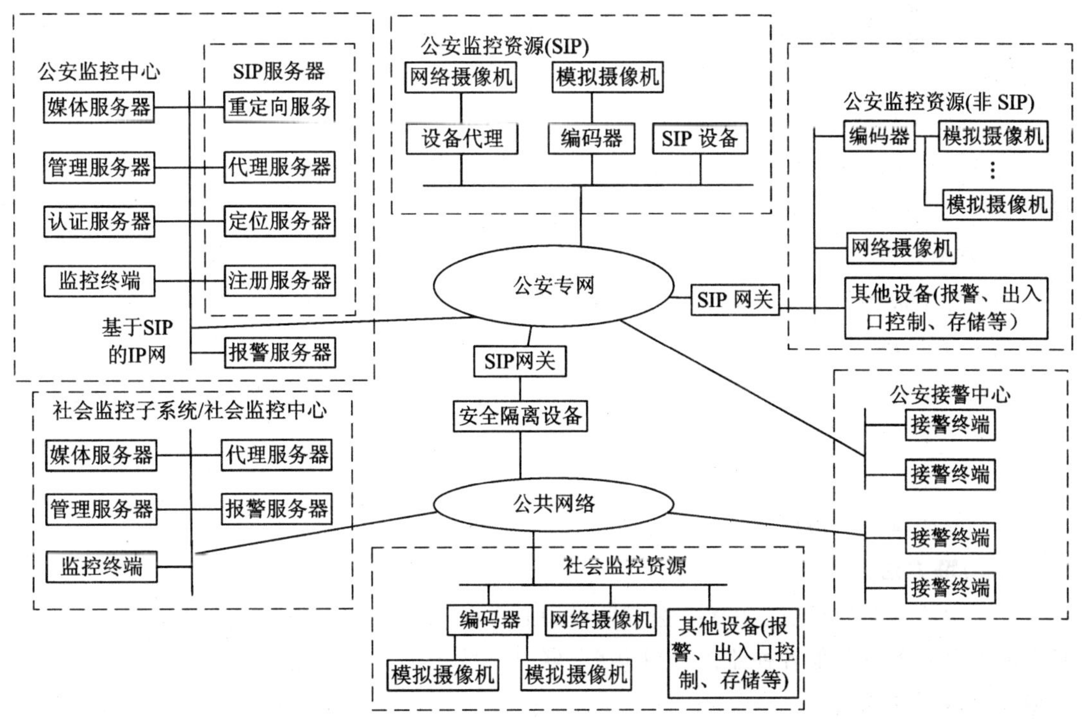

图8-7 联网系统的互联结构参考实例示意图

1. 联网系统的组成

联网系统主要由10个部分组成。

1）公安监控中心

公安监控中心内含公安专网监控和社会资源监控两个相互物理隔离的子系统。其中公安专网监控子系统中包含有可以提供SIP(Session Initiation Protocol会话初始协议)服务的各种服务器，所使用的内部网络为城市监控报警联网系统相关标准所规定的通信协议(SIP)的SIP网；社会资源监控子系统可以是一个社会监控中心，也可以是一台能够调用社会监控资源的监控终端。

2）公安监控资源(非SIP)

公安专网内不支持SIP的监控资源。

3）公安监控资源(SIP)

公安专网内支持SIP的监控资源，主要特征是内部网络及设备支持SIP协议。

4）社会监控子系统/社会监控中心

社会监控子系统/社会监控中心是指非公安性质的其他社会单位管理和使用的监控子系统/监控中心，主要特征是其网络环境是非公安专网。

5）SIP网关

SIP网关负责在SIP网络与非SAP网络之间进行协议转换，以实现网络之间的信息交互。

6）SIP设备

SIP设备是指支持SIP的所有相关设备，如网络摄像机、编码器、报警、出入口控制、存储设备等。

7）公安接警中心

公安接警中心是指接收并处理报警信息的机构，可在公安监控中心内，也可在公安监控中心外。

8）公安专网

公共专网按目前相关管理标准或法规要求与公共网络之间实施物理隔离。

9）公共网络

公共网络是指所有不属于公安专网的IP网络，包括公共通信网络和专为联网系统建设的独立网络等。

10）安全隔离设备

安全隔离设备是指负责在公安专网和公共网络间实施安全隔离的设备或设施。

2. 互联方法

互联方法是联网系统的核心，公安监控中心中的公安监控子系统提供实现系统联网所必需的SIP服务及其他各种监控应用服务。联网系统内的其他设备、网络、子系统都要通过适当方式与其相连。

公安专网与公安监控中心直接相连，是联网系统实现内部互联的网络基础，与公安监控中心一起为接入的设备、网络、子系统提供SIP服务。

公安监控资源(SIP)直接连接到公安专网上，实现与公安监控中心之间的互联。

公安监控资源(非 SIP)通过 SIP 网关连接到公安专网上，实现与公安监控中心之间的互联。

社会监控子系统未直接接入到公安监控子系统。若以后相关管理标准或法规允许，可通过安全隔离设备及 SIP 网关连接到公安专网上，实现与公安监控中心之间的互联。

8.3　其他视频设备

电视监控系统还经常使用数码相机、DVD 读写机、会议电视和可视电话等其它视频设备，下面作简单的介绍。

8.3.1　数码相机

数码相机是光学技术、微电子技术与数字信号处理技术相结合的产物。其基本原理是利用普通照相机的光学系统，把被摄图像投射到图像传感器上，传感器把光信号转化成电信号，再经过模/数(A/D)转换、数字图像处理和压缩，最终以数字形式存储到磁盘、可移动快闪存储卡等数字存储器中。图 8－8 是数码相机结构示意图。

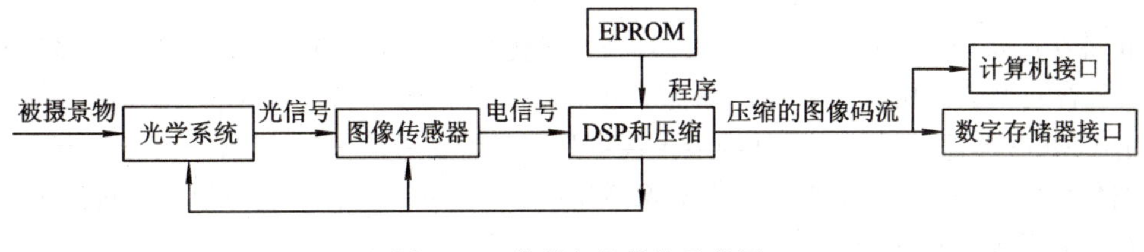

图 8－8　数码相机结构示意图

1. 数码相机的优点

(1) 可瞬时显示摄影效果。数码相机的液晶显示屏在拍摄照片后立即显示拍摄的效果，对不满意图像可以立即删去重拍。

(2) 更宽的曝光控制范围。数码相机的成像器件光电灵敏度很高，在低照度条件下也能够较好地曝光。用 MOS 开关方式控制光电器件的感光时间，控制最小时间可达微秒级；在环境照度很高时，数码相机可以得到合适曝光的图像。

(3) 可进行图像处理。数码相机的数字图像可直接输入计算机，用数码相机制造厂提供的处理软件进行特技处理，也可用 Photoshop 那样的通用软件处理。对于在摄影过程中出现的诸如色温、清晰度、像差和曝光量等技术缺陷，可以通过后处理得到一定程度的修正，能大大提高所摄图像的质量。特别是对于光学像差的畸变，数字图像已经有了很好的补偿修正手段。也可以对图像进行任意的修改、编辑、合成、分解和景物置换等处理。

(4) 图像通信便捷。数码相机以数字信号的形式记录影像，以计算机图像文件格式保存图像，可以利用最先进的通信手段快速传输。可以通过 E－mail 的形式和网页的形式在 Internet 上传输，可以通过卫星地面工作站进行超远距离的图像传输。

(5) 可准确复制和长期保存。由数码相机得到的数字影像在复制过程中不存在任何信号损失。以计算机文件形式保存的数字图像可以永久保存在硬盘或光盘中。

(6) 设备简单，处理速度快。数码成像系统只需要数码相机和通用计算机及其输出设备，即可完成整个图像制作过程，设备简单，处理速度快。

2. 数码相机技术指标

1) 成像器件像素数

成像器件的像素数对数码相机的图像质量起决定性的作用。目前大多数码相机(CCD或 CMOS)像素数在 1000 万以上。数码相机的成像器件像素数在很大程度上决定了相机图像的最高分辨率。分辨率用于评价数码图像的质量，数码相机摄取数码照片的分辨率是可选择的。数码相机的像素指标只有一个，而所拍摄的数字图像的分辨率指标却可以有许多个，分辨率越高的照片要求有越大的存储空间存储数据。

2) A/D 转换精度

评价数码照片的图像质量除了分辨率外，还有照片色彩的编码位数。编码位数决定了在 A/D 转换过程中的精确程度。一般来说，24(3×8)位的色彩已经相当丰富，可适应绝大部分的拍摄要求。

3) 光电传感器

电荷耦合器件(CCD，Charge Coupled Devices)传感器和互补金属氧化物半导体(CMOS，Complementary Metal Oxide Semiconductor)传感器是两类主要的图像传感器。CCD 数码相机经历了较长的发展时期，目前在成像质量、分辨率上优于 CMOS，而 CMOS 数码相机在产品价格、耗电量等方面又有独特的优势。目前高档专业型数码相机多为 CCD 型，廉价普及型数码相机多为 CMOS 型。近来 CMOS 成像器件发展很快，已经出现数千万像素的 CMOS 器件。CMOS 器件的最大优点是可以将信号放大、模数转换、数字图像处理等电路集成到一块芯片上，形成片上成像系统(Camera on Chip)，这对数码相机的小型化、微型化具有重要的意义。

CMOS 成像器件通过开关电路进行像素信号传输，使用者可以控制开关电路有选择地获取图像信息，形成智能像素器件(Active Pixel Sensor)。该器件对于工业自动化控制、机器人视觉等领域中的成像系统具有重要的价值。

4) DSP 能力

DSP 能力较强的相机能够较高水平地完成诸如黑色补偿、光照度补偿、缺陷像素修补、滤色器补偿插值、γ 校正、白平衡、假彩色抑制等操作，补偿了许多由于硬件所造成的图像缺陷，图像质量达到较为完善的程度。越是高档的数码相机，DSP 的处理能力越强。一些数码相机还能显示选单，可以设定一些 DSP 图像处理中的参数，获得某些特殊效果。

DSP 还能从图像中提取曝光量信息和对焦信息，控制镜头和快门，使相机处于最佳工作状态。DSP 还将完成图像压缩的任务，好的图像压缩算法可以在压缩图像存储量的同时，很好地保持图像细节的信息，解压缩后显示的图像与原图像比较看不出任何区别。高的压缩比可以节省数码相机的存储空间，在有限的空间中存储更多高质量的图片。快的压缩速度可以在相机完成一次曝光以后迅速回到待机状态，提高相机的连拍速度。

5) 取景器

LCD(Liquid Crystal Display，液晶显示)取景是指利用液晶显示屏显示 DSP 预处理后的图像。LCD 取景所见即所得，取景视场精度高。但 LCD 取景显示的像素要远远低于 CCD/CMOS 得到的像素。LCD 取景目前还存在跟踪速度不快、对比度差、视觉失真、背景光源影响和视角小等缺点。大部分数码相机都带有 LCD 取景器。

6）图像存储卡

只要有备用的存储卡，数码相机就可以像换胶卷一样换存储卡。常用的存储卡有以下几种：

(1) CF 卡(Compact Flash 卡)。该卡由 SanDisk 在 1994 年推出。柯达、佳能、尼康、卡西欧、奥林巴斯和富士等多种数码相机采用此卡，I 型尺寸为 42.8 mm×36.4 mm×3.3 mm，II 型尺寸为 42.8 mm×36.4 mm×5 mm。它内置 ATA/IDE 控制器，为 50 针接口，有即插即用功能，兼容性较好。

(2) SM 卡(Smart Media 卡，聪明卡；Solid State Floppy Disk Card，固态软盘卡)。该卡大小为 45 mm×37 mm×0.76 mm，卡内无控制器，要求数码相机内有控制器对其进行控制，故兼容性较差。在部分便携型数码相机中采用此卡。

(3) MMC 卡(MultiMedia Card)。该卡由西门子公司和 SanDisk 于 1997 年推出。它的封装技术较为先进，体积为 32 mm×24 mm×1.4 mm，采用 7 针串行接口，兼容性较好。日本松下公司的数码相机和数码摄像机首先采用此卡。

(4) SD 卡(Secure Digital Memory Card，安全数码记忆卡)。该卡由日本松下公司、SanDisk 和东芝等于 1999 年 8 月推出。其体积为 32 mm×24 mm×2.1 mm，版权保护级别非常高，而且容量非常大，为 9 针串行接口，兼容性较好。

MicroSD 卡(最初叫 TransFlash 卡，简称 TF 卡)。该卡是由 SanDisk 公司在 2004 年最先确立的标准，直到 2005 年才正式加入 SD 规范，并更名为 microSD 卡，体积为 11 mm×15 mm×1 mm，可经 SD 卡转换器后，当 SD 卡使用。

SDHC(High Capacity SD Memory Card)卡。该卡容量 2GB～32GB，与 SD 卡的物理尺寸一样，最大的区别就是 SDHC 卡采用的是 FAT32 的文件系统。SD 卡使用的是 FAT16 文件系统，SD 卡最大只能达到 2GB 的容量。

SDXC(SD eXtended Capacity)卡。SDXC 存储卡的目前最大容量可达 64GB，理论上最高容量能达到 2TB；SDXC 卡只和装有 exFAT 文件系统的 SDXC 对应设备相兼容。它不能用于 SD 或 SDHC 对应设备。

(5) 记忆棒(Memory Stick)。该卡是 Sony 公司独立开发的。它的体积为 50 mm×21.5 mm×2.8 mm 或 20 mm×31 mm×1.6 mm，有 2 GB、8 GB 和 32 GB 等多种容量，具有写保护功能，读写速度快，拔插性能好，工作电压低。记忆棒还广泛地应用在 Sony 公司的其他产品中，如笔记本电脑、数码摄像机和台式机等。

(6) XD 卡(XD-Picture Card)。该卡是由日本富士公司和奥林巴斯共同开发的新一代存储卡。其体积为 25 mm×22 mm×1.7 mm，容量为 8 GB。采用 CF 卡的数码相机通过一个适配器能够使用 XD 卡，但售价较高。

3. 数字信号处理(DSP)

DSP 是数码相机的主要部件，数码相机所有功能都是由 DSP 来实现的。DSP 控制着 CCD、A/D 转换器件、LCD 和控制面板。DSP 主要有以下功能：

1）暗电流补偿

补偿的方法是在器件完全遮光的条件下，先测出各个像素的暗电流值，再从拍摄后图像的像素值中减去相应的暗电流值。

2）镜头光照度补偿

由于镜头的渐晕效应，即使拍摄目标是一个受均匀光照的物面，成像器件受到的照度仍是不均匀的，器件边缘所受的光照度较小。对于同一镜头，照度差是有固定规律的，通过 DSP 数字补偿，可使成像器件得到均匀的照度。

3）缺陷像素修补

成像器件的几十万个像素中总有一定数量的疵点，在完全遮光条件下数码相机读取像素灰度值时，一些“亮点”就是疵点位置。通常用插值的方法来实现缺陷像素的修补，用周围像素的灰度值推算出缺陷像素的灰度值。

4）彩色校正

彩色校正就是通过调整三基色光的增益，使成像器件的光谱特性与显示或打印设备的光谱特性一致，以使显示或打印图像的色彩更加完美。通常是通过一个变换矩阵来改变红、绿、蓝三基色光的增益，同时保证白平衡。

5）自动聚焦和自动曝光

聚焦图像比未聚焦图像的轮廓更加分明，纹理细节更加清晰。聚焦图像的高频分量更大一些。用数字高通滤波获取不同焦距时输入图像的高频分量并进行比较，高频分量的最大值对应着最佳聚焦。为了简化计算，只对图像的一部分进行滤波处理能达到同样的效果。

自动曝光以图像平均亮度为参考，调节光圈和改变图像传感器的曝光参数。为了防止亮的背景引起主要物体曝光不足、暗的背景又使主要物体曝光过度，根据主要物体一般位于照片中央这一特点，将摄取的图像分成中央和周边两部分，分别计算其亮度，并加权不同的经验值。

6）γ 校正

数字图像的显示和打印设备中，像素的灰度值与所显示图像中对应的亮度呈非线性关系。通过 γ 校正，显示或打印的图像能够正确反应被摄景物的灰度值。

7）滤色器补偿插值

物像经镜头聚焦再经滤色器到达图像光电传感器后，光电器件每个像素只得到了一种基色的信息，即 R、G、B(或 Cy、Mg、Ye、G)中的一种颜色。像素的其他颜色就必须用其周围像素的颜色信息插值得到。

8）轮廓增强

滤色器起了低通滤波的作用，图像的轮廓变得平滑。DSP 增强图像的轮廓，而图像的噪声不能被放大。方法是：先找到灰度变化大的轮廓像素，计算轮廓像素与前一像素的 Y 分量差值，将 Y 分量差值放大并叠加到原像素 Y 值上；噪声造成的假轮廓像素少、灰度变化小，要将差值低于设定阈值的假轮廓信号去掉，以保证处理后图像的真实性。

9）图像压缩

数码相机的存储空间有限，获取的数字图像必须经过压缩。以前的数码相机采用 JPEG 标准；最新的数码相机采用 JPEG2000 标准用小波变换进行压缩。

4. 模式控制

数码相机一般提供照相(Camera)、显示(Display)和计算机(Computer)三种模式。在照相模式时，系统实现拍摄、处理图像信息的功能。在显示模式时，可以观察已拍摄的照片。有编辑功能可修改照片。在计算机模式时，可将数码相机的图像信息传送到计算机之中。

照相模式要实现曝光控制、自动对焦控制、闪光控制、数字图像的获取以及 DSP 处理等操作，有一套完善的控制流程。数码相机在接通电源后首先是对闪光灯系统的主电容进行充电。相机的各种拍摄方式、测光方式、对焦方式、分辨率、白平衡等参数可以在选单设置中进行修改。在待机状态时，光电传感器不断地输出图像，图像经 DSP 预处理后，作为曝光和对焦的依据，对镜头进行曝光和对焦的粗调。同时，DSP 在预处理后将低分辨率的画面实时地输出到 LCD 显示屏上，供摄影者取景。

处于待机状态的数码相机接到拍摄命令后，进入拍摄状态，相机迅速对曝光和聚焦进行细调，并锁定相应的参数。若景物照度不够，打开防红眼灯照明，在快门动作的瞬间进行闪光。当相机处于自拍状态时，快门动作启动自拍延时，通常为 8～12 秒，在延时阶段有 LED 闪烁指示和蜂鸣声指示。在完成一次曝光后，DSP 进一步处理所获得的数字图像，压缩图像信息，将刚拍摄的图像显示在 LCD 上，由摄影者来决定取舍。当摄影者确认之后，将图像存储在相机的存储体中，相机回到了待机状态。

8.3.2 DVD

DVD 是由 CD 发展而来的。

1. CD

CD 是英文 Compact Disc Digital Audio 的缩写，即数字激光唱机。用激光束读取 CD 唱片上数字化音频信号并经数/模转换后，将有模拟音频信号输出。

录有数字化音频信号的 CD 唱片又称为光碟、激光唱片或镭射唱片。CD 唱片由透明的多元碳酸树脂(PPM)保护层、铝反射层、信迹刻槽和聚碳酸酯衬底组成。CD 唱片的外径为 120 mm，厚度为 1.2 mm，重量为 14～18 g。唱片分为导入区、导出区和声音数据记录区。声音数据以坑、岛形式记录在由内向外的螺旋信迹上。螺旋信迹约有 20 625 圈，总长度约有 5300 m。激光束从凹坑反射光的强度比从岛反射光的强度弱，激光束扫过凹坑的前沿或后沿时，反射激光束强度会发生变化。凹坑的前沿和后沿用 1 码代表，坑和岛的平坦部分用 0 码代表。坑、岛的长度越大，则 0 码的个数越多。

录制 CD 唱片(光刻)时，模拟声音信号先经过 0～20kHz 低通滤波，再 A/D 转换成 PCM 数字信号，采样频率为 44.1 kHz。每次采样对左右声道各采一个样，进行 16b 量化，每 6 个采样周期为　帧，每帧有 6×2×16－192 b。为便于处理，将 192 b 分为个 24 字，每字 8b。为提高解码可靠性，对多帧音频数字信号进行 CIRC 编码(Cross Interleave Reed Solomon Code，交叉交织里德-所罗门码)和 EFM 编码(Eight to Fourteen Modulation，8-14 比特变换调制)后，再驱动光刻机，刻录 CD 唱片。

交叉交织里德-所罗门码是交织和 RS 编码的组合，其方框图如图 8-9 所示。输入信息每 8 位一组，每 24 组经 RS 编码后加上 4 组奇偶校验组，这 28 组 RS 码在交织电路中分散突发错误，在第2级RS编码时再一次加上4组奇偶校验组，能检错8组并纠错4组，可以有效纠正因为介质损坏、光头污染或定时抖动造成的突发差错，保证优质音响。

图 8-9 CIRC编码方框图

EFM编码就是用14b来表示8b数据。14比特有 $2^{14}=16\ 384$ 种码型。在这些码型中，能找到2个“1”码之间至少有2个“0”码且最多不超过10个“0”码的256种码型，代替原来8b的PCM码，限制连“0”码和连“1”码的出现个数，保证从光盘读出的数据流中能正确提取位同步等时钟信息。在两个14b数据相连接时，中间增加3b结合码。这是为了在任何时刻的数据流中，满足2个“1”码之间至少有2个“0”码至多不超过10个“0”码的条件。这样，整个EFM数据流的直流成分和低频成分减少，从而能保证伺服系统稳定地工作。

2. VCD

VCD(Video CD)是能放电视的CD机，又称数字视音光盘。VCD采用MPEG-1标准，存储了经压缩编码的彩色电视信号。VCD光盘上的数字信号经MPEG-1标准解压缩后，可重放清晰、无杂波干扰的彩色电视图像和达到CD质量的数字伴音。VCD重放图像质量达到VHS录像机质量水平(NTSC制352×240×30帧/s和PAL制352×288×25帧/s的电视图像分解力)。VCD光盘直径为12 cm，重放时间74 min。VCD光盘可在CD生产流水线上批量生产，生产成本低。1996年以后，我国VCD产业迅速发展，年产量大于1000万台。

Philips、Sony、JVC等公司在1993年共同制定了VCD1.1标准，又称White Book。1994年7月又对VCD1.1标准作了改进，增加了重放控制、多画面、交互式等功能，成为VCD 2.0标准。

图8-10是VCD光盘录制过程的方框图。VCD信源编码采用MPEG-1标准对视/音频数据进行压缩。CD-ROM格式编码采用CD-ROM XA标准，规定VCD的数据组织与系统描述应符合ISO9660规范。VCD独特的数据组织须符合VCD的White Book和VCD2.0版标准，信道编码采用CIRC纠错编码和EFM调制，以提高数据信号存储、读出的可靠性。

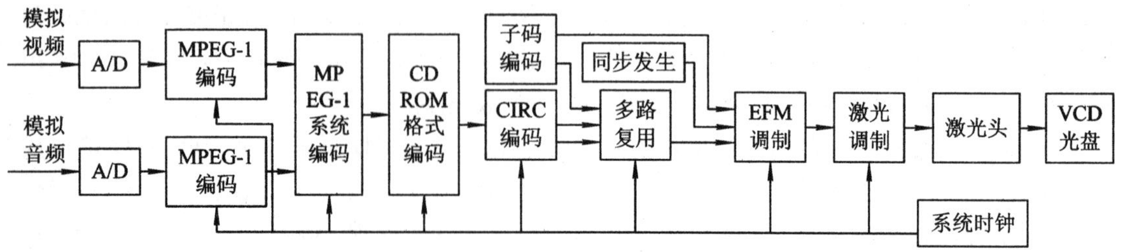

图 8-10 VCD光盘录制过程方框图

图8-11为VCD播放过程的方框图。播放过程是录制的逆过程。激光头用激光束拾取光盘上的坑、岛信迹，变换成信杂比合适的电信号送到DSP(数字信号处理器)，在DSP实现EFM解调和CIRC解码。VCD解码集成电路包括CD-ROM格式解码、数据分离、音

频和视频数据的 MPEG-1 解码等，如图 8-11 中虚线框所示。最后，音频信号经 D/A 转换成双声道模拟音频信号；视频信号经 D/A 转换后，再经 PAL 编码成模拟全视频信号。

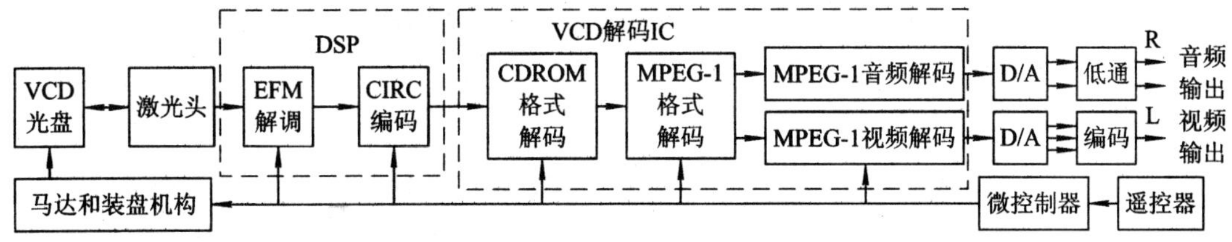

图 8-11　VCD 光盘播放系统方框图

单片 VCD 解码集成电路型号很多，例如：美国 C-Cube 公司(2001 年被 LSI Logic 公司收购)的 CL480、484、680，日本 NEC 公司的 μPD61012，ESS 公司的 ESS3204，Panasonic 公司的 MN89101AM 等。

3. DVD

DVD(Digital Video Disc，数字电视光盘)能存储和重放广播级质量的电视图像和伴音。实际上 DVD 不仅能用来存放电视节目，还可以存放数据信息，所以 DVD 又称为数字多能光盘(Digital Versatile Disc)。

1) DVD 产品分类

DVD-ROM/RAM(DVD 读写驱动器)采用 B00K A 标准。

DVD-Video(DVD 放像机)采用 B00K B 标准。

DVD-Audio(DVD 音响)采用 B00K C 标准。

DVD-Recordable(DVD 一次写，多次读)采用 B00K D 标准。

DVD-RAM(DVD 随机读写)采用 B00K E 标准。

近年来，还出现了 PC-DVD，这是指个人计算机领域的 DVD 产品。

2) DVD 的存储容量

DVD 光盘采用许多新技术，使其存储容量的大大提高。DVD 光盘直径和 CD、VCD 一样为 12 cm，厚度为 1.2 mm，但 DVD 光盘的存储容量高达 4.7～17 GB，而一片 CD-ROM 的存储量只有 650 MB。表 8-1 所列是各种 DVD 的存储容量。

表 8-1　DVD 的存储容量

DVD 盘类型	存储容量/GB	MPEG-2 Video 播放时间/min
单面单层	4.7	133
单面双层	8.5	240
单层双面	9.4	266
双层双面	17	540
单层双面 DVD-Recordable	6.6	215
DVD-RAM	5.2	147

CD、VCD 光盘只使用单面单层记录信息，DVD 光盘采用单面双层记录信息。单面双层光盘的表层称为第 0 层，下层称为第 1 层。第 0 层是半透射层，它能让较长波长(650～

780 nm)的激光透过，并读取第 1 层上的坑、岛信息。当第 1 层面上的信息读完时，接着由较短波长(635 nm)的激光束聚焦于第 0 层表面，读取第 0 层面上的信息。因为 635 nm 激光束是透不过第 0 层半透射层的，所以它不能读取下面第 1 层面上的信息。

3) DVD 的图像质量标准

DVD 采用 MPEG－2 Video 标准，NTSC 制电视图像分解力为 720×480、30 帧/s，PAL 制电视图像分解力为 720×576、25 帧/s，压缩编码后的数据传输速率可变(1～10 Mb/s)，平均数据传输速率为 4.69 Mb/s。DVD 兼容 VCD 的 MPGE－1 标准，VCD 的电视图像分解力只有 MPEG－2 的一半，VCD 只有 1.5 Mb/s 固定数据传送速率。DVD 图像信噪比达到 115 dB，采用较宽色度带宽，消除彩色位移和图像抖动，具有真正的彩色广播电视质量。

4) DVD 的音响质量标准

DVD 的音响标准采用 MPEG－2 Audio 环绕立体声，或者采用 Dolby AC－3 5.1 环绕立体声，也有采用线性预测编码 LPCM 立体声的，音频信噪比达 90 dB。

Dolby AC－3 5.1 环绕立体声有前左、前右、后左、后右、中五个扬声器，再加一只 0.1 kHz以下的超低音扬声器。重放声音频率范围为 20 Hz～20 kHz，具有 6 声道数码音频、三维空间的震撼音响效果。

此外，DVD 还具有 8 种语言、32 种文字字幕及多方向视角画面等功能。

5) DVD 播放系统

DVD 播放系统如图 8－12 所示。

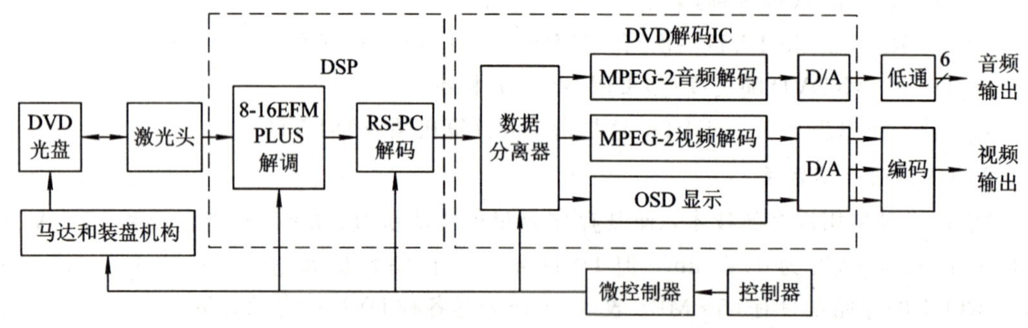

图 8－12 DVD 光盘播放系统方框图

DVD 光盘读出机构主要由装盘机构、电动机(马达)、激光拾信头组成。电动机以恒定线速度运动，激光器采用 625nm 红色激光波长，读出信号的分辨率好。

DSP(数字信号处理器)将激光拾信头读出的脉冲数据转换成解码器适用的数据，包括 8－16 bit(EFM PLUS)解码和 RS－PC(Reed Solomon Product Code，里德所罗门乘积码)解码。

数据分离器将激光拾信头读出的复合数据流分离为声音、图像及控制数据，然后进行 MPGE－2 电视图像解压缩、Dolby AC3 或 MPEG－2 Audio 声音解压缩。解压缩编码后的数字信号经 D/A 变换为模拟信号，视频模拟分量信号经编码成为 NTSC 或 PAL 制的彩色全电视信号。微控制器用来控制、管理播放机的运行。

DVD 的单片 MPEG－2 解码器芯片型号有：美国 LSI LOGIC 公司的 L64020、ZIVA－

DS、ZIVA-D6，日本索尼公司的CXDl9XX，NEC公司的μPD61021，富士通公司的MB86371等。

为防止用录像机从DVD复制节目，在NTSC/PAL编码部分设置APS(Analog Protection System)模拟防拷贝技术。有一种具有地域代码的DVD光盘，只能在具有相同地区代码的DVD播放机上播放节目，例如地域管理6号是指中国地区。

4. SVCD

1998年8月，SVCD(Super VCD，超级VCD)作为VCD更新换代产品的技术标准在北京正式制订完毕。SVCD标准作为中国产业专利，得到Philips、索尼、JVC、C-Cube、National等公司支持，向ISO/IEC申请为国际化标准。

SVCD产品的基本内容包括：采用双倍速机芯，视频采用MPEG-2压缩编码、解码，光盘数据格式采用(2/3)D1(图像分解力为480×480(NTSC制)或576×480 (PAL制))，电视图像的水平清晰度提高到350线。SVCD光盘播放时间为45min，向下兼容CD、VCD。SVCD的数据传输率为1.15～2.6 Mb/s。SVCD音响采用两个层次：基本层依然与VCD一样，采用MPEG-1 Audio压缩标准，但有4声道立体声；扩展层采取MPEG-2 Audio压缩标准，具有5.1声道立体声，可以组成家庭影院系统。

SVCD专用的单片MPEG-2解码芯片型号是SVD1811，是新科公司与美国、日本的一些公司合作开发的产品，包括音、视频的解码，核心是一块可编程多媒体微处理器。调整微处理器的微码，可实现不同的解压缩算法，可用于SVCD、DVD和多媒体PC等数字视频产品。

5. EVD

EVD(Enhanced Versatile Disc，增强型多能光盘)，又称为新一代多媒体高清晰视盘系统，是中国自行研发、拥有自主知识产权的光盘和播放机工业标准，其芯片由北京阜国数字技术有限公司研制成功。EVD格式属红光DVD。同属红光DVD的，还有北京凯诚高清电子技术有限公司开发的HVD(高清晰度视频光盘)格式和上海化工集团晶晨半导体有限公司开发的HDV(高清晰度数字播放机)格式。

EVD图像清晰度可达207万个像素(1920×1080i或者1280×720p)，是DVD的5倍，完全匹配高清数字电视。EVD音频系统为EAC六声道输出，性能优于DVD的双解码，同时实现高保真和环绕声效果。

EVD兼容EVD/DVD/SVCD/VCD/CD/CD-R/CD-RW/MPEG4/MP3/JPEG等10种碟片格式，其中的JPEG照片和MP3可同时播放。

2004年7月8日，今典集团投入两亿元与阜国公司合资成立今典环球公司。近年来，EVD的推广主要是由今典环球来进行。

6. BD

2002年2月19日，以索尼、飞利浦、松下为核心，联合日立、先锋、三星、LG、夏普和汤姆逊共同发布了蓝光光盘(Blue ray Disc ，BD)技术标准，并于2004年5月成立蓝光光盘协会(Blue ray Disc Association ，BDA)，吸收更多的企业加入该技术标准联盟。到2008年2月，BDA在全球范围内的正式成员和合作成员已经超过了250个。

7. CBHD

2008年2月22日，由国内外40多家企业组建的中国蓝光高清光盘产业联盟推出了

CBHD(China Blue High Definition Disc，中国蓝光高清光盘)。表 8-2 是 CBHD 与 BD 及 DVD 光盘的主要技术指标比较表。表中 AACS(Advanced Access Content System，高级访问内容系统)是一种内容和数字版权管理标准。支持的企业包括迪士尼、英特尔、微软、三菱、松下、华纳兄弟、IBM、东芝以及索尼。DRM(Digital Rights Management)是数字版权管理。CSS (Content Scrambling System 内容扰乱系统)是一种防止直接从盘片上复制文件的数据加密方案。CSS 密钥存储在每张 CSS 加密盘片上，由 400 个密钥组成的母集中取出来的。DVD 播放机在解码和播放前，由 CSS 电路对数据进行解密。

表 8-2　CBHD 与 BD 及 DVD 光盘的主要技术指标的比较

光盘	CBHD	BD	DVD
采用的激光	蓝激光(λ=405 nm)	蓝激光(λ=405 nm)	红激光(λ=635 nm 以上)
单层容量	15 GB	25 GB	4.7 GB
双层容量	30 GB	50 GB	8.5 GB
实现双层的成本	低	高	低
视频分辨率(最大)	1920×1080(1080P)	1920×1080(1080P)	720×572
主要视频压缩编码	MPEG2/AVC/VC1/AVS	MPEG2/AVC/VC1	MPEG2
主要音频压缩编码	Dolby Digital /AVS/DRA	Dolby TrueHD /DTS-HD	Dolby AC3/DTS
版权保护技术	AACS+CDRM	AACS	CSS

CBHD 的容量虽然比 BD 小，但用很低的成本就可以达到 30 GB 的容量。在采用 AVC/VC1/AVS 等视频编解码时，15 GB 的容量就可以满足 135 分钟高清视频播放的要求。CBHD 拥有核心技术专利，符合自主创新的国家知识产权战略。

8.3.3　会议电视

1. 概述

会议电视是利用通信网召开会议的通信方式。会议电视要传递与会者的图像和声音，与会者对话时可以通过电视看到对方；会议电视还要传递文件、图片、图表、会议室气氛等各种静止的和活动的图像信息。相隔几百、几千公里的与会者之间距离"缩短"，有一种亲临会场的感觉。

会议电视减少了旅途时间，节约了大量的出差费用。一些紧急场合如防汛、防灾，需要迅速作决策的会议，利用会议电视可以争取时间、及时决策。会议电视的收费与使用时间成正比，促使发言人充分准备，压缩发言时间，提高了效率。会议电视可以增加与会人数，更好地集思广益。

1995 年，我国公用会议电视骨干网已经建成。从北京到各省省会和直辖市共 30 个城市已经联网。湖南、湖北、江苏、辽宁、安徽、广东、山东、福建等省已建成省会到地市的省会议电视网。浙江省已建成了各地市到县的全省性的地市级会议电视网。这些会议电视大部分引进美国 CLI、英国 GPT 等国外公司的设备。

目前国内江苏扬州市的全源公司、深圳市的华为公司和中兴公司等已经研制成功国产化设备。

2. 会议电视系统的组成

会议电视系统由终端设备、传输设备、传输信道以及多点控制设备(MCU, Multi-point Control Unit)等组成。

1) 终端设备

会议电视终端设备的配置有摄像机、话筒、计算机、传真机、监视器和会议电视编解码器等，如图 8-13 所示。

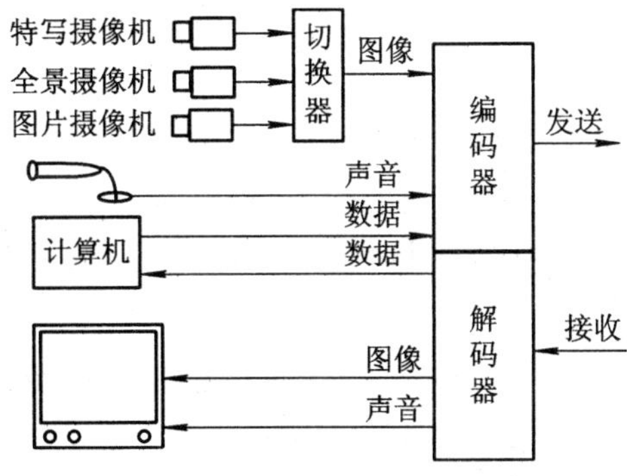

图 8-13 会议电视终端设备配置

摄像机一般设特写摄像机、全景摄像机、文字和图片摄像机等。图像切换器按会议进程选用不同摄像机的图像送出。话筒要选用方向性强的并应具有平坦的频率特性。室内墙壁应进行吸音处理，避免声音反射引入的回音。喇叭与话筒之间的声音来回传递会引起啸叫，应设置回波消除器，并调整喇叭与话筒的相对位置。监视器应选用大屏幕电视或投影电视，图像与实物之比为 1∶1 时能获得临场感。

会议电视编解码器是终端设备中的关键设备，图 8-14 是会议电视编解码器方框图。来自切换器的模拟电视信号，经亮色分离后由模/数转换(A/D)电路转换为数字信号，再

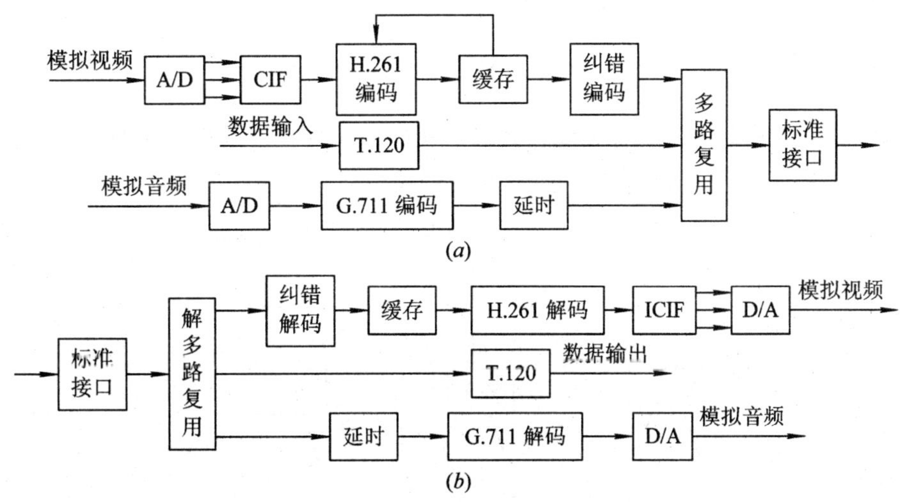

图 8-14 会议电视编码解码器

(*a*) 编码器；(*b*) 解码器

经公共中间格式(CIF，Common Intermediate Format)转换，把电视信号转换成统一的中间格式(352×288)，采用统一的 H.261 算法进行压缩。由于编码中采用了变长编码 VLC(Variable Length Coding)技术，经压缩编码后的数据为不均匀的数据流，需要缓冲存储器对数据速率进行平滑，从缓存中读出的数据经过信道编码(纠错编码)增强其抗干扰能力，然后被送入时分多路复用模块，并与经编码的语音以及来自其他数字设备(如计算机、传真机等)的数据信号，按照指定的时隙合成一路数字信号，再经接口电路形成标准的传输码形(如 HDB3 码)，被送入信道发送。

解码器的工作过程与编码器相反，经接口电路，被恢复成非归零的时分多路信号以及供解码用的基本时钟信号。经时分解码之后，分为 3 个信号流供进一步处理用。其中，数据信号被送往专用的数字接收设备(计算机、传真、电子黑板等)；声音信号被送往声音解码电路，经 D/A、功放送往音响设备；图像信号则经纠错电路之后，被送入缓存，转换成与编码器相同的数据流形式，经解码、格式转换、D/A 后，在彩色监视器上显示出来。

2) 多点控制方式

会议电视的分会场一般相隔较远，分会场数目较多，这就构成了多点会议电视系统。多点会议电视系统的连接、控制方式有以下几种：

(1) 全耦合方式：所有各分会场之间相互用线路连接，这种方式当点数很多时，需要大量线路，很不经济。

(2) 图像合成方式：把所有会场图像汇集在一起合成为一幅图像传送到各终端，在各终端监视器上多画面显示所有会场图像。

(3) 图像请求方式：把所有图像集中于一个网络节点，根据多点的请求，切换出所希望显示的图像，国外的会议电视多点控制基本就取这种方式。

(4) 图文分配方式：通过卫星把某一发送点的图像分配到所有各点，利用卫星召开电视会议，由于采用面辐射方式，最节省线路。

(5) 主席控制方式：不改变原来通信网络结构，线路连接、图像和声音的流向都由会议主席进行控制。这种方式不增加任何线路，但灵活性不够。

3) 多点会议电视网

多点会议电视网中都需设置一个或多个 MCU 担任各个会议点之间的信息交换和汇接作用。国际电信联盟 ITU-T 有关多点会议电视的标准只允许采用两层级连的组网模型，这样可以满足传输延时、话音图像同步以及网络控制的要求。图 8-15 就是一个两层级连

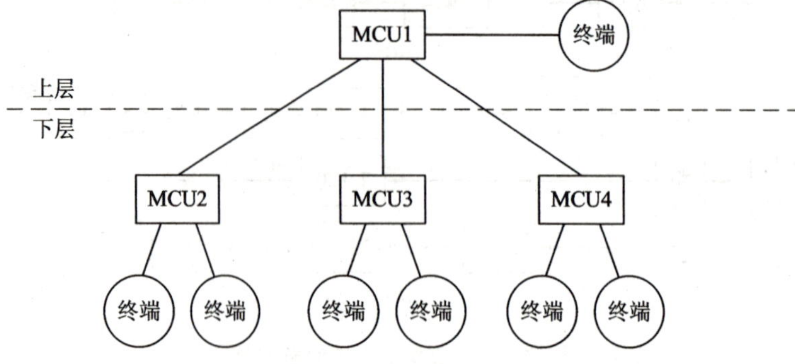

图 8-15 两层级连会议电视网示意图

会议电视网示意图，处在最上面一层的MCU1是主MCU，在它的下面一层的MCU2、MCU3和MCU4是和它相连接的从MCU，它们都受控于MCU1。根据需要，网络内的会议电视终端可以连接到从MCU上，也可以连接到主MCU上。图中的终端是直接连接到MCU上的，实际上它们是通过各种通信网络连接到MCU上的。

3. 我国公用会议电视骨干网

我国的公用会议电视骨干网，采用二级星型结构，以北京为全网一级枢纽中心，以星型辐射形式与二级枢纽中心(即各大区中心，如沈阳、上海、南京、武汉、广州、西安、成都等地)的多点控制单元(MCU)相连接，各大区中心的MCU与本区内各省中心(即省会会场)相连，这样就构成了一个以北京为中心的全国会议电视骨干网。传输手段可以是现有的光缆、数字微波、数字卫星等。

按我国开会的惯例，采取主席控制方式，即主席所在的主会场，可同时向所有分会场传递主会场的图像和声音，并通过MCU与任一分会场对话，指挥汇接设备切换图像和声音。分会场发言需向主席申请，一旦被主席认可，该分会场的图像、语音便可以广播方式传送到其他各个会场。这种模式符合ITU-T的H.243标准。

全国性会议电视网管中心设在一级枢纽中心，由中央多点管理系统(CMMS)及工作站组成。网管中心的主要功能是：① 显示各MCU状态；② 对MCU进行故障诊断；③ 对每个MCU的计费进行统计；④ 统计与会会场、会议时间、码速率等；⑤ 记录会议的有关事件。

国家骨干网全部采用美国视讯公司(CLI)的Radiance9075型会议电视终端设备。该设备有一套CLI专有的CTX、CTX Plus的编码算法，其图像清晰度高于H.261算法。同时，还具备符合H.261建议的CIF、QCIF图像格式。国家骨干网的多点控制采用CLI公司的MCUⅡ，它具有12个2Mb/s端口，符合H.200系列建议，具有全网的主席控制方式以及远端摄像的互控功能。

4. 三种实用会议电视系统

符合H.320标准的ISDN网的会议电视业务已经进入实用。为了在计算机网以及PSTN网上组建会议电视系统，ITU-T于1995年推出了在LAN网上组建视听系统的H.323系列建议；在ATM网组建视听系统的H.310系列建议；在PSTN网上进行视听通信的H.324系列建议。目前H.320会议电视系统已占有相当大的比例，为了将H.320系统引入计算机网和ATM网，ITU-T又推出了H.321系列标准，在H.320的设备外增加了一个ATM适配器连接到ATM网上。与此类似，可采用H.322建议将H.320系统适配入计算机LAN中去。H.321和H.322实质上是将H.320系统的码流重新组装为ATM网和LAN可接收的码流，起着一种网间适配的作用，本质上仍然是H.320系统。由于有关ATM的协议不全，基于ATM的H.310系统至今也未得到推广使用，真正有发展前景的会议电视系统为基于ISDN的H.320、基于PSTN的H.324和基于IP的H.323三套，它们各自所包括的有关国际标准如表8-3所示。

表 8-3 三套实用的会议电视标准

标准	H. 320	H. 324	H. 323
应用网络	ISDN	PSTN	LAN
视频编码	H. 261	H. 261/ H. 263	H. 261/ H. 263
音频编码	G. 711/722/728	G. 723/729	G. 711/722/728/723/729
多路复用	H. 221	H. 223	H. 225
通信控制	H. 242	H. 245	H. 245
数据传输	T. 120	T. 120	T. 120

8.3.4 可视电话

可视电话的通信包括语音信号和图像信号，通话双方在对话过程中可以看到对方的图像，丰富了通信的内容。通话过程传送的是双方的头肩像，图像内容简单，对细节的要求可以适当降低。

目前，发展可视电话的条件已经具备，国际标准 ITU-T H. 324 描述了低比特率多媒体通信终端，采用 V. 34 调制解调器，码率通常为 28. 8 kb/s，可通过公共电话交换网(PSTN，Public Switched Telephone Network)进行传送。我国现在的电话普及率较高，为可视电话的普及、互通创造了条件。

1. H. 324 可视电话终端

H. 324 可视电话终端如图 8-16 所示。

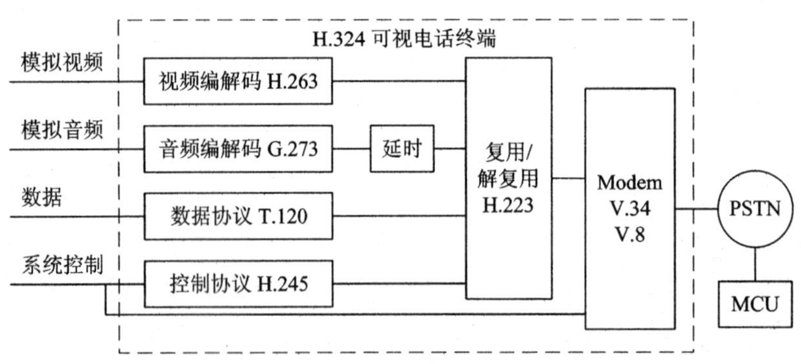

图 8-16 H. 324 可视电话终端

H. 324 是一个框架型的建议，它包含一系列的建议，称之为 H. 324 协议族。它全面规范了视音频的压缩编解码、多种媒体信息的复用、信道接口和控制信令等多项技术指标。

- G. 723. 1 低速语音编解码建议：提供高效语音压缩编解码，其速率为 5. 3 kb/s 和 6. 3 kb/s两挡。
- G. 729/G. 729A 低速语音编解码建议：电话网质量的语音编码，8 kb/s 编码速率，原来设计用于无线移动网络。G. 729A 是 G. 729 的简化版，与 G. 729 兼容。
- H. 263/或 H. 261 视频编解码建议：提供高效的活动图像压缩编码技术。
- H. 245 通信控制协议：多媒体通信中，控制部分是整个系统的“司令部”，音频、视频、数据和复用部分都需要由它来统一协调。从通信的开始、呼叫、建立物理通路、建立逻辑通路、交换通信能力，判决主从关系，通信过程的控制和结束通信等操作都由它来控制完成。为了保证不同厂商产品的互通，有必要统一这种通信标准。ITU - T 在 1995 年专门发布了用于多媒体通信的控制协议 H. 245，规定了终端信息消息的句法和语义，以及通信开始时进行协商的操作过程。这些消息包括终端发送和接收的通信能力，接收端的优先模式，逻辑信道的通知、控制和指示。

· H. 223 信道复用协议：多媒体信息由多种不同媒体信息组成，多种媒体信息（视频、音频、数据和控制流）要同时传输，在发送端把它们复用成一个统一的码流；在接收端，又要同步地实时地把它解复用，即分解为多种媒体信息。H. 223 建议对低比特率多媒体通信中信息的帧结构、字结构、分组复用等作了明确规定，它适用于低比特率多媒体终端之间，低比特率多媒体终端与 MCU 之间的通信。这个复用协议还能对图像序列进行编号、误差检测和校正。

· V. 34 调制解调器全双工通信协议：通信速率可达 28. 8kb/s 或 33. 6kb/s。

· V. 8 建议：规范在 PSTN 上的数据通信的起始呼叫过程，以及可视电话和普通电话工作模式的转换。

· T. 120 系列数据通道建议。

这种极低比特率的视听系统的潜在应用十分广泛，除可视电话外，还可用于远程监控、远程医疗、移动可视电话、多媒体电子邮件和视频游戏等。

2. H. 323 可视电话

ITU - T 的 H. 323（“基于分组交换的多媒体通信系统”）是一个框架性的建议，包括终端设备、视音频和数据的传输、通信控制、网络接口等内容，还包括多点控制单元（MCU）、多点控制器（MC）、多点处理器（MP）、网关（GW，Gateway）和网闸（GK，Gate Keeper）设备。

H. 323 系统的信息传播可以采用单播（Uni - cast）、多路单播（Multi - unicast）和多播（Multicast）的形式。

H. 323 系统的终端结构如图 8 - 17 所示。

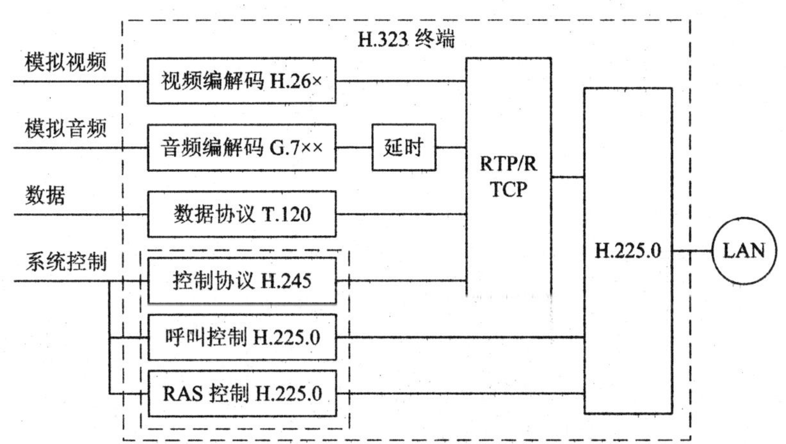

图 8 - 17　H. 323 终端结构示意图

H.323系统使用实时传输协议(RTP, Real-time Transport Protocol)和实时传输控制协议(RTCP, Real-time Transport Control Protocol)。RTP提供同步和排序服务，适于传送如音频、视频等连续性数据，对网络引起的时延和差错有一定的自适应性。RTCP用于管理质量控制信息，例如监视延时和带宽。RTP不能确保数据的完整性，但能很好地处理定时的问题。在通信过程中，RTP对所传的每个分组盖上时间戳(Timestamp)。在接收端，解码器可根据时间戳重新建立定时关系。H.323中资源预留协议(RSVP, Resource Reservation Protocol)可以防止网络超载而不能传递信息的情况，且保证H.323终端有一定的带宽，从而保证传输质量。在H.323中，与RSVP有关的是网闸(Gatekeeper)机制，用来防止视频业务量占用所有的有效带宽。网闸执行三项功能：第一，接入控制，由于网络资源有限，网络上同时接入的用户数也是有限的，GK根据授权情况和网络资源情况确定是否允许用户接入；第二，能够为终端提供带宽管理和网关定位等服务，如为用户保留所需的带宽；第三，具有呼叫路由的功能，所有终端的呼叫可以汇集到这里，然后再转发给其他终端，以便和其他网络终端通信。

多点控制单元(MCU)为3个或3个以上的终端或网关参加多点通信提供服务。MCU包括必备的MC和可选的MP。多点控制器(MC)是H.323中的实体，它为多点通信提供控制并控制资源。MC通过H.245与各终端进行协商，为当前的通信确定一个共同的通信模式；但MC不负责音频、视频和数据的混合或交换。MP负责完成视音频编解码、格式转换、语音的混合、视频的合成或切换等功能。

网关(GW)是H.323中的端点设备，通过它的实时双向通信服务，提供局域网和其他类型网络之间的连接。

H.323的系统控制分为3个部分：一是H.245通信控制协议，完成通信的初始过程建立、逻辑信道建立、终端之间能力交换、通信结束等功能。例如，通过能力交换，发送端采用接收端能解码的模式发送；二是RAS (Registration, Administration and Status，注册、允许和状态)控制，用于传送有关RAS的信息；三是呼叫信令(Call Signaling)控制，用于建立呼叫、请求呼叫的带宽改变、获得呼叫中端点设备的状态、拆除呼叫等的消息过程。呼叫过程使用H.225.0所定义的消息。

H.323终端常用于可视电话、会议电视、远程医疗和远程教学等。

思考题和习题

8-1 树叉型控制器适合什么样的单位使用？

8-2 树叉型控制器有什么优点？

8-3 星型控制器适合什么样的单位使用？

8-4 星型控制器由哪些主要部分构成？

8-5 星型控制器有什么优点？

8-6 总线型控制器有什么特点？

8-7 什么是交叉交织里德-所罗门码？

8-8 什么是EFM编码？

8-9 DVD光盘是怎样进行单面双层记录信息的？

8-10　会议电视系统由哪几部分组成？

8-11　多点会议电视系统有几种控制方式？各有什么特点？

8-12　H.320、H.324 和 H.323 三套建议分别应用于什么网络？

8-13　H.324 规范了低比特率多媒体通信终端的哪些技术指标？

第9章 录像技术的发展

录像是应用电视系统的重要环节，其保存大量信息的功能是其他应用电视设备所不能替代的。录像技术的不断发展使应用电视在各行各业中发挥越来越重要的作用。

录像技术的发展可以分为 VCR(Video Cassette Recorder，盒式(磁带)录像机)、DVR(Digital Video Recording equipment，数字录像设备或硬盘录像机)和 NVR(Network DVR，网络录像设备)三个阶段，相应地应用电视也分为模拟电视监控、数字电视监控和网络电视监控三个阶段。

9.1 盒式(磁带)录像机

磁带录像机是以磁带为介质存储图像信息的设备。它所完成的基本物理变换是电/磁转换，把时间轴上连续变化的电视信号、音频信号转化为磁带上磁迹的几何分布或相反的过程。

9.1.1 磁记录的视频录放原理

1. 磁性记录原理

铁磁物质的磁滞特性表明磁性材料具有记忆功能，这一功能使得磁记录成为可能。任何一个磁记录必须包括两个基本的部分：一是承载信息的介质，二是向介质传递信息实现电磁转换的器件。录像机的磁记录介质是磁带，电磁转换器件是磁头。通过磁头向磁带记录或重放信息，要形成一定的磁头磁带关系(简称头带关系)，这种关系必须具有很高的精度，是通过机械系统来保证的。图 9-1 给出了从信息传递角度看的磁记录的磁头磁带关系示意图。

图 9-1 磁记录的磁头磁带关系

磁头是一个绕有一组线圈的环形铁芯，铁芯上有一狭窄的缝隙——工作缝隙。当被记录信号电流流过线圈时，铁芯中就会产生与电流大小成正比、方向一定的磁通，由于工作缝隙处的磁阻较大，在其附近就会出现漏磁场。当磁带的磁性层(以下称磁带)与工作缝隙接触时，由于磁带的磁阻较低，铁芯中的磁通就会通过磁带形成闭合磁路，因此磁带被磁化。如果磁带以一定的速度相对磁头运动，就会形成一条磁迹。在这个过程中被记录信号电流随时间的变化就转化为磁带上磁迹的磁化强度的变化。

2. 磁性记录重放原理

信号的重放过程是上述过程的逆过程。当磁头的工作缝隙与磁带相接触，形成与记录时相同的头带关系。磁头将桥接磁带的磁迹，磁迹的表面磁场将在磁头线圈中产生相应的感生电动势，采用适当方法取出和处理这个电动势，就可以恢复出原信号。所谓形成与记录时相同的头带关系，一是指几何位置关系，二是指磁带以记录时相同的速度运动。

9.1.2　时滞录像机

在应用电视系统中，当监视的目标较多，且进行长时间监视时，需要大量的录像带，这些带的定时更换、存放、管理和检索都不方便。为了用标准的录像带录制更长的时间，人们研制了长时间录像机。

1. 家用录像机的 LP、EP 方式

家用录像机使用普通录像带，要想增加记录时间，就必须把磁带行走速度降下来。我们知道，磁带速度决定着无保护带磁带录像机的磁迹间隔和磁迹宽度(有保护带录像机的磁迹宽度由视频磁头的宽度决定)。采用与普通录像机相同宽度的视频磁头，采用低带速度(与普通录像机的标准带速相比)，就会出现两个磁头扫描互相重叠的现象，前一次记录磁迹被后一次记录消去一部分，形成较窄的视频磁迹的格式。如果用半速(速度是标准带速的一半)行走磁带，磁迹宽度则为标准宽度的一半，见图 9-2(*a*)。如果重放时，也采用半速(同记录时相同)走带，因为是方位角记录方式，所以还能够产生较好的图像，见图 9-2(*b*)。许多 VHS(Video Home System，家用录像系统)方式录像机的 LP 方式就是这样，采用半速走带，而使标准盒带的记录时间增加一倍。磁迹变窄对图像信号的信噪比是有影响的，因此采用这种方式是有限度的，目前记录时间最长的 EP 方式，记录时间增加二倍，当我们需要将记录时间加长到几倍、十几倍或更多，还如此处理，就会出现磁迹变得十分的窄，而不能实现图像的重放了。

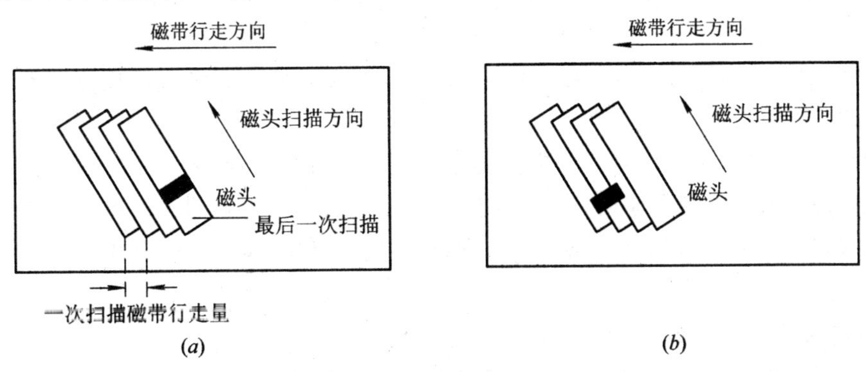

图 9-2　VHS 型录像机 LP 方式的磁带格式

(*a*) 记录磁迹；(*b*) 重放

2. 时滞录像机的原理和特点

1）间断记录方式

长时间录像机也称时滞录像机、长延迟录像机。采用间断记录方式(抽场记录)可以得到足够宽度的视频磁迹。

长时间录像机一般选择磁带速度是标准带速 23.39 mm/s 的 $1/m$(m 是正整数)。当两个磁头交替扫描 m 次后，磁带恰好走了标准带速时的一条磁迹宽度所对应的距离，如果每 m 场信号取其第一场录制，就会形成与标准磁带格式相似的磁带格式，磁迹宽度与标准磁迹宽度相同。PAL 制彩色电视信号是 8 场顺序制，每 8 场才出现 V(场同步)、H(行同步)、S(副载波)、P(PAL 识别脉冲)完全相同的视频信号，所以当 $m=8n+1$ 时(n 是正整数)，每 m 场信号抽取其第一场录制所得的视频信号仍能保证一帧两场、奇数场和偶数场交替，色同步相位正确。这些磁迹用标准带速回放，能得到较高质量的图像，但由于缺帧，快速移动物体图像的录像回放时有动画效应。

长时间录像机常具有报警自动录像功能。即平时处于长时间录像方式，报警后自动进入标准录像方式，这样既节约了录像带又不会丢失重要的信息。

2）时滞录像机的特点

时滞录像机与普通家用录像机有许多相同之处，且所用的录像带也完全相同，但从图像录制方式、磁头转动方式、机械结构和耐久性等方面来看，又有不少不同之处。

关于图像录制方式，家用录像机每秒钟固定录制 25 帧图像，也就是每 40 ms 录制一帧图像，每 20 ms 录制一场图像，录像带回放时图像不产生动画效应。时滞录像机则根据设定录像时间的长短来决定每秒录像的帧数，一般远小于每秒钟 25 帧，造成在录像回放过程中图像有或多或少的动画效应。设定录像时间越长则录制间隔越长，如使用 960 小时的长延时录像机并工作于 960 小时录像方式，则每间隔 6.4 秒才会录制一场图像，因此如果同样按 960 小时方式回放录像带，就会感觉到与放映幻灯片没有什么区别。

就磁头的转动方式来看，家用录像机的磁头是利用电动机经过皮带或齿轮来传动，只要一启动就要连续转动。而时滞录像机由伺服电动机(Servo Motor)或步进电动机(Stepping Motor)直接驱动磁头，使其一步一步精确地转动。

就机械结构及耐久性而言，家用录像机被设计主要用于播放录像带，一旦磁带加载可能就要连续播放 2～3 个小时，然后停机关闭电源，反复启动录像特别是反复检索录像的情况不会太多，更不会每天 24 小时周而复始地连续运行，设计时尽可能降低材料成本(如使用塑料材料等)。时滞录像机专门为电视监控系统所使用，可能从第一天加电使用开始就不再断电，为检索某些重要证据，可能要反反复复地使录像带前进、倒退，时滞录像机的磁头及机械结构常采用金属件或其他耐磨的材料，因此时滞录像机使用寿命比家用录像机长得多。

3）时滞录像机的附加功能

松下 NV - TD512CMC 型录像机的一盘 EP - 180 型录像带，以 EP 方式记录可达 9 小时，而一般家用录像机一盘 EP - 180 型的录像带以 LP 方式记录可用 6 小时，时滞录像机最基本的时滞录像方式是 24 小时(用 EP - 180 型的录像带)，大部分时滞录像机最长记录时间可达 960 小时(仍然是用 EP - 180 型的录像带)，而且有不同时间长短的多档记录方式供选择。除了长延时录像，时滞录像机一般还有下列附加功能：

(1) 时间字符叠加。普通家用录像机虽然也有时间显示电路，但却不具有时间字符的视频叠加功能，因此，在对录像带进行回放时是看不到任何时间字符信息的。这对于具有存档意义的录像资料来说是个明显的缺陷。作为监控系统中使用的图像记录设备，时滞录像机无一例外都具有时间字符叠加功能，可以将事件发生的时间信息同视频图像内容一同记录到录像带上，这为日后检索提供了极大的方便。

(2) 报警输入及报警自动录像。报警输入及报警自动录像是时滞录像机的一个基本功能。当报警传感器传来报警信号时，时滞录像机自动启动录像机进入标准录像模式，在时滞录像方式时自动转入标准录像模式，同时还将这报警信号输出到其他报警联动装置。时滞录像机这种报警自动转入标准录像模式的功能保证了在报警期间记录的图像具有实时性。

(3) 自动循环录像。普通家用录像机录像时，录像带运行到末端时会自动停止录像方式，并倒带到磁带的始端，然后停止工作。而时滞录像机可以根据需要设定录像带行进到末端后的工作方式。可以在停止、倒带后停止、倒带后重新录像三种工作方式中任选一种。倒带后重新录像方式(即自动循环录像方式)可以保证录像带中记录的内容总是最近 24 小时(根据设定的录像方式，可以是 24～960 小时中的任一档)刚刚发生的事件。对于 24 小时以前的内容，则因为没有出现异常情况而无什么保存价值，它将被 24 小时内的最新内容所覆盖。

(4) 接通电源后自动录像。接通电源后自动录像是时滞录像机的一个重要功能。当录像机处于录像方式时，供电系统可能会出现短期故障，造成录像机断电而停止工作，故障排除后电源重新接通时，接通电源后自动录像功能保证录像机重新进入录像模式。

9.1.3　多画面处理器

长时间录像机只能对 1 路视频信号进行长时间录像，为了用 1 台录像机对多路视频信号进行录制，研制了多画面处理器。

多画面处理器也称帧(场)切换处理器。松下公司称作数字视频多工器，先讯美资公司称作多路视频图像复合处理器。

多画面处理器与录像机配合使用，将多路输入视频信号以帧(场)间隔进行切换，输出一路视频信号由录像机录制下来。录像回放时，录像机输出的视频信号必须通过多画面处理器，才能任意选择某一路图像显示。

1. 多画面处理器的原理

多画面处理器一般处理 4、9 或 16 路视频信号。多画面处理器能将多路视频信号以多画面形式显示在 1 台监视器上，又能将各路视频信号以帧(场)为单位分时顺序输出供录像机录像。由于多画面处理器内部具有时基校正电路，各路视频信号可以是非同步的。以 4 路视频输入为例，如果从某时刻起，A，B，C，D 等 4 路视频信号的各场分别用 A1，A2，A3，A4，…；B1，B2，B3，B4，…；C1，C2，C3，C4，…；D1，D2，D3，D4，…表示，则从该时刻起多画面处理器的顺序录像输出端输出视频信号的场顺序为 A1，B2，C3，D4，A5，B6，C7，D8，…，是 4 路视频输入信号的分时输出。将该信号录制后的录像回放时，A 路输出的视频信号各场顺序是 A1，A1，A1，A1，A5，A5，A5，A5，A9，A9，A9，A9，…；

B 路输出的视频信号各场顺序是 B2，B2，B2，B2，B6，B6，B6，B6，B10，Bl0，B10，B10，…；C 路输出的视频信号各场顺序是 C3，C3，C3，C3，C7，C7，C7，C7，C11，C11，C11，C11，…；D 路输出的视频信号各场顺序是 D4，D4，D4，D4，D8，D8，D8，D8，D12，D12，D12，D12，…；每 4 场的信号是完全一样的。图 9－3 是 4 路视频输入场切换录像与回放示意图。当视频输入是 9 或 16 路时，各路回放时完全相同的图像场数增加为 9 或 16。

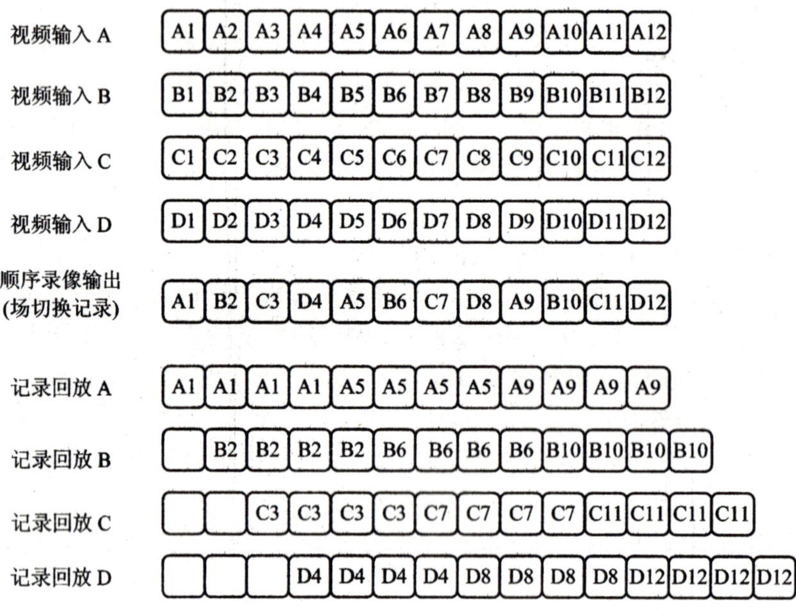

图 9－3 场切换录像与回放示意图

多画面处理器每一路视频输入都有一路报警输入与其一一对应，且可设置为多种报警方式之一。顺序录像输出端常用的报警方式是报警优先录像和摄像机切换方式。这种方式既能保证报警处的重点录像，又兼顾了其他未报警部位。例如，同样是上面例子的 A，B，C，D 4 路视频输入信号，其中 C 路报警输入已经报警，当多画面处理器顺序录像输出端被设定为报警优先录像和摄像机切换方式时，其顺序录像输出端输出视频信号的场顺序为 C1，A2，C3，B4，C5，D6，C7，A8，C9，B10，C11，D12，…，将该信号录制后的录像回放时，C 路输出的视频信号各场顺序是 C1，C1，C3，C3，C5，C5，C7，C7，C9，C9，C11，C1l，…；A 路输出的视频信号各场顺序是 A2，A2，A2，A2，A2，A2，A8，A8，A8，A8，A8，A8，A14，…；B 路输出的视频信号各场顺序是 B4，B4，B4，B4，B4，B4，B10，B10，B10，B10，B10，B10，B16，…；D 路输出的视频信号各场顺序是 D6，D6，D6，D6，D6，D6，D12，D12，D12，D12，D12，D12，D18，…。由此可见，报警图像回放时两场完全相同，未报警图像回放时 6 场完全相同。这种保证重点，兼顾一般的录像方式在视频输入路数较多时效果更明显。当视频输入是 9 或 16 路时，报警图像回放时依旧是两场完全相同，未报警图像回放时图像完全相同的场数增加为 16 或 30。

多画面处理器的多画面监视输出端输出的视频信号除可供监视器进行实时(不少处理器多画面显示时有明显的动画效应)监视外，也可同时供录像机录制，录制的是多画面分割的视频信号。回放时图像的清晰度降低，在 4，9，16 画面的情况下分别下降为原来单画面时清晰度的 1/2，1/3，1/4。对清晰度要求不高的场合可以采用这种方式录像。

多画面处理器顺序录像输出端输出的是多路分时信号，一般用普通录像机进行录像，除非是多画面处理器使用说明书上规定可配接的某些型号的长时间录像机。在配接长时间录像机后变为多路信号分时传送的基础上再按规定规则抽取某些场的信号，快速移动物体的动画效应更加明显。

多画面处理器因为内置数字信号处理电路，所以常被称为数字视频多工器。其实质上只是一种使普通录像机能录制多路视频信号并与录像机配套的产品，其输入输出信号都是模拟全电视信号。

2. 多画面处理器的附加功能

多画面处理器除了多画面现场监视和场切换顺序录像输出两项主要功能外，还有许多附加功能。

1）多种报警方式

多画面处理器一般有三个视频输出端。其中：多画面监视输出端，常用来显示多画面图像；点监视(有时称为调用监视)输出端，只能固定显示或定时顺序显示全屏幕图像；顺序录像输出端，供录像机录像时用。三个视频输出端可各自设定报警方式。报警后，闪烁多画面处理器的报警指示灯，吸合报警输出继电器并在监视器上显示图像或字样。

(1) 报警提示方式和报警连动方式。这两种报警方式是多画面监视输出端用的。当处于报警状态时，报警提示方式只在相应画面上显示“ALARM”字样，多画面显示或多画面定时顺序显示不受影响。当处于报警状态时，报警连动方式除了在相应画面上显示“ALARM”字样，还将四画面顺序显示所有报警通道的图像。

(2) 报警忽略方式和报警点方式。这两种报警方式是点监视输出端用的。当处于报警状态时，报警忽略方式只将报警记录存储在多画面处理器的内部存储器中，对屏幕显示无影响。当处于报警状态时，报警点方式显示最后一个报警通道的图像并显示“ALARM”字样。

(3) 报警优先记录和摄像机切换方式。这种报警方式是顺序录像输出端用的，前面已作过介绍。

(4) 视频丢失报警。多画面处理器的报警源除了与视频输入一一对应的报警输入外，还有视频丢失报警和移动检测报警。当检测到无视频输入信号时，视频丢失报警闪烁相应的视频输入指示灯，吸合报警输出继电器，在多画面监视器或点监视器上显示“CH loss”字样，将视频丢失码送到录像机。

(5) 移动检测报警。移动检测先要分别设定各路视频输入的移动检测点，将各路视频输入检测点的像素值存入指定 RAM 单元，将下一次的检测值与存入值进行比较，若有明显变化就认为有移动。移动检测报警后同样进行指示、输出和显示，还进行动态时间分配，有关内容稍后再详细介绍。

2）多种监视方式

多画面处理器的多画面监视输出一般能进行全屏幕显示和 4、9、16 多画面显示，有的多画面处理器能进行 7、10、13 多画面显示，如图 9－4 所示。有的多画面处理器还能进行全屏幕定时顺序显示和多画面定时顺序显示，如图 9－4 所示。

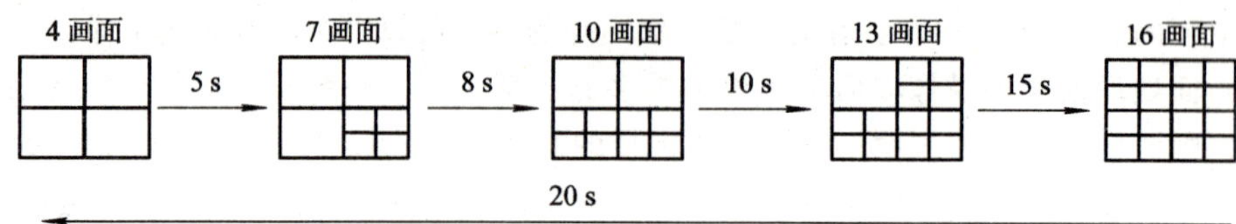

图 9-4 多画面定时顺序显示示意图

3) 摄像机标题和日期时间显示

多画面处理器都可以通过键盘操作进行摄像机标题设置，供选取的字符有数字、英文字母和少量特殊符号，一般规定标题最长不超过 8～16 个字符。有的多画面处理器还能显示日期时间并叠加在录像信号上，且能由键盘关闭日期时间叠加以免与录像机叠加的日期时间重复。

4) 摄像机、录像机控制

多画面处理器一般都能对指定型号的摄像机和录像机进行遥控，只要配置一定数量的摄像机、录像机和监视器就能组成小型系统，不需要另配控制器。

长时间录像机在 m 场视频信号中抽取一场录制，视频信息丢失较多；多画面处理器进行场切换顺序录像将多路视频信号分时输出。两种方法都使视频信息丢失。

9.2 硬盘录像机

盒式录像机在早期的应用电视系统中被大量使用，但它有以下缺点：

(1) 操作不便：对每台录像机要反复按键操作，要定时换带，要倒带。

(2) 检索麻烦：检索时先寻找某段时间的录像带，再寻找某台摄像机的带子，最后还要寻找有关片断，要反复进带、倒带查找。

(3) 寿命较短：磁头容易磨损，录像带多次使用后故障率上升，录像机长期使用后易产生机械故障，且很难修复。

(4) 重复性差：录像带长期存放后，回放时图像质量不断下降。

(5) 管理繁琐：如需录像的图像路数较多时，大量录像带的保存、管理、检索、更换是一项繁琐且差错率大的工作。

随着计算机技术的发展，硬盘容量迅速增大而价格不断下降，电视信息压缩技术逐步成熟，能对电视信号按 MPEG-1、MPEG-2、MPEG-4 以及 H.264 标准进行压缩的芯片已经有多种产品可供选择。这些使硬盘录像迅速成为代替传统录像机的新技术。

9.2.1 硬盘录像机的构成

硬盘录像机的标准名称是 DVR(Digital Video Recording equipment，数字录像设备)。图 9-5 是硬盘录像机构成方框图。

硬盘录像首先把图像信号数字化，然后根据图像的行间相关性和帧间相关性将数字化后的数据进行压缩，压缩后的数据以时间为序以文件的形式存储在硬盘中。由于硬盘录像是以数字技术和计算机技术为基础的，所以有较高的智能，是盒式录像机不能比拟的。

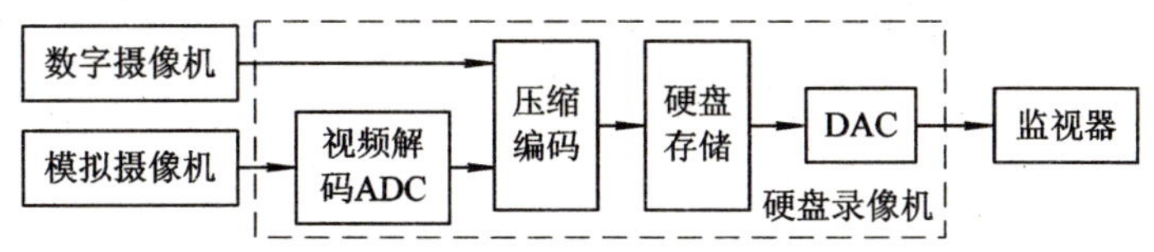

图 9－5　硬盘录像机构成方框图

1）录像方式灵活

录像方式可选择设定为连续录像、自动定时录像和报警触发录像等多种形式，录像速度 1～25f/s 任选。回放速度可以是录像速度或选录像速度的 1/2～1/32，也可以作单帧冻结，慢速回放在寻找破案线索时特别有用。

2）检索方便

可以按日期、摄像机编号或其他信息进行检索，自动、快速地找到相应的录像文件。不必像盒式录像机那样先得找录像带，再将录像带反复地快进、快退来查阅。

3）管理简单

由系统管理员对计算机进行设置，计算机按照设置进行管理。它通常包括用户权限管理、硬盘管理、文件管理、报警管理和日志管理等。

4）可远程传送

管理硬盘的计算机入网后，网络中任意一台计算机，只要安装相应的软件且有授权的密码，就可通过各种网络调用数字图像数据，进行远程实时监控或录像回放。

5）联动反应快

传统录像机在接到报警信号后才启动录像，录像延迟报警数秒钟，而这数秒钟的录像恰好是最重要的。硬盘录像在接到报警信号后立即录像，甚至还能录制报警前规定时间内(1～10 s)的图像信号。

6）多种附加功能

硬盘录像以计算机为基础的，很容易实现时间和文字的添加、多画面显示、视频丢失报警和视频移动报警等功能。

7）存储容量扩充容易

主机不插硬盘扩充卡能带 4 块硬盘，加插一块硬盘扩充卡能扩充为带 8 块硬盘，加插两块硬盘扩充卡能扩充为带 12 块硬盘，用 48 厘米(19 英寸)加长型 4U 标准工控机箱就能装 12 块硬盘，若硬盘超过 12 块可使用活动硬盘架，所以扩充起来很方便。目前，一块硬盘的通常容量是 500 GB，最大容量是 3 TB。随着硬盘制造工艺的改进和计算机技术的发展，硬盘录像机的容量将不断增加。

9.2.2　视频压缩编码

1. 视频信号压缩的可能性

视频数据中存在着大量的冗余，即图像的各像素数据之间存在极强的相关性。利用这些相关性，一部分像素的数据可以由另一部分像素的数据推导出来，结果视频数据量能极大地压缩，有利于传输和存储。视频数据主要存在以下形式的冗余：

1）空间冗余

视频图像在水平方向、垂直方向上相邻像素之间的变化一般都很小，存在极强的空间相关性。特别是同一景物各点的灰度和颜色之间往往存在着空间连贯性，从而产生了空间冗余，常称为帧内相关性。

2）时间冗余

在相邻场或相邻帧的对应像素之间，亮度和色度信息存在极强的相关性。往往前帧图像具有与前、后两帧图像相同的背景和移动物体，只不过移动物体所在的空间位置略有不同。对大多数像素来说，亮度和色度信息是基本相同的，称为帧间相关性或时间相关性。

3）结构冗余

在有些图像的纹理区，图像的像素值存在着明显的分布模式。如方格状的地板图案等。已知分布模式，可以通过某一过程生成图像，称为结构冗余。

4）知识冗余

有些图像与某些知识有相当大的相关性。如人脸的图像有固定的结构，嘴的上方有鼻子，鼻子的上方有眼睛，鼻子位于脸部图像的中线上等。这类规律性的结构可由先验知识得到，此类冗余称为知识冗余。

5）视觉冗余

人眼具有视觉非均匀特性，对视觉不敏感的信息可以适当地舍弃。在记录原始的图像数据时，通常假定视觉系统是线性的和均匀的，对视觉敏感和不敏感的部分同等对待，从而产生了比理想编码(即把视觉敏感和不敏感的部分区分开来编码)更多的数据，这就是视觉冗余。人眼对图像细节、幅度变化和图像的运动并非同时具有最高的分辨能力。人眼视觉对图像的空间分解力和时间分解力的要求具有交换性，当对一方要求较高时，对另一方的要求就较低。根据这个特点，可以采用运动检测自适应技术，对静止图像或慢运动图像降低其时间轴抽样频率，例如每两帧传送一帧；对快速运动图像降低其空间抽样频率。另外，人眼视觉对图像的空间、时间分解力的要求与对幅度分解力的要求也具有交换性，对图像的幅度差值存在一个随图像内容而变的可觉察门限，低于门限的幅度差值不被察觉，在图像的空间边缘(轮廓)或时间边缘(景物突变瞬间)附近，可觉察门限比远离边缘处增大3～4倍，这称为视觉掩盖效应。因此，可以采用边缘检测自适应技术，对图像的平缓区或正交变换后代表图像低频成分的系数细量化，对图像轮廓附近或正交变换后代表图像高频成分的系数粗量化；当快速运动的景物使帧间预测编码码率高于正常值时进行粗量化，反之则进行细量化。在量化中，尽量使每种情况下所产生的幅度误差刚好处于可觉察门限之下，这样能实现较高的数据压缩率而人眼对图像的感觉不变。

6）图像区域的相同性冗余

在图像中的两个或多个区域所对应的所有像素值相同或相近，从而产生的数据重复性存储，这就是图像区域的相似性冗余。在这种情况下，记录了一个区域中各像素的颜色值，与其相同或相近的区域就不再记录各像素的值。矢量量化方法就是针对这种冗余图像的压缩方法。

7）纹理的统计冗余

有些图像纹理尽管不严格服从某一分布规律，但是在统计的意义上服从该规律，利用这种性质也可以减少表示图像的数据量，称为纹理的统计冗余。

电视图像信号数据存在的信息冗余为视频压缩编码提供了可能。

2. 压缩编码标准

最基本的图像压缩编码方法有熵编码、预测编码、变换编码、子带编码、分形编码和小波变换编码等。表 9－1 是常见的图像压缩编码标准比较。

表 9－1　常见的图像压缩编码标准比较

标准	编号	帧类	熵编	MV	变换	矢块	扫描	预测	滤波	码率	应用
JPEG	ISO/IEC10918	I	霍夫曼 游程		8×8 DCT		逐行				图片 DVR
H.261	ITU－T 建议 H.261	IP	VLC	像素	8×8 DCT	16×16	逐行	帧	环内	P(1～30)× 64 kb/s	会议 电视 可视 电话
H.263	ITU－T 建议 H.263	IPB	VLC SAC	半像素	8×8 DCT	16×16 8×8	逐行	帧	环内	64 kb/s	可视 电话
MPEG1	ISO/IEC11172	IPB	VLC	半像素	8×8 DCT	16×16	逐行	帧	无	1.5 Mb/s	VCD 电视 监控
MPEG2	ISO/IEC13818	IPB	VLC	半像素	8×8 DCT	16×16 16×8	逐行隔行	帧场	后期	3.5～20 Mb/s	DVD SDTV HDTV
MPEG4	ISO/IEC14496	IPB	VLC	1/4 像素	8×8 DCT	16×16 8×8	逐行隔行	帧场	后期	2～12 Mb/s	DVR NVR IP 摄 像机
H.264	ITU－T 建议 H.264	IPB	UVLC CAVLC CABAC	1/4 像素	4×4 8×8 ICT	4×4 16×16 16×8 8×16 8×8 4×8 8×4	逐行隔行	帧场	环内	1.5～8 Mb/s	DVR NVR IP 摄 像机
VC1	SMPTE	IPB	多种 VLC	1/4 像素	4×4 4×8 8×4 8×8 ICT	16×16 16×8 8×8 8×4	逐行隔行	帧场	环内		IPTV 网上 音视 频
AVS	GB/T20090.2	IPB	2D－ VLC	1/4 像素	8×8 ICT 8×8 PIT	16×16 16×8 8×16 8×8 4×8 8×4 4×4	逐行隔行	帧场	环内		应用 广泛， 但均 未形 成规 模

3. 目前应用电视中最常用的标准

1）MJPEG

MJPEG（Motion - Join Photographic Experts Group）技术，即运动静止图像（或逐帧）压缩技术。它广泛应用于非线性编辑领域，可精确到帧编辑和多层图像处理。在广电系统的前期节目编辑以及数字电影的特技动画制作中，由于待处理的动态图像帧间差异较大，并且为了保持最佳的视觉质量，对图像的质量要求较高，所以把帧作为基本的压缩单位。在这类应用中，MJPEG压缩方式对活动视频图像通过实时帧内编码过程单独地压缩每一帧，利用其空间相关性进行帧内压缩，在编辑过程中可以随机存取压缩的任意帧，这刚好满足了逐帧编辑的需要。此外，MJPEG还具有系统实现方便、压缩后图像恢复质量好、且没有码率上限等优点。因此，目前在非线性编辑系统可精确到帧的编辑以及多层图像处理中，广泛采用了MJPEG压缩标准。但该技术压缩效率不高，需要大量的存储空间，远程传输时对带宽的要求也很高。

2）MPEG - 4

MPEG - 4是适应多媒体应用的"音频视频对象编码"标准，国际标准号是ISO/IEC14496，包括版本1和版本2。版本1由系统、视觉信息、音频、一致性、参考软件、多媒体传送集成框架和工具（视频）优化软件7个部分组成，于1998年10月通过，其中前6个部分与MPEG - 2的对应部分相同。版本2是MPEG - 4的扩展部分。

MPEG - 4规定了各种音频视频对象的编码，除了包括自然的音频视频对象，还包括图像、文字、2D和3D图形以及合成话音和音乐等。MPEG - 4通过描述场景结构信息，即各种对象的空间位置和时间关系等，来建立一个多媒体场景，并将它与编码的对象一起传输。由于对各个对象进行独立的编码，可以达到很高的压缩效率，同时也为在接收端根据需要对内容进行操作提供了可能，适应多媒体应用中的人机交互的要求。

MPEG - 4的视频编码分为合成视频编码和自然视频编码。

（1）合成视频编码。

计算机图形和以往的压缩编码都属于合成视频信息。MPEG - 4把人工合成信息数据算作一种新的数据类型，支持对人工合成VO（Video Object）数据与自然VO数据的混合编码，即合成与自然混合编码（SNHC，Synthetic Natural Hybrid Coding）。SNHC提供了对人工合成信息的具体描述，定义了有关图形文本的多种表达方式，例如2D网格对象、3D人脸和身体对象、3D网格对象等都是描述合成信息的。SNHC文本表达方式设计了合成图形对象的描述框架、通用的数据流结构和灵活的接口。SNHC支持媒体间更灵活的混合方式，能减少混合媒体的存储空间和带宽，为此提供了一种基于合成的自然视频编码——纹理网格编码。它的核心是基于网格的纹理映射，将要表达的图像区域划分成合成网格，采用映射的方法将实际拍摄的自然纹理图像直接贴到该网格区域上。

（2）自然视频编码。

MPEG - 4自然视频码流的层次化数据结构分为如下5层：

① 视频序列（Video Sequence，VS）：VS对应于场景的电视图像信号。VS层由VS_0、VS_1、…VS_n组成，是整个场景在各段时间的图像。VS由一个或多个VO构成。

② 视频对象（Video Object，VO）：VO对应于场景中的人、物体或背景，它可以是任

意形状。VO层由VO_0、VO_1、…VO_n组成，是从VS中提取的不同视频对象。

③ 视频对象层(Video Object Layer，VOL)：VOL指VO码流中包括的纹理、形状和运动信息层。VOL用于实现分级编码。VOL层由VOL_0、VOL_1、…VOL_n组成，是VO的不同分辨率层(一个基本层和多个增强层)。

④ 视频对象平面组(Group of VOP，GOV)：GOV层是可选的。GOV由多个VOP组成。GOV提供了比特流中独立编码VOP的起始点，以便于实现比特流的随机存取。

⑤ 视频对象平面(Video Object Plane，VOP)：VOP层由VOP_0、VOP_1、…VOP_n组成，是VO在不同分辨率层的时间采样。VOP可以独立地进行编码(I-VOP)，也可以运用运动补偿编码(P-VOP和B-VOP)。VOP可以是任意形状的。

MPEG-4基于对象概念的视频编解码器原理框图如图9-6所示。首先，对自然视频流进行VOP分割，由编码控制器为不同VO的形状、运动、纹理信息分配码率，并由VO编码器对各个VO分别进行独立编码，然后将编码的基本码流复用成一个输出码流，编码控制和复用(MUX，Multiplex多路复用)部分可以加入用户的交互控制或智能算法控制。接收端经解复用(DEMUX，Demultiplex多路信号分离)，将各个VO分别解码，然后将解码后的VO合成场景输出。解复用和VO合成时同样可以加入用户交互控制。视频对象(VO)编码器包括3个部分：形状编码部分、运动补偿部分以及纹理编码部分。

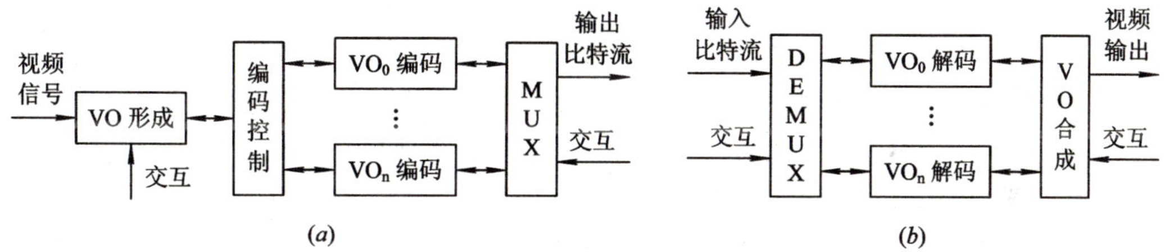

图9-6　MPEG-4视频编解码器

(*a*) 编码器结构；(*b*) 解码器结构

MPEG-4压缩解压芯片有VWED公司的VW2010和WISchip公司的GO7007SB。在电视监控中对图像进行数字录像时，常采用MPEG-4标准进行压缩，因为电视监控图像背景是固定不变的，人物较少，活动缓慢，基于对象编码能得到较高的数据压缩率。

3) ITU-T H.264

ITU-T的H.264标准(ITU-T Rec. H.264/ISO/IEC 11496—10 AVC)工作由ISO/IEC下属的运动图像专家组MPEG和ITU下属的视频编码专家组VCEG(Video Coding Experts Group)共同成立的联合视频小组JVT(Joint Video Team)负责完成。由于H.264采用了许多不同于以往标准中使用的先进技术，所以相对于以往的标准，在相同的数码率下用H.264标准编码能够获得更高的图像质量。

(1) 按功能进行分层。H.264将整个编码结构分成网络抽象层NAL(Network Abstraction Layer)和视频编码层VCL(Video Coding Layer)，视频编码层进行视频压缩、解压缩操作，而网络抽象层专门为视频编码信息提供文件头信息、安排格式以有利于网络传输和介质存储，具有更强的网络友好性和错误隐藏能力。

(2) 树状结构运动补偿。H.264为亮度分量提供16×16、16×8、8×16和8×8四种宏块划分方式，还能将8×8宏块进一步划分成8×4、4×8和4×4三种子宏块。每个分块都有各自的运动向量，基于上述划分的运动补偿被称作树状结构运动补偿。

(3) 1/4 像素运动矢量估计。为了得到更接近于原始图像的重建图像，H.264 将运动矢量的精度提高到 1/4 像素。1/4 像素采样值的获得分为两步：第一步是由多个整数点像素采样值经过 FIR 滤波器输出得到部分 1/2 像素精度插值，再用已得到的 1/2 像素值继续通过相同的 FIR 滤波器得到余下 1/2 像素值；第二步是用 1/2 像素值进行双向线性插值得到 1/4 像素值。

(4) 整数变换。为做进一步的压缩处理，从运动估计和补偿出来的结果将被从空间域转化为频率域。这在以前的编码标准中大多都采用了 8×8 的离散余弦变换，而在 H.264 中则采用了 4×4 的整数变换。其变换公式为

$$Y = H X H^T \tag{9-1}$$

其中 X 为要被变换的 4×4 像素块，而

$$H = \begin{bmatrix} 1 & 1 & 1 & 1 \\ 2 & 1 & -1 & -2 \\ 1 & -1 & -1 & 1 \\ 1 & -2 & 2 & -1 \end{bmatrix}$$

这种整数变换其实是 DCT 变换的一种近似，但它将 DCT 变换中的浮点运算改为整数运算，可减少系统的运算量。同时，它用减小量化精度的方法降低数据量，用对更小的数据块(4×4)进行处理来减小失真，从而进一步提高了图像质量和编码效率。

(5) 块间滤波器。视频信息编码重建以后块间亮度落差会变大，图像出现马赛克现象，影响人的视觉感受。H.264 通过在块间使用滤波器来平滑块间的亮度落差，使重建后的图像更加贴近原始图像。H.264 的滤波器同时又是选择性的，对于原本就存在较大变化的边缘部分不采用滤波器，保证了原始信息不受破坏。

(6) 熵编码。H.264 使用了两种熵编码方法：一是基于上下文的自适应变长编码(Context - based Adaptive Variable Length Coding, CAVLC)与通用的变字长编码(Universal Variable Length Coding, UVLC)相结合的编码，二是基于上下文的自适应二进制算术编码(Context - based Adaptive Binary Arithmetic Coding, CABAC)。采用 CAVLC 和 CABAC 可以根据上下文的内容，自适应调整符号概率分布，保证在当前编码过程中用较短的码字表示概率较大的符号。

(7) 切换帧。H.264 通过使用切换帧实现不同传输速率、不同图像质量间的切换，能最大限度地利用现有资源而不出现因缺少参考帧引起的解码错误。要达到切换的目的，就必须实现视频流的过渡。切换帧 SP 的思想是在两股视频流的基础上再引入一股视频流，这股视频流中的帧能够从源视频流的帧预测得到，同时能够预测目标视频流中的帧。先对切换目标 B2 进行变换和量化，然后对经过运动补偿的被切换帧 A1 进行变换和量化。在变换域中形成参考值与真实值的差，对其进行变长编码得到切换帧 SPAB2。

在预测视频流 B 的帧 B2 的过程中，只需将切换帧进行变长解码后得到的差值加到视频流 A 的帧 A1 的变换量化结果上，再经过逆量化逆变换就得到了切换目标帧的预测 B2。

H.264 采用上述先进技术后具有更低的传输码率和更高的图像质量。可以预见，H.264 在许多应用场合将取代 MPEG-2 和 MPEG-4。

9.2.3　硬盘录像的分类

DVR 集合了盒式录像机、多画面处理器、云台镜头控制、报警控制和网络传输等功能于一身，用一台设备就能取代模拟监控系统一大堆设备的功能。DVR 采用的是数字记录技术，在图像处理、图像储存、检索、备份、网络传递和远程控制等方面也远远优于模拟监控设备。

DVR 按系统结构可以分为两大类：基于 PC 架构的 PC 型 DVR 和脱离 PC 架构的嵌入式 DVR。

1. PC 式硬盘录像机

PC 型 DVR 以传统的 PC 机为基本硬件，以 Win8、Win7、WinXP、Vista、Linux 为基本软件，再配备图像采集或图像采集压缩卡，经编制软件组合成一套完整的系统。PC 机是一种通用的平台。PC 机的硬件更新换代速度快，因而 PC 型 DVR 的产品性能提升较容易，同时软件修正、升级也比较方便。PC 型 DVR 各种功能的实现都依靠各种板卡来完成，比如视音频压缩卡、网卡、声卡、显卡等。这种插卡式的系统在系统装配、维修、运输中很容易出现不可靠的问题，只适合于对可靠性要求小的商用办公环境。在应用电视监控和工业控制领域，常常以工控机代替 PC 机以提高 DVR 的可靠性。

2. 嵌入式硬盘录像机

嵌入式系统一般指非 PC 系统，有计算机功能但又不称为计算机的设备或器材。它以应用为中心，是对功能、可靠性、成本、体积、功耗等严格要求的微型专用计算机系统。简单地说，嵌入式系统将系统的应用软件与硬件融于一体，类似于 PC 机中 BIOS 的工作方式，具有软件代码小、高度自动化、响应速度快等特点，特别适合于实时和多任务的应用。

嵌入式 DVR 就是基于嵌入式处理器和嵌入式实时操作系统的嵌入式系统。它采用专用芯片对图像进行压缩及解压回放，嵌入式操作系统主要是完成整机的控制及管理。此类产品没有 PCDVR 那么多的模块和多余的软件功能，在设计制造时对软、硬件的稳定性进行了针对性的规划，因此这类产品品质稳定，不会有死机的问题产生，而且在视音频压缩码流的储存速度、分辨率及画质上都有较大的改善，就功能来说丝毫不比 PCDVR 逊色。嵌入式 DVR 系统建立在一体化的硬件结构上，整个视音频的压缩、显示、网络等功能全部可以通过一块单板来实现，大大提高了整个系统硬件的可靠性和稳定性。图 9-7 是 4 路视频输入嵌入式 DVR 结构方框图。常用的有视频编解码的 DSP 芯片有 TI 公司的 DM642 和

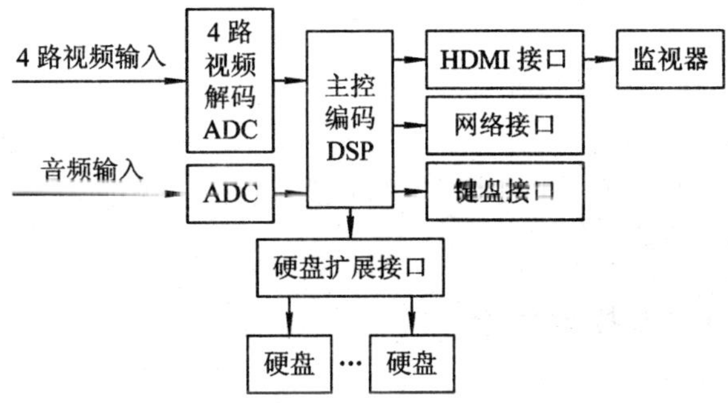

图 9-7　4 路视频输入嵌入式 DVR 结构方框图

DM6467、NXP 公司的 PNX1700、台湾智源公司的 GM8185、海思半导体的 Hi3520、Ambarella公司的 A388C 和三星公司的 S3C6410 等。

3. PC 型 DVR 与嵌入式 DVR 的比较

(1) 系统功能。从系统功能上看，PC 型 DVR 和嵌入式 DVR 并无很大的差别，两者均可实现诸如云台控制、回放检索、多画面监视、密码保护、自动录像、移动探测报警及来电重启等功能。PC 型产品一般可以借助 PC 平台，实现更多的辅助功能，诸如：电子地图、图像抓拍、打印等，而且 PC 型由于采用开放式操作系统，功能的扩展和扩充一般只需修改软件即可，相对容易；嵌入式由于采用专用系统，功能扩展需要对硬件进行操作，相对困难。

(2) 操作界面。PC 型一般采用 Windows 操作系统(也有部分产品采用 Linux 操作系统)，所有的操作均通过电脑完成，这要求操作人员具有一定的计算机知识，并且在操作之前一般需经厂家进行培训。嵌入式一般采用专用操作系统，操作通过遥控器或硬盘录像机的控制面板上功能键完成，操作相对简单，同时不要求操作人员具备专业知识，由于其人性化的设计，故操作人员一般仅需简单培训即可熟练掌握设备的操作。

(3) 硬件平台。PC 型一般采用计算机加插视频压缩卡的方式搭建其硬盘平台，根据对设备稳定性要求不同，可采用工控主机或商用主机，工控主机的稳定性和抗干扰性较商用主机好，同时价格也高出了许多。嵌入式采用主机则是专门为监控需要而开发的，减少了不必要的硬件，同时强化了监控部分的功能，其操作系统一般采用专门为监控需要而开发的操作系统。

(4) 系统性能。从以上的内容我们可以看出，PC 型功能强大，而嵌入式产品则更稳定。这其中的原因主要有以下几点：① 嵌入式的操作系统相对简单，专为监控需要而开发，去除了许多不必要的功能，且以硬件方式写入嵌入式主机中，而 Windows 操作系统，不单单是为监控而开发，其主要功能是对计算机进行管理，为个人用户提供强大的辅助功能，如上网、字处理等。操作系统一般存储于计算机的硬盘中，所以由于采用操作系统的不同，嵌入式较 PC 型更为稳定。② 嵌入式硬件采用模块化设计，且专为监控需要而开发，其硬盘主要用于记录监控数据资料；PC 型更多的功能是为个人电脑用户考虑，其硬盘上要记录操作系统、个人用户的其他数据等资料，稳定性自然无法和嵌入式的相比。

(5) 升级扩展。PC 型升级扩展一般相对容易。例如，一台 4 路输入 PCDVR 只需加插视频压缩卡，即可方便地扩充到 8 路、12 路、16 路甚至 24 路。嵌入式这种升级扩展则相对困难。

(6) 外接扩展。外接扩展是指外接各种设备，从而使系统功能得到更大的增强。PC 型由于采用开放式结构，且其外部接口均为标准接口，所以很容易外接各种设备，如打印机、联动报警装置等。嵌入式这方面相对 PC 型则较弱，但其与其他监控设备的连接及相关报警装置的连接一般没有问题。

9.2.4 硬盘录像的主要技术指标

1. 图像分辨率

图像分辨率是指在每帧视频信号中采集、处理、显示的像素数。高分辨率(704×576,

4CIF 格式)时，显示和回放的图像质量好，但视频信息量较大，虽经压缩，每小时仍有大约 1GB 的信息量，因为存储总容量有限，采用高分辨率使录像时间减少，除非特殊需要，目前还较少采用。中分辨率(352×288，CIF 格式)相当于 VCD 的图像质量，水平清晰度有 280 电视线，当压缩为每小时大约 200MB 的信息量时，图像质量还令人满意，目前绝大部分硬盘录像采用这种分辨率。低分辨率(176×144，QCIF 格式)若 16 画面显示，图像尚能接受；全屏幕显示时，图像模糊不清，不宜采用。可以对重要性不同的图像采用不同的分辨率。

2. 视频输入路数

视频输入路数是指计算机能处理和存储的视频信号的最多路数。其有 1，4，8，16 路等几种，应该进一步了解的是能不能同步录入音频，能不能实时多画面显示，录制和回放能否同时进行，是不是 25 帧/s 的图像。

总资源(total resource)是指单台 DVR 设备同时处理(采集、压缩、存储、监视等)多路视(音)频信号的能力，通常用特定图像格式下每秒记录图像的总帧数来表示。

比如，总资源为 200 帧/s，意思就是 8 路视频输入可以同时以 25 帧/s 的方式录制；总资源为 400 帧/s，意思就是 16 路视频输入可以同时以 25 帧/s 的方式录制。

3. 录像方式

录像方式是指产品可供选择的录像方式。它至少应该有连续录像、报警触发录像和自动定时录像等几种。自动定时录像可编辑时间表，每天分多个时段，各摄像机能分别设置，工作日和休息日也能分别设置。

4. 检索方式

硬盘录像能提供的检索方式越多越好，至少应该有按日期时间、按摄像机编号和按报警顺序检索等几种。在按日期时间检索时，压缩文件的大小值得注意。比如，每半小时录像压缩为一个文件，要找 10：15 的录像在 10：00～10：30 的文件中，先在文件表中点击该文件，然后用鼠标将决定回放位置的滑块移到中央，则正巧是 10：15 的录像。文件过小，文件表就会很大，不易寻找；文件过大，滑块一动就是较长的时间，还要点击进、退按钮来调节。有的产品可由用户自己设置文件的大小，则更方便。

5. 报警控制

最普通的是报警输入路数和视频输入路数相等，并且一一对应，报警后触发对应的一路录像。也有报警输入路数和视频输入路数不等的情况，这时要通过选单设定联动表来确定联动关系。报警输出一般是几组继电器触点。

6. 解码器控制

一般通过 RS－232 接口或 RS－485 接口控制解码器，从而可以调整电动云台和变焦镜头。

7. 切换矩阵控制

有的产品在机箱内可以插入切换插板。当视频输入的路数较多时，这种插板采用 D 型插头座集中进板，各路视频信息间容易产生串扰，引起图像质量下降。有的产品能控制外接的矩阵切换机，如 PELCO 和 AD 等公司的矩阵切换机，这些切换机的输入视频信号由

BNC 插座接入，信号间相互串扰小，输出的图像信噪比高，能保证整个系统的图像质量。

8. 压缩率

硬盘录像机的图像压缩率分为几档，由用户根据需要自己选择。一般是给出一个视频码率的范围，如 192～1130 kb/s。也有以 50～500 MB/h 的形式、2～10 h/GB 的形式或 1～10 级的形式分档给出的。在选定档次后，观察图像显示和回放的质量是否满意，最好与其他产品在相同压缩率的条件下进行图像质量比较，以判断性能优劣。

9. 稳定性

在应用电视系统中，硬盘录像是长期连续使用的产品，稳定性、可靠性十分重要。工控机性能稳定，抗干扰性强，所以硬盘录像应该采用工控机(要注意的是，有一部分产品只有工控机的外壳和电源，工控机的 CPU 卡是用普通 PC 机的主板代替，这种产品稳定性就要差一些)。

10. 采集压缩卡

大部分硬盘录像产品采用现成的可编程图像采集压缩卡，以加快产品开发的速度。有一类采集压缩卡只输出压缩后的数字视频信息流，如果要在显示器上显示实时图像还要另插显示卡，即视频采集卡，这样多占了 PCI 插槽，显然是不可取的。另一类采集压缩卡在输出未经压缩的数字视频信息流供显示器显示实时图像的同时，输出压缩后的数据供硬盘存储，这种采集压缩卡利用率高，占 PCI 插槽少。

硬盘录像至今还没有一个测试的标准，购买时上述各项指标只能作为参考。重要的还是要将各种产品进行操作和图像质量的比较。比一比哪种产品人机界面操作最方便，比一比在相同压缩率的情况下哪种产品图像最清晰。

9.3 网络录像机

DVR 仍然存在以下缺点：

(1) 摄像机和 DVR 之间仍然采用同轴电缆传输音视频信号，系统建设成本高，电缆铺设不便。

(2) DVR 的扩展性差，如 16 路输入的 DVR 已经有 16 台摄像机，再要增加一台摄像机很难。

(3) DVR 的网络功能弱，无法解决网络远程监控环境中的长延时。

为了克服这些缺点，产生了网络录像机以及相应的远程网络数字视频监控系统。

9.3.1 网络录像机和网络视频监控

图 9－8 是网络录像机和网络视频监控示意图。IP 摄像机将产生的数字图像压缩信号送到 IP 网；模拟摄像机将产生的全电视信号送到视频编码器，经视频解码、AD 转换和压缩编码送到 IP 网。视频编码器常带有硬盘扩展接口，常可挂 2 或 4 块硬盘，用来就近存储图像信号。NVR 用来集中存储图像信号，由存储管理服务器控制图像的点播和下载。客户机只要有权限，就可以调取现时的或存储的图像。

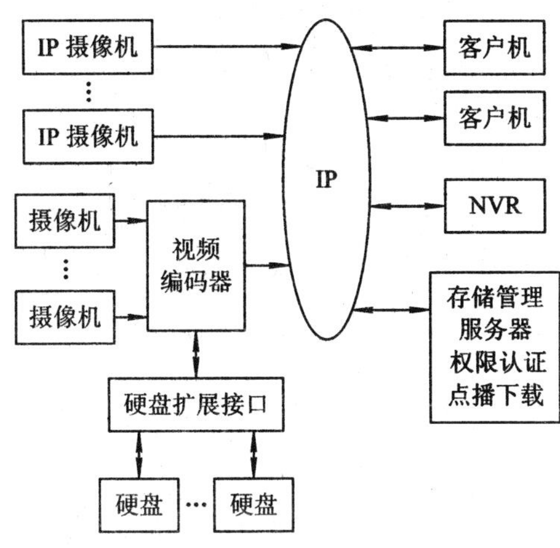

图 9-8 网络录像机和网络视频监控示意图

网络电视监控有如下优点：

(1) 先进性。系统利用综合布线网络传输图像，并进行实时监控。系统所需的前端设备少，连线简洁；后端仅需一套软件系统即可。

(2) 可靠性。系统的主要设备(网络摄像机)采用了嵌入式实时操作系统，所需设备简单，图像的传输是通过综合布线网络实现的，系统的可靠性是相当高的。

(3) 性价比高。系统所需设备极其简单，系统的控制全由后端的软件系统实现，省去了传统模拟监控系统中的大量设备，如昂贵的矩阵、画面分割器、切换器等。由于图像的传输通过综合布线网络，省去了大量的视频同轴电缆，降低了费用。

(4) 安全性。系统设置了不同等级的使用者权限，仅有最高级权限的用户才可对整个系统进行设置或更改。没有权限的用户是接收不到图像的。图像数据的存储是专有的格式。

(5) 使用及维护性佳。系统的安装极其简单，软件系统的安装及使用也非常易懂。在维护性方面，系统的接线十分简洁，主要设备的可靠性很高，维护性能好，可实现远程维护。

(6) 扩展及延伸性。当需要增加监控点、监控主机时，只需要通过现有网络添加一台摄像机或 PC 机即可，不需要对现有布线系统做什么改动。

9.3.2 NVR 的存储技术

1. 网络监控的存储特点

(1) 容量大。监控系统的存储容量与监控图像的清晰度、监控图像存储时间及监控点数量相关。如果每路图像采用标清的分辨率，需要的码率为 2 Mb/s，假设存储 30 天，则一路图像需要的存储空间就是(2 Mb/s×3600 s)×24 小时×30÷8bit=648 GB。一般监控系统的规模从几路到几百路，需要的存储空间是海量的。

(2) 稳定性好。视频存储系统不同于文件服务器系统(或普通数据库系统)中存储采用的文件(或小数据块)读写方式，监控系统中的视频数据多以持续性的流媒体方式进行读写，视频流码率保持恒定，视频图像一般都有帧率的要求，如要求达到 25 帧/秒，这样也就要求存储设备能够保证足够大且恒定的读写带宽，否则回放就会出现丢帧现象。

(3) 可扩展性好。监控作为一种安防基础设施，系统规模随着业务的增长而不断扩展。随着人们对安全的日益重视，图像存储时间也有延长的趋势，相应的存储容量需求呈线性的、爆炸性的增长。监控系统存储必须支持大容量，容量具有高扩展性。

(4) 高可靠。通常，视频数据读写操作持续时间都比较长，摄像头一般都是 7×24 小时工作，视频数据也同样以 7×24 小时的方式连续写入到存储设备中，这就要求存储设备具有超强的长时间工作能力，并保持长时间的稳定性。这对监控存储系统的硬盘要求很高，而一般 PC 硬盘都是面向 5×8 小时的应用设计的，无法满足监控存储的可靠性需求。监控存储硬盘应采用可靠性更高的专业硬盘。

2. IP - SAN 技术

1) 存储区域网络 SAN

SAN(Storage Area Network，存储区域网络)是网络计算机的新一代存储应用，它把大型数据库与高速数据访问技术结合在一起，是类似于普通局域网的一种高速存储网络。SAN 可以是本地的或是远程的，也可以是共享的或是专用的，还可以是只包括外部的与集中的存储器和 SAN 相连。SAN 的接口通常不是以太网而是 FC(Fiber Channel，光纤通道)。SAN 使存储资源能够被构建于服务器之外，这样多个服务器就能够在不影响系统性能和主网络的情况下分享这些存储资源。所以，SAN 被称为“服务器背后的网络”。SAN 的特点是：宽带，模块化可扩充结构，高可用性和高容错能力，易管理，易集成，低造价。LAN 与 SAN 的差别是：LAN 对服务器来说是前端(Front - end)的网络，而 SAN 对服务器来说是后端(Back - end)的网络。SAN 网示意图如图 9 - 9 所示。

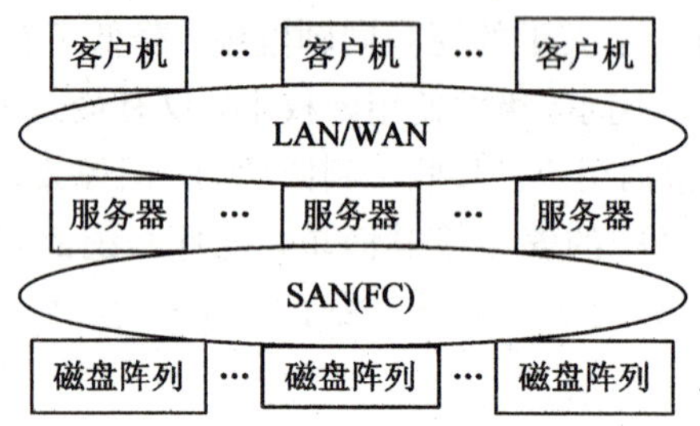

图 9 - 9 SAN 示意图

就 SAN 构架而言，典型的 SAN 环境应包括 4 个主要组成部分：最终用户平台(客户机)、服务器、存储设备及存储子系统、互联设备。SAN 改变了传统服务器与磁盘阵列的主从关系。位于 SAN 上所有设备均处于平等的地位，任何一台服务器均可对网络上任何一台存储设备存取，成为存储领域具有强大生命力的新技术。

2) IP - SAN

IP - SAN 就是把 FC - SAN 中光纤通道解决的问题通过更为成熟的以太网实现了，从逻辑上讲，它是彻底的 SAN 架构，即为服务器提供块级别访问服务。

IP - SAN 技术有其独特的优点：节约大量成本、加快实施速度、优化可靠性以及增强扩展能力等。采用 iSCSI(internet Small Computer System Interface，因特网小型计算机系统接口)技术组成的 IP - SAN 可以提供和传统 FC - SAN 相媲美的存储解决方案，普通服务器或 PC 机只需要具备网卡，即可共享和使用大容量的存储空间。与传统的分散式直连存储方式不同，它采用集中的存储方式，极大地提高了存储空间的利用率，方便了用户的维护管理。

iSCSI 是实现 IP－SAN 最重要的技术，是一种基于因特网及 SCSI－3 协议下的存储技术，与传统的 SCSI(Small Computer System Interface，小型计算机系统接口)技术比较起来，iSCSI 技术有以下三个革命性的变化：

(1) 把原来只用于本机的 SCSI 协议通过 TCP/IP 网络传送，使连接距离可作无限的延伸；

(2) 连接的服务器数量仅受限于 IP 地址的规模(原来的 SCSI－3 的上限是 15)；

(3) 由于是服务器架构，因此也可以实现在线扩容以至动态部署。

iSCSI 仅仅是允许通信双方主机通过 IP 网络协商并交换 SCSI 的命令，这样做使得 iSCSI 可以在广域网上仿真一个流行的高性能本地存储总线协议。不像其他一些 SAN 协议，iSCSI 并不需要专用的连线，它可以在任何 IP 网络和交换设施上运行。当然，如果 iSCSI 创建的 SAN 运行在非专用的网络设施上，那么因为与其他应用共享设施而导致的复杂网络环境有可能给 iSCSI 的性能带来负面影响，甚至性能会大大退化。因此，iSCSI 通常需要有一个独占的网络环境。

3. 网络连接存储 NAS

NAS(Network Attached Storage，网络连接存储)和 SAN 不同，NAS 设备之间可以直接连接于 LAN 或 WAN，这是因为 NAS 系统包括一个文件系统，比如网络文件系统。NAS 可以运行于以太网(Ethernet)、ATM(Asynchronous Transfer Mode，异步转移模式)和 FDDI(Fiber Distributed Data Interface 光纤分布式数据接口)，NAS 使用的协议包括 HTTP(HyperText Transfer Protocol，超文本传输协议)、NFS(Network Files System，网络文件系统)、TCP(Transmission Control Protocol 传输控制协议)、UDP(User Datagram Protocol，用户数据报协议)和 IP。NAS 是一种特殊的、能完成单一或一组指定功能的基于网络的存储设备，它通过自带的网络接口把存储设备直接连入到网络中，实现海量数据的网络共享，把服务器从繁重的 I/O 负载中解脱出来，它是新兴的面向网络存储模式的标志性设备。其主要特征是：把存储设备和网络接口集成在一起，直接通过网络存取数据。也就是说，把存储功能从服务器中分离出来，使其更加专门化，从而获得更高的存取效率，更低的存储成本。NAS 网示意图如图 9－10 所示。

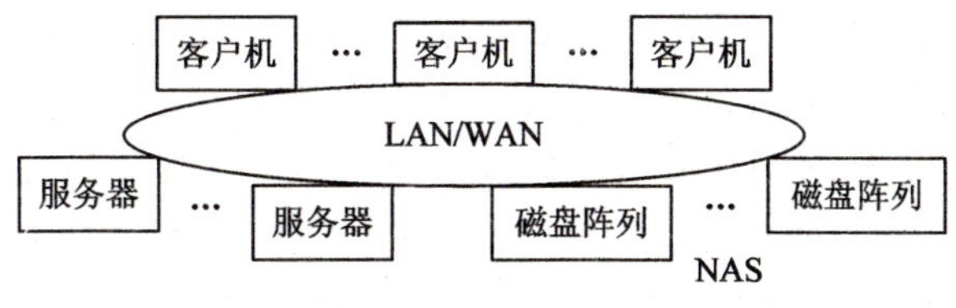

图 9－10　NAS示意图

9.3.3　NVR 的数据备份

NVR 对重要的数据可以用 RAID 的方法进行备份。RAID(Redundant Array of Independent Disk，冗余磁盘阵列)是工作站和服务器中常用的存储方案，它通过多个磁盘驱动器协同工作来组成磁盘阵列以提高数据的可靠性和纠错能力，提高数据的存取速度。

1. RAID0

RAID0 模式是由两个以上硬盘组成一个磁盘阵列。它的数据被分成等量的数据块分别放在这几个硬盘中，而区块(Stripe Block)的大小是可以调整的。使用时，这几个硬盘组成的磁盘阵列像一个硬盘一样，但实际上几个硬盘并行处理，存取数据时由几个硬盘分别同时进行操作，读写各自的部分，数据存取速度大大提高。所以说 RAID0 是一种提高数据存取性能的方案。RAID0 其实不是数据备份，而是数据分开放置，即“鸡蛋不放在一个篮子里”。

如果组成磁盘阵列的几个硬盘容量一样，那么实际容量就是这几个硬盘的总和；如果这几个硬盘容量不一样，实际容量就是最小硬盘容量乘硬盘数。图 9－11 是 RAID0 原理示意图。

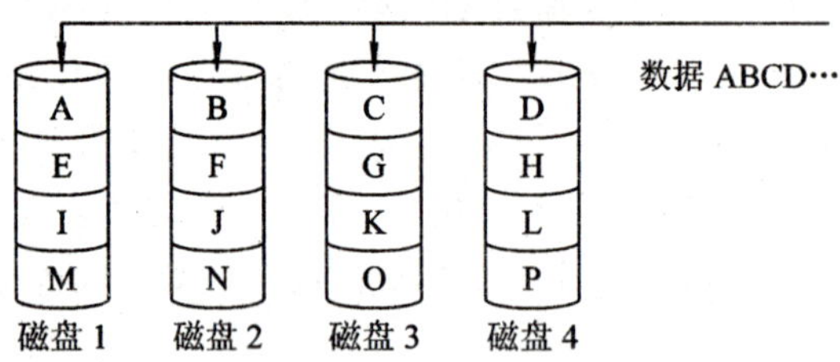

图 9－11 RAID0 原理示意图

2. RAID1

在 RAID1 模式中，数据以数个相同的形式同时存储在两个或两组硬盘上，被称为磁盘镜像，系统读写数据的速度与单个硬盘没有多大差别，硬盘容量的利用率只有 50%，但冗余量大，可靠性高。图 9－12 是 RAID1 原理示意图。

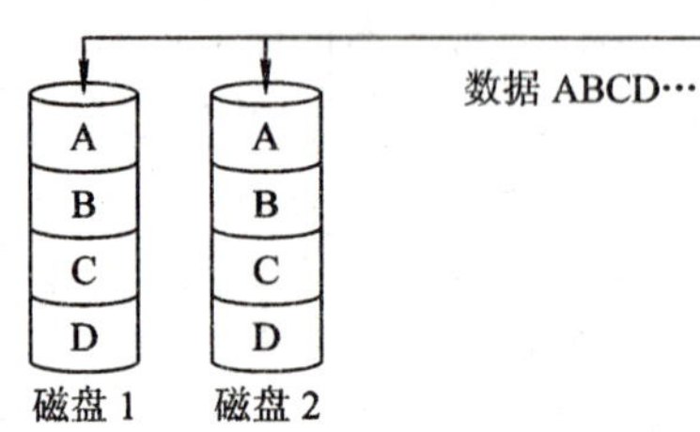

图 9－12 RAID1 原理示意图

3. RAID1E

RAID1E 是 IBM 公司推出的 RAID1 的增强版，RAID1E 最少要三台磁盘驱动器方能运作。两组数据互为镜像，下一组数据是上一组数据的错位镜像，有一磁盘失效时不会影响数据的完整。4 磁盘组成 RAID1E 时，2 磁盘失效不会影响数据的完整，但不能是相邻的盘，最前一块和最后一块也属相邻。图 9－13 是 RAID1E 原理示意图。

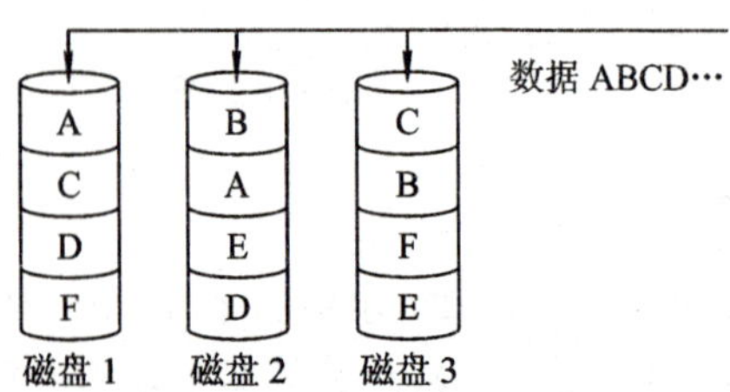

图 9－13 RAID1E 原理示意图

4. RAID3

采用 Bit - interleaving(位交错)技术，RAID3 是字节级的条带化，每组连续的字节数据都在不同的磁盘上，校验结果单独在一个磁盘上。由于数据是分散在不同的硬盘上，就算要读取一小段数据资料都可能需要所有的硬盘进行工作，所以这种规格比较适于读取大量数据时使用。图 9 - 14 是 RAID3 原理示意图。

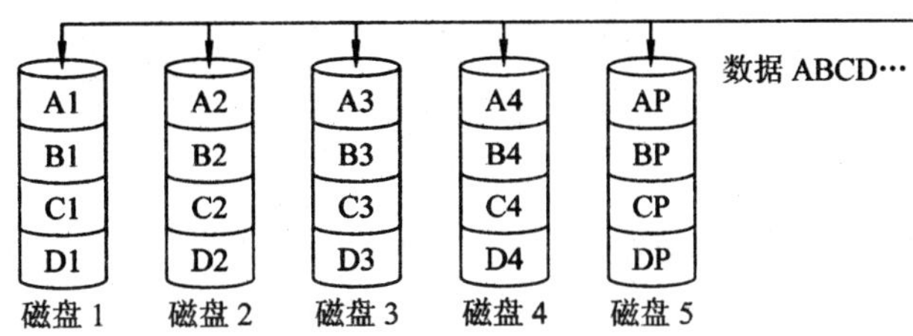

图 9 - 14　RAID3 原理示意图

5. RAID5

RAID5 是一种存储性能、数据安全和存储成本兼顾的存储解决方案。它使用的是 Disk Striping(硬盘分区)技术。RAID5 至少需要三个硬盘，RAID5 不对存储的数据进行备份，而是把数据和相对应的奇偶校验信息存储到组成 RAID5 的各个磁盘上，并且奇偶校验信息和相对应的数据分别存储于不同的磁盘上。当 RAID5 的任意一个磁盘数据发生损坏后，利用剩下的数据和相应的奇偶校验信息去恢复被损坏的数据。

RAID5 可以理解为是 RAID0 和 RAID1 的折中方案。RAID5 可以为系统提供数据安全保障，但保障程度要比镜像低，而磁盘空间利用率要比镜像高。RAID5 具有和 RAID0 相近似的数据读取速度，只是多了一个奇偶校验信息，写入数据的速度相当的慢，若使用“回写高速缓存”可以让效能改善不少。同时，由于多个数据对应一个奇偶校验信息，RAID5 的磁盘空间利用率要比 RAID1 高，存储成本相对较低。图 9 - 15 是 RAID5 原理示意图。

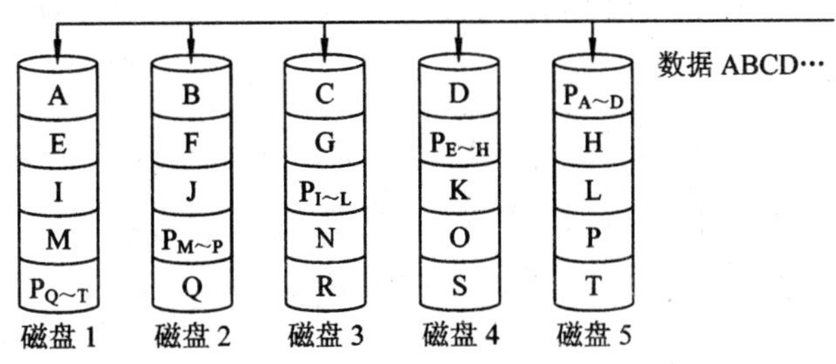

图 9 - 15　RAID5 原理示意图

6. RAID6

RAID6 是拥有两个独立分布式校验机制的独立磁盘结构。奇偶校验编码只能恢复单一故障。但有很多情况要求磁盘阵列系统容错能力更强，RAID6 应运而生。图 9 - 16 是基于 Reed Solomon 码的传统 RAID6 的数据分布情况。Reed Solomon 码是一种通用的编码机制，并不局限于磁盘阵列。RAID6 将 Reed Solomon 码和 RAID 技术结合用于改进 RAID5 的容错能力。Reed Solomon 码是计算量很大的一种编码，恢复数据计算复杂。

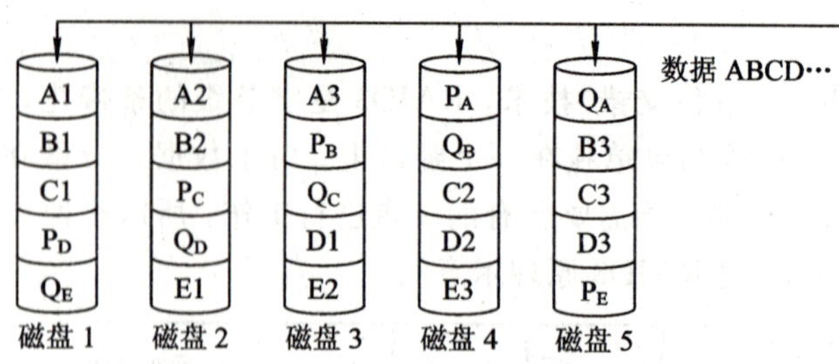

图 9-16　RAID6 原理示意图

7. RAID10

RAID10 是由两组互为镜像的 RAID0 磁盘阵列，组成一个 RAID1 阵列的组合。它的数据写入时，磁盘阵列控制器将数据同时写入两组 RAID0 磁盘阵列中。它的硬盘容量利用率只有 50%，但数据存取速度与 RAID0 一样。它集成了 RAID1 和 RAID0 各自的优点，既有 RAID0 的性能，又有 RAID1 的数据安全性。RAID10 最少需要 4 个硬盘，它的成本最高。图 9-17 是 RAID10 原理示意图。

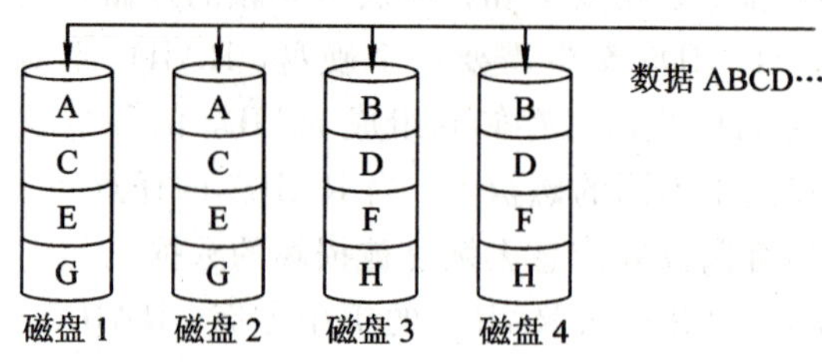

图 9-17　RAID10 原理示意图

8. RAID50

RAID50 是由 RAID0 和 RAID5 进行组合而得来，像 RAID0 一样，数据被分区成条带，在同一时间内向多块磁盘写入；像 RAID5 一样，也是以数据的校验位来保证数据的安全，且校验条带均匀分布在各个磁盘上。其目的在于提高 RAID5 的读写性能。图 9-18 是 RAID50 原理示意图。

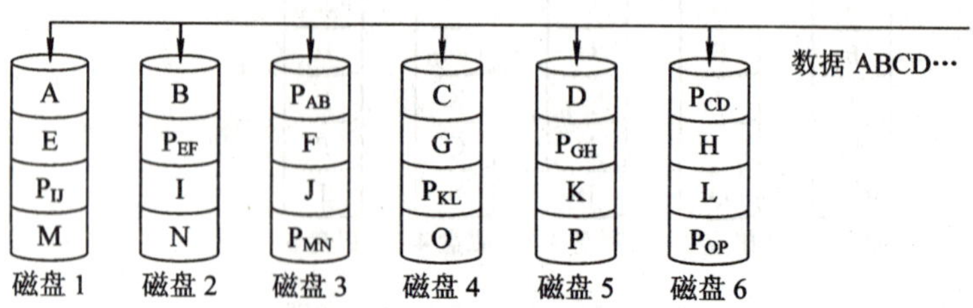

图 9-18　RAID50 原理示意图

大部分 RAID 存储设备的接口是 SAS(Serial Attached SCSI，串行连接 SCSI)，也有 STAT(Serial ATA，串行 ATA)接口的 RAID 产品，常见的有 Promise(乔鼎)公司、LSI(3Ware)公司、Iwill(艾崴)公司和 Abit(升技)公司的产品。

9. JBOD

JBOD 是存储领域中最基本的存储设备。JBOD(Just a Bunch Of Disks，磁盘簇)是在一个底板上安装的带有多个磁盘驱动的存储设备，通常又称为 Span。与 RAID 阵列不同，

JBOD 没有前端逻辑来管理磁盘上的数据分布，它的每个磁盘进行单独寻址，作为分开的存储资源。JBOD 不是标准的 RAID 级别，它只是在近几年才被一些厂家提出来的，并被广泛采用。

9.3.4　自动网络填补技术

当网络失效或不稳定时，NVR 的功用就受到很大的考验。在网络失效时，视频的传输受到了限制，视频数据容易丢失，我们不能了解在网络失效时监视的环境情况，以后也不能翻查当时的影像。早期的 NVR 存在着这种致命性的缺点，往往网络的稳定性决定了 NVR 的存在价值，随着科技的成熟，一种结合本地存储和网络存储的技术 ANR(Automatic Network Replenishment Technology，自动网络填补技术)解决了网络失效时的问题。ANR 技术将会成为 NVR 成功的最关键因素。ANR 分为三个部分：侦测网络状况、双重录像原则和自动修复数据。

1. 侦测网络状况

ANR 最基础的应用是在网络失效时，能记录下失效时传输的讯号，并使用独立的存储系统作缓冲，以待网络联结恢复后把缓冲的记录转回到后台服务器存储。要有效地侦测网络状况，在 NVR 和 IP 摄像机或视频编码器两端安装有一个相向的网络检测组件。当网络失效时，在 NVR 和 IP 摄像机两端各自会建立相关的日志，以便作为网络失效时供管理员作备忘之用。日志能有效的确定网络的失效的日期、时间，以方便管理员追查。

2. 双重录像原则

当网络失效或不稳定时，双重录像原则将会生效，NVR 和 IP 摄像机或视频编码器两端将会把图像的数据单独存储在缓冲区中，因此 IP 摄像机或视频编码器需要配备独立的存储设备，以便把数字化的视频通过 ring buffer 技术暂时存储到 IP 摄像机或视频编码器。至于用作 ring buffer 的存储媒体可以是多样化的，如硬盘、U 盘、闪存、记忆卡，甚至是内存也能成为视频数据的缓冲储存设备，这里需要留意的是存储媒体的容量及存储的方式，选取了不适合的媒体可能会导致视频数据的不完整。

选取的媒体容量的大小跟预期的网络失效及影像质数成正比，换言之，如果网络极度不稳定的话，一个大容量的存储媒体是必要的；而高质量的视频数据亦要求大容量的媒体配合作为缓冲。一般存储媒体的容量应该大于预期网络失效的缓冲数据的两倍以上。

3. 自动修复数据

ANR 技术的最后一个步骤为修复 NVR 上缺失的数据。当网络联机恢复正常后，NVR 和 IP 摄像机或视频编码器两端会对比各自建立的日志，检查在网络失效时的视频数据，然后自动地修复 NVR 中错误或散失的数据，其原理是把 IP 摄像机或视频编码器端的缓冲数据准确无误地录入 NVR 中，在录入后自动地把缓冲数据删除以腾出空间。

在修复数据的同时，缓冲媒体充当着重要的角色，IP 摄像机或视频编码器亦会把实时的视频数据传送到 NVR 中。这时如果修复的数据传送占用了大量的带宽而令实时数据不能有效的传送，缓冲媒体就能发挥功效，把实时数据暂存，以待稍后传输。故此，在选择存储媒体的容量时有必要考虑网络的连接速度。

ANR 的使用有助于解决 NVR 网络失效时所遇到的视频数据消失的问题，通过 IP 摄像机或视频编码器的缓冲存储，减低了数据流失及 NVR 存储错误的机会，结合了本地存储及远程数据修复功能的 NVR 系统将会成为安防存储的主导产品。

IP 摄像机或视频编码器配备独立的存储设备用于存储视频数据，被称为本地存储或前端存储，除了作为 ANR 技术的一部分应付网络失效和不稳定外，还可以用在：

1）更为高效的中小型网络视频监控解决方案

众多中小型监控用户(如连锁商店、小型超市、办公室等)的摄像机数量较少，但是为了使用网络视频监控系统，用户往往仍需购买专用的视频管理服务器进行视频录像，这提高了视频监控的成本。而基于前端存储技术的摄像机可实现对在线 NAS 存储设备的直接录像存储，用户只需一台桌面式 NAS 存储设备，无需专门的视频管理服务器，这大大降低了系统的总体成本。

2）低带宽显示、高质量录像的分布式系统结构

在某些工作时间内，网络带宽有限且无法满足高清视频传输和录像需要的场合，如银行或办公监控系统要实现视频的集中录像往往会影响到其他业务数据的传输。在这种应用环境下，前端存储技术可将高清的视频录像录制在摄像机的存储卡介质中，并且不会占用网络带宽，而后端管理平台只需调用较低分辨率的图像进行实时查看，甚至无需查看实时视频，这极大节省了工作时间的带宽占用。而当网络空闲时(休息或下班时间)，前端存储的视频录像便可传送至后端的服务器和存储设备，实现集中化的视频存储。

9.3.5 流媒体技术

流媒体技术也称流式媒体技术，是以流方式在网络中传送音频、视频和多媒体文件的媒体形式。通过应用流媒体技术，将影像、声音等数据信息编码处理后存储于网络存储器中，用户可以在下载视频、音频节目的同时观看、收听节目，而不至于等到全部文件下载完毕后才可以观看、收听。

在使用普通的 Web 方式观看视频文件时，第一步要将全部文件从视频存储器下载到用户的计算机上，然后应用播放软件观看。当视频文件较大或网络不畅时，就需要长时间的等待并需要足够大的硬盘空间。使用流媒体技术时，播放前不必下载全部视频文件，而是通过流式编码、压缩和缓冲等技术对文件进行处理，使得处理后的视频数据流如水流一般源源不断，即时传送，即时播放。在部分播放视频节目的同时，节目的其余部分数据继续传输到目的地供接着播放使用，流媒体技术这种视频数据传送与播放同时进行的方式，节省了视频文件的下载时间，使得视频、音频的实时编解码传输成为可能，并且节约了客户计算机上的存储空间，在一定的数据流动速度的前提下，就可以保证视频节目的连续播放。

使用流媒体技术播放视频节目时，流媒体播放器首先在用户计算机中开辟一个缓冲区，然后下载一小部分视频节目到缓冲区，之后从缓冲区内读数据开始播放视频节目，而用户计算机则继续从视频服务器中下载视频文件。由于缓冲区的暂存作用，即使网速不稳定或者传输临时中断，也不会影响播放质量。

1. 流媒体服务器

流媒体服务器是流媒体应用的核心，是视频服务提供商向用户提供视频服务的关键平

台。流媒体服务器的主要功能是实现媒体内容的采集、缓存、调度和传输播放，视频点播系统的性能主要取决于流媒体服务器的性能和服务质量。主要流媒体服务器有大并发视频服务器、P2P直播服务器和直播时移服务器等。

流媒体服务器的主要是以RTP/RTSP、MMS(Microsoft Media Server protocol，微软媒体服务器协议)、RTMP(Real Time Messaging Protocol，实时消息传送协议)等流式协议将视频文件传输到客户端，供观众在线观看；也可以从视频采集、压缩软件接收实时视频流，再以流式协议直播给客户端。

2. 流媒体协议

流媒体协议主要有下面四种：

1) 实时传输协议RTP(Real-time Transport Protocol)

RTP协议提供端对端的网络传输功能，多用在多点传输或者单点传输的网络应用上，特别适合传输如音频、视频等实时多媒体数据。RTP不提供实时传输的资源预留服务，也不保证服务质量(QoS)。数据的传输功能由RTCP(Real-time Transport Control Protocol，实时传输控制协议)来进行扩展，数据传输经过扩展后能够得到有效的检测。RTCP协议能够支持大型的多点传输网络，并能够支持最小阈值的控制和鉴别。RTP和RTCP从设计上保证与传输层、网络层无关。

2) 实时流协议RTSP(Real-time Streaming Protocol)

RTSP协议定义了一对多情况下如何有效地通过IP网络传送多媒体数据。RTSP协议在体系结构上位于RTP和RTCP之上，使用TCP或RTP进行数据传输；RTSP协议可以结合RTP、RTCP和RSVP等流媒体协议进行实时流媒体的传输、拥塞控制及VCR播放控制。

3) MMS协议(Microsoft Media Server protocol)

MMS协议全称为微软媒体服务器协议，是用来访问Windows Media服务器中asf文件并进行流式接收的一种协议。MMS协议用于访问Windows Media服务器上发布的单播节目内容，它是连接Windows Media单播节目的默认协议设置。当使用MMS协议连接节目站点时，可以使用MMSU协议(MMSU是MMS协议结合UDP进行数据传送)以获得最佳速率；一旦MMSU协议连接不成功，服务器将尝试使用MMST协议，MMST协议是MMS协议结合TCP进行数据传送。

4) RTMP(Real Time Messaging Protocol，实时消息传输协议)

RTMP是Adobe Systems为该公司的Flash播放器与服务器间进行音频、视频与数据传输开发的私有传输协议。RTMP协议设计在TCP或轮询HTTP之上，起到包装数据包的容器的作用。使用该协议的文件格式可以是AMF(Authentication Management Function，认证管理功能)数据，也可以是FLV(Flash Video，一种流媒体视频格式)的视/音频数据。RTMP协议的单一连接可以通过不同通道传输多路网络流，并且通道中的包的大小固定。

3. 流媒体服务器实例

(1) Microsoft公司的WMS(Windows Media Service)。它采用MMS协议接收、传输视频，应用WMP(Windows Media Player)作为前端媒体播放器。

(2) Real Networks 公司的 Helix Server。它采用 RTP/RTSP 协议接收、传输视频，应用 Real Player 作为播放前端。

(3) Adobe 公司的 Flash Media Server。它采用 RTMP(RTMPT/RTMPE/RTMPS)协议接收、传输视频，应用 Flash Player 作为播放前端。

随着 Adobe 公司的 Flash 播放器 Flash Player 的普及(根据 Adobe 官方发布的数据，Flash Player 播放器的装机量已高达 99%以上)，越来越多的网络视频采用 Flash Player 播放器作为前端播放器，并且越来越多的企业采用兼容 Flash Player 播放器的流媒体服务器，Flash Player 的市场占有率不断攀升。支持 Flash Player 播放器的流媒体服务器，除了 Adobe Flash Media Server 外，还有国产高性能流媒体服务器软件 Ultrant Flash Media Server 以及基于 Java 的开源流媒体服务器软件 Red5。

9.3.6 云存储技术

1. 概念

云存储(cloud storage)这个概念是在云计算(cloud computing)概念上发展出来的，这个新的概念一经提出，就得到了众多厂商的支持和关注。云存储的概念与云计算类似，是指通过集群应用、网络技术或分布式文件系统等功能，将网络中大量各种不同类型的存储设备通过应用软件集合起来协同工作，共同对外提供数据存储和业务访问功能的一个系统。云存储的核心就是应用软件与存储设备相结合，通过应用软件来实现存储设备向存储服务的转变，是一个以数据存储和管理为核心的云计算系统。所以，云存储是一种实用型服务，它可以为众多用户提供一个通过网络访问的共享存储池。

云存储是一种新型的存储服务方式，服务提供者通过网络向客户提供存储容量和数据存储服务，而客户并不知道具体实现细节和底层的机制。云存储与传统的存储设备相比不仅仅是一个硬件，而是由网络设备、存储设备、服务器、应用软件、公用访问接口、接入网和客户端程序等多个部分组成的复杂系统。各部分以存储设备为核心，通过应用软件来对外提供数据存储和业务访问服务。云存储系统中所有设备对于用户都是完全透明的，用户只需要通过网络与云相连接，就能对数据进行访问。需要存储服务的用户不再需要建立自己的数据中心，只需向 SSP(Storage Service Provider，存储服务提供商)申请存储服务，从而节约了昂贵的软硬件基础设施投资。相对于传统的数据集中存储解决方案，高效集群的云存储系统具有易扩容(包括带宽)、成本更低廉、数据更安全、服务不中断等优势。

2. 优点

云存储用于视频信息处理系统，具有以下几个优点：

(1) 相比传统存储，云存储的购买模式更加灵活。企业可以根据经济状况使用云存储，灵活决定选择租用公共存储或者自己实现私有云存储。

(2) 云存储可以很好地应付突发的大访问量。云存储采用了服务器集群和虚拟化技术，能够临时调用计算和存储资源，用以分配给服务器和存储子模块。

(3) 可以提供存储服务的同步升级和数据的有效管理。

(4) 拥有即插即用的强大优势，使用简单方便。

正是由于云存储具有传统企业数据中心所不具有的这些优势，越来越多的企业正在逐步将数据中心向云端转移。

3. 实例 HDFS

HDFS(Hadoop Distributed File System)是 Apache 基金会开发的开源云基础设施软件 Hadoop 的分布式文件系统。在使用的时候，HDFS 既可以作为存储组件配合 Hadoop 的其他组件实现云功能，也可用作一个独立的分布式文件系统构建集群。通过 HDFS，用户不必了解分布式文件系统底层细节就可以开发分布式程序，充分利用集群的威力进行高速运算和存储。

HDFS 具有高容错性的特点。从设计思想上，HDFS 认为硬件故障是常态，而不是异常，并且整个 HDFS 集群将由上百或上千个存储文件数据块的结点组成，每个结点都有可能频繁地发生故障，并且存在着 HDFS 集群里的某些结点总是处于失效状态的可能。因此，故障检测和故障的自动快速恢复是 HDFS 设计的重点，以确保 HDFS 系统的健壮性。

HDFS 以流的形式访问文件系统中的数据，HDFS 所支持的应用程序也必须以流的方式访问它们的数据集。HDFS 系统适合批处理操作，侧重于数据的吞吐量。HDFS 支持大文件操作，适合于 GB 级、TB 级大小文件的操作。HDFS 假定大部分应用都是对文件进行一次写入，多次读取的操作，也就是说文件一经创建、写入和关闭后就无需修改。该假定简化了数据一致性问题的复杂度，并易于实现数据的高吞吐量。

在多个计算机上安装配置 Hadoop 软件可以构建 HDFS 文件集群。从使用者角度来看，HDFS 集群与传统的分布式文件系统并无差异，通过它可以实现文件的创建、查找、重命名、删除和移动等操作。图 9－19 是 HDFS 集群体系结构示意图。它采用一个主从式(Master/Slave)结构模型，一个 HDFS 集群主要由一个 NN(Name Node，名字结点)和大量 DN(Data Node，数据结点)组成，NN 管理集群文件系统命名空间的元数据及客户端对文件的访问，充当主服务器的角色；而 DN 存储实际的数据。需要进行文件操作时，客户端联系 NN 以获取文件的元数据或修饰属性，真正的文件读、写操作是直接和 DN 进行交互实现的。

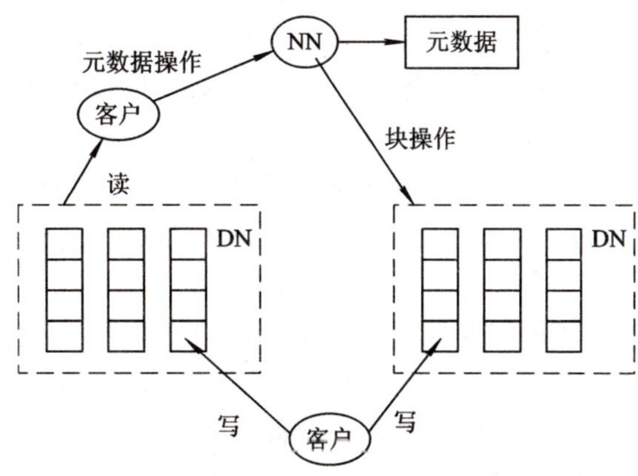

图 9－19　HDFS 集群体系结构示意图

不同于传统的 RAID 架构，存储于 HDFS 集群中的文件被分割成多个数据块，分别存储到集群中的不同 DN。每块数据的大小(默认为 64MB)及副本数量可以通过配置文件进行设定。NN 掌控所有的文件操作，其位置处于集群的中心，基于 TCP/IP 协议实现了

HDFS 集群内部的通信。

NN 管理分布式文件系统的命名空间和实现对外部用户的访问控制。

NN 实现了文件数据块到 DN 的映射，当客户端发出文件操作请求时，实际的文件读写操作并没有通过 NN 实现，只是保存着 DN 和文件映射关系的元数据经过了 NN。NN 在名为 FsImage 的文件中存储所有文件名称空间的信息，任何文件命名空间的改变或属性都被 NN 记录。FsImage 文件和包含所有事务的日志文件存储在 NN 的文件系统上，同时在集群中有副本备份，以防止文件损坏或者 NN 的失效。NN 通过检测来自于每个 DN 的定期心跳(heartbeat)消息报告来验证块映射和文件系统的其他元数据。当较长时间未收到某个 DN 的心跳消息报告时，NN 将启动修复措施，复制该 DN 上的文件数据块以保证文件存储的安全性。

来自 HDFS 客户端的读写请求由 DN 结点进行响应，并在 NN 结点的统筹调度下进行文件数据块的创建、复制、删除等操作。

HDFS 系统由 Java 语言设计开发而成，只要支持 Java 语言的计算机都可以通过安装 Hadoop 来部署成 NN 或 DN。一般情况下，在一台高性能计算机上部署 NN 实例，而在集群中的其他计算机上运行 DN 实例。

9.3.7 网络电视监控标准

在传统的电视监控系统中，只要摄像机、监视器和 DVR 等设备满足电视制式规范，就容易实现设备互通。随着网络电视监控的迅速增长，一大批企业加入到网络电视监控阵营，产业链的分工也越来越精细，前端设备厂商、NVR 厂商、集成平台厂商、集中存储厂商大量涌现。厂商之间一定要有统一的标准接口。近年来，陆续成立了多家致力于标准化建设工作的组织或论坛，如 ONVIF、PSIA 和 HDcctv。

1. ONVIF

2008 年 5 月，Axis(安讯士)、Bosch(博世)和 Sony(索尼)三家公司合作建立 ONVIF (Open Network Video Interface Forum，开放网络视频接口论坛)，旨在建立网络视频产品的接口标准。ONVIF 致力于通过全球性的开放接口标准推进网络电视监控在安防市场的应用。这一标准定义了网络视频设备之间信息交换的通用协议，使不同生产厂商的网络视频产品具有互通性。网络视频产品由此能够提供多种可能性，使终端用户、集成商和生产厂商能够轻松地从中获益，获得高性价比、更灵活的解决方案，并获得市场扩张的机会和承担更低的风险。

ONVIF 协议主要定义了网络视频发送设备和网络视频客户端之间的标准通信接口，包括设备发现、设备配置、报警事件、云台控制、视频分析和实时视频流等功能。与传统的通信协议相比，ONVIF 协议并不是针对某些设备或某些特定的项目，其开放性和兼容性减少了不同设备的集成成本，提高了解决方案的灵活性。

参加 ONVIF 的成员还有佳能、松下、三星、思科、西门子、德州仪器、海康威视、浙江大华、通用电器、霍尼韦尔、派尔高、中兴等 40 多家有影响力的公司，且在不断增多中。

2. PSIA

PSIA(Physical Security Interoperability Alliance，实体安防互通联盟)成立于 2008 年

8 月，是由 Cisco(思科)、GE(通用电器)、Honeywell(霍尼韦尔)和 Panasonic(松下)等 50 多家实体安防制造商和系统集成商组成的全球联盟，其成员来自安防设备制造商，包括门禁控制、视频分析、视频监控、入侵探测、存储设备制造商、软件以及系统集成商。该联盟的目标是为实体安防系统的硬件和软件平台创立一种标准化的接口。该联盟致力于使基于 IP 网络的不同安防系统具有兼容性。

3. ONVIF 和 PSIA 的技术差异

ONVIF 标准的框架以 Web 服务标准为基础。Web 服务则是以 IP 网络为基础的开放式平台独立标准，如 XML(Extensible Markup Language，可扩展标记语言)、SOAP(Simple Object Access Protocol，简单对象访问协议)以及 WSDL(Web Services Description Language，网络服务描述语言)等来整合各种应用的标准化方法。XML 提供了数据描述方式，SOAP 用来传送信息，而 WSDL 则对服务进行定义。SOAP 是以 XML 为基础的信息传输协议，用来对 Web 服务要求的信息，以及通过网络返回的信息进行编码。SOAP 看上去较为复杂，同时执行起来也比较严格。

PSIA 标准采用了 REST(Representational State Transfer 表述性状态转移)架构。REST 是近年来常常被采用的热门方法，几乎受到所有 Web 服务的欢迎，使用也比 SOAP 更容易。REST 只需要简单的 XML 解析器，运算过程也较为简便，因此消耗资源较少，使用 REST 架构产生的管理成本要低于 SOAP。SOAP 无论在运算能力还是在带宽需求上，都会带来额外的成本负担。

SOAP 需要一整套的 HTTP(Hypertext Transport Protocol，超文本传送协议)服务器、SSL(Secure Sockets Layer ，安全套接层)以及 XML 解析器。例如，为了改变 ONVIF 标准的 PTZ(Pan、Tilt、Zoom，云台上下、左右移动，镜头变倍控制)定位时，就要使用一个约达 12KB 的 SOAP 标头宣告档，且传送每一条信息都需要如此；而 PSIA 标准在改变 PTZ 定位时，只需要访问一个 URL(Universal Resource Locator，统一资源定位符，网页地址)链接，仅需几个字的资源。

ONVIF 标准的网络侦测是以微软技术(WS 搜索)为核心来构建其设备搜索机制的，这意味着所有遵循 ONVIF 标准的产品都需要支持 WS 搜索技术，ONVIF 使得所有涉及设备搜索的 ONVIF 产品都完全兼容。PSIA 却采用了多种机制(例如 Zeroconf、UPnP 和 Bonjour 等)来进行设备搜索，PSIA 在设备搜索机制方面具有更多选择，也就是 PSIA 产品兼容性较差。例如，支持 Bonjour 机制的 PSIA 摄像机就无法与支持 UPnP 的视频管理系统相连接，虽然二者遵循的都是 PSIA 标准。

ONVIF 的事件通知功能是基于 WS - Notify 架构的，这一标准严格规定了一台摄像机应该如何向更高一层通知事件警报，而 PSIA 只是宽泛地规定了信息及通知的格式。这又再一次说明 PSIA 标准不像 ONVIF 那样使产品具有百分之百的兼容性。与 ONVIF 严格的标准相比，PSIA 提供了较易使用的视频分析整合界面。由于采用的以 REST 技术为基础的架构，因此 PSIA 在执行上比起以 SOAP 技术架构为基础的 ONVIF 更为简便灵活。PSIA 已经明确了记录及储存的标准，而 ONVIF 对储存标准则尚未定义，这一部分或许会包含在其未来的版本中。由于 PSIA 标准着眼于各式各样实体安防的各个层面，因此 PSIA 组织也对 PSIM(Physical Security Information Management，实体安防信息管理)的整合做出了规定。

4. HDcctv

HDcctv 要使与广播行业兼容的高清晰度(HDTV)视频信号可以经由传统的 CCTV (Closed Circuit Television，闭路电视，电视监控)媒介(同轴电缆)进行数字化传输而不需要打包，并且不会出现人眼可感知的压缩延迟。因此传统电视监控的使用者不需更换线材，仅需更换前端设备就可享受高质量图像。前端系统将模拟的影像信号数字化与串行化再借助原来传送模拟信号的同轴电缆来传送数字化、串行化之后的图像信号。数字化的数据也可进行数字信号处理、储存和分析等工作，拉近传统电视监控与网络电视监控之间的技术差距。

HDcctv 的成员包括：Comart、CSST(中国安防，中国大陆)、EverFocus(慧友，中国台湾)、Gennum、OVi 和 Stretch 等。

HDcctv 标准阵营只吸引了规模较小的业者，包括 HD-DSI 芯片设计业者 Gennum、视频编译码技术新创公司 Stretch、摄像机制造商 ovii 以及来自保全系统 ODM 厂慧友电子(EverFocus)等。

思考题和习题

9-1 家用录像机的 LP 方式是如何延长录像时间的?

9-2 简述时滞录像机原理。

9-3 简述时滞录像机的附加功能。

9-4 简述多画面处理器的场切换录像原理。

9-5 硬盘录像有哪些优点?

9-6 硬盘录像有哪些主要技术指标?

9-7 网络电视监控有哪些优点?

9-8 IP-SAN 存储技术有哪些特点?

9-9 NAS 存储技术有哪些特点?

9-10 RAID 数据备份有哪些模式?

9-11 ANR 主要分为三个部分?

9-12 云存储用于视频信息处理系统有哪些优点?

9-13 网络电视监控标准有哪三种?

第 10 章　智能电视监控

10.1　概　　述

10.1.1　传统电视监控的局限

传统电视监控系统提供了视频采集、存储以及分发等简单的功能，无法对视频信息实施分析，需要人工对视频内容进行判断。随着电视监控应用规模的不断扩大，传统电视监控系统的局限性也就越加突出，主要表现如下。

1. 对视频数据进行分析较困难

由于传统视频监控系统不具备智能功能，获取的录像数据仅仅含有相关的视频信息，不包含与录像内容相关的事件信息，当监控人员要从海量的录像资料中找到与异常事件相关的录像，以此来找到事件相关人员，评判事件危害程度并评定相关事故责任时，数据分析的工作就极其困难。

2. 误报和漏报现象

由于人类对威胁的评判通常带有较大的主观性，监控人员在看实时视频或是回放录像时，都有产生误报的可能；且监控人员很难每一时刻对监控视频进行严密的关注，这样就造成了漏报的可能性。

误报是将安全的行为认为是威胁，这样会增加监控系统中无用的数据，同时也加大了数据分析的工作量；漏报是将威胁行为遗漏，这样降低监控系统的可靠性，同时遗漏的视频数据也会给后面的威胁分析造成困难。

3. 监控盲点较多

由于监控点数量巨大，监视器或监视屏尺寸有限，大多数监控系统都无法做到对每一个监控点实施 24 小时监控，即使采用轮询的方式，对每个监控点的监视也会有较多的监控盲点。

10.1.2　智能电视监控的优势

由于传统电视监控系统具有上述缺陷，近年来监控行业提出了智能电视监控的概念。IVS (Intelligent Video Surveillance，智能视频监控)是计算机视觉领域中近几年来备受关注的一个应用领域。它是以传统的数字视频监控系统作为基础，利用计算机强大的数据处理能力以及计算机视觉技术对视频数据进行处理、分析和理解(主要是对数字视频中的运动目标进行提取、描述、跟踪、识别以及进行行为分析等)，通过对海量的视频数据进行高速分析，可以过滤掉那些监控人员不关心的部分，只提供关键的有用信息。

智能电视监控系统相比于传统电视监控系统具有很多优势。

1. 报警精确率较高

传统电视监控由监控人员查看监控画面提供报警信息，智能电视监控采用计算机智能视频分析方式，只要监控人员能够精确地定义一个安全威胁的特征，采用适当的视频分析算法就能达到较高的识别率，降低误报和漏报的情况，提高报警的精确率。

2. 持续监控能力

采用智能视频监控系统，用计算机来代替监控人员监视视频画面，不会出现监控人员注意力不集中、需要轮换班现象，能 24 小时不间断地对所有监控画面进行监视与分析。

3. 处置突发事件的能力

通过预先设置一些判别规则和处置预案来识别某些可疑的活动，在其发生威胁之前通知相关人员采取相应措施，有效防止安全威胁事件的发生。

4. 提高视频资源的应用领域

传统视频监控系统获取的数据信息较为单一，只含有视频信息。智能视频监控系统能将各种分析得到的智能信息加入到监控信息中，这些信息可以为后续处理提供支持。

这种智能视频监控系统的出现，转被动为主动，彻底改变了以往由监控人员对监控画面进行分析和监视的状况。它可以通过将智能视频分析算法嵌入到前端设备，让用户自己精确定义安全威胁的特征，并能在突发事件发生前通知监控人员按照应对预案提前做好准备，为处理突发事件做好协助与支持，同时还能提高报警的响应时间与精确度，降低误报和漏报率，实现真正意义上的 7×24 全天候监控。因此，智能电视监控已广泛应用于公共安全管理、交通管理、互联网、医疗看护、金融监视等领域，无论是在军事还是民用方面，都具有巨大的潜在经济价值和广泛的应用前景。

10.1.3 智能电视监控的核心技术

智能电视监控系统具有传统电视监控手段所不具备的优势与功能，要实现这些功能与优势，需要用到计算机视觉领域中的很多核心技术，包括视频中运动目标的分割与提取、目标的跟踪、特定事件的检测与分析以及生物特征识别、行为识别等高层次的技术。这些技术是数字图像处理、计算机视觉、人工智能以及模式识别等技术的综合应用。下面简要介绍这些技术。

1. 背景建模

背景建模也称背景估计，基本原理是根据当前估计的背景，将当前视频帧的所有像素分为背景和前景两类。获得视频序列的背景图像最简单的方法是在视频场景中无运动目标时获取，但这种方法自适应效果不好，不能满足智能视频监控对背景建模的要求。研究人员为了得到理想的视频背景，提出了各种各样的模型，试图利用各种已知的信息，在一些系统中利用高层处理的结果来给背景估计提供一定的反馈信息，从而决定哪些像素点应该被归类为背景模型的一部分，哪些归类为运动前景像素。比较常用的背景估计算法有帧间差分法、基于时间轴滤波的背景估计、卡尔曼滤波法和混合高斯背景模型等。

2. 运动目标检测

运动目标检测是视频处理技术的基础，它能够提供目标的大小、位置和速度等信息。在智能电视监控系统中，人们往往只是对运动着的目标感兴趣，如果需要对该物体的运动进行精确的分析，首先必须能从视频画面中有效地提取出该物体。而运动目标检测就是将单个或多个运动目标从视频序列图像中分离出来，分离效果的好坏直接影响着对运动目标分类、跟踪以及行为分析等后期处理。运动目标检测的主要方法有光流法、时间差分法、背景差分法、高斯混合模型、特征背景模型以及核密度估计法。上述算法都各有利弊，没有一种是最好的算法。运动目标检测的难点主要在于：背景的提取与更新、光线变化的问题、阴影干扰、其他目标遮挡、检测目标运动过程的不连续或速度缓慢等问题。例如，时间差分法相对比较直观实用，对于光照变化的干扰并不敏感，但是对于运动缓慢的目标可能无法提取出目标边界，对于快速运动的目标提取出的目标区域又过大；光流法计算方法复杂，实时性差，很难应用于对实时性要求很高的监控系统中；背景差分法容易得到目标的准确描述，对静止和非静止的目标都适用，但是背景更新的计算量是比较大的，而且还必须建立合适的模型。

3. 运动目标分类

运动目标分类是对检测到的运动目标或区域进行分类，以便对不同类别的目标分别进行处理，例如在马路上监控摄像机所获取的视频图像中包括车辆、行人等运动物体，为了检测行人违章过斑马线和车辆闯红灯等事件，必须先对运动目标进行准确分类。运动目标分类这一过程在智能电视监控系统中并不是必须的，目前常用的运动目标分类方法有基于形状特征的分类、基于运动特征的分类。

4. 运动目标跟踪

运动目标跟踪是在一段视频序列图像中的每一幅图像中找到感兴趣的运动目标所在的位置，是计算机视觉、图像处理和模式识别领域里非常活跃的研究课题。由于能够提供被监视运动目标的运动轨迹，也能为监控场景中的场景分析和运动目标的运动分析提供可靠的位置数据信息，同时运动目标的跟踪信息也可以为运动目标的正确检测以及运动目标的识别提供重要帮助，运动目标跟踪在智能电视监控中非常重要。运动目标跟踪常见的算法大致可以分为两类："基于目标建模、定位"的跟踪框架和"基于滤波、数据关联"的跟踪框架。"基于滤波、数据关联"跟踪算法的原理是先根据运动目标的实际情况建立目标的运动方程，并由该方程预报该目标的实时运动过程，最后再由滤波算法实现对视频中真实目标的提取；"基于目标建模、定位"跟踪算法的原理是先通过自动检测或是人工交互的手段获取待跟踪目标的位置信息，再对该目标或区域进行数学建模，再用窗口质心跟踪或者是匹配跟踪算法来完成跟踪任务。

10.1.4　智能电视监控系统的构成

智能电视监控系统主要包括视频图像采集、视频图像处理、数据通信、决策报警和传感器控制系统等部分。图 10-1 是智能电视监控系统构成方框图。

视频采集模块就是摄像机、视频编码器等前端设备，包括 DVR、NVR，用来获取监控场景的图像，再经过编码转换成数字视频信号，为后续处理提供数据；数据通信模块指的

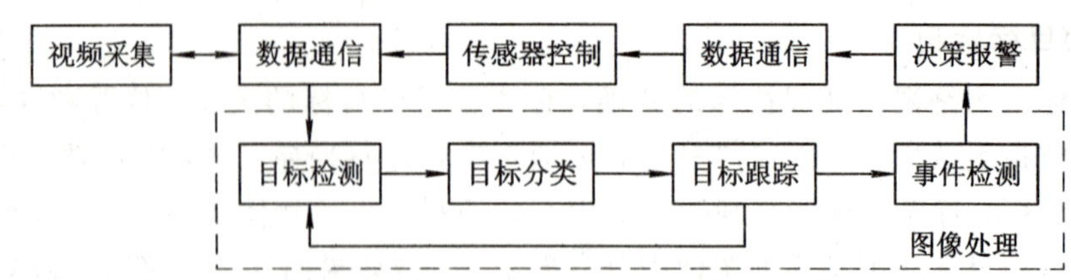

图 10－1 智能电视监控系统构成方框图

是模拟或数字视频传输通道和各种控制信号的传输，例如同轴电缆(模拟视频传输)、计算机网络(数字视频传输)，它主要是完成前端设备向后端设备传送视频数据以及将控制模块的控制信号传送给前端设备的功能；传感器控制模块主要是完成对前端设备(如摄像头)的控制，例如向前端的摄像头发送云台控制指令、控制摄像头转动或是向 DVR、NVR 发送操作指令，完成各种操作；图像处理模块就是监控系统的"大脑"，对原始视频数据进行处理，例如：背景建模获取监控场景的背景图像，运动目标检测提取其中的运动目标或区域，目标分类是将目标检测模块得到的运动目标按照一定的准则分成几类，目标跟踪是在每一视频图像中检测特定运动目标的位置信息，事件检测属于更高级的智能分析，它对运动目标进行分析，然后匹配成已经建模好的各种事件类型；决策报警模块就是根据视频图像处理的结果以及系统预定的报警规则，完成启动报警的判决，并发送相关指令完成报警联动(例如录像联动、云台联动、抓图联动等)。

智能电视监控系统工作的基本过程可以概括为：首先由视频采集模块获取视频数据，当视频数据输入到视频图像处理模块时，再利用目标检测技术提取出视频中的运动目标，同时对检测到的运动目标进行跟踪、分类，然后将目标检测提取、跟踪与分类得到的目标信息与预先设定好的事件、行为模型用事件检测技术进行逻辑判断，如符合预定的准则，就由决策报警模块做出预警或报警响应，如不符合预定准则，则继续进行运动目标检测。

10.2 运动目标检测

10.2.1 运动目标检测基础

1. 概述

运动目标检测是智能视频处理技术的基础。由于大多数时候人们只对运动的目标感兴趣，而要准确地对运动目标进行分析，就必须进行运动目标检测，将感兴趣的运动目标提取出来。运动目标检测的任务就是从视频图像中去除掉背景成分，找出运动的物体或区域，在这个过程中尽可能地减少背景噪声和前景噪声的干扰，以便得到我们感兴趣的运动目标。运动目标检测主要方法有光流法、时间差分法和背景差分法等。

2. 常用术语

(1) 运动目标：人们所感兴趣的运动物体或区域。

(2) 背景噪声(也称漏警)：系统没能检测到的运动目标或区域。

(3) 前景噪声(也称虚警)：不含任何运动却被系统认定为运动的目标或区域。

(4) 干扰：视频背景中出现的周期运动(如喷泉、运行的扶梯、晃动的树木等)或是摄像机固有的抖动或噪声。

(5) 阴影：由于光照的方向性，运动物体在地面产生的阴影，可能会被误当做前景。

(6) 鬼影：在前景运动目标和背景之间相互切换的对象。

图 10-2 是这些术语之间的相互关系示意图。

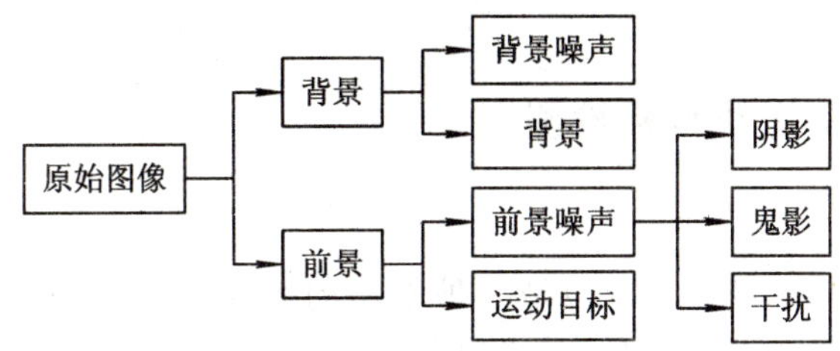

图 10-2　运动目标检测术语的相互关系示意图

10.2.2　光流法运动目标检测

1. 基本原理

光流(optical flow)是指空间中的运动物体在成像平面上的像素运动的瞬时速度。光流是研究图像灰度在时间域上的变化与场景中物体结构及其运动的关系，即是利用视频图像中像素强度数据的时间域变化及相关性来确定这些像素位置的运动。由于光流是在图像平面以亮度模式表现出来的流动，即将三维空间里的场景和目标对应到二维图像平面运动时在二维图像平面的投影上产生的一种运动，所以光流法是视频图像分析的一种重要方法。由于在光流中包含了目标的运动信息和三维空间的丰富信息，用光流法来分析视频图像中的运动既能确定目标的运动情况，也能反映图像的一些其他信息。光流的产生一般是由摄像机运动、视频场景中的目标运动或是两者共同运动形成的。光流的计算分为基于匹配的光流计算、频域光流计算和梯度光流计算三类。

利用光流法来检测运动目标的一般原理可以概括为：首先需要给视频图像中的每一个像素点指定一个速度矢量，这样一来就能形成一个图像运动场，在视频中的某一个特定时刻，由三维空间到二维图像的投影信息可以将三维物体上的点与图像上的点一一对应，然后根据图像上各个像素点速度矢量的特征来对图像进行动态分析。当图像中没有物体运动时，在整个图像区域范围内，光流矢量应该是连续变化的；当视频图像中出现运动着的物体时，背景与运动目标之间存在着相对运动的关系，这时背景形成的速度矢量与运动目标形成的速度矢量必然会不一致，通过这种不一致，就能检测到运动物体的存在以及它的位置。

2. 优点和缺点

采用光流法检测运动目标的优点是：它可以检测到独立运动的对象。光流不仅能携带运动目标的运动信息，还能携带场景三维结构信息，同时也不需要知道视频场景的其他信息，而且光流法能够适用于摄像机运动的情况。但同时采用光流法也有不少缺点：首先，由于目前所使用的大多数光流的计算方法都非常复杂、耗时，没有硬件的辅助很难实现，所以实时性和实用性都较差；其次，在实际的监控应用中，遮挡、透明性、噪声、多光源等情况普遍存在，使得光流场基本方程中的灰度守恒假设条件不能很好地得到满足，所以不能准确地求解出光流场。正是由于这些缺点，使得对于精度和实时性要求比较高的监控系统一般不采用光流场法。同时，对于大多数视频监控系统来说，都是使用静止摄像机来拍摄视频，而且都对实时性和精确性要求较高，所以单独使用光流法来检测运动目标不现实，更多情况下是利用光流法和其他方法相结合来实现对运动目标的检测，这样会取得较好的效果。

10.2.3 时间差分法运动目标检测

1. 基本原理

时间差分法(temporal difference)是一种常用的运动目标检测方法，也称作帧间差分法。它是利用视频图像序列中的连续(或者间隔一定)的几帧图像之间的差异来进行运动目标检测的。检测时先将连续的两帧图像或多帧图像相减得到它们之间的差分图像，在这个差分图像上就能检测到运动变化的区域，根据这个区域的灰度信息就能恢复原来的运动目标。

时间差分法是一种直接简单的目标检测方法，它的具体实现步骤是：假设 $f_k(x, y)$、$f_{k+1}(x, y)$是连续的两帧图像，它们的差分图像是 $D(x, y)$则有

$$D(x, y) = \left| f_{k+1}(x, y) - f_k(x, y) \right| \tag{10-1}$$

通常情况下，帧 $f_k(x, y)$与帧 $f_{k+1}(x, y)$之间的变化可以使用一个二值差分图像来表示

$$D(x, y) = \begin{cases} 1 & \left| f_{k+1}(x, y) - f_k(x, y) \right| > T \\ 0 & \text{else} \end{cases} \tag{10-2}$$

在式(10-2)中，T 为阈值，它的选取决定了运动目标检测的灵敏度。在所得的差分图像中，取值为 1 的像素点被划分为前景点，对应的像素点即为运动目标上的一点，而取值为 0 的那些像素点被划分为背景像素点。

在时间差分法中，最常用的是对称差分法，它是对典型时间差分法的改进。它的主要思想是改相邻的两帧为相邻的三帧，这样就可以防止在时间间隔的不当选择造成的问题。对称差分法的基本原理是：根据视频分析经验知道，在连续相邻的三帧图像内，运动目标的运动方向几乎是保持不变的，基于这一前提，可以推测相对于前一帧和后一帧来说，当前帧中的运动目标的运动方向是相反的。所以，对当前帧和前一帧做前向帧差，当前帧和后一帧做后向帧差，这两幅帧差的背景区域方向是相反的，从这两幅帧差的交集中就可以精确获取视频图像中运动目标的运动区域。

2. 实现步骤

对称差分法的实现步骤如下：

(1) 对视频序列图像进行中值滤波预处理，去掉视频图像中的随机噪声，减少后续运算的复杂度，克服噪声对视频图像处理结果的干扰。

(2) 在视频图像序列中，选取连续的三帧图像：$f_k(x, y)$为当前帧图像；$f_{k-1}(x, y)$为前一帧图像；$f_{k+1}(x, y)$为后一帧图像。

(3) 对当前帧与前一帧求帧差，得到前向帧差 $D_b(x, y)$。

(4) 对当前帧与下一帧求帧差，得到后向帧差 $D_f(x, y)$。

(5) 求出前向帧差 $D_b(x, y)$与后向帧差 $D_f(x, y)$的交集，然后就可以大致得到运动

目标的运动区域的图像 $D(x, y)$。

(6) 对第5步得到的运动目标的预定区域图像 $D(x, y)$ 去掉背景图像中的噪声，最终得到连续、封闭、完整的运动区域。

3. 优点和缺点

时间差分法适应的场合包括存在多个运动目标以及摄像机运动的情况。时间差分法的优点是：算法实现起来较简单，程序设计复杂度低，原因在于它是通过对相邻帧做差分来实现的，而视频序列中相邻帧之间间隔短，两帧之间的差异一般较小；另外同样是由于相邻帧之间时间间隔短，受光线影响不大，所以时间差分法对光线等场景变化不敏感，可以很好地适应各种动态环境，具有较好的稳定性。时间差分法的缺点是：只能提取运动对象的边界，无法获取其完整区域；时间间隔的选择会较大程度地影响检测效果，对于快速运动的对象，需要选择较小的帧间时间间隔，如果选得过大，则不会在相邻帧中形成重叠部分，会被认为是两个分开的物体；对于慢速运动的对象，需要选择较大的帧间时间间隔，如果选得过小，对象就会在相邻两帧中完全重合，无法检测到该运动对象。

10.2.4 背景差分法运动目标检测

1. 基本原理

背景差分法(background subtraction，也称背景减除)是利用视频中当前帧图像与背景图像之间的差分来检测运动目标和区域的一种技术。它是运动目标检测目前最常用的方法。背景差分法的基本思想是首先将背景图像存储起来，由于通常情况下运动物体与背景在灰度或是色彩上存在着差别，因此可以将当前帧图像与背景图像做相减运算得到一幅差分图像，然后将这幅差分图像中的每一个像素与之前预先设定好的一个阈值进行比较，比阈值大的像素点划分为前景，比阈值小的像素点划分为背景。

背景差分法的实现过程大致为：假设时刻 t 时，当前帧图像为 $f_c(t)$，存储的背景参考图像为 $f_b(t)$，则得到的背景差分图像 $f_d(t)$ 为

$$f_d(t) = |f_c(t) - f_b(t)| \tag{10-3}$$

对其进行二值化处理，得到二值差分图像 $r_d(t)$ 为

$$r_d(t) = \begin{cases} 1 & f_d(t) > T \\ 0 & f_d(t) \leqslant T \end{cases} \tag{10-4}$$

式中，T 为我们选取的阈值，它的选取将直接关系到运动目标检测结果的准确性。

2. 算法流程

图10-3是背景差分法的算法流程图。

3. 优点和缺点

背景差分法有运算简单、实时性强、能够提取完整的目标物体和速度快等优点。缺点是由于背景图像与当前帧图像相隔的时间较长，做差分提取运动目标时容易受到光线、天气的影响，有时会将阴影误认为是运动目标的一部分。

为了获得准确的检测结果，保证能为后续处理提供良好的数据，背景的更新非常重要。背景差分法的核心就是选择一个合适的背景模型，能够很好地实现检测过程中的背景更新功能。

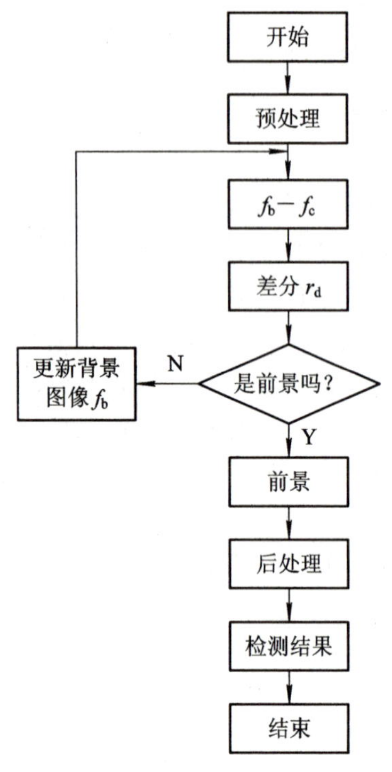

图 10-3　背景差分法的算法流程图

背景模型的建立与更新应该符合几个主要原则：对于监控场景背景的动态变化(例如光照的变化、“异物”的出现)，选择的背景模型应该有足够快的响应时间；背景模型对视频中的运动目标要有很强的抗干扰能力。

比较常用的背景建模方法有：基于先验知识的背景建模、时间平均法和时间中值法等。

实际应用中，如果处理的是灰度图像，当目标部分区域灰度值与背景相近时，使用背景差分的方法可能会漏检这一部分，可以通过彩色背景差分来减少漏检的概率。所谓彩色背景差分，即图像序列采用彩色图像，从图像序列中估计的背景也是彩色背景。对应彩色图像，由于具有 R、G、B 三个分量，背景差分时要对三个分量分别进行差分计算。一般来说，彩色图像中目标的 R、G、B 三个分量值与背景都相近的概率要比单分类的灰度图像小得多，所以采用彩色背景差分效果更好。

10.3　目标识别与分类

10.3.1　人脸识别技术

1. 概述

在智能电视监控领域中，人脸识别技术有重要的作用，很多时候电视监控系统监控的对象是人，对识别目标身份的检测与验证意义重大。911 事件以后，美国主要的机场都安装了人脸自动识别系统，用于对机场中的人流进行快速的人脸识别，然后与计算机数据库中的身份信息数据进行对比来获取每个行人的身份信息。实践表明，该系统对于防范恐怖袭击起到了一定的作用。

对于一些特殊重症病人，在医疗过程中可以利用人脸表情识别装置对他们进行表情分析。当病人由于病情恶化导致情绪较差或面部表情非常痛苦时，表情识别装置及时地报警以便采取相应的预防措施，从而降低意外发生的可能性。

酒后驾驶、疲劳驾驶等违章驾驶事件是人们普遍关注的热点问题，给人们的生命财产安全带来了严重威胁。若在主干路口装置大量人脸表情识别监控系统，分析驾驶司机的面部表情并推断当前的驾驶状态，可防止这些交通事故的发生。

作为一种生物特征识别技术，人脸识别相对于其他的同类技术(如DNA、指纹、虹膜识别技术)有着很多的优势。首先，其他技术的信息录入需要特殊的条件，如DNA需要专门的人员进行化学或者物理上的处理；指纹识别也需要特殊的材料用于指纹的采集，然后拍成图像之后录入计算机才能被识别和处理；虹膜识别需要被验证对象的配合，才能成功采集到被检验的对象。而人脸识别的数据采集则能够轻松地完成，如平时使用的普通的摄像头就能够轻松地完成人脸图像的采集工作。由于人脸识别技术的应用灵活方便，适用场合多，所以具有广阔的应用空间。

影响人脸识别效果的主要原因有：

(1) 人脸图像获取过程中的不确定性(如光的方向，以及光的强度等)。

(2) 人脸模式的多样性(如胡须，眼镜，发型等)。

(3) 人脸塑性变形的不确定性(如表情等)。

(4) 所涉及领域知识的综合性(如心理学、医学、模式识别、图像处理、数学等)。

2. 人脸检测方法分类

人脸检测就是在输入的含有人脸的图像中确定出人脸各器官(如眼睛、嘴巴等)所在的位置，并能够勾勒确定出人脸的位置和轮廓等。人脸检测是整个人脸识别过程中非常重要的一个环节，它是人脸识别后续处理的基础。最开始的人脸识别算法是建立在人脸在图像中的位置已经定下来的假设之上的，因此并没有对人脸检测算法提供较多的关注度。当前，随着人脸识别技术使用的场合越来越多，识别时所处的环境越来越复杂，人脸检测技术受到了越来越多的关注。同时，随着人们对于人脸检测算法研究的深入，人脸检测算法已经不再仅仅局限于人脸识别领域，在图片搜索、数字视频处理和视觉监测等领域都可以看到它的存在。下面我们将主要介绍用于人脸检测的4种算法。

1) 基于面部特征的人脸检测算法

这种方法是利用人脸的先验知识导出的规则来进行人脸检测。人脸各个器官的分布总是存在着一定的规律性，例如人的两个眼睛总是对称分布在人脸的上半部分，鼻子和嘴唇中心点的连线基本与两眼之间的连线垂直，嘴巴绝对不会超过眼睛的两端点等。人们可以根据这些描述人脸局部特征分布的规则来进行人脸检测。这种方法存在的问题有：检测率不高；如果背景区域中存在类人脸区域，则必然导致误检。

2) 基于统计的人脸检测方法

这种方法不是针对人脸的某一特征，而是从整个人脸出发，利用统计的原理，从成千上万张人脸图像中提取出人脸共有的规律，利用这些规律来进行人脸识别。此类方法将人脸区域看作一类模式，使用大量的“人脸”与“非人脸”样本，构造并训练分类器，通过判别图像中所有可能区域属于哪类模式的方法实现人脸检测。由于人脸图像的复杂性，显式地描述人脸特征具有一定的困难。因此，基于统计的方法越来越受到重视，正成为解决复杂人脸检测问题的有效途径。

3）基于模板匹配的人脸检测方法

早期基于模板匹配的方法是首先建立一个标准的人脸模板，由包含局部人脸特征的子模板构成，然后对一幅输入图像进行全局搜索，对应不同尺度大小的图像窗口，计算标准人脸模板中不同部分的相关系数，通过预先设置的阈值判断该图像窗口中是否包含人脸。Yullie 等人提出基于弹性模板的方法用于人脸检测。弹性模板是由一个根据被测物体形状而设定的参数的可调模板和与之相对应的能量函数所构成，能量函数要根据图像的灰度信息、被测物体轮廓等先验知识设计。这种方法的优点在于：由于使用的弹性模板可调，能够检测不同的大小、具有不同偏转角度的物体。但是，其缺点是：检测前必须根据待测人脸的形状来设计弹性模板的轮廓，否则会影响收敛的效果；对图像进行全局搜索时，要动态地调整参数和计算能量函数，计算时间过长。

4）基于肤色模型的人脸检测方法

在彩色图像中，颜色是人脸表面最为显著的特征之一，利用颜色检测是很自然的想法。Yang 等人在考察了不同种族、不同个体的肤色后，认为人类的肤色能在颜色空间中类聚成单独的一类，而影响肤色值变化的最主要因素是亮度变化。此方法首先寻找到肤色区域，再根据颜色相似、位置相邻、尺度相近等规则进行类肤色区域归并，最后用模板匹配、神经网络验证等手段确定区域是否是人脸。

3. 人脸识别

人脸识别是指通过人脸进行身份确认或者身份查找的技术或系统。人脸识别是在检测、特征提取的基础上进一步确定人脸所属的身份。计算机人脸识别技术的核心内容是从已知人脸来确定未知人脸的归属问题。在数据库里预先存着若干已知人脸图像或相关特征的前提下，将待识别图像的特征和库里图像的特征进行匹配，使得待识人脸与库中已存在的某个人脸对应起来。

人脸识别算法与检测算法思想基本相同，只是在侧重点上有所不同。检测算法是在输入信息中找出符合人脸所有的共性，而识别算法是从基于检测的结果中提取特征，来判别是否与数据库中的某一具有同样特征的人脸信息相符。目前人脸识别的算法可以分类为：基于人脸特征点的识别算法、基于模板的识别算法、基于特征脸（PCA）的人脸识别方法和基于支持向量机的人脸识别算法和基于神经网络的人脸识别算法。

1）基于人脸特征点的识别算法

几何特征可以是眼、鼻、嘴等部件的形状或类型以及它们之间的几何关系（如相互之间的距离）。这些算法识别速度快，但识别率较低。

2）基于模板的识别算法

模板匹配方法的思想是：库中存储了已知人脸的若干模板，这些模板既可以是整张人脸的灰度图像，也可以是各生理特征区域的灰度图像，还可以选择经过某种变换的人脸图像作为模板存储。识别的时候，经过同样变换的输入图像的所有像素点位置与库中所有模板采用归一化相关度量进行匹配识别，来达到分类的目的，完成人脸的识别。

3）基于特征脸的人脸识别方法

特征脸 PCA（Principal Component Analysis，主成分分析）方法是基于 K－L（Karhunen-Loeve）变换的人脸识别方法。高维的图像空间经过 K－L 变换后得到一组新的正交集，保留其中重要的正交集，由这些正交集可以构成低维线性空间。将人脸图像在这些低维线性空间进行投影，由此形成识别的特征向量，这就是特征脸算法的基本思想。这种方法需要较多的训练样本，而且完全是基于图像的统计特性。

4）基于支持向量机的人脸识别算法

近年来，SVM（Support Vector Machine，支持向量机）是统计模式识别领域的一个新的热点，它试图使得学习机在经历风险和泛化能力上达到一种妥协，从而提高学习机的性能。支持向量机主要解决的是一个两分类问题，它的基本思想是试图把一个低维的线性不可分的问题转化成一个高维的线性可分的问题。实验结果表明，SVM 有较好的识别率。

5）基于神经网络的人脸识别算法

人工神经网络（Artificial Neural Network，ANN）是由大量简单的处理单元组成的非线性、自适应、自组织系统，它是在现代神经科学研究成果基础上，试图通过模拟人类神经系统对信息进行加工、记忆和处理的方式，设计出的一种具有人脑风格的信息处理系统。人脑是迄今为止我们所知道的最完善最复杂的智能系统。人脑由百亿条神经组成，每条神经平均连接到其他几千条神经。通过这种连接方式，神经可以收发不同数量的能量。神经的一个非常重要的功能是它们对能量的接受并不是立即做出响应，而是将它们累加起来，当这个累加的总和达到某个临界值时，它们将它们自己的那部分能量发送给其他的神经。大脑通过调节这些连接的数目和强度进行学习。尽管这是个生物行为的简化描述，但同样可以充分有力地被看做是神经网络的模型。

BP（Back Propagation，误差反向传播）算法成功地解决了多层前向神经网络中隐含层连接权值的学习问题，促进了神经网络的发展。因为 BP 网络具有非线性映射能力、较强的自我学习能力等优点，目前已经广泛应用于函数逼近、模式识别、分类和数据压缩、数据挖掘等方面。

基于神经网络的人脸识别算法是近几年比较活跃的一个研究方向，已被应用于人脸检测、人脸识别、表情分析等方面，并取得了较好的效果。神经网络的输入可以是降低分辨率的人脸图像、局部区域的自相关函数、局部纹理的二阶矩等。将改进的主成份分析算法提取的特征向量作为输入向量，进行训练，人脸的种类作为神经网络的输出，从而达到识别人脸的目的，这就是特征脸算法的基本思想。这种方法需要较多的训练样本，而且完全基于图像的统计特性。

6）基于三维（3D）的人脸识别

与 2D 人脸识别使用单个传感器获得影像不同，3D 人脸识别方法需要一个三维扫描仪。因为获得了更多人脸信息，3D 方法比 2D 方法在先天上就具有一定的优势，避免了 2D 人脸识别算法的先天缺陷（灯光、面部表情等）。

在 3D 人脸识别技术中，所用到具体的算法仍是多种多样的，其多数算法也是从 2D 识别算法中演化而来的，主要分为三类：基于几何特征的方法、模板匹配算法和基于统计模型的方法。

3D形变模型利用人脸检测出的3D参数，采用统计的建模方法，实现了忽略姿势、光照影响的人脸识别技术。

7）基于主动近红外图像的多光源人脸识别技术

基于近红外图像的人脸识别方法是近年来人脸识别技术的一个创新，其目的同样是消除环境因素对人脸识别的影响，包括主动红外人脸图像采集硬件和人脸识别算法软件两部分。其硬件由摄像机、红外发光二极管和外壳等构成；人脸以50～100 cm距离正对摄像机，利用安装在摄像机周围的近红外主动光源提供正面方向照明；同时，通过在摄像机前端安装的滤镜，阻止可见光波段的光线通过，以消除可见光对识别的影响，再将过滤后的人脸图像采集并输入到计算机中。近红外图像在任意环境光照下都是清晰、正面的，这为构建不受环境光影响，且高准确度的人脸识别系统提供了良好的图像数据。人脸识别算法则进一步对图像进行相应处理，以消除距离及头部姿态等因素带来的不利影响。通过照片、视频、3D模型等手段来欺骗人脸识别系统，一直是人脸识别系统的弱点，而基于近红外的技术可有效地检测人脸的活体性，从而实现防伪的功能。

4. 人脸识别的实际应用

1）BIOSCRYPT公司三维脸形识别仪

由BIOSCRYPT公司开发制造的脸形识别仪是世界上首部真正的三维脸形识别仪。它运用专利的光学、目标定向与影像追踪技术和高速运算能力的识别演算法建立脸部的三维计量学与摄影追踪系统。这个系统通过获取与处理三维脸形资料方面的创新，使其得以提供实时准确的脸形识别，并因此取得了同业的领导地位。

BIOSCRYPT推出了全球第一个突破性的3D(三维)人脸生物识别技术和产品。因为人的脸部并不是平坦的，所以3D人脸识别技术的算法比2D(二维)的算法有更高的精确度。它远远领先其他的人脸识别产品，在业界创造了领导地位。3D人脸识别技术适用于精确度要求高的门禁控制、边境管制、电子护照和签证等。

三维脸形识别仪的工作波段接近于红外波段，使用者可不受光线状况、背景颜色、脸部的毛发与肤色的影响，从任何的角度都可以呈现出准确的三维脸形资料。

2）中科奥森人脸识别系统

中科奥森人脸识别系统是由中国科学院自动化研究所生物识别与安全技术研究中心自主研发并投入使用的，是目前国内唯一通过中国信息安全产品测评认证中心身份认证产品与技术测评中心认定，并获得国家发明专利的人脸识别系统。

中科奥森人脸识别系统利用人脸面部特征进行身份识别，其核心算法处于世界领先水平，识别准确率达到99.999%，远远超过同类产品。该系统的最大特点是解决了目前世界各国人脸识别系统对环境光线敏感和照片视频伪造两大技术瓶颈问题。这一革命性的进步，使人脸识别技术真正用于身份验证，并使其在生产和生活的各领域内广泛应用成为现实。

3）汉王科技“人脸通”

汉王人脸识别采用了专用双摄像头及双目立体人脸识别算法，识别速度快，准确率高，直观性好，安全性强，而且不受环境光线的影响。其识别性能大大超过二维人脸识别，算法复杂度远低于三维人脸识别。汉王人脸识别的顺利识别率达到95%以上，系列产品目前除已成功应用于公安、安全、海关、金融、军队、机场、边防口岸、安防等多个重要行业及领域外，在智能门禁、门锁、考勤、智能玩具等民用市场也应用广泛。

4）深圳飞瑞斯科技"辨脸通"

深圳飞瑞斯科技以"人脸识别技术"和"智能视频分析技术"等多项自主知识产权的核心算法为依托，开发出多项具有实用价值的嵌入式人脸识别和智能化视频技术产品方案。"辨脸通"人脸识别系列、"WiseCount精点"视频人数统计系列、FaceWin人脸识别实名验证系列、"VisionWise慧视"智能视频系列等四大主线产品，已应用于各行业的门禁(或考勤)、身份认证、客流统计和智能化安防监控等系统中。

5）上海银晨人脸处理器(IS Face Video)

银晨TM视频人脸处理器(IS Face Video)是银晨科技基于TI公司系列DSP处理器研制的视频处理平台产品，有SD64、R64、SR64和62四个产品系列。R64/SR64模块由视频处理系统、电源系统、接口系统等部分构成，内部采用国际领先的红外成像人脸识别算法，实现脱机人脸识别；SR型则具有H.264视频编码算法与视频网络传输，同时完成视频监控，而且具有丰富的外部接口，可以很方便地和各个门禁厂商的门禁控制器结合。SD64为一款多功能的视音频处理模块，包含视频叠加、字符叠加、光照补偿、人脸特写、视音频编码、网络传输等功能，并且还可以根据定制开发，实现诸如快球自动控制、运动目标跟踪、自动光照控制、视频颠簸抖动消除、车牌识别、工业生产检测、网络可视对讲等功能。62模块主处理器采用TI的TMS320C6204，处理能力可达1600MIPS(Million Instruction Per Second)。

6）深圳市科葩信息技术有限公司

深圳市科葩信息技术有限公司是在深圳市康贝尔智能技术有限公司的基础上成立的。自2003年以来，康贝尔公司与著名高等学府成立联合实验室，潜心致力于人脸识别技术的研究，已在人脸识别技术研究和算法上取得重大进展，形成了自主知识产权的人脸识别技术。自2007年起公司进入产品化研制，现已推出单门门禁、联网门禁、复杂小区域智能监控与自动报警系统、大型场馆准入控制系统等产品。

10.3.2　车辆和车牌识别技术

1. 智能交通系统

智能交通系统(Intelligent Transportation System，ITS)是融合了计算机、通信、电子、视频监控等先进技术，以图像理解为基础的产物。ITS对道路交通信息流进行实时监测，根据交通情况，准确迅速地做出诱导控制，提高突发交通事故的处理能力，保证行车安全，实现交通运输的集约式发展，从而为人们的出行提供快捷舒适的交通服务。在"十二五"交通规划中，智能交通成为交通规划的重要组成部分。在未来五年内实现全面感知和监控国家高速公路、国省干线公路、大型桥梁、重要路段、车辆区域、交通运输等的状况；实现对需要重点监控的运输车辆、船舶、出租车、城市公交、长途客运和轨道交通等的全过程监控。

智能交通系统的功能主要表现在以下三个方面。

1）管理更加方便，交通更加顺畅

系统对监控前端采集信息进行汇集，实现对各类图像资源的汇总管理、控制切换和共享使用，增加交通的机动性，提高运营效率；调控交通需求，可以提高交通的安全水平，降低事故的可能性，减轻事故的损害程度，防止事故后灾难的扩大。

2）对交通违法行为进行严厉打击，使道路交通安全得到更好的保障

目前涉车治安形势严峻，据统计仅盗抢车案就占刑事案的四成之多，此外肇事逃逸案件也频频发生，不仅给国家财产和人民的生命财产造成了巨大的损失，也对社会和谐稳定带来了极大的不安定因素。打击盗抢机动车犯罪行为已到了刻不容缓的地步。本系统对于改善道路交通状态(控制发案率、震慑犯罪分子、减少道路交通事故、提高道路运输效益等)，以及对“和谐、平安”城市化建设都具有极其重要的意义。

3）减少排放污染，保护环境

行人可以通过登录网站或者手机查询(可实时通过GIS(地理信息系统)查询)全市区域内的拥堵节点路口，及时了解到实时路况信息，选择适当的出行路线。这样便于疏导交通，缓解拥堵，减轻堵塞，减少机动车尾气排放污染，降低汽车运输对环境的影响。

2. 汽车牌照识别系统

汽车牌照识别系统(License Plate Recognition，LPR)是能够自动、实时地检测车辆经过和识别汽车牌照的一种智能交通管理系统。该系统在交通监控的基础上，运用先进的图像处理、模式识别和人工智能技术，自动采集图像，实时准确地自动定位车牌和识别车牌上的字符信息，并将其与在线数据库中的原始记录进行对比，以此来对该车牌的真伪进行辨别的，能有效遏制盗窃、套牌等违法犯罪行为。另外，自动识别系统本身是一个全数字化的智能系统，在它上面只需要做不多的扩充，就可以衍生出其他功能。一个典型的车牌自动识别系统主要由图像采集、车牌定位、字符分割和字符识别等部分组成。基本工作过程是：当通行车辆以不超过75 km/h的自然车速行驶时，触动车辆检测装置，此时图像采集设备受到驱动，通过内置的CCD摄像头和自动光源补足装置动态摄取汽车图像；然后将采集到的图像送到主机中，PC内的软件模块从输入的车辆正面图像中，将视频图像序列中运动变化的车辆目标从背景图像中提取出来，经过字符分割，得到代表各个字符信息的点阵数据；再利用这些数据与数据库中已有的牌照号码进行匹配；最后将最终结果输出，并送到交通管理模块进行存储。表10－1是汽车牌照标准。

表10－1 汽车牌照标准

类别	尺寸/mm	颜　色
大型汽车	前440×140后440×220	前黄底黑字黑框后蓝底白字白框
小型汽车	440×140	蓝底白字白框
使馆汽车	440×140	黑底白字红“使”字白框
领馆汽车	440×140	黑底白字红“领”字白框
境外汽车	440×140	黑底白字白框或黑底红字红框
外籍汽车	440×140	黑底白字红白框
教练汽车	440×140	黄底黑字黑框
实验汽车	440×140	黄底黑字黑框
临时入境汽车	300×165	白底红字黑“临时入境”字红框
临时行驶汽车	440×140	白底黑字黑框

1）车牌定位处理

车辆检测与前述运动目标检测类似。车牌定位是对车辆图像中包含车牌的图像进行截取，通常包括图像灰度化、二值化、数学形态学处理等。

（1）灰度化。灰度化是将图像中的像素的 R、G、B 分量改用亮度表示。人眼对灰度的分辨能力一般不超过 2^6 级，所以用 1 个字节表示就足够了，则灰度值的级数为 256，每个像素可以是 0～255 之间的任一值。根据亮度公式 $Y=0.114B+0.587G+0.299R$ 得到灰度值 Y。

（2）二值化。二值化图像内仅有黑、白两类值。一幅灰度图像的大小设为 M 行 N 列，定义 $f(i,\ j)(0<i<M,\ 0<j<N)$ 表示一个像素的灰度，二值化过程是

$$f_T(i,j)=\begin{cases}1 & f_T(i,\ j)>T\\0 & f_T(i,\ j)\leqslant T\end{cases}\tag{10-5}$$

式中：T 为二值化的阈值（Threshold）。

图像二值化的关键在于阈值 T 的选取。为了加快处理速度并能够将车牌字符与车牌背景分开，将灰度值小于阈值的像素直接设置为 0，灰度值大于阈值的像素直接设置为 255。经过二值化处理后，字符前景和车牌背景就由黑白两种颜色分开，选择不同的阈值会得到不同的分离结果。

（3）数学形态学算法。在得到二值化图像后，可以看出在二值化图片中，有很多孤立的点未连通的区域。此时我们就需要将孤立的点去除，并且将未连通的车牌区域连接起来，需要数学形态学算法。

膨胀和腐蚀运算是形态学图像处理中最基本的运算。对于二值图像，膨胀是一种“加长”或“变粗”的操作，将断开的目标连接起来，比如断裂的字符或车牌等。腐蚀则是一种“细化”或“收缩”的操作，它可以将一些无关的目标区域中的细节部分去除掉。膨胀和腐蚀都需要根据具体的情况选取恰当的结构元素才能达到期望的效果。

A 被 B 膨胀记为 $A\oplus B$。A 被 B 膨胀是指用结构元素 B 的原点在 A 的“1”值图像中平移，B 的“1”元素覆盖的元素位置置为 1。图 10-4 是 A 被 B 膨胀示意图。A 被 B 腐蚀记为 $A\Theta B$。A 被 B 腐蚀是指用结构元素 B 的原点在 A 的“1”值图像中平移，B 的 1 元素与其覆盖的 A 的各元素做与运算，如果结果全为 1 则将该原点像素位置置为 1，否则为 0。图 10-5是 A 被 B 腐蚀示意图。

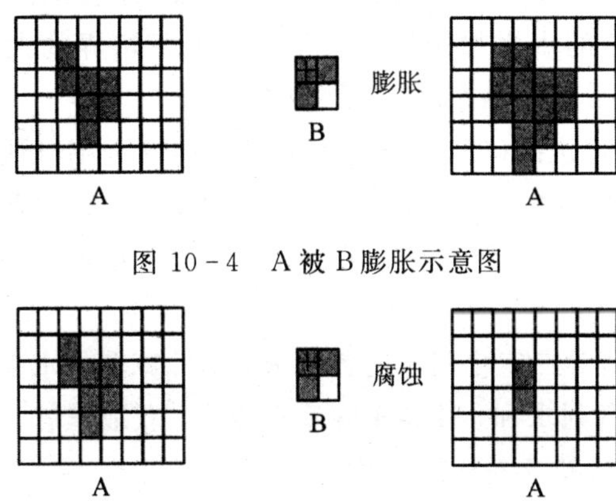

图 10-4　A 被 B 膨胀示意图

图 10-5　A 被 B 腐蚀示意图

膨胀和腐蚀的组合运算就是形态学的开、闭运算。结构元素 b 对图像 f 的开运算记为 fob，$fob=(f\Theta b)\oplus b$，这表示 b 对图像 f 的开运算相当于先由 b 对 f 进行腐蚀操作，随后对腐蚀运算的结果再由 b 进行膨胀运算。

结构元素 b 对图像 f 的闭运算定义为 $f\cdot b=(f\oplus b)\Theta b$，这表示 b 对图像 f 的闭运算相当于先由 b 对 f 进行膨胀操作，随后对膨胀运算的结果再由 b 进行腐蚀运算。

开运算用来将不符合结构元素结构的小亮块去除掉，同时保持其他的较大的亮区特性相对不变；闭运算用来去除比结构元素更小的暗色细节。在实际应用时根据效果，选择开运算或闭运算或者他们的组合运算来达到期望的图像处理效果。

(4) 高帽变换。高帽(Top－hat)变换是一种形态学变换。它的定义是用一幅原始图像减去对其作开运算后得到的图像

$$h=f-(fob) \tag{10-6}$$

式中，f 是输入图像，b 是结构元素函数，h 就是变换后的图像。

高帽变换对增强阴影的细节很有好处，并且对噪声、光照不均匀等情况不敏感，能够有效突出车牌字符位置。

(5) 边缘检测。图像经过一些处理后，边界及轮廓将变得比较模糊，这时可以通过图像锐化来消除这种不利影响，使目标物体的边缘变得清晰，产生更适合识别的图像。图像锐化是对图像中的信息有选择地加强和抑制，以改善图像的视觉效果，或将图像转变为更适合于机器处理的形式，以便于数据抽取或识别。图像锐化，需要利用微分运算。

2) 字符分割

(1) 去边框。为了尽量减少干扰，要将非字符候选点尽量先抹去，所以先进行水平投影，利用水平投影信息将相当一部分非字符候选点抹去。水平投影的特点是水平投影图上最左和最右的区域内有两个极小值，这两个值所在的横标位置恰好是车牌区与边框的分界线上。水平投影分析去边框的算法思想是对车牌的二值图像做水平方向的投影，根据水平投影后的波谷与波峰的高度以及结合车牌的边框进行分析，车牌边框的大致尺寸可以结合车牌的标准尺寸进行比较，然后去除车牌周围的水平边框。依据标准车牌的长度与宽度来设定一个去除边框的阈值，这里设定的阈值为车牌宽度的十分之一。

去边框的方法是设定好阈值之后，就可以从水平投影图纵轴的中点出发，分别向上下左右找一条小于等于阈值的水平投影线，然后调整上下边界的大小，并对原图像进行裁剪，经过这样的操作，就可以去除车牌区域的边框部分。

(2) 切分字符。一幅定位准确的车牌由 1 个汉字和 6 个字母或数字组成。要能够成功识别出每一个字符必须要把这 7 个字符独立地分割出来。车牌的垂直投影上存在字符与字符间的空隙和跳变，可以根据字符书写格式、尺寸等分割出每一个字符。

具体实现步骤如下：

① 旋转车牌后，重新对二值化图像的各行求和，计算车牌水平投影，获取字符宽度。

② 对二值化图像的各列求和，计算车牌垂直投影，获取车牌，寻找投影图中值为 0 的点，将投影分为若干块，计算字符平均宽度。

③ 计算车牌上每个字符中心位置，计算最大字符宽度。

④ 提取分割字符，并变换为 22 行×14 列标准子图。

3）字符识别

在车牌字符集中，包含约50个汉字、24个大写英文字母及10个阿拉伯数字。常见的字符识别的方法有以下三种：

（1）模板匹配法：将待匹配的字符图像与目标模板图像进行点对点的比较，取相似度最高的字符。在模板数量较多的情况下，这种方法会非常耗时，且对噪声和字符图像倾斜度敏感，易产生误识别。

（2）神经网络法：在模板字库中对神经网络各个参数进行训练，把字符提取得一些特征或像素点集作为输入参数，然后识别字符。这种方法收敛性差，当识别类型比较多时，效果不是很理想。

（3）特征匹配法：通过对字符笔画特征或者像素分布特征的分析，设计各种分类器来识别字符。字符的特征提取至关重要，一组具有代表性的特征能有效地排除干扰，区分出各个模式，从而进行分类。对于汉字，由于其字符特征比较丰富，并且有限的字符间差别较大，因此使用基于模板匹配和特征匹配的识别方法；对于数字和字母，由于字符的笔画简单，可提取的特征少，而且个别字符比较相似，比如"8"与"B"、"D"与"0"、"S"与"5"和"2"与"Z"等，因此，使用基于Adaboost算法的识别方法。Adaboost（Adaptive Boosting，自适应提升机器学习算法）是针对同一个训练集训练不同的分类器（弱分类器），然后把这些弱分类器集合起来，构成一个更强的最终分类器（强分类器）。

在不考虑特种车辆的情况下，可以这样设计字符识别系统：对于第一位各省简称的汉字使用汉字识别系统；对于第二位的英文字母使用字母识别系统；对第三至第七位使用字母、数字混合系统。

3. 车辆、车牌识别的实际应用

1）ISS公司的AutoScope

AutoScope是美国ISS（Image Sensing System）公司开发的视频交通检测系统。它采用美国明尼苏达大学交通工程系的视频检测算法，是视频运用于交通参数检测的代表性产品，它主要能够提供的交通流信息有交通流量、速度、占有率、车辆分类及排队长度等。AutoScope作为全世界研发最早并最先获得国际专利的视频车辆检测技术，经过近20年的不断发展，已成为全球安装最多、满足国际各种工业标准最多、在实际使用中经过广泛检验的、成熟的视频车辆检测技术。

2）中兴智能交通综合管理平台

该平台将电子警察违章处理子系统、卡口布控报警子系统、远程实时视频监控子系统、车辆录像管理子系统、车辆地图轨迹跟踪子系统、设备控制与维护子系统等集成在同一图形软件环境下，采用B/S架构，分散操作，集中管理，简化了系统部署和维护。通过IE浏览器登录用户工作界面，即可随时随地进行查询、浏览等业务处理，实现信息采集、分析处理、控制执行、科学决策等精细化交通管理。

3）汉王标清车牌识别模块

汉王标清车牌识别模块是汉王智通采用"汉王眼"系列产品的成熟设计成果而设计的一款面向低端市场的高性价比车牌识别模块化产品。该产品可灵活配置用于各种场合，能够满足一般用户对车牌识别的要求。

4）泰尔文特电子交通控制系统

泰尔文特控制系统（北京）有限公司成立于1998年。它的前身为圣科电子交通控制系统（北京）有限公司，是西班牙泰尔文特公司在华投资的独资企业，主要从事开发生产电子交通控制系统及设备、相关计算机软硬件，并提供交通控制系统方面的技术咨询与服务。它独立地承接了一系列大中型城市交通控制系统项目。

5）深圳市哈工大交通电子技术有限公司

深圳市哈工大交通电子技术有限公司的主营业务是智能交通系统中的交通信息检测设备和交通安全检测与记录设备，并在此基础上向用户提供交通智能化管理解决方案。主要产品有视频交通信息采集设备、视频交通事件检测与分析仪、交通信息综合管理软件、交通调查软件、冲红灯电子警察、超速电子警察、多功能违章检测和记录系统 、公路车辆智能监测和记录系统。

10.3.3 行人识别技术

1. 智能监控需要行人识别

智能监控系统的需求主要来自那些对安全要求敏感的场合，如银行、商店、停车场等。目前，监控摄像机在商业应用中已经普遍存在，但并没有充分发挥其实时主动的监督作用，因为它们通常是将摄像机的输出结果记录下来，当异常情况（如停车场中的车辆被盗）发生后，保安人员才通过记录的结果观察发生的事实，但往往为时已晚。而我们需要的监控系统应能够每天连续24小时地实时监视，并自动分析摄像机捕捉的图像数据，当盗窃发生或发现有异常行为的可疑人时，系统能向保卫人员准确及时地发出警报，从而避免犯罪的发生，同时也减少了雇佣大批监视人员所需要的人力、物力和财力的投入。在访问控制（access control）场合，可以利用人脸或者步态的跟踪识别技术以便确定来人是否有进入该安全领域的权利。另外，人的运动分析在自动售货机、ATM、交通管理、公共场所行人的拥挤状态分析及商店中消费者流量统计等监控方面也有着相应的应用。行人识别通常涉及运动目标检测、目标分类、行人跟踪和行为理解与描述几个过程。

2. 目标分类

运动目标检测在10.2节中介绍了，目标分类的目的是从检测到的运动区域中将对应于人的运动区域提取出来。不同的运动区域可能对应于不同的运动目标，比如交通道路上监控摄像机所捕捉的序列图像中可能包含行人、车辆及其他诸如飞鸟、流云、摇动的树枝等运动物体，为了便于进一步对行人进行跟踪和行为分析，运动目标的正确分类是完全必要的。常用的目标分类方法有基于特征信息的分类。

1）形状特征

分析由运动目标检测得到的连通区域，可发现车辆、行人与错误前景区域呈现出不同的几何特征：车辆由于其对称的刚体结构，其前景区域通常呈现规则的矩形状态；行人虽然姿态不同，但是其基本形状有较强的一致性和稳定性；而错误前景区域则通常形状不规则，分布不稳定。因此，可以考虑利用前景区域的形状信息来区分不同物体。

周长面积比，是反映物体形状的一类有力特征；前景与矩形的相似程度，也是一个可参考的形状特征，尤其是针对车辆这类规则形状物体与行人之间的区别。

2）角点特征

角点是二维图像亮度变化剧烈或图像边缘曲线上曲率极大值的点，反映出图形的重要特征。车辆为刚体，由于车门、车窗的存在，使其含有较多角点，同时角点个数、分布比较规则，几乎平均散布在前景区域中。与之相对，行人的角点个数并不规则，且分布相对集中；而错误前景的角点分布则不存在何种规律性，角点常被用来作为车辆检测的一大特征。

3）直线特征

由于车辆拥有车窗等形状规则的部分，直线是检测车辆的一个很好的特征。人体四肢、躯干等部位，也有着明显的线条，直线特征也同样适用于行人检测。车辆区域的直线多为平行线，而行人区域的直线并不平行。可以采用平行直线所占比例作为车辆和行人检测的一个特征。错误前景区域则很少有直线存在。

3. 行人跟踪

目标跟踪的常用方法有基于特征的跟踪方法和基于模型的跟踪方法。

1）基于特征的跟踪方法

跟踪中可以使用许多种类的目标特征，在时间间隔很短的相邻两帧待检测图像中，可以认为其中的目标特征具有平滑性，因此可以利用目标特征来实现运动跟踪。基于特征的跟踪方法通常包括特征提取与特征匹配两个部分。

目标特征可以是其位置中心，或者其上任意其他点，但要求该特征具备一定的稳定性，不易受包括噪声、光照在内的种种因素干扰。常见的特征匹配方法有角点匹配和纹理匹配等。这些方法的优点十分明显：目标运动方式简单，具备平滑性。而其难点在于，如果目标遭受遮挡或者旋转等情况，则运动目标中的部分区域会消失，一些新区域也会出现，因此需要提取新情况下的目标特征用以更新。

基于角点的方法是一种典型的基于特征的跟踪方法，它的计算量较大，而在不同研究中对角点的定义也多有差别。

纹理也是图像的基本特征，它被认为是对图像灰度分布的描述，是对图像局部性质的统计，所以也可利用图像的纹理特征来实现匹配，实现目标跟踪。利用纹理特征进行图像分割可以取得良好的效果，但是对于本身具备不同纹理的目标，就需要对各个部分建立纹理特征。

2）基于模型的跟踪方法

基于模型的跟踪方法利用高层的语义知识将目标拟合为几何模型，从而将对目标的跟踪转换为对目标的识别，具有更强的可靠性。同利用其他特征的方法相比，基于模型的跟踪方法能更充分利用目标的特性，在复杂环境下具有显著的优势。它的缺点也很明显，模型的建立和更新代表着更大的计算量，并且还要考虑复杂模型的旋转和平移等变化，更是增大了计算的复杂度，另外模型的建立还需要预知关于目标的先验知识。

行人目标跟踪利用检测得到的目标信息，提取对应特征后用于目标匹配，以此来实现目标跟踪，通过目标跟踪结果可以预测其下一时刻的位置，结合预测信息后，新的目标检测可以更为精准。图 10－6 是行人跟踪原理示意图。

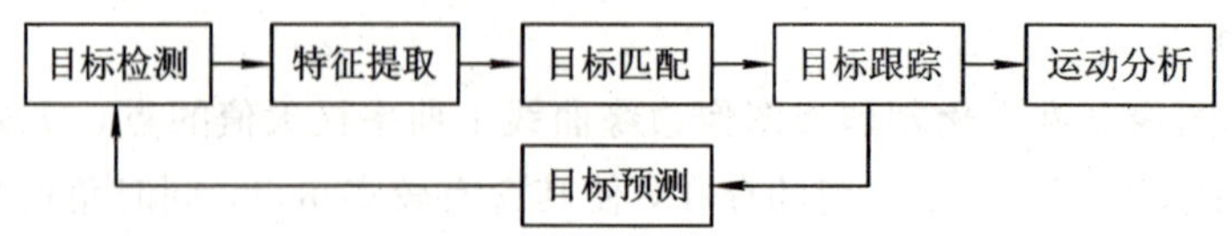

图 10-6 行人跟踪原理方框图

4. 行人识别的实际应用

(1) ObjectVideo：美国公司，成立于1998年，目前为视频分析检测市场份额最大占有者。其产品有：边界保安和入侵探测、可疑人员逗留、物品遗留/异样物体探测、财产保护/防盗探测、人流/物流监控、图像变化/摄像机检测、交通工具监控和测速等。

(2) Mate：以色列公司，提供智能化实时网络解决方案，用于远程和本地的现场视频监控。目前已有的监测功能包括：户内和户外应用场所的视频移动监测、定向运动监控、"越界"监控、物体滞留或被移动监控、人/车辆/物体的计数和尾随跟进的监测、速度异常(统计/报警)监测等，适用于大厅、超市等公共场所的人流监控等。

(3) NiceVision：以色列公司，Nice Vision视频分析仪对不同的威胁提供实时侦测。其功能包括：对私自闯入者侦测、对被遗弃的行李和包裹侦测、安全出入口及消防路线阻塞检测，人数、车辆和其他物件数目统计、显示人群聚集、监控安全率水平、量度人流等。

(4) IoImage：以色列公司，能实现五种行为的检测。它包括：入侵探测、PTZ自动跟踪、遗留物体探测、非法滞留探测和移动物体探测等。

(5) CitiLog。法国公司，其核心技术是自主研发的动态图像背景自适应技术和车辆图像跟踪技术。它彻底消除了光线，雨雪，灰尘对系统的影响，可以及时检测监控区域内发生的交通事件，采集交通数据，辅助进行交通控制等。交通事件检测中事件行为有交通拥堵、停驶车辆、逆行车辆、慢行车辆、行人出现和丢弃物品等六种。

在行人识别方面，我国的研究和应用仍然相对落后。目前，中国市场上见到的行人监控产品，基本来源于美国、欧洲和以色列。

智能化是电视监控发展的必然趋势。出于对反恐、社会安定、国家公共安全等多方面的考虑，智能电视监控成了前沿研究领域。各国政府已经将智能电视监控的研究上升到了战略高度，从科研、经济、应用等多方面进行了巨大的投入来推动该领域的发展。国内有许多高等院校和研究机构投入了智能电视监控领域的研究，如中国科学院自动化研究所、上海交通大学、清华大学、北京邮电大学和华中科技大学等。中国科学院自动化研究所模式识别国家重点实验室在该领域做了大量研究，在人体运动分析、交通行为事件分析、交通场景视频监控和智能轮椅视觉导航等领域取得了许多科研成果。但是，我国在该领域的实用产品与发达国家相比，还有较大的差距。

电视监控的发展方向是数字化、网络化和智能化。我国的基本情况是：数字化基本上实现了，网络化正在做，智能化刚起步，需要政府的支持、科研人员的努力和厂商的投入。

思考题和习题

10-1 传统电视监控系统的局限性表现在哪里？

10-2 智能电视监控系统的优势在哪里？

10-3 智能电视监控的核心技术有哪些?

10-4 运动目标检测主要方法有哪些?

10-5 人脸检测常用哪四种算法?

10-6 人脸识别的算法可以分类为哪几种?

10-7 怎样将彩色图像灰度化和二值化?

10-8 将图10-4右侧膨胀后的A图像再用B腐蚀。

10-9 将图10-5右侧腐蚀后的A图像再用B膨胀。

10-10 常见的字符识别的方法有哪几种?

10-11 常用的目标分类方法基于哪些特征信息?

10-12 行人跟踪的常用方法有哪些?

缩略词与名词索引

AACS：Advanced Access Content System，高级访问内容系统。

AAS：Adaptive Antenna System ，自适应天线系统。

ADC ：Analog to Digital Converter，模数变换器。

ADS：Addrssing Display cycle separation field，寻址显示周期分离子场。

AGC：Automatic Gain Control，自动增益控制。

ALC：Automatic Light Compensation，自动光补偿。

ALS：Alternate Lighting of Surfaces，表面交替发光。

AMC：Adaptive Modulation and Coding，自适应调制编码。

AMF：Authentication Management Function，认证管理功能。

AMOLED，Active Matrix OLED，有源 OLED。

AMPS：Advanced Mobile Phone Service，先进移动电话服务系统。

ANN：Artificial Neural Network，人工神经网络。

ANRT：Automatic Network Replenishment Technology，自动网络填补技术。

AP：Access Point，接入点。

aperture ratio：开口率。

APD：Avalanche Photo Diode，雪崩光电二极管。

APS：Active Pixel Sensor，有源像素图像传感器。

APS：Analog Protection System，模拟防拷贝系统。

ARQ：Automatic Repeat reQuest，自动请求重发。

ASCII：American Standard Code for Information Interchange，美国信息交换标准代码，现被采用为国际标准。

a－Si：amorphous Silicon，非晶硅。

ASV：Advance Super View，Axial Symmetric View，夏普的一种 LCD 面板技术。

ATM：Asynchronous Transfer Mode，异步转移模式。

ATW：Automatic Tracking White balance，自动跟踪白平衡。

AVS ：Audio Video coding Standard，我国音视频编码标准。

BD ：Blue ray Disc ，蓝光光盘。

BDA：Blue ray Disc Association ，蓝光光盘协会。

BE：Best Effort，尽力传输业务。

BLC：BackLight Compesation，背景光补偿，逆光补偿。

Blooming：弥散。

Blue tooth：蓝牙。

BNC：Bayonet Neill Concelman，Connector Used With Coaxial Cable，一种同轴电缆连接器。

BP：Back Propagation，误差反向传播。

BWA：Broadband Wireless Access，宽带无线接入。

CABAC：Context-based Adaptive Binary Arithmetic Coding，基于上下文的自适应二进制算术编码。

CATV：Cable Television System，电缆电视系统。

CAVLC：Context-based Adaptive Variable Length Coding，基于上下文的自适应变长编码。

CBC MAC：Cipher Block Chaining Message Authentication Code ，一种加密方法。

CBHD：China Blue High Definition Disc，中国蓝光高清光盘。

CBR：Constant Bit-Rate，固定数码率。

CCD：Charge Coupled Devices，电荷耦合器件。

CCFL：Cold Cathode Fluorescent tube，冷阴极荧光灯。

CCK：Complementary Code Keying，补码键控。

CCM：Color Conversion Method，色转换法；
Color Changing Mediums，改变彩色介质。

CCTV：Closed Circuit Television，闭路电视，电视监控。

CD：Compact Disc Digital Audio，数字激光唱机。

CDS：Correlated Double Sampling，相关双取样，一种 CCD 摄像机信号处理方法。

CEC：Consumer Electronics Control，消费电子产品控制协议。

CF 卡：Compact Flash 卡。

CIF：Common Intermediate Format，通用中间格式。

CIRC：Cross Interleave Reed Solomon Code 交叉交织里德-索罗门码编码。

CLC：Capacitor of Liquid Crystal，液晶电容。

CLEAR：high Contrast & Low Energy Address & Reduction of false contour sequence，高对比度、低能量寻址及减少伪轮廓。

CMOS：Complementary Metal Oxide Semiconductor，互补金属氧化物半导体。

CPA：Continuous Pinwheel Alignment，连续焰火状排列，一种 LCD 面板。

CPE：Customer Premise Equipment，客户终端设备。

CSS：Content Scrambling System，内容扰乱系统，一种防止直接从盘片上复制文件的数据加密方案。

CVBS：Composite Video Blanking Synchronization，复合视频信号。

CVSD：Continuous Variable Slope Delta modulation，连续可变斜率调制。

DAC：Digital to Analog Converter，数模变换器。

DBR：Distributed Bragg Reflectors，布拉格镜面。

DCT：Discrete Cosine Transform，离散余弦变换。

DDC：Display Data Channel，显示数据通道。

DDNS：Dynamic Domain Name System，动态域名解析系统。

DDR：Double Data Rate，双倍数据率(存储器)。

DDWG：Digital Display Working Group，数字显示工作组。

DEMUX：Demultiplex，多路信号分离，解复用。

DH：Double Hetero，双异质。

DiiVA：Digital Interactive Interface for Video & Audio，数字音视频交互接口。

DN：Data Node，数据结点。

DP：Display Port，显示器接口。

DPS：Digital Pixel Sensor，数字像素图像传感器。

DPS：Digital Pixel System，数字像素系统。

DRM：Digital Rights Management，数字版权管理。

DSP：Digital Signal Processor，数字信号处理器。

DSSS：Direct Sequence Spread Spectrum 直接序列扩频。

DVD：Digital Versatile Disc，数字多能光盘。

DVI ：Digital Visual Interface，数字显示接口。

DVR：Digital Video Recording equipment，数字录像设备，常称硬盘录像机。

EDID：Extended Display Identification Data，扩展显示识别数据。

EEPROM ：Electrically Erasable Programmable Read Only Memory，电可擦可编程只读存储器。

EFM：Eight to Fourteen Modulation ，8-14 比特变换调制。

EFM PLUS：8-16 比特变换调制。

EIL：Electron Injection Layer，电子注入层。

EPON ：Ethernet over Passive Optical Network，以太无源光网络。

ESSID：Extended Service Set Identifier，扩展的服务区识别号。

ETL：Electron transporting layer，电子传输层。

EVD：Enhanced Versatile Disc，增强型多能光盘。

EV-DO：Evolution Data Only，一种针对分组数据业务进行优化的、高频谱利用率的 CDMA 无线通信技术。

exciton：激子。

FC：Fibre Channel，光纤通道。

FCS：Frame Closing Symbol，帧结束符号。

FDD：Frequency Division Duplexing，频分双工。

FDDI：Fiber Distributed Data Interface，光纤分布式数据接口。

FDM：Frequency Division Multiplexing，频分多路复用。

FDMA ：Frequency Division Multiple Access，频分多址。

FFS：Fringe Field Switching，边沿场开关，一种 LCD 面板。

FHSS：Frequency Hopping Spread Spectrum，跳频扩频。

FIT：Frame Interline Transfer，帧行间转移，面阵 CCD 的一种工作方式。

FLV：Flash Video，一种流媒体视频格式。

FT：Frame Transfer，帧转移，面阵 CCD 的一种工作方式。

GCFS：Green Checker Field Sequence，一种镶嵌式的滤色器名。

GD：Gate Driver，栅极驱动电路。

GEN LOCK：台从锁相。

GFSK：Gauss frequency Shift Keying ，高斯频移键控，通过一个高斯低通滤波器来限制信号的频谱宽度，然后频移键控。

GGSN：Gateway GPRS Supporting Node，GPRS 网关支持节点。

GK：Gate Keeper，网闸。

GMSK ：Gaussian Filtered Minimum Shift Keying，高斯滤波最小移频键控。

GOB：Group of Blocks，块组。

GOV：Group of VOP，视频对象平面组。

GPRS：General Packet Radio Service，通用分组无线业务。

GPS：Global Positioning System，全球定位系统。

GSM：Global System for Mobile Communications，全球数字移动通信。

GW：Gateway，网关。

HARQ：Hybrid Automatic Repeat Request，混合自动重传请求。

HDB3：High Density Bipolar 3Zeros，3 阶高密度双极性码。

HDCP：High-bandwidth Digital Content Protection，宽带数字内容保护。

HDFS：Hadoop Distributed File System，Hadoop 的分布式文件系统。

HDMI：High Definition Multimedia Interface，高清晰度多媒体接口。

HDTV：High Definition Television，高清晰度电视。

HFC：Hybrid Fiber Coaxial，光纤同轴混合有线电视网络。

HIL：Hole Injection Layer，空穴注入层。

HOMO：Highest Occupied Molecular Orbits，最高已占轨道。

HPD：Hot Plug Detect，热插拔检测。

HR-WPAN：High Rate Wireless Personal Area Network，高速 WPAN。

HSBGA：Heat Sink Ball Grid Array，带有散热顶盖的球栅阵列。

HSDPA：High Speed Downlink Packet Access，高速下行链路分组接入。

HSPA：High Speed Packet Access，高速分组接入。

HSUPA：High Speed Uplink Packet Access，高速上行链路分组接入。

HTL：Hole transporting layer，空穴传输层。

HTTP：Hyper Text Transfer Protocol，超文本传输协议。

I^2C：Inter Integrated Circuit，集成电路内部接口。

I^2S：Inter-IC Sound，飞利浦公司数字音频数据传输标准。

ICT：Integer Cosine Transform，整数余弦变换。

Interlacing：隔行(扫描)。

IP：Internet Protocol，因特网协议。

IPS：In-Plane Switching，平面开关，一种 LCD 面板。

iSCSI：internet Small Computer System Interface，因特网小型计算机系统接口。

ISDN：Integrated Services Digital Network，综合业务数字网。

ISM：Industrial Scientific Medical，工业科学医学频带，2.4～2.4835GHz。

ISO：International Organization for Standardization，国际标准化组织。

IT：Interline Transfer，行间转移，面阵 CCD 的一种工作方式。

ITO：Indium Tin Oxide，掺锡氧化铟，氧化铟锡。

ITS：Intelligent Transportation System，智能交通系统。

ITU-R：International Telecommunications Union-Radio communications Sector，国际电联无线电通信部门。

IVS：Intelligent Video Surveillance，智能视频监控。

JBOD：Just a Bunch Of Disks，磁盘簇。

JPEG：Joint Photographic Experts Group，联合图片专家小组，常用静止图像压缩标准。

JVT：Joint Video Team，联合视频小组。

KSV：Key Selection Vector，密钥选择矢量。

LAN：Local Area Network，局域网。

Lane：AC-Coupled，doubly-terminated differential pair，交流耦合双终端差分线对。

LCD：Liquid Crystal Display，液晶显示。

LD：Laser Diode，激光二极管。

LDI：LVDS Display Interface，LVDS 显示接口。

LDPC：Low Density Parity Check，低密度奇偶校验，一种也称为 Gallager 码的编码。

LED：Light Emitting Diode，发光二极管。

LGA：Land Grid Array，触点阵列封装。

LL：Line Lock，电源锁相。

LOS：Line Of Sight，视距。

LPR：License Plate Recognition，汽车牌照识别系统。

LR - WPAN：低速 WPAN。

LTPS ：Low Temperature Polycrystalline Silicon，低温多晶硅。

LUMO：Lowest Unoccupied Molecular Orbits，最低未占轨道。

LVDS：Low Voltage Differential Signaling，低电压差分信号。

MCU：Multi-point Control Unit，多点控制设备。

MMC 卡：MultiMedia Card。

MMS：Microsoft Media Server protocol，微软媒体服务器协议。

MPEG：Moving Pictures Experts Group，活动图像专家组，活动图像压缩标准。

MUX：Multiplex，多路复用。

MVA：Multi - domain Vertical Alignment，多畴垂直取向，一种 LCD 面板。

NA：Numerical Aperture，数值孔径。

NAL：Network Abstraction Layer，网络抽象层。

NAS：Network Attached Storage，网络连接存储。

NB：Normally Black，常暗。

NFS：Network Files System，网络文件系统。

NLOS：None Line Of Sight，非视距。

NN：Name Node，名字结点。

nrtPS：Non-Real-Time Polling Service，非实时轮询业务。

NTSC：National Television Systems Committee，国家电视制式委员会，美国模拟彩色电视制式。

NVR：Network DVR，网络录像设备。

NW：Normally White，常亮。

OFDM：Orthogonal Frequency Division Multiplexing，正交频分复用。

OFDMA：Orthogonal Frequency Division Multiple Access，正交频分多址。

OLED：Organic Light Emitting Device，有机发光器件；
Organic Light Emitting Diode，有机发光二极管。

ONVIF：Open Network Video Interface Forum，开放网络视频接口论坛。

OSD：On Screen Display，屏幕显示。

OTDR：Optical Time Domain Reflectometer，光时域反射仪。

P：progressive，逐行扫描。

PAL：Phase Alternation Line，逐行倒相，我国模拟彩色电视制式。

PCA：Principal Component Analysis，主成分分析。

PDA：Personal Digital Assistant，个人数字助理，又称为掌上电脑。

PDP：Plasma Display Panel，等离子体显示。

PFM：Pulse Frequency Modulation，脉冲频率调制。

PIN - PD：Positive-Intrinsic-Negative Photo Diode，PIN 光电二极管。

PIP：Picture in Picture，画中画。

PIT：Pre-scaled Integer Transform，带预缩放的整数变换。

PLL：Phase Lock Loop，锁相环。

PMOLED：Passive Matrix OLED，无源 OLED。

PPS：Passive Pixel Sensor，无源像素图像传感器。
PSIA：Physical Security Interoperability Alliance，实体安防互通联盟。
PSIM：Physical Security Information Management，实体安防信息管理。
PSTN：Public Switched Telephone Network，公用电话交换网。
PTZ：Pan、Tilt、Zoom，旋转、俯仰、变倍，对电动云台和变焦镜头的控制。
PVA：Patterned Vertical Alignment，垂直取向构型，一种 LCD 面板。
PWM：Pulse Width Modulation，脉宽调制器。
QAM：Quadrature Amplitude Modulation，正交幅度调制。
QoS：Quality of Service，服务质量。
QPSK：Quaternary Phase Shift Keying，四相相移键控。
QXGA：Quad Extended Graphics Array，4 倍扩展图形阵列，2048×1536。
RAID：Redundant Array of Independent Disk，冗余磁盘阵列。
RAS：Registration，Administration and Status，注册、允许和状态。
RDS：Reflection Delayed noise Suppression，反射延迟噪声抑制。
REST：Representational State Transfer，表述性状态转移。
RLC：Run Length Coding，游程编码。
ROI：Region of Interest，感兴趣区域。
RPE－LTP：Regular Pulse Excitation-Long Term Prediction，规则脉冲激励长期预测。
RS：Reed-Solomon，里德·所罗门，一种编码名。
RS－PC：Reed Solomon Product Code，里德所罗门乘积码。
RSVP：Resource Reservation Protocol，资源预留协议。
RTCP：Real-time Transport Control Protocol，实时传输控制协议。
RTMP：Real Time Messaging Protocol，实时消息传送协议。
RTP：Real-time Transport Protocol，实时传输协议。
rtPS：Real-Time Polling Service，实时轮询业务。
SAC：Syntax-based Arithmetic Coding，基于语法的算术编码。
SAN：Storage Area Network，存储区域网络。
sano switching：群组切换。
SAS：Serial Attached SCSI，串行连接 SCSI。
SATA：Serial ATA，串行 ATA。
SB－IRCCD：Schottky Barrier Infrared Charge Coupled Device，肖特基势垒红外电荷耦合器件。
SCCB：Serial Camera Control Bus，串行摄像机控制总线。
SCL：Serial Clock，I^2C 接口时钟线。
SCSI：Small Computer System Interface，小型计算机系统接口。
SD：Source Driver，源极驱动电路。
SDA：Serial Data，I^2C 接口数据线。
SDHC：High Capacity SD Memory Card，大容量 SD 存储卡。
SDTV：Standard Definition Television，标准清晰度电视。
SDXC：SD eXtended Capacity，扩展容量 SD 卡。
SD 卡：Secure Digital Memory Card，安全数码记忆卡。
SECAM：法国模拟彩色电视制式国家标准。
SGSN：Serving GPRS Supporting Node ，GPRS 业务支持节点。
SIM：Subscriber Identity Module，用户识别卡。

SIP：Session Initiation Protocol，会话初始协议。

Smear：模糊。

SMPTE：Society of Motion Picture and Television Engineers，电影与电视工程师协会。

SM 卡：SmartMedia 卡，聪明卡，Solid State Floppy Disk Card，固态软盘卡。

SNHC：Synthetic Natural Hybrid Coding，合成与自然混合编码。

SOAP：Simple Object Access Protocol，简单对象访问协议。

SOC：System ON Chip，片上系统。

SPDIF：Sony/Philips Digital Interface，索尼、飞利浦数字音频接口。

SPI：Serial Peripheral Interface，串行外围接口。

SPI：Synchronous Parallel Interface，同步并行口。

SSL：Secure Sockets Layer ，安全套接层。

SSP：Storage Service Provider，存储服务提供商。

STA：Station，站点。

SVCD：Super VCD，超级 VCD。

SVGA：Super Video Graphics Array，超级视频图形阵列。

SVM：Support Vector Machine，支持向量机。

SXGA：Super Extended Graphics Array，超级扩展图形阵列，1280×1024。

TACS：Total Access Communications System，全入网通信系统。

TCP/IP：Transmission Control Protocol/Internet Protocol，传送控制协议/因特网协议。

TDD：Time Division Duplexing，时分双工。

TDMA：Time Division Multiple Access，时分多址。

TD-SCDMA：Time Division-Synchronous Code Division Multiple Access，时分同步码分多址。

TFT-LCD：Thin Film Transistor LCD，薄膜晶体管液晶显示器。

TMDS：Transition Minimized Differential Signaling，瞬变最少化差分信号。

TN：Twisted Nematic，扭曲向列型。

tour switching：巡视切换。

Turbo 码：PCCC ，Parallelly Concatenated Convolutional Codes，并行级联卷积码。

TVP：Transient Voltage Suppressor，瞬变电压抑制器，也称 TVS。

UART：Universal Asynchronous Receiver Transmitter，通用异步串行接口。

UDP：User Datagram Protocol，用户数据报协议。

UFPA：Uncooled Focal Plane Array，非制冷型焦平面阵列。

UHF：Ultra High Frequency，特高频，超高频，300～3000MHz。

UGS：Unsolicited Grant Service ，主动授权业务。

UMTS：Universal Mobile Telecommunications System，通用移动通信系统。

URL：Universal Resource Locator，统一资源定位符，网页地址。

USB：Universal Serial Bus，通用串行总线。

UTC：Universal Time Co-ordinated，世界协调时。

UTP：Unshielded Twisted Pair，非屏蔽双绞线。

UVLC：Universal Variable Length Coding，通用的变字长编码。

UXGA：Ultra Extended Graphics Array，特级扩展图形阵列，1600×1200。

VA：Vertical Alignment，垂直取向，一种 LCD 面板。

VBR：Variable Bit-Rate，可变数码率。

VC-1：Video Codec One，视频编解码一号标准。

VCD：Video CD，数字音视光盘。
VCEG：Video Coding Experts Group，视频编码专家组。
VCL：Video Coding Layer，视频编码层 。
VCM ：Variable Coding and Modulation，可变编码调制。
VCR：Video Cassette Recorder，盒式(磁带)录像机。
VESA：Video Electronics Standards Association，视频电子标准协会。
VHF：Very High Frequency，甚高频，30～300MHz。
VHFH：甚高频高频段，175.25～447.25MHz。
VHFL：甚高频低频段，48.25～168.25MHz。
VHS：Video Home System，家用录像系统。
VLC：Variable Length Coding，可变字长编码。
VLUT：Video Look Up Table，视频查找表。
VO：Video Object，视频对象。
VOD：Video on Demand，视频点播。
VOL：Video Object Layer，视频对象层。
VOP：Video Object Plane，视频对象平面。
VS：Video Sequence，视频序列。
VSP：Video Signal Processor，视频信号处理器。
WAN：Wide Area Network，广域网。
WAPI：Wireless LAN Authentication and Privacy Infrastructure，无线局域网鉴别和保密基础结构。
WCDMA：Wideband Code Division Multiple Access，宽带码分多址。
WDM：Wavelength Division Multiplex，波分复用多路。
Wi-Fi：Wireless Fidelity，无线保真。
WiMAX：Worldwide Interoperability for Microwave Access，全球微波互联接入。
WLAN：Wireless LAN，无线局域网。
WMAN：Wireless Metropolitan Area Network，无线城域网。
WPAN：Wireless Personal Area Network，无线个域网。
WQXGA：Wide Quad Extended Graphics Array，宽屏4倍扩展图形阵列，2560×1600。
WRAN：Wireless Regional Area Network，无线区域网。
WSDL：Web Services Description Language，网络服务描述语言。
WUXGA：Wide screen Ultra eXtended Graphics Array，宽屏超级扩展图形阵列，1920×1200，16∶10。
WWAN：Wireless Wide Area Network，无线广域网。
XGA：Extended Graphics Array，扩展图形阵列，1024× 768。
XML：Extensible Markup Language，可扩展标记语言。

参 考 文 献

[1] GB 50395 - 2007 视频安防监控系统工程设计规范[S].

[2] GB/T 25724 - 2010 安全防范监控数字视音频编解码技术要求[S].

[3] GAT 646 - 2006 视频安防监控系统矩阵切换设备通用技术要求[S].

[4] GB 20815 - 2006 视频安防监控数字录像设备[S].

[5] GB/T 16676 - 2010 银行安全防范报警监控联网系统技术要求[S].

[6] GA/T 669.1 - 2008 城市监控报警联网系统技术标准第 1 部分：通用技术要求[S].

[7] 李仲林，等. 现代无线与移动通信技术[M]. 北京：科学出版社，2006.

[8] 赵坚勇. 应用电视技术[M]. 西安：西安电子科技大学出版社，2003.

[9] 谭振业. ANR 技术应用与市场发展[J]. 中国安防，2008(6)：73 - 75.

[10] 赵自然. 人体安检新技术的分析与探讨[J]. 中国安防，2012(3)：33 - 36.

[11] 郭辉. 视频前端存储技术及趋势分析[J]. 中国安防，2012(4)：36 - 38.

[12] 麦超云，等. 基于 ARM11 的无线多点图像传输系统[J]. 微计算机信息，2012(6)：110 - 112.

[13] 赵小虎，等. 5.8GHz WiMAX 宽带无线通信射频系统设计[J]. 无线电通信技术，2010(3)：1 - 3.

[14] 丛琳磷. 浅谈嵌入式硬盘录像的优势与问题解决[J]. 科技信息，2011(13)：514 - 515.

[15] 黄明辉. 三大监控标准联盟异同点分析[J]. 电子与电脑，2011(1)：71 - 72.

[16] 徐敏. 基于视频的实时人脸识别的研究与实践[D]. 中南大学，2010.

[17] 龚波. 基于云存储的视频信息分布式优化处理系统的研究与设计[D]. 广东工业大学，2012.

[18] 邹依峰. 智能视频监控中的行人检测与跟踪方法研究[D]. 中国科学技术大学，2011.

[19] 闫青. 监控视频中的车辆及行人检测[D]. 上海交通大学，2009.

[20] 赵金凯. 车牌定位与识别的研究[D]. 大连理工大学，2012.

[21] 李赢韬. 智能视频监控技术及其应用研究[D]. 武汉科技大学，2011.

[22] 陈剑. CMOS 图像传感器研究[D]. 西安电子科技大学，2007.

[23] 田书成. 基于 CMOS 图像传感器的宽动态低照度一体化摄像机的设计[D]. 太原理工大学，2010.

[24] 樊松波. 非制冷红外焦平面热成像系统及控制电路研究[D]. 西安电子科技大学，2005.

[25] 蒋金华. 基于 GPRS 的无线视频监控系统的应用研究[D]. 哈尔滨理工大学，2009.

[26] 林海. 基于 HDFS 的视频点播系统[D]. 吉林大学，2012.